林草发展"十四五"规划战略系列研究报告

新疆维吾尔自治区
林业和草原发展"十四五"规划战略研究

国家林业和草原局发展研究中心 ◎ 编

中国林业出版社
China Forestry Publishing House

图书在版编目（CIP）数据

新疆维吾尔自治区林业和草原发展"十四五"规划战略研究／国家林业和草原局发展研究中心编．—北京：中国林业出版社，2022.9

（林草发展"十四五"规划战略系列研究报告）

ISBN 978-7-5219-1676-8

Ⅰ.①新… Ⅱ.①国… Ⅲ.①林业经济-五年计划-研究-新疆-2021-2025 ②草原建设-畜牧业经济-五年计划-研究-新疆-2021-2025 Ⅳ.①F326.23 ②F326.33

中国版本图书馆 CIP 数据核字（2022）第 078730 号

责任编辑：于晓文 于界芬 李丽菁　　电话：（010）83143542　（010）83143549

出版发行	中国林业出版社有限公司（100009　北京市西城区刘海胡同7号） 网址　http：//www.forestry.gov.cn/lycb.html
印　刷	河北华商印刷有限公司
版　次	2022年9月第1版
印　次	2022年9月第1次印刷
开　本	889mm×1194mm　1/16
印　张	18.75
字　数	485千字
定　价	118.00元

未经许可，不得以任何方式复制或抄袭本书之部分或全部内容。

版权所有　侵权必究

《新疆维吾尔自治区林业和草原发展"十四五"规划战略研究》
编委会

总 报 告 组

中 心 组：李　冰　王月华　菅宁红　吴柏海　王亚明　刘　珉　曾以禹
　　　　　张　升　赵海兰　王　海　李　想　汪　洋　赵广帅　崔　嵬
　　　　　王　信　衣旭彤　刘　浩　李　杰　陈雅如　林　进　王伊煊
　　　　　任海燕　佘维维　吴　琼　白宇轩
新 疆 组：姜晓龙　阿合买提江·米那木　　李东升　燕　伟　朱伯江
　　　　　彭　艳　刘　锋　师　苗　曹定贵　张新平　熊　玲　戴君峰
　　　　　裴玉亮　张海军　刘丹慧　张　明　刘安平　刘　鹏　冯伟伟

分 报 告 组

自然保护地体系整合优化完善研究
中 心 组：赵金成　王　丽　刘佳欢　曹露聪　侯延军
新 疆 组：王天斌　李基材　马　辉

湿地保护修复研究
中 心 组：苗　垠　夏一凡
新 疆 组：曹定贵　梁　中　唐努尔·叶尔肯　王雅佩

天然林资源保护修复研究
中 心 组：崔　嵬　谷振宾
新 疆 组：曹定贵　梁　中　唐努尔·叶尔肯　王雅佩

林草产业发展研究
中 心 组：毛炎新　钱　淼　马龙波
新 疆 组：林星辉　张齐武　王　磊　李亚利

重点生态工程研究
中 心 组：张 升 彭 伟 韩 峰 段 伟 唐肖彬 张 坤
新 疆 组：裴玉亮 王征文

草原资源保护现状、问题及对策研究
中 心 组：张志涛 张 宁 王建浩 韩 枫
新 疆 组：熊 玲 赵性运 阿地力哈孜·阿地汗 阿斯娅·曼力克

荒漠化及其防治研究
北京林业大学组：张宇清 赖宗锐
新 疆 组：吐尔逊·托乎提 吴 明 赵雅倩

林草融合发展研究
中 心 组：张志涛 王建浩 张 宁 王伊煊
新 疆 组：张海军 徐彦军 周 翔 肖 慧

政策研究
西北农林科技大学组：高建中 骆耀峰 龚直文 李先东 张 寒
新 疆 组：戴君峰 严蓓蓓

区划布局研究
国家林业和草原局产业发展规划院组：赵英力 张中华 尚 榕 郭常西 刘 浩 吕 尧
新 疆 组：张新平 张海军 刘丹慧 周 钢

综合覆盖度指标体系研究
北京林业大学组：张宇清 秦树高
新 疆 组：朱伯江 杨建明 马志新

前　言

"十四五"时期是我国全面建成小康社会、实现第一个百年奋斗目标之后，乘势而上开启全面建设社会主义现代化国家新征程、向第二个百年奋斗目标进军的第一个五年，也是加快建设"丝绸之路经济带"核心区的关键阶段。为充分发挥林业和草原在经济社会发展中的重要作用，新疆维吾尔自治区(简称新疆)林业和草原局以习近平新时代中国特色社会主义思想为指导，准确研判"十四五"时期林业草原改革发展新特征新变化新趋势，明确林草改革发展的指导思想、基本原则、目标要求、战略任务、重大举措，描绘好未来5年林草发展蓝图，对于抓住我国重要战略机遇期，推动生态文明和美丽中国建设，具有重大意义。新疆林业和草原局站位高、谋划早、措施实，深入学习并坚决贯彻落实以习近平同志为核心的党中央治疆方略，围绕社会稳定和长治久安总目标，以推进"丝绸之路经济带"核心区建设为驱动，践行习近平生态文明思想，认真贯彻自治区党委和政府"1+3+3+改革开放"战略部署，牢牢把握区情定位，牢记新时代赋予林草部门的职责使命，积极对接服务新时代"一带一路"建设等国家战略，高起点、高水平、高标准谋划自治区林业和草原融合以来的第一个五年发展规划，力争打牢基础，促进林草事业发展开好局、起好步，必将对推动新疆林草事业高质量发展、实施生态保护优先战略、维护"丝绸之路经济带"核心区生态安全、推进美丽新疆建设产生重大深远影响。

2019年7月，新疆林业和草原局与国家林业和草原局发展研究中心达成共识，共同开展新疆林业和草原发展"十四五"规划战略研究，在乌鲁木齐市签订了战略协作框架协议，成立了课题研究组，标志着规划研究和编制工作正式启动实施。

一年多来，课题组集中人力和精力，认真组织完成了一系列研究活动，克服了许多困难，形成了1个研究总报告和11个专题报告，这样的成果凝聚着大家的集体智慧，既有专家学者的理论贡献，又有一线林草工作者的实践创新，取得这样的成果实属来之不易。

一是深入开展规划调研。2019年7月5~10日，组建了包括国家林业和草原局发展研究中心、北京林业大学、西北农林科技大学等8家单位在内的4个调研组共40余人的专家团队，每个调研组由1位司局级领导带队，赴新疆5市(州)全面开展前期调查研究工作，了解基层林草发展现状，既分析了新疆"十三五"规划实施的成效和问题，又听取了对新疆"十四五"规划的意见建议，让规划基本做到了顶层设计充分吸纳参考基层探索和创新。

二是基本实现对主要业务工作的研判全覆盖。行业规划关键在于全面体现行业承担的职能职责。课题组认真梳理机构改革后自治区林业和草原局承担的主责主业，特别是自然保护地、草原保护管理等新的职责，确定了分11个专题推进规划研究工作，内容涉及自然保护地规划、湿地保护、天然林保护、林草产业发展、重点生态工程、草原保护、防沙治沙、林草综合发展、林草政策、区划布局、林草综合覆盖度等，基本实现了职能任务全覆盖，做到了研究和判断工作精准无死角。

三是多次进行专家论证。在调研结束后，课题组召开了调研座谈会，对各组调研情况进行了汇总分析研判，充分吸收了各有关单位专家的意见建议。研究期间多次征求自治区各级林草系统相关专家的意见。2019年9月，在北京专门召开了专家咨询论证会，研讨总报告和专题报告框架结构、主要观点以及数据准确性，收到各方面专家提出的超过200条修改建议，课题组全面汇总、逐条分析了这些建议，做到了能吸收的尽量吸收。2020年1月，组织课题组组长专门赴新疆听取林草专家委员会成员及新疆林业和草原局领导和各处室对总报告和专题报告的意见，并全面梳理吸收采纳。2020年2月，又将研究报告初稿书面征求了意见。研究报告中很多判断、主张和部署也借鉴吸收了其他规划，这些举措有效提升了报告档次和水平。

四是深入对接国家前沿。课题组抓住质量和深度这个关键，坚持面向前沿、博采众长，广泛发动各方面力量，强化开放式研究，积极把事关新疆"十四五"林草发展的战略性、基础性和关键性问题研究透彻，特别是重点开展了林草事业在"丝绸之路经济带"核心区生态保护和高质量发展中的战略定位和重大任务研究。课题组积极发挥自身优势，主动对接中央有关决策机构规划编制专家，多次组织学习研究国家最新战略设想并征求林草行业资深专家建议，使规划研究进一步提高站位、做深做实。

五是顺利通过专家组评审。2020年10月28日，新疆林业和草原局组织中国科学院、国家林业和草原局林草调查规划院、中国林业科学研究院、北京林业大学、新疆林业科学院、新疆农业大学等单位的7位专家组成评审专家组，对本书研究成果进行评审。专家评议认为，本书充分体现了以习近平新时代中国特色社会主义思想为指导，深入学习贯彻第三次中央新疆工作座谈会精神特别是习近平总书记重要讲话精神，按照自治区党委、政府紧紧围绕社会稳定和长治久安的决策部署，积极探索生态优先、绿色发展为导向的高质量发展新路子，对制定新疆"十四五"发展规划具有重要借鉴价值。总报告从国际国内战略高度出发，突出新疆特色优势，以构建"丝绸之路经济带"核心区生态屏障和林草高质量发展为总任务，以加强自然生态系统保护修复、统筹山水林田湖草系统治理为行动指南，坚持生态绿疆、产业兴疆、科技强疆、文化润疆，为新疆林草事业发展提供了基础支撑。总报告借鉴国内外发展前沿，理论联系实际，内容全面，突出了宏观性、战略性、前瞻性，具有很强的针对性和可操作性。11个专题报告，总结了"十三五"经验，分析了"十四五"期间的机遇与挑战，从指导思想、总体目标、基本原则、区划布局、战略任务、政策支持、保障措施等方面开展了专题研究、主题明确、特色鲜明、互为补充，相互支撑，为总报告提供了扩展补充和有力支撑。经评议，专家组一致同意通过评审。

在本书编写过程中，国家林业和草原局各司局及相关直属单位给予了大力支持，北京林业大学、西北农林科技大学、新疆林业科学院等科研院所积极参与，新疆林业和草原局各部门提供了大量的资料，新疆各市(州)、县为调研工作顺利开展提供了力所能及的帮助。另外，写作过程中引用了一些专家学者的数据和观点，参考文献可能没有全部列出。在此一并表示感谢！

编 者
2022年5月

目 录

前 言

总报告

1 新疆林业和草原发展"十四五"规划战略研究 ··· 3
  1.1 自治区区情、林情和草情 ··· 3
  1.2 林草发展进入新时代 ··· 6
  1.3 "十四五"林草发展总体思路 ··· 17
  1.4 林草发展区划格局 ··· 20
  1.5 战略任务 ··· 24
  1.6 林草重点生态工程 ··· 36
  1.7 加强政策扶持 ··· 37
  1.8 组织保障建设 ··· 41

专题报告

2 自然保护地"十四五"规划思路研究 ··· 47
  2.1 研究概况 ··· 47
  2.2 自然保护地保护管理现状 ··· 48
  2.3 自然保护地发展方向与思路 ··· 51
  2.4 保障措施 ··· 58

3 湿地保护修复研究 ··· 65
  3.1 研究概况 ··· 65
  3.2 湿地概况 ··· 67
  3.3 湿地保护修复现行制度体系 ··· 71
  3.4 湿地保护修复面临的主要问题 ··· 74
  3.5 湿地保护修复的中长期目标与任务 ··· 76

  3.6 健全湿地保护修复制度的政策建议 ………………………………………… 78

4 天然林资源保护修复研究 …………………………………………………… 81
  4.1 研究概况 …………………………………………………………………… 81
  4.2 天然林保护修复现行制度 ………………………………………………… 84
  4.3 天然林保护修复制度存在的问题 ………………………………………… 87
  4.4 完善天然林保护修复制度建议 …………………………………………… 88

5 林草产业发展研究 …………………………………………………………… 91
  5.1 研究概况 …………………………………………………………………… 91
  5.2 产业现状 …………………………………………………………………… 93
  5.3 发展环境 …………………………………………………………………… 96
  5.4 目标定位 ………………………………………………………………… 100
  5.5 发展思路 ………………………………………………………………… 103
  5.6 产业布局 ………………………………………………………………… 109
  5.7 重点任务 ………………………………………………………………… 113
  5.8 政策建议 ………………………………………………………………… 118

6 重点生态工程研究 ………………………………………………………… 121
  6.1 研究概况 ………………………………………………………………… 121
  6.2 "十三五"时期重点生态工程实施情况 ………………………………… 122
  6.3 "十四五"时期重点生态工程建设形势分析 …………………………… 127
  6.4 强化统筹协调 …………………………………………………………… 131
  6.5 总体思路 ………………………………………………………………… 133
  6.6 "十四五"时期林业和草原重点生态工程 ……………………………… 135
  6.7 主要任务 ………………………………………………………………… 139
  6.8 保障措施 ………………………………………………………………… 144

7 草原资源保护现状、问题及对策研究 …………………………………… 145
  7.1 研究概况 ………………………………………………………………… 145
  7.2 草原资源现状 …………………………………………………………… 146
  7.3 草原资源保护监管情况 ………………………………………………… 150
  7.4 草原资源保护工作面临的形势分析 …………………………………… 155
  7.5 草原资源保护工作存在的问题 ………………………………………… 157
  7.6 "十四五"期间新疆草原发展的对策建议 ……………………………… 161

8 荒漠化及其防治研究 ……………………………………………………… 166
  8.1 研究概况 ………………………………………………………………… 166
  8.2 荒漠化和沙化土地现状 ………………………………………………… 167
  8.3 荒漠化和沙漠化的危害及成因分析 …………………………………… 172
  8.4 荒漠化和沙化防治措施、成效及存在的问题 ………………………… 177
  8.5 荒漠化和沙化防治的建议 ……………………………………………… 183

9 林草融合发展研究 ... 188
9.1 研究概况 ... 188
9.2 "十三五"时期林草资源保护基本情况 ... 189
9.3 "十三五"时期林草资源保护监管情况 ... 192
9.4 林草融合发展存在的问题 ... 196
9.5 林草发展面临的形势 ... 199
9.6 林草融合发展对策建议 ... 201

10 政策研究 ... 205
10.1 研究概况 ... 205
10.2 政策现状 ... 207
10.3 政策问题 ... 214
10.4 政策机遇与挑战 ... 218
10.5 政策建议 ... 219

11 区划布局研究 ... 231
11.1 研究概况 ... 231
11.2 自然保护地概况 ... 232
11.3 总体思路 ... 235
11.4 研究方法 ... 237
11.5 区划依据 ... 239
11.6 区划结果与分析 ... 243

12 综合覆盖度指标体系研究 ... 249
12.1 研究概况 ... 249
12.2 国内外主要森林和草原覆盖指标 ... 252
12.3 森林和草原覆盖指标应用分析 ... 260
12.4 林草资源基本情况 ... 266
12.5 林草覆盖状况规划目标 ... 280
12.6 研究建议 ... 284

参考文献 ... 286

1 新疆林业和草原发展"十四五"规划战略研究

本研究采用理论联系实际、规划引领实践的方法，目标导向和问题导向相结合，边研究、边推广、边应用，充分发挥了国家林草核心智库指导地方林草发展与实践的关键作用。研究成果基本思路被及时应用在《中共新疆维吾尔自治区委员会关于制定国民经济和社会发展第十四个五年规划和二〇三五年远景目标的建议》《新疆维吾尔自治区国民经济和社会发展第十四个五年规划和2035年远景目标纲要》。研究成果的核心内容全面应用于《新疆维吾尔自治区林业和草原发展"十四五"规划战略研究》。

1.1 自治区区情、林情和草情

新疆属于典型的生态脆弱地区，干旱少雨，森林植被稀少，水土流失严重，风沙危害突出，生态建设和保护的任务十分艰巨。林业和草原是生态建设的主体，在新疆没有林业和草原的可持续发展，就没有新疆大农业的可持续发展，就没有新疆经济社会的可持续发展，新疆社会稳定和长治久安的总目标也就无从谈起。近年来，自治区经济社会快速发展，生态环境明显改善，为"十四五"时期加快林草事业发展奠定了良好基础。

1.1.1 区 情

新疆位于亚欧大陆中部，地处祖国西北边陲，总面积166万平方千米，约占全国陆地总面积的1/6。新疆与8个国家接壤，陆地国界线5700多千米，约占全国陆地国界线的1/4，是古"丝绸之路"的重要通道，是各民族迁徙融合的走廊，是"多元一体"文化和东西方文明交融的地区。截至2019年年底，新疆辖4个地级市、5个地区、5个自治州共14个地级行政单位。新疆是一个多民族聚居的地区，共有55个民族，其中世居民族有汉族、维吾尔族、哈萨克族、回族、柯尔克孜族、蒙古族、塔吉克族、锡伯族、满族、乌孜别克族、俄罗斯族、达斡尔族、塔塔尔族等13个。

全自治区常住人口 2523.22 万人，超过 100 万人口的有维吾尔族、汉族、哈萨克族和回族 4 个民族。2019 年，全自治区国民生产总值为 13597.11 亿元，全国排名第 25 位。城乡居民人均可支配收入 23103 元，城镇居民人均可支配收入 34664 元，农村居民人均可支配收入 13122 元。

新疆的地貌可以概括为"三山夹两盆"。新疆北部为阿尔泰山脉，南部为昆仑山脉；天山横亘于新疆中部，把新疆分为南北两半，其南部为塔里木盆地（分布有塔克拉玛干沙漠），北部是准噶尔盆地（分布有古尔班通古特沙漠）。塔里木盆地面积约 53 万平方千米，是中国最大的盆地。塔克拉玛干沙漠位于盆地中部，面积约 33 万平方千米，是中国最大、世界第二大流动沙漠。片片绿洲分布于盆地边缘和干旱河谷平原区，现有绿洲面积 14.3 万平方千米，占新疆总面积的 8.6%，其中天然绿洲面积 8.1 万平方千米，占绿洲总面积的 56.6%。

新疆远离海洋，深居内陆，四周有高山阻隔，海洋气流不易到达，形成了明显的温带大陆性气候。气温温差较大，日照时间充足（年日照时间达 2500~3500 小时），降水量少，气候干燥。新疆年平均降水量为 150 毫米左右。但各地降水量相差很大，南疆的气温高于北疆，北疆的降水量高于南疆。最冷月（1 月），平均气温在准噶尔盆地为 -20℃ 以下，该盆地北缘的富蕴县绝对最低气温曾达到 -50.15℃，是全国最冷的地区之一。最热月（7 月），在吐鲁番平均气温为 33℃ 以上，绝对最高气温曾达至 49.6℃，居全国之冠。

根据新疆第二次土壤普查结果，新疆的土壤划分为 7 个土纲 32 个土类 87 个亚类，面积分布占比前 5 名的土壤类型分别是风沙土（22.7%）、棕漠土（14.19%）、棕钙土（8.63%）、寒冻土（6.1%）、石质土（5.02%）。

新疆水资源包括河流、湖泊、水库以及地下水资源。全自治区共有大小河流 570 余条，其中大部分是流程短、水量小的河流，年径流量 10 亿立方米以上的有 18 条，冰川储量 2.58 亿立方米，地表水年径流量 817.8 亿立方米，地下水年平均补径量 395 亿立方米。新疆湖泊众多，面积大于 500 公顷的天然湖泊有 52 个。新疆地处内陆干旱区，农业大省的定位和灌溉农业的特点，使得农业用水在总用水量中占据绝大部分份额，2016 年新疆农业灌溉用水占总用水量的 94.3%。

1.1.2 林情和草情

新疆森林在天山山脉、阿尔泰山脉及昆仑山脉等山地以寒温带针叶林分布为主，此外，塔里木河等内陆河流域分布着荒漠河岸林，伊犁河等诸多河流谷地分布着山地河谷林，以及在平原地区营造了各类人工林，各地分布有相对较多的经济林。根据全国第九次森林资源清查结果，全自治区森林面积 800 万公顷，森林覆盖率 4.87%。活立木蓄积量约 4.65 亿立方米，森林蓄积量 3.92 亿立方米，每公顷蓄积量 182.60 立方米。森林植被总生物量约 4.48 亿吨，总碳储量 2.19 亿吨。按林木所有权划分，新疆森林资源以国有为主，国有森林面积 686.43 万公顷、占 85.80%；蓄积量 3.21 亿立方米，占 81.89%。集体林面积 115.8 万公顷，占 14.48%；蓄积量 7063.22 万立方米，占 18.02%。按林种划分，新疆森林资源以防护林为主，防护林面积 682.28 万公顷，占 85.29%；蓄积量 4598.82 万立方米，占 11.73%。特用林面积 42.79 万公顷，占 5.35%；蓄积量 4083.77 万立方米，占 10.42%。新疆森林资源以天然林为主，天然林面积 680.81 万公顷，占 85.10%；蓄积量 3.11 亿立方米，占 79.34%。按林龄划分，新疆森林以近成过熟林为主，成过熟林蓄积量 2.915 亿立方米，占 74.36%。

新疆是中国传统六大牧区之一。全自治区天然草原面积 5752.88 万公顷，占新疆总面积的 34.66%，仅次于西藏自治区和内蒙古自治区，位居全国第 3，约占全国草地总面积的 1/6。其中，可利用草原面积 4800.68 万公顷，占全国可利用草原面积的 14.51%。其中，禁牧面积 966.6 万公顷，水源涵养地和草地类自然保护区 34 万公顷，草畜平衡面积 3606 万公顷。已承包草原面积 4480 万公顷，占可利用草原面积 97%。在全国 18 个草地大类中，新疆共有 11 类，分别为温性草甸草原类、温性草原类、温性荒漠草原类、温性草原化荒漠类、温性荒漠类、高寒草原类、高寒荒漠类、高寒草甸类、低地草甸类、山地草甸类、沼泽类，具有明显的水平地带性和垂直地带性分异特征。新疆天然草地优良牧草种质资源丰富，有各类牧草植物 108 科 687 属 3270 种（包括亚种和变种），分别占全国植物区系总科数的 30.5%，属数的 21.6% 和种数的 12.1%。世界著名的栽培优良牧草，在新疆均有大面积野生分布。

新疆湿地资源类型多样，具有典型性和独特性，分 4 类 17 型。主要分布在阿尔泰山、天山、昆仑山及阿尔金山和塔里木盆地、准噶尔盆地，总面积 394.82 万公顷（不包括水稻面积），占全自治区面积的 2.4%。其中，河流湿地 121.64 万公顷、湖泊湿地 77.45 万公顷、沼泽湿地 168.74 万公顷、人工湿地 26.99 万公顷。巴音郭楞蒙古自治州、阿勒泰地区、和田地区、喀什地区、阿克苏地区的湿地分布较多。第二次全国湿地资源调查显示，全自治区湿地维管束植物 1227 种（国家二级保护野生植物 10 种），隶属 40 目 93 科 380 属。

根据第五次荒漠化和沙化监测结果，截至 2014 年年底，新疆荒漠化土地总面积 107.06 万平方千米，占全自治区总面积的 64.49%，是我国荒漠化土地面积最大的省份。从气候类型来看，干旱区荒漠化土地面积 76.14 万平方千米，占荒漠化土地总面积的 71.12%；半干旱区荒漠化土地面积 28.97 万平方千米，占荒漠化土地总面积的 27.06%；亚湿润干旱区荒漠化土地面积 1.95 万平方千米，占荒漠化土地总面积的 1.82%。从荒漠化类型看，风蚀荒漠化土地面积最大，为 81.22 万平方千米，占荒漠化土地总面积的 75.86%。与 2009 年相比，5 年间荒漠化土地面积净减少 589.21 平方千米，年均减少 117.84 平方千米。新疆沙化土地面积为 74.71 万平方千米，占新疆总面积 45.01%，沙化土地面积扩展 367.18 平方千米，但扩展速度持续减缓，由 2009 年以前年扩展 82.8 平方千米缩减为目前的 73.44 平方千米。主要分布于乌鲁木齐、克拉玛依、和田等 14 个地（州、市）及 5 个自治区直辖县级市中的 89 个县（市）（含兵团）。

新疆生物多样性十分丰富，被誉为生物自然种质资源库。区内分布的野生植物 4000 余种，其中，国家一级保护野生植物 1 种，国家二级保护野生植物 8 种。全自治区草地可作为饲用的天然野生牧草数量达 2930 种[①]，占新疆饲用天然野生牧草的 89.6%。其中，价值较高的草地植物有 382 种。湿地维管束植物 1227 种。野生脊椎动物 700 余种，其中，国家一级、二级保护野生动物 116 种，占全国重点保护野生动物物种的 1/3。

新疆林木种质资源保护主要依托自然保护区、湿地保护区、国有林场和森林公园对 32 个珍稀、濒危、乡土和野生树种种质资源进行原地保护。例如国家级珍稀、濒危、重点保护的种质资源：野核桃、野杏、沼泽小叶桦、野生樱桃李、野苹果。天然银灰杨、银白杨、黑杨、额河杨等是我国唯一的天然杨树种质基因库。通过 2 个国家林木种质资源库、14 个国家林木良种基地、种质资源圃等对栽培种、野生种进行异地保存 4969 个（份）品种品系。

截至 2019 年年底，新疆共建立各类自然保护地 181 个，国家和自治区级各类自然保护区 51 个，147.74 万公顷；湿地公园 50 个，64.6 万公顷；森林公园 23 个，132 万公顷；沙漠公园 33 个，21 万公顷；风景名胜区 8 个，38 万公顷；自然遗产地 8 处，102 万公顷；地质公园 8 个，35

---

① 数据来源：《2017 年新疆草原资源与生态监测报告》。

万公顷。

新疆林草产业特别是特色林果业和种苗花卉业较为发达。2018年,全自治区特色林果总面积123.04万公顷(不含兵团),果品产量769.25万吨,产值488.12亿元,红枣、核桃、葡萄、杏等果品产量居全国前列。截至2019年,全自治区苗圃数量4990处,育苗面积3.46万公顷,苗量总产量11.81亿株,年产值49.11亿元。

1.2 林草发展进入新时代

林业草原事业是生态文明建设的重要阵地。新疆党委、政府对林业和草原事业高度重视并寄予厚望,新疆林草部门承担着重大使命,经过多年努力,新疆林草事业发展取得了历史性成就,进入了新时代。当前,站在全面建设"丝绸之路经济带"核心区生态屏障的新起点上,全自治区各级林草部门肩负新任务,面临新机遇和新挑战,机遇大于挑战,必须抢抓机遇、迎难而上,把林草事业推向全面发展新阶段。

1.2.1 "十三五"时期林草事业取得明显成效

"十三五"以来,新疆各级林草部门以习近平新时代中国特色社会主义思想为指引,深入贯彻落实习近平总书记对新疆工作的总要求,在自治区党委、政府的坚强领导和国家林业和草原局的关心支持下,切实协助维护社会稳定,深入推进林草生态保护建设,通过大规模国土绿化行动、大力开展防沙治沙、稳固完善绿洲防护林体系、保护修复自然生态系统、发展特色林果业、实施乡村振兴战略、助推脱贫攻坚等,全自治区林草资源和生态状况持续好转,资源环境承载能力不断增强,为"一带一路"经济走廊和"丝绸之路经济带"核心区改善了生态条件。全自治区生态资源稳定增长,重点生态工程顺利实施,重大改革稳步推进,生态治理能力显著提升,林草发展迈入历史上最快最好时期。"十三五"规划提出了森林覆盖率、森林蓄积量等4大类15项发展指标。主要指标总体进展顺利,15项指标达到或超过预期。其中,国家约束性指标2个:全自治区森林覆盖率提高到5.02%,增加了约0.3个百分点;森林蓄积量增加到4.27亿立方米,均超过预期水平。截至2020年,13项指标实现了目标要求,湿地保有量超过394万公顷,沙化土地治理面积189.17万公顷,区域生态状况得到明显改善(表1-1)。

表1-1 新疆林草发展"十三五"主要指标完成情况

指标	2015年	2020年
森林覆盖率(%)	4.7	5.02
草原综合植被盖度(%)	39.4	40.7
森林蓄积量(亿立方米)	3.67	4.27
湿地保有量(万公顷)	394.82	394.82
沙化土地治理面积(万公顷)	280	189.17
林业有害生物成灾控制率(‰)	<3	<3
林业产业总产值(亿元)	630	686.7

1.2.1.1 全力维稳和扎实推进脱贫攻坚

新疆林草部门牢记习近平总书记治疆方略和嘱托,坚定不移把聚焦总目标、确保"三不出",

作为一切工作的出发点和落脚点，把维护稳定作为压倒一切的政治任务，全力维护社会稳定和长治久安总目标的实现。扎实推进脱贫攻坚。时刻紧绷反恐维稳这根弦，不折不扣落实好自治区党委决策部署，确保林草系统每个单位、每个部门、每项工作领域和每片管护林区实现"三不出"。着力打好反恐维稳攻坚战，保持林业草原系统安全稳定，全力支持自治区社会稳定。

切实加强对生态扶贫工作的组织领导，摆在突出位置，认真研究谋划，周密安排部署，扶贫工作稳步推进。中央林业和草原改革发展资金的30%用于22个深度贫困县，坚持林草资金和项目向南疆4地（州）倾斜，投资占比高于35%，切实加强贫困地区生态保护与恢复。会同自治区发展改革委等6部门印发了《自治区生态扶贫工作方案》。选聘38200名生态护林员、5000名草原管护员，每名管护人员每年补贴1万元，带动了17.2万人精准脱贫。投入林草财政专项资金数十亿元，用于支持深度贫困地区林果企业、专业合作社建设，以及阿克苏、和田地区林果批发市场建设和南疆4地（州）林果有害生物飞机防治项目，培育林果加工产业体系，培育壮大新型经营主体，拓宽贫困户就业渠道，稳定林果产品价格。累计发放草原生态补奖资金上百亿元，惠及近40万户农牧民，户均增收500元/年。

1.2.1.2 国土绿化成效显著

2016—2019年完成造林79万公顷，2016—2018年完成森林抚育面积33.66万公顷，林地面积达到2133万公顷，森林面积达到800万公顷，森林覆盖率达到4.87%，绿洲森林覆盖率达到28%，森林蓄积量达到3.92亿立方米，森林资源总量和质量实现持续增长的良好态势。认真抓好重大工程建设，积极推进退耕还林还草，三北防护林五期工程，阿克苏河、渭干河百万亩林业生态建设和阿克苏市空台力克百万亩林业生态建设等百万亩国土绿化重点工程建设，积极推进农田防护林和村庄绿化美化工作。实施各类重点生态工程建设71.69万公顷，其中：天然林资源保护工程二期造林2.75万公顷，其中人工造林0.68万公顷，飞播造林2.07万公顷。实施新一轮退耕还林21.99万公顷，三北防护林工程36.67万公顷，天山北坡谷地森林植被保护与恢复工程5.86万公顷，塔里木盆地周边防沙治沙工程5.47万公顷。启动塔河胡杨林拯救行动，将塔里木河流域"四源一干"河流两侧胡杨林集中分布的11个县市和1个自然保护区确定为拯救范围，计划用3年时间对40.67万公顷退化胡杨林引洪灌溉，使胡杨林退化趋势得到遏制，区域生态系统进一步修复。加强农田林网建设，12个地州市、82个县（市）基本实现了农田林网化，全自治区90%的耕地受到林网庇护，开展440公顷高标准农田防护林试点建设。围绕乡村振兴战略，开展750个乡村绿化美化建设，筑牢乡村振兴的生态基础。创新林草发展机制，坚持"谁造林、谁经营、谁受益"的原则，充分调动社会各界造林种草积极性，提高了国土绿化的可持续发展能力。扩大国土绿化全民参与，持续开展新疆全民植树节活动，各族群众平均每年完成义务植树达1.2亿株，青少年参与植树人数逐年增加。

1.2.1.3 湿地保护有力加强

"十三五"以来，不断加大湿地保护力度，全自治区394.82万公顷湿地得到有效保护修复，湿地面积居全国第五位。新增国家级湿地公园19处，国家湿地公园累计51处，面积94万公顷，通过国家验收挂牌29处。先后出台《新疆湿地保护与修复工作实施方案》《新疆湿地保护修复工程"十三五"规划》《新疆重要湿地确认办法》《新疆湿地公园管理办法》等制度规章，推动湿地从抢救性保护向全面保护转变，湿地生物多样性、生态环境有效恢复，初步形成了以湿地自然保护区和湿地公园为主，湿地保护小区等为辅的湿地保护格局。落实湿地保护工程项目资金3.18亿元，从河流湿地、湖泊湿地、沼泽湿地、人工湿地入手，实施一系列湿地保护工程和综合治理项目，加强天山、阿尔泰山河流源头湿地修复以及艾比湖、赛里木湖等生态脆弱区重要湿地保护，局部湿地萎缩、退化趋势得到有效遏制。部分流域连续两年实现生态输水，沿河湿地不断恢复。

1.2.1.4　草原生态状况逐步改善

推进草原重大生态工程，对生态脆弱草场实施禁牧限牧，着力遏制草原退化，集中治理严重退化和生态脆弱草原，加快草原生态补偿步伐，助力转变草场发展方式，强化草原保护责任，草原绿色生态屏障更加稳固。"十三五"期间，落实草原生态保护补助奖励资金123.86亿元，实施禁牧草原面积1000万公顷，草畜平衡面积3600万公顷。草原超载率下降至8.7%。大力实施退牧还草工程围栏建设73.33万公顷，退化草原补播改良27.93万公顷，人工饲草地建设10.13万公顷，毒害草治理12万公顷，棚圈补助4.0366万户。实施退耕还草6.18万公顷、农牧交错带已垦草原治理试点12.37万公顷，积极推进退化草原人工种草生态修复治理项目试点，不断提升草原生态和服务功能。据监测，2018年，综合植被盖度、综合植被高度分别为40.98%和26.69厘米。

1.2.1.5　防沙治沙实现重大突破

新疆是全国沙化土地面积最大、分布最广、危害最严重的省份。"十三五"期间，依托三北防护林、退耕还林、塔里木盆地周边防沙治沙等重点工程，完成沙化土地治理164.44万公顷。其中，林业和草原部门完成沙化土地治理158.38万公顷，水利部门完成水土保持重点工程5.19万公顷，农业部门完成耕地休耕试点0.87万公顷。造林种草62.41万公顷，森林抚育87.41万公顷，沙化土地面积扩展速度持续减缓，新增25个国家沙化土地封禁保护区和两个防沙治沙示范区，新增保护面积28.31万公顷，沙源地进一步减少，植被恢复明显。现有沙化土地封禁保护区43个，面积达53.93万公顷。加强技术治沙，无灌溉造林技术提高了固定、半固定或部分流动沙丘人工植苗造林的成活率，使植被覆盖度低于10%的干旱风沙区，植被得到一定程度的恢复。推广柽柳+肉苁蓉、无灌溉造林、工程治沙、低覆盖度造林等一批先进实用的治沙模式。活化激励政策和激励机制，形成了政府主导、企业带动、多主体参与、多元化投资的防沙治沙格局。沙漠侵蚀人类生存空间的情况得到初步遏制，沙区人居环境不断改善，特别是阿克苏柯柯牙荒漠化治理取得显著成效，成为全国生态系统修复的典范。

1.2.1.6　自然保护地建设不断加强

"十三五"期间，新疆可可托海国家地质公园跻身世界地质公园行列，实现全自治区世界自然遗产和世界地质公园零的突破。4个自然保护区晋升为国家级，新建面积达7.55万公顷；新建湿地公园有10个，均为国家级湿地公园，新建面积达5.25万公顷；新建5个森林公园，1个晋升为国家级森林公园，新建面积达7.11万公顷；3处地质公园和1处风景名胜区晋升为国家级，新建面积达到19万公顷；获批9个沙漠公园，新建面积3.38万公顷。有效地保护了新疆绝大部分的珍稀野生动植物资源和典型生态系统，新疆北鲵、普氏野马等种群迅速恢复。加快推进了自然保护区"一区一法"立法进程，通过了《新疆维吾尔自治区卡拉麦里山有蹄类野生动物自然保护区管理条例》，艾比湖湿地、塔里木胡杨林等一批自然保护区也已颁布制定了管理法规，提高了管理水平。生态移民有序推进，保护区边缘森林地带的牧民陆续搬离，人类活动影响大幅减少，仅保留了科考、巡护管理等必要活动。基础工作扎实有力，全自治区14个国家级自然保护区完成综合科学考察报告和自然保护区总体规划编制工作。建立了新疆北鲵科研宣教中心。快速推进保护地整合优化工作，全面启动自然保护地调查评估，完整核实了各类保护地界线范围、功能分区、总规批复、现地落界等多源信息；基本掌握了机构设置、管理程度、建设内容以及分设机构、部门归并、转隶后的人员更迭等基础信息，初步摸清了自然生态系统及生物多样性、自然遗迹、自然景观及其所承载的自然资源本底、生态功能、文化价值状况。完成了温泉新疆北鲵、阿勒泰科克苏湿地等一批自然保护区勘界立标工作。

1.2.1.7 资源保护管理全面提升

坚持最严格的生态资源保护制度，健全和完善以检查和监理为手段的管理体系，提高林草资源保护管理水平。对天然林和公益林实施严格保护，全自治区天然林面积由602.70万公顷增加至680.81万公顷。国家级公益林补偿总面积达880万公顷。出台《进一步加强森林资源管理工作的意见》，与直属山区国有林管理局签订"保护森林资源目标管理责任书"，落实管护责任。加强林地管理，实施"总量控制、定额管理、合理供地、节约用地、占补平衡"的林地管理机制。建立建设项目使用林地现场查验机制和使用林地报告编制质量信用档案管理制度。加强采伐管理，推进森林可持续经营。森林灾害防控能力明显提升。森林火灾呈现平稳下降趋势，平均受害率仅为0.01‰；有害生物成灾率控制在0.1‰左右，低于国家4‰以下的总体要求。珍稀濒危物种保护工作有效开展，初步建成了覆盖全自治区的野生动物疫源疫病监测救护网络。完善监测体系，提升森林资源监测水平，修正"林地一张图"，完成新疆森林资源第九次清查，开展森林资源生态质量和生态效益典型性监测评估。强化监督执法，不断提升林业草原行政执法水平。

1.2.1.8 林草产业快速发展

按照自治区"稳粮、优棉、促畜、强果、兴特色"的要求，大力推进林草供给侧结构性改革，以提质增效为抓手，有效促进林草产业健康持续发展。2018年，新疆林业总产值706.2亿元，主要林产工业产品产量35.86万立方米，主要经济林产品产量769.7万吨。林果面积已达到123万公顷，产量达769万吨。形成以环塔里木盆地红枣、核桃、杏、香梨、苹果、巴旦木、葡萄等为主的南疆特色林果主产区，以鲜食和制干葡萄、红枣为主的吐哈盆地优质高效林果产业带，以鲜食和酿酒葡萄、枸杞、小浆果等为主的伊犁河谷林果产业带和天山北坡特色林果产业带。特色林果收入占农民收入25%以上，一些林果重点县占比已超过50%，特色林果主产区农民人均林果业纯收入突破3000元，占农民人均年纯收入的1/3。自治区政府印发《关于进一步推进特色林果业提质增效工程建设的通知》，明确了林果业发展方向、重点任务和主要措施。全力打造精品林下经济示范基地，林下种植面积70.13万公顷，涉及人口57.75万户，年产值15亿元。森林旅游业不断壮大，共有国家生态旅游示范区2家(那拉提景区和巴尔鲁克景区)，自治区级生态旅游示范区11家。全自治区森林公园接待旅游人数3484万人次，收入12.1亿元。截至2019年，全自治区苗圃数量4990处，育苗面积3.46万公顷，苗量总产量11.81亿株，年产值49.11亿元。种苗生产供应体系不断完善，建立了以良种基地、保障性苗圃为主力，国有、集体、个人、股份制等多种所有制共同发展的生产供应体系。主要造林树种良种使用率达93.97%。林木良种选育推广体系取得新进展，全自治区经审(认)定通过的林木品种共334个。

1.2.1.9 林草改革扎实推进

按照国有林场改革要求，明确界定了国有林场生态责任和保护方式，推进国有林场政事分开、政企分开，完善了以购买服务为主的公益林管护机制，健全森林资源监管体制及职工转移就业机制和社会保障体制。坚持国有林场公益性导向，全自治区107个国有林场确定为公益类事业单位101个，企业6个。自治区直属25个林场列入全额预算事业单位，基本完成国有林场改革任务，建立了国有林场森林资源监管机制、保护管理考核机制，完善了以购买服务为主的公益林管护机制。稳步推进集体林权制度改革。印发了《关于完善集体林权制度的实施意见》，完成集体林权确权面积82.15万公顷，确权率83.6%。制定出台了《自治区农村林地贯彻落实"三权分置"意见的实施方案》《自治区集体林权流转管理暂行办法》，积极探索林地"三权分置"机制，林地流转面积8660公顷。

1.2.1.10 支撑保障全面增强

生态文明法治建设不断完善，基本形成了较为完善的生态保护法规体系和执法氛围，修改完善了《新疆维吾尔自治区中央财政林业补助资金管理实施细则》等多部法规。林草科技全方位进步，建成国家级生态定位观测研究站4个。人才队伍建设成效显著，一大批中青年技术骨干脱颖而出，少数民族技术干部逐步成熟，进入到关键岗位。林草援疆扎实推进，党的十八大以来，中央安排新疆林业资金投入达192亿元，各省（直辖市）林业部门投入2.8亿元。对外交流不断深入，与周边国家在防沙治沙技术、特色林果发展等方面开展多角度高层次交流。科研攻关明显加强，以苹果树枝枯病病原流行及成灾规律、关键防控技术、抗病种质材料创新3个研究方向为重点，设立3大课题12个子课题。

1.2.1.11 生态文化蓬勃发展

以天山、阿尔泰山、荒漠胡杨、平原湿地为代表的森林草原文化和以红枣、核桃、苹果、香梨等为代表的新疆林果文化得到广泛传播。生态文化产品层出不穷，制作了《扶贫大芸》《绿色长城》等生态文化电影，以及《筑梦绿色新疆》《大美新疆林果飘香》《新疆三北防护林工程40周年专题片》《新疆退耕还林工程20年政论片——迈向生态文明建设新时代》《新疆退耕还林工程20周年专题片》等生态文化专题片，出版了《大美新疆　绿色华章》《美丽新疆　绿色丰碑》《情出大漠》《绿叶子金叶子——阿克苏地区库车县防沙治沙播绿惠民刀郎农民画选集》等生态文化画册。参加编写《中国草原生态文化》。积极参与中国生态文化协会开展的"华夏古村镇生态文化纪实"项目研究，有3个村被授予"全国生态文化村"称号。截至目前，全自治区已有15个村荣获"全国生态文化村"称号。散文集《野性的呼唤》《动物的生命记忆》2部生态文化作品，荣获第五届自治区优秀科普作品图书类金奖。

1.2.2 林草事业进入了新时代

随着中国特色社会主义进入新时代，新疆"五大建设"事业发展也同步进入了新时代。党的十八大以来，作为生态文明建设主阵地的新疆林草事业，得到了自治区党委、政府的高度重视和亲切关怀，以习近平新时代中国特色社会主义思想为引领，以维护新疆稳定安全、建设美丽新疆为总的目标任务，取得了一系列历史性成就，形成了一系列有利新局面，展现了一系列新作为，标志着新疆林草事业发展迎来新时代。

一方面，习近平新时代中国特色社会主义思想的新成果，成为林草事业进入新时代的新指针。新疆是我国西北重要安全屏障，战略地位特殊、面临问题特殊。党的十八大以来，以习近平同志为核心的党中央，着眼新疆改革发展面临的新形势、新任务、新挑战，提出了依法治疆、团结稳疆、长期建疆一系列新思想新论断，形成了新时代党的治疆方略，成为习近平新时代中国特色社会主义思想的重要组成部分。中央治疆方略精准把握了新疆战略地位的"两个特殊性"，提出了社会稳定和长治久安是新疆工作的总目标。发展是新疆长治久安的重要基础。坚持紧贴民生推动高质量发展。林业草原事业守护面积大、历史积淀长、服务对象广、贴近基层实，已经在维护新疆稳定团结中发挥了不可替代的重要作用，上万名林草管护员、基层工作队伍是维护稳定的第一线，近千亿林草产业是就业增收、富农促稳的"稳定器"，中央一系列林草援疆动作和重大生态工程是改善新疆人居面貌、维护新疆稳定的长期润滑剂。新时代，林草事业既是落实中央治疆方略重要组成部分、占据更加重要的地位，也必将在助力实现社会稳定和长治久安总目标中体现全新的责任担当。

另一方面，党的十八大以来，习近平总书记对林业草原工作作出了一系列重要指示批示，成为习近平生态文明思想的重要内容，为林草事业发展指明了前进方向、提供了根本遵循。习近平总书记多次强调指出：绿水青山就是金山银山；要把生态环境保护放在更加突出的位置，像保护眼睛一样保护生态环境；要全面保护天然林，保护好每一寸绿色。习近平总书记在参加新疆代表团审议时强调，加强生态环境保护，严禁"三高"项目进新疆，加大污染防治和防沙治沙力度，努力建设天蓝地绿水清的美丽新疆。在习近平生态文明思想引领下，我国生态文明建设取得了历史性成就，已经进入发展新阶段。自治区党委高度重视生态文明建设，多次对林业草原工作作出重要批示。地方各级党委、政府推动生态文明建设的主动性和自觉性不断增强，生态文明意识和法治观念深入人心。全自治区林草系统要全面把握和积极适应习近平新时代中国特色社会主义思想新理念、新要求、新目标和新部署，深刻领会其基本内涵并加以贯彻落实，坚决扛起生态文明建设的政治责任，着力解决突出生态问题，持续改善全自治区生态环境质量，奋力开创新疆生态良好新局面，努力践行和充分展现习近平新时代中国特色社会主义思想的新疆作为、林草担当。

1.2.2.1 历经艰辛探索取得的历史性成就，标志着林草事业进入新时代的发展新起点

党的十八大以来，在自治区党委的坚强领导下，在国家林业和草原局的大力支持下，新疆林业草原各个领域加快发展。新疆生态文明建设的进步，成为"美丽中国""美丽新疆"理念的最好诠释，为全自治区林草事业进入新时代奠定了坚实基础。全自治区连续多年实现森林面积、蓄积量及森林覆盖率、绿洲森林覆盖率"四个"持续增长，标志着林草事业发展进入一个新阶段，即发展主线由总量增长转变为数量和质量并重、质量优先，推动全自治区林草事业发展目标、战略和举措深刻变革，带来重大影响。形成了历史上前所未有的严格保护新格局：实行历史上最严格的生态保护制度，保护林草资源的理念和行动已经全面升级并细化落实，已经由采伐利用向保护培育转变、由点上保护和分散保护向自然保护地体系保护、大规模保护转变，依法对永久性积雪、重要水源涵养区、饮用水水源地保护区、世界自然遗产地、风景名胜区、自然保护区和重要河流、湖泊、湿地等实施强制性保护，全面停止了天然林商业性采伐，特别是把塔里木河流域的胡杨林列为生态公益林予以重点保护，在十分恶劣的自然条件下让千年胡杨林重新焕发生机。创造了全国独一无二的林果业发展规模和发展特色：林果产业发展始终走在全国前列，林果业发展规模和质量都已跃上新台阶，接近千亿元、突破千亿吨，品牌效应在全国十分响亮，中国新疆特色林果产品博览会年度成交金额超过200多亿元，成为全国林业六大展会之一。取得了绿色惠民富民重大标志性突破：生态护林员规模和带动脱贫规模在全国举措实、影响大，位居前列，退耕还林还草等重大工程实施效果十分显著，亮点非常突出。总的来看，新疆林草事业在许多方面发生深层次变革、取得历史性成就，迈入历史上最快最好时期，越来越多的新疆人深刻认识到，保护与发展并不矛盾，绿水青山和金山银山可以双赢，生态文明、绿色发展日益成为各族群众的共识，引领全自治区社会各界形成新的发展观、政绩观和新的生产生活方式，这些开创性的格局和成就，标志新疆林草事业发展站在了十分有利的新起点上。

1.2.2.2 国家对自治区赋予新的更高战略定位，找准了林草事业进入新时代的新坐标

伴随社会主义各项事业发展进入了新时代，国家对新疆发展赋予了全新战略定位，标志着新疆林草事业站在新的高度。国家实施"一带一路"倡议，对新疆作出了建设"丝绸之路经济带"核心区的战略定位，更加凸显和提升新疆在国家发展战略中的生态地位。我国已由高速增长阶段转向

高质量发展阶段，新疆推进生态文明建设，更加需要保持战略定力，已经由过去的"要我保护"转变为现在的"我要保护"，已经由过去的不可持续增长转向绿色可持续发展，越来越多的地州市将采矿枯竭地、荒山荒坡、沙化土地变成了生态湿地和森林乡村，优质林草产品显著增加，新疆林草事业迈入高质量发展的新阶段。自治区着力建设美丽新疆、实施乡村振兴战略、落实西部大开发战略，林草事业通过加强生态建设保护，统筹山水林田湖草系统治理，加快推行乡村绿色发展方式，加强农村人居环境整治，提升绿洲生态环境质量，构建人与自然和谐共生的乡村发展新格局，得到了全方位提升、全领域拓展、高速度推进。自治区聚焦总目标、落实总目标的思想不断深入和全面落实，提出完成固定资产投资1.5万亿元、增长50%，做优特色林果业、提升果品产量和品质，在南疆培育100个特色小城镇、转移100万农牧民，深入推进供给侧结构性改革，抓好生态工程建设，建设林果标准化示范园，推动特色林果业转型升级，大力发展森林草原旅游康养产业。这些既是林草事业工作的基本遵循，也是加快林草改革发展的新坐标新方位。

1.2.2.3 机构改革后林草融合发展格局，体现了新时代林草事业的新作为

2018，国务院机构改革，将林业和草原融为一体，各类自然保护地实行统一监管，生态保护修复职责实现了集中统一。这种体制优势，加强了森林、草原、湿地监督管理的统筹协调，国土绿化及退牧还草、退耕还草等重要生态系统保护修复工程的实施从机构上得到加强和统一，在一定程度上解决了林草职能交叉重叠、纠纷不断、一地多证等问题。将原来分属几个部门管理的自然保护区管理职责归并为林草部门管理，将原来住建部门、环保部门和国土部门有关自然保护区的部分职能划入国家林业和草原局，加快了建立以国家公园为主体的自然保护地体系步伐，统一推进各类自然保护地的清理规范和归并整合，极大推动了国家生态安全保障体系建设。在空间上实现了对林业、草原、湿地、荒漠等生态系统和全自治区各类自然保护地的统一监管；在保护修复上，具备了实施山水林田湖草一体化综合治理、系统治理的有利条件；在生产生活上，监管范围和监管工作领域几乎涵盖畜牧经济、生态经济、旅游经济等主要经济范畴涉及的活动；新疆林草事业在维护社会稳定和长治久安以及全自治区高质量发展中的分量更重、成色更足、贡献必将更加显著。作为生态文明建设主体责任部门，要顺应时代，从重视生产向重视生态转变、从生态建设部门向资源综合监管部门转变、从传统管理方式向现代管理方式转变、从地方眼光向全国视角、全球视野转变，充分体现新时代新部门的新作为。

1.2.2.4 林草部门承担的艰巨目标任务，赋予了林草事业进入新时代的新使命

机构改革后，新疆林草事业面临的艰巨任务、管理范围、事业规模，在全国来讲都是极为罕见的。改革后管理的林地、草地、湿地等重要生态系统面积近6700万公顷，各类自然保护地达201个，工作任务越来越重，其中很多都是全新职能；自治区党委提出"把林果业作为重点产业来打造"，对林果业给予了更高期望，迫切需要尽快解决好林果品种不够优(多的不"好"，"好"的不多)、品质不够高(品种混杂，核桃空壳率高，红枣"皮皮枣"多)、田间管理粗放、科技力量不足等问题；绿洲内外、南北疆之间、城乡之间生态差距较大，森林覆盖率只有4.87%，增加林草面积，加快国土绿化的任务还十分艰巨。另一方面，林草事业是推动实现美丽新疆目标的重要阵地，当前，随着生态保护修复深入推进，实现美丽新疆目标质量要求更高、实现的难度逐渐加大，特别是伴随基本实现美丽中国目标从2050年提前到2035年，实现美丽新疆目标的时间要求和速度要求也更快，这必然要求林草事业全方位的升级和转变。同时，新疆林草系统抵御和防范"三股势力"渗透的任务依然艰巨。艰巨而复杂的林草发展任务也是新疆进入新时代的重要契机。这些新任务新要求新内涵，使新疆林草事业发展的空间格局、任务要求、规模速度发生根本性的变化，林

草事业发展承担着更加重要的历史使命。

1.2.3 新时代林草发展的重大机遇

新时代，是新疆聚焦社会稳定和长治久安总目标、全面构建"丝绸之路经济带"核心区生态屏障、维护国家生态安全的重要机遇期，也是实现全自治区林草事业全面转型提升的黄金时期，林草改革发展面临难得的重大历史机遇。

1.2.3.1 加强生态文明建设为新疆林草事业发展指明了方向

党的十八大把生态文明建设纳入中国特色社会主义事业"五位一体"的总体布局，融入经济、政治、文化和社会建设的各方面和全过程，确立了建设美丽中国的宏伟目标。党中央、国务院站在战略和全局的高度，对生态文明建设提出了一系列新思想新论断新要求，作出了一系列重大决策部署。先后出台了《关于加快推进生态文明建设的意见》《生态文明体制改革总体方案》等重要文件，明确提出把生态文明建设放在突出的战略位置，使蓝天常在、青山常在、绿水常在，实现中华民族永续发展。特别是，林业草原作为生态文明和美丽中国建设的重要阵地，得到了空前重视。习近平总书记多次对生态文明建设和林草改革发展作出重要指示批示，强调森林关系国家生态安全，把生态文明建设和林草事业发展提升到前所未有的战略高度。新疆维吾尔自治区党委、政府认真贯彻落实中央要求，制定了生态立区的重大战略，确立了建设美丽新疆的目标。高位推动加快构建"丝绸之路经济带"核心区生态屏障，着力实施了"丝绸之路经济带"核心区生态屏障、林果业精准提升等多项生态保护工程。自治区党委、政府印发了《关于进一步加强全区生态文明建设的实施意见》《自治区实施〈党政领导干部生态环境损害责任追究办法（试行）〉细则》等一系列重要文件，初步构建了生态文明建设制度体系的"四梁八柱"。自治区党委、政府高度重视林草工作，克服自然条件差、财政收入少等困难，大力推进林草事业发展，出台了《关于完善集体林权制度的实施意见》《新疆特色林果业转型升级发展规划》等一系列政策规划，逐步建立健全体制机制。国家不断加强生态文明建设，新疆坚定坚决贯彻习近平生态文明思想，落实新发展理念，不断完善生态文明建设的体制机制，有效激发了林草事业发展的活力和动力，既为林业草原工作提出了更高要求，也为林草改革发展带来了全方位的战略机遇。

1.2.3.2 国家重大战略实施为新疆林草事业发展注入了强劲动力

"一带一路"建设上升为国家战略，新疆在"一带一路"倡议中地位重要，中央明确新疆作为"丝绸之路经济带核心区"。围绕这一战略定位，新疆已实施多项工程，在政策沟通、设施联通、贸易畅通、资金融通、民心相通为主要内容的"五通"方面取得重要进展。"丝绸之路经济带"核心区建设为新疆林草发展提供了资金、技术、政策、人才等良好条件，新疆林草事业必须抓住难得的发展机遇。自治区党委、区政府认真贯彻落实中央决策部署，确定了切实承担起维护"丝绸之路经济带"核心区生态安全的重要责任，将推进天然林资源保护、公益林管护、湿地保护与恢复、退化草原修复、自然保护地建设等作为重点建设内容，重点围绕"三山两盆"开展一系列重大生态保护修复工程，推进新疆生态保护、特色林草产业及生态旅游等快速发展，不断改善脆弱的生态环境，加快构建"丝绸之路经济带"核心区生态屏障，为"丝绸之路经济带"核心区建设和中巴经济走廊建设保驾护航，为国家生态文明建设探索可借鉴可复制的林业草原发展路径和经验。

另外，国家大力实施西部大开发、乡村振兴、精准脱贫等重大战略，在新疆全自治区落地了一大批林草重大项目，陆续推出了一大批重大政策举措，为加快林业草原改革发展提供了重要平台和机遇。通过参与实施这些重大战略，为全自治区对接国家林业草原高水平建设、落实国家林草重大目标和任务、实现全自治区林业草原持续健康发展,创造了十分有利的条件。

1.2.3.3　高质量发展为新疆林草事业发展提出了更高要求

党的十八届五中全会将绿色发展作为五大发展理念之一,党的十九大进一步明确,我国经济已由高速增长阶段转向高质量发展阶段。随着我国经济社会发展进入高质量发展新阶段,林业草原改革发展的内外部环境正在发生深刻变化,加强供给侧改革和生态提速增质是新时期对林业草原改革发展的新要求。高质量发展下,要求林业草原发展要充分统筹经济、社会和生态三大效益,增加多元投入,强化科技支撑,加强生态保护修复,大力发展绿色产业,既要切实打好还欠账、增容量、提质量的生态攻坚战,也要增加经济总量,丰富优质生态产品和林产品供应,为稳增长,满足社会高品质生态需求作出积极贡献。高质量发展要求林业草原强化创新驱动,培育发展新动力,拓宽发展新空间,构建发展新机制,实现提质增效;加快完善生态文明制度,用严格的法律制度保护生态环境;厘清政府和市场权责,更好地发挥政府在生态保护和建设中的重要作用,充分发挥市场在资源配置中的决定性作用。对于新疆林草事业来讲,带来了发展理念、体制机制、政策制度等全方位的转变和完善,也必须加快适应高质量发展,不断夯实林草事业在新疆经济社会发展中的基础地位,对生态系统实行整体保护、系统修复和综合治理,推进特色林果业精深加工,创新发展林草生态旅游,着力解决林草发展中生态保护体制机制不顺、生态建设空间布局不系统、林草产业经营水平不高等问题,注重实现人与自然和谐共生,提供更多的优质生态产品,实现林草高质量发展。

1.2.3.4　国家特殊支持政策为新疆林草事业发展带来了重要机遇

近年来,以习近平同志为核心的党中央高度重视新疆社会稳定和长治久安,主持召开了中央新疆工作座谈会,成立中央新疆工作协调小组,专门制定出台了一系列有利于新疆经济社会发展的特殊政策和措施,定期召开全国对口支援新疆工作会议,安排部署援疆工作,为维护新疆稳定安全、促进包括林草事业在内的全自治区经济社会发展提供了有力保障。国家林草部门认真贯彻落实中央援疆要求,第七次全国林业援疆会议明确林业援疆今后以推进南疆4地州深度贫困地区脱贫攻坚为根本任务,创新性利用金融资金,扶持当地林业生态扶贫工程、林果业提质增效、绿洲生态建设等。"十三五"以来,国家累计安排新疆生态保护和修复中央预算内投资51.4亿元,支持新疆实施重点防护林、天然林资源保护、退耕还林还草等重点生态工程,印发《新疆南疆林果业发展科技支撑行动方案》等重要文件,在改善新疆生态环境的同时,有力地促进了当地特色林果业发展,增加了群众收入。全国林草援疆工作已制度化、常态化,国家林业和草原局和19个对口援疆省(直辖市)林业草原部门将继续提供项目、资金、人才、科技等方面的大力支持,对全自治区林草重点工作、技术帮扶支持、政策机制创新、干部队伍能力建设等提供了全方位支持,为新时代新疆林草高质量发展提供了新动力。

1.2.3.5　良好的国际合作环境为新疆林草事业发展提供了广阔舞台

"十四五"时期,新疆林草改革发展面临着有利的国际机遇。新疆区位优势明显,世界向东,中国向西,是东西方历史文化的交汇地,是全球经济发展的聚焦点,已经发展成为亚欧区域合作中心、"丝绸之路经济带"核心区,在国家战略中的地位和欧亚经济格局中的地位得到全面提升。新疆与印度、巴基斯坦等8个国家接壤,是"一带一路"互联互通蓝图中的重要节点,也是中巴经济走廊的必经之路。国家对新疆体制改革和政策体系配套进一步升级,新疆着力推进"一港""两区""五大中心""口岸经济带"建设。中国—亚欧博览会连续多届在乌鲁木齐举办,已经成为新疆实现跨越式发展和长治久安的重大战略举措。特别是,我国推进"一带一路"绿色发展,出台了

《关于推进绿色"一带一路"建设的指导意见》，建立了"一带一路"防治荒漠化合作机制，提出要建成较为完善的生态环保服务、支撑、保障体系，实施一批重要生态环保项目。这些政策和工程为新疆林草发展提出了更高要求，也提供了广阔空间，有助于促进新疆林草绿色产业发展，完善林草法律法规和标准，实现林草治理能力现代化。通过加大林草国际交流合作，尝试建立"丝绸之路经济带"生态修复合作机制，有利于推广新疆防沙治沙、退化草原修复等方面的理念、技术和成功经验，为讲好新疆林草故事创造有利的外部环境，也为"一带一路"建设提供有力的服务、支撑和保障，为我国参与全球生态治理、打造利益共同体、责任共同体和命运共同体作出贡献。

1.2.4 新时代林草发展面临的困难和挑战

虽然新疆林草建设取得了显著成就，但自然条件制约、经济发展滞后，资源开发依赖程度强，生态环境压力持续增加，尤其是在当前经济下行压力加大、生态承载力有限的情况下，面临满足人民群众生态需求、实现中央"五位一体"战略布局目标和大美新疆目标，全自治区林草事业发展面临着不小挑战。特别是自然生态环境极其脆弱、生态承载力不高、生态用水短缺、土地沙化、草地退化、自然灾害、资金短缺等问题，仍然是制约全自治区经济社会发展的主要瓶颈。林草发展方式传统，绿水青山转化为金山银山的机制还不成熟，多功能林草产业发展不足，体制机制缺乏活力，改革难度较大，基础支撑薄弱，林草事业发展依然任重道远。

1.2.4.1 生态环境脆弱与经济开发需求的矛盾突出

新疆森林生态系统脆弱，荒漠化和沙化土地面积均为全国最大，是全国荒漠化沙化危害最为严重的省份之一，自然生态环境极其脆弱、生态承载力不高。长期以来土壤退化、水土流失、荒漠化和草场面积减少等生态环境问题未得到根本性解决。特别是，近年来随着"丝绸之路经济带"核心区、"三通道一基地"等重大战略的实施，新疆煤电化工、纺织印染等产业快速发展，虽然生态保护修复工作取得积极进展，但经济发展过度依赖能源资源开发，局部环境污染和生态破坏问题较为突出，有的地方重发展、轻保护的观念没有从根本上转变过来，导致对林业草原事业重视不足，对生态保护修复工作要求不严、落实不力。同时，随着新型工业化、信息化、城镇化、农业现代化深入发展，各类建设项目向林地草原转移趋势明显，林草资源保护压力很大。加之自然灾害，如林草火灾、林草病虫害等仍然高发，林草资源破坏行为时有发生，森林、草原、湿地和野生动植物资源保护修复的任务和难度越来越大，维护生态安全底线的压力日益加大。

1.2.4.2 与贯彻落实党中央保护生态一系列要求还有差距

党中央、国务院对新疆生态保护尤为关心，针对新疆实际，对保护新疆生态系统提出了一系列要求，特别是对新疆生态质量提出了"只能变好、不能变坏"等特别明确、特别过硬的具体要求。对于新疆林草部门来讲，要贯彻落实这些要求，挑战不少、任务艰巨。从外部看，新疆与全国一样都处于经济增长速度换档期、结构调整阵痛期、前期刺激政策消化期"三期叠加"阶段，经济下行压力较大、发展压力巨大。在这些直接关系林草事业发展的外部重大因素影响下，贯彻落实中央要求与外部条件更加趋紧、多重任务叠加、多种挑战并存之间存在许多困难和问题，林草部门必须以更加务实创新的思路、超常规的举措、舍我其谁的气魄，才能确保全面落实中央生态保护红线、提高生态质量的目标任务。从内部来看，新疆林草事业虽然近年来制度建设、工程治理、基础保障等全面增强，但草原保护制度尚未制定，天然林资源保护、湿地保护、沙化土地封禁保护修复制度等在新疆落实过程中也存在资金不到位、力度和措施不足等问题，新疆基层林草管护员流失严重、科技支撑不足等基础薄弱，全自治区林草部门在实现中央要求方面任务艰巨繁重。

1.2.4.3 生态治理"硬骨头"越来越多、难度越来越大

新疆自然条件严酷，生态承载力不足，局部生态恶化趋势尚未得到根本扭转，生态保护修复任务繁重，生态建设中还存在短板和不足。一是造林的立地条件越来越差。新疆是绿洲经济，又是灌溉林业，随着生态建设的推进，农区内部的可造林地已基本完成，今后的造林只能逐步向绿洲外围拓展，土壤等立地条件越来越差。二是生态用水问题突出。生态用水缺乏政策和机制保障，水费、水资源费优惠政策和措施没有落实，使得新疆林草生态用水难以保证。加之实行严格的水资源管理和节水灌溉后，防护林无水可用或用水成本大幅增加。另外，湿地生态用水矛盾突出，导致天然湿地面积萎缩和减少，湿地功能不同程度退化。三是造林难度越来越大。随着造林向绿洲外围转移，立地条件十分严峻，造林难度也越来越大，造林整地、水利设施、苗木等投资都逐步增大，致使造林成本越来越大。困难立地不宜造林，确需造林的要坚持适地适树的原则。四是全面取消农村义务工对人工造林更是"雪上加霜"。国家和自治区用于造林的补助200元到500元不等，补助标准低。为完成造林任务，过去大多是靠农民的投工投劳来完成，但是2017年自治区全面取消了义务工，完成造林任务变得难上加难。五是林种单一，抵御病虫害的能力下降。不论是南疆还是北疆几乎都是"杨家将"一统天下，不但经济效益低，而且一旦出现大的病虫害后果不堪设想。六是种苗生产不均衡。一方面，在造林时缺少相应的苗木，但同时大量的常规苗木又积压，卖不出去。另一方面，真正需要的经济价值高的苗木又十分短缺，从某种程度上挫伤了种苗经营者的积极性。七是支撑造林的工程少，项目资金短缺。新疆每年要完成16.67万公顷的造林任务，国家投资不足，且大多是补助型，资金短缺问题是新疆造林的瓶颈。

1.2.4.4 林草发展质量不高，尤其是特色林果业品质走下坡路问题亟待解决

多年来，人工造林树种单一，新造林在生物多样性、结构稳定性、生态服务功能和管理可持续方面大大低于原有的荒漠灌木林。林地和草地大范围的禁牧和围栏工程，使野生动物的自然迁徙通道和野生植物种群通过动物进行扩散的途径被人为干扰和阻断，种群基因交流减少。草地类型多样性调查、生态功能评估、受损现状、草地退化程度及驱动要素、修复技术与治理重建对策等工作不足。城镇化过程加速、乡村绿化美化工程的实施，大量的园林绿化和造林外来物种的引入，已经造成城市绿地景观同质化、乡土树种种类和面积比例下降、地域特色的丧失、绿化水资源承载力下降、绿地管理成本增加、现有绿地可持续发展能力下降等一系列问题。

新疆现代化林果产业体系尚未形成，特色林果业产业化经营水平不高，规模化企业较少，精深加工能力不足，加工制造及林果服务产值比重低，尤其是与旅游、文化产业结合不够。主要体现以下方面：一是品种混杂、品质下降。核桃、杏子等表现得尤为突出。二是加工转化能力差，产业链过短。三是品牌意识不强，市场经验不足。产品的包装和形象打造有待提高。四是产品的集约化程度不高，技术装备水平和产品科技含量低，自主创新能力不强，宣传、广告还没有引起高度重视。五是经营管理不统一、不规范，致使果品质量下降。六是林果业绿色、有机生产体系不健全，有机、绿色、无公害的特色没有保住。七是果品销售运距长，价格居高不下。八是外销平台和销售渠道处于起步阶段，果品销售难问题仍然十分突出。

1.2.4.5 林草支撑保障能力需进一步加强

从制度和政策看，生态文明建设的法律法规体系不够健全，生态修复、生态治理、绿色发展等地方法规尚待完善，资源有偿使用和生态补偿制度、生态文明建设考核奖惩机制、绿色考评体系等不够完善，责任追究和环境损害赔偿等制度有待建立健全，生态建设和产业发展的多元化投入机制也有待进一步创新。政策的精准度和配套性不够，林木采伐管理、自然资源产权确权、林

草投融资政策、生态补偿机制等配套制度和政策不够健全。森林、草原、湿地、荒漠、野生动植物等资源监测和保护，还没有完全实现落在"一张图"和山头地块上，实现精准管理难度很大。自然保护地管理体制还未完全理顺，部分自然保护地存在多头管理、交叉重叠、一地多牌等问题。从机构队伍和基础设施看，各级林草管理部门人才紧缺、年龄结构不尽合理，专业人才缺乏。科研经费短缺，缺少国家重大科技专项，一些林草重点难点热点问题未得到充分研究。林草防火体系不完善，防火设施设备老化，防火道路年久失修，森林草原火灾的综合预防和扑救能力弱。林草有害生物防治体系不健全，大多数地区没有完全独立的林草病虫害防治机构，缺少相关监测、检疫、应急防控的交通工具和器械等。

1.2.4.6 山水林田湖草系统治理理念落实不到位

人与自然是生命共同体，山水林田湖草是一个生命共同体，这要求我们要从系统工程和全局的角度寻求新的治理之道，必须统筹兼顾、整体施策、多措并举，全方位、全地域、全过程开展生态文明建设，深入实施山水林田湖草一体化保护和修复。当前，在一定程度上，对于山水林田湖草生命共同体的内在机理和规律认识还不够，与落实整体保护、系统修复、综合治理的要求还有差距，解决自然生态系统各要素间割裂保护、单项修复等问题手段缺乏，没有形成系统治理的整体合力。

1.2.4.7 绿水青山转化为金山银山的路径少、机制不成熟

当前绿水青山转化为金山银山转化路径仍不顺畅、机制还不成熟，绿水青山与经济落后之间的矛盾比较大，主要表现：森林、草原、湿地等提供生态产品供给和生态公共服务能力有限，林草特色产业还不能完全满足人们对身边增绿、社区休憩、森林康养等的需求。林草自身还没有实现高质量发展，林草生态产品价值实现还有不少瓶颈；受制于交通不便、经济基础弱等因素影响，森林公园、湿地公园等自然保护地旅游基础设施建设滞后，生态体验设施缺乏。生态旅游产业和绿色工业经济、服务经济等整体还不发达，绿水青山还没有变成金山银山；受干旱少雨等地理条件限制，维护绿水青山所需成本高，发挥地域比较优势和增加农牧民收入的带动作用还不强；自然与人文景观比较优势还没有深入挖掘，各方资金投入、社会资本投资的积极性还需提升。

1.3 "十四五"林草发展总体思路

"十四五"时期，新疆林草事业要围绕社会稳定和长治久安总目标，加快林草事业现代化进程，不断提高林草事业发展质量、效率和效益，将林草发展与"丝绸之路经济带"核心区建设、生态扶贫、乡村振兴、高质量发展等国家重大战略有机结合，扩量、提质、增效，打造突出新疆特色，为推进生态文明建设发挥重要作用。

1.3.1 指导思想和基本思路

经过多年努力，新疆林草事业取得了明显成效，作出了重要贡献。但是，与维护"丝绸之路经济带"核心区生态安全、实现林草高质量发展、提供更多优质生态产品的要求和满足广大人民群众的需要相比，差距不小，"十四五"时期必须加快林草事业现代化进程，不断提高林草事业发展质量和效益，筑牢新疆"丝绸之路经济带"生态屏障。基于这一判断，"十四五"时期新疆林草发展的指导思想：以习近平新时代中国特色社会主义思想为指导，习近平生态文明思想为引领，深入贯

彻习近平总书记关于新疆工作的系列重要讲话精神，紧紧围绕社会稳定和长治久安总目标，按照中央和自治区党委的决策部署，践行新发展理念和"两山"理念，把发展建立在生态安全的基础上，以构建"丝绸之路经济带"核心区生态屏障为总任务，以加强自然生态系统保护修复、统筹山水林田湖草系统治理为基本要求，以高质量发展为主题，以实施重大战略、推进重大工程、深化重大改革、完善重大制度为抓手，坚持生态绿疆、产业兴疆、科技强疆，加强资源保护，加快国土绿化，强化基础保障，扩大开放合作，打造以特色林果为主的绿色产业，为建设天蓝地绿水清的美丽新疆作出更大贡献。

"十四五"时期新疆林草发展的基本思路：着力维护稳定大局，始终把维护稳定作为压倒一切的政治任务，认真落实自治区党委工作部署，始终聚焦总目标、服从服务总目标、坚定落实总目标，确保党中央治疆方略，特别是社会稳定和长治久安总目标落到实处。着力建设生态屏障，围绕"丝绸之路经济带"核心区生态保护，协调兼顾重大项目、重大工程、重大政策、重大改革，全面推进山水林田湖草系统治理，建设国家公园为主体的自然保护地体系，开展国土绿化全面严格保护自然生态系统、增强自然生态系统功能，提供高质量生态产品，不断筑牢生态屏障，推进美丽新疆建设。着力提高发展质量，全面完善林草治理体系，提高治理能力，全面保护天然林、湿地、草原和生物多样性，加大防沙治沙力度，打造绿洲生态系统，促进生态、经济、社会等多种效益充分发挥，探索以生态优先、绿色发展为导向的高质量发展新路子，推动形成人与自然和谐发展的林草现代化建设新格局。着力深化改革创新，继续巩固和深化国有林场、集体林权制度等林业改革，深化落实草原改革，创新完善绿水青山持续转化为金山银山的长效机制，促进新疆林草事业释放动力活力。着力推动林果业转型升级，坚持特色、生态、精品、高效的思路，加快构建具有鲜明地域特色的现代林果业生产与营销体系，推动实现林果业由传统产业向现代信息化、科技化、产业化的跨越式发展，把新疆林果业打造成为我国高效生态现代林果业发展优势区和科技示范区，实现生态美百姓富有机统一。着力强化支撑保障，全方位强化自身建设，在制度建设、政策制定、保障机制等方面加大改革创新力度，扎实推进能力提升建设，加大基础设施、科技支撑、人才队伍、机构、种苗、灾害防控、生态资源监测等方面支撑保障能力。

1.3.2 基本原则

（1）系统治理、提高质量。山水林田湖草是一个生命共同体，统筹推进山水林田湖草系统治理。提升林草发展质量，落实新发展理念，推进山水林田湖草系统修复和综合治理。提供更为优质的生态产品，为建设天蓝地绿水清的美丽新疆为打下坚实基础。

（2）生态优先、绿色发展。坚持"两山"理念，坚持尊重自然、顺应自然、保护自然，坚持生态优先、保护优先、自然修复为主，守住自然生态安全边界。始终把严格保护自然生态系统和提供优质生态产品作为林草工作的出发点和落脚点，在政府规划、政策制定、开发建设和立法中将保护林草资源摆在优先保护位置。鼓励探索自然保护与资源利用新模式，发挥林草资源的多功能作用，发展以产业生态化和生态产业化为主体的生态经济体系。

（3）以水定绿、量力而行。把水资源作为最大的刚性约束，坚持以水定绿、以水定地、以水定策，依据水资源禀赋、生态系统稳定性和林草高质量发展需要等因素，确定生态用水总量控制目标。构建水清安澜、林水和谐的生态发展新格局。

（4）统筹谋划、协同治理。牢固树立系统思维和整体思维，加强顶层设计，统筹谋划各项林草工作，与国家战略有效衔接，全面推进全局性、普遍性生态突出问题的解决。集中力量实现重点攻坚有突破，科学经营上水平，注重林草生产力结构调整，注重质量效益，推进林草治山、保水、固土、护田、净湖等系统修复和综合治理。

(5)因地制宜、突出特色。根据不同区域的生态系统现状、生态承载力和林草资源禀赋，坚持分区施策，宜封则封、宜造则造、宜林则林、宜灌则灌、宜草则草。培育林草主导产业、特色产业和新兴产业，形成区位突出、特色鲜明、错位发展的林草新格局。

(6)开放合作、注重人本。积极融入"一带一路"倡议，围绕"丝绸之路经济带"核心区生态屏障建设，建设生态长廊、推进生态项目、塑造生态文化。牢固树立"以人民为中心"的思想，林草发展要把维护人民群众利益摆在更加突出位置，帮助解决林区职工实际困难，增强各族群众获得感、幸福感、安全感，保障社会稳定。

1.3.3 目标任务

1.3.3.1 总体目标

"十四五"时期，全自治区林业草原发展按照生态保护和高质量发展要求完成自然保护地整合归并优化，全面科学地保护森林、草原、湿地、荒漠等自然生态系统和生物多样性，有效提升和发挥林草生态服务功能，为到2035年基本实现林业草原现代化奠定基础。到2025年，全自治区林业草原发展的主要目标：

(1)山水林田湖草系统治理水平稳步提升。生态安全格局进一步优化，生态系统稳定性和质量进一步提升，生物多样性网络不断完善。森林覆盖率达5.08%以上，草原综合植被盖度达42%以上，湿地保护率达到55%；完成沙化土地治理面积大于150万公顷。

(2)林草产业发展取得新突破。促进林草产业提质增效，产业产值进一步增加，产业结构进一步优化。林草产业年总产值达到750亿元，绿色有机认证比例逐步扩大，品牌效应逐步增强。

(3)治理体系和治理能力明显提升。林业草原改革稳步推进，国有林场(区)改革取得明显成效，集体林权制度改革更加完善。林业草原现代制度体系不断健全，创新能力进一步增强，法治保障体系进一步健全。

(4)人居环境"增绿工程"取得重大成效。提高国土绿化质量，扩大国土绿化成果，加强农田防护林和果园防护林建设，改善农村生态环境，提高村庄绿化水平。国土绿化面积33.33万公顷，指导1000个村庄开展绿化美化工作。

1.3.3.2 具体指标

根据具体目标，新疆林草"十四五"时期主要发展指标见表1-2。

表1-2 新疆林草"十四五"时期发展的主要指标

序号	指标	2020年	2025年	属性
1	森林覆盖率(%)	5.02	5.08	约束性
2	森林蓄积量(亿立方米)	4.02	4.36	约束性
3	草原综合植被盖度(%)	40.7	42.8	预期性
4	湿地保护率(%)	51.29	51.29	预期性
5	新增沙化土地治理面积(万公顷)	≥150	≥150	预期性
6	林草产业年总产值(亿元)	686.7	750	预期性
7	林业(草原)有害生物成灾率(‰)	≤8.5(10.33)	≤8.2(9.5)	预期性
8	森林(草原)火灾受害率(‰)	≤0.9(3)	≤0.9(2)	约束性

1.4 林草发展区划格局

根据中央对新疆"一带一路"核心区的定位,以及新疆区域生态主体功能定位、林草业生产力布局、区域地貌特点、林草资源禀赋、区域气候和水土条件等基本原则和实际情况,推进形成合理的林业草原发展分区,着力形成自治区生态平衡、广大群众共享优质生态产品的格局合理、功能适当的林草资源空间布局。

1.4.1 区划依据和主要结果

依据《中国林业发展区划》《全国生态功能区划》《新疆维吾尔自治区林业发展"十三五"区划》《新疆维吾尔自治区主体功能区规划》《全国草原保护建设利用"十三五"规划》等发展区划内容,结合新疆自然地理条件、林草业发展条件及需求变化,把水资源作为最大的刚性约束,形成新疆"十四五"时期"三屏四区多点"的林草区划发展格局。

"三屏"是指阿尔泰山生态屏障、天山生态屏障、昆仑山-阿尔金山生态屏障。以保护为主、修复为辅,推进森林质量精准提升。推进禁牧、轮牧、人工种草、补草等措施,实现草畜平衡。全面提升山区自然生态系统稳定性、整体性和功能完备性,建成涵蓄水源和保护两大盆地的绿色屏障。同时,在阿尔泰山生态屏障和天山生态屏障内划分二级分区,侧重生态保护和经济发展。"四区"是指准噶尔盆地绿洲防护经济区、古尔班通古特荒漠植被保护区、塔里木盆地绿洲防护经济区、塔克拉玛干荒漠植被保护区。其中,在准噶尔盆地绿洲防护经济区和塔里木盆地绿洲防护经济区继续加大防沙治荒力度,完善防护林体系和自然保护地体系建设,同时推动林果业特色产业和草产业向优质化发展。在古尔班通古特荒漠植被保护区和塔克拉玛干荒漠植被保护区以封禁和治理措施为主,旨在恢复荒漠植被和维持生物多样性。

"多点"是指"多点串联的城乡绿网",以全自治区城镇、乡村、农田林网、交通干道为重点区域,大力推进城乡人居环境绿化,推动森林城市建设行动和乡村绿化美化行动,加强森林廊道建设。

1.4.2 区划分区和重点发展方向

1.4.2.1 阿尔泰山生态屏障

(1)区域范围。该区域位于新疆准噶尔盆地的东北角,区域西北部、北部分别与哈萨克斯坦、俄罗斯接壤,东北部至中国与蒙古国的国界,南部与准噶尔盆地绿洲防护经济区接壤。包括阿尔泰山脉在新疆界内的主体山区,面积约占新疆的2.32%。年平均降水量为200~400毫米。

(2)综合评价。该区域干旱少雨,水资源承载力较弱,生态用水紧张。林分老龄化现象较为严重,林种结构比较单一。草原覆盖度相对较高,但草场退化、土地沙化现象较为明显。林业第一、二产业规模较小,以鲜果、林产饮料为主,产业化程度低,第三产业有待提升,生态旅游产业发展相对滞后。

(3)发展方向。进一步加大天然林保护力度,建设阿尔泰山防护林体系,强化山区森林生态系统水源涵养、水土保持和生物多样性保护功能。结合草原奖补政策推进禁牧、轮牧和实施林草再造工程,完善自然保护地梳理,加强保护地功能定位、明晰土地权属等工作,着力打造标准化示范自然保护地。着力推动森林康养、生态旅游产业,打造阿尔泰山"千里画廊"。

1.4.2.2 天山生态屏障

(1)区域范围。该区域位于新疆中部,北与准噶尔盆地绿洲防护经济区相接,南与塔里木盆地绿洲防护经济区相接,西至哈萨克斯坦、吉尔吉斯斯坦的国境线,东与古尔班通古特荒漠植被保护区相连。包括天山山脉在新疆界内主体山区(以阿拉套山、博罗科努山、博格达山、天山南脉为主)及伊犁河谷,面积约占新疆的11.45%。大部分地区年平均降水量为200~500毫米,北麓年均降水量可达300~500毫米,南麓部分地区降水量小于100毫米,亚高山和中山降水量可达400~700毫米。

(2)综合评价。该区域森林较为稀疏、分散,分布不均匀,树林枯损较大,结构较为单一。农区和荒漠区交汇地带存在破坏天然林的现象。草原覆盖度相对较高,部分区域存在过度放牧现象,草原退化比较严重。各级自然保护地繁多,缺乏梳理,功能定位模糊,权属不清且有区域重叠现象。自然保护地重建设、轻保护,缺乏示范性工程引领。林草产业深加工能力较弱,产品附加值较低,未形成龙头林果产业集团。林草旅游软硬件档次较低,基础设施有待提高。

(3)发展方向。推进森林质量精准提升,强化森林抚育、低效林改造、退化林分修复。加大天然林保护力度,促进天然林更新。综合开展天山生态修复、湿地保护、生物物种保护。推进禁牧、轮牧等林草保护措施,减小放牧对林草的不利影响,实施人工种草、补草工程。完善自然保护地梳理,加强自然保护地功能定位、明晰权属等工作。

部分条件优越的区域可以加强林业基础设施建设、生态公共服务保障等。加大招商引资力度,利用社会资本建设自然保护地。有序发展以鲜食(酿酒)葡萄、枸杞、小浆果、时令水果、设施林果等为主和酿酒葡萄等林果特色产业,提质增效,推动产业链升级、强化品牌建设。进一步发展林草生态旅游产业,提高生态产品供给能力,完善配套基础设施,探索森林康养、草原文化旅游等生态旅游创新模式,在合理保护的前提下,寻求新的旅游经济增长点。

1.4.2.3 昆仑山—阿尔金山生态屏障

(1)区域范围。该区域北接塔里木盆地绿洲防护经济区,西至国境线,向东至青海省省界,向南至西藏自治区界。包括昆仑山脉、阿尔金山在新疆界内主体山区,面积约占新疆总面积的19.31%。年平均降水量为100~200毫米,其中西段降水较多,东段较少。

(2)综合评价。该区域自然资源条件严酷,生态系统极度脆弱,以冰川和荒漠草原为主,土壤整体较为贫瘠,肥力不足。现有植被数量稀少、林草覆盖度较低、植被群落单一、林草基础设施薄弱,存在过度放牧。受自然条件和资金制约较大,林草产业规模较小,深加工环节薄弱,生态旅游发展相对滞后。

(3)发展方向。完善自然保护地建设。以自然修复为主,减少人工干预,强化生物多样性保护,重点保护现有原生植被。严格实施草原禁牧。加大资金投入力度,优化林草经营管理和保护等措施。在局部区域完善林草基础设施。适度开发以生态旅游为主的第三产业。

1.4.2.4 准噶尔盆地绿洲防护经济林区

(1)区域范围。该区域位于准噶尔盆地周边地区,北邻阿尔泰山生态屏障,南接天山生态屏障,西至哈萨克斯坦国界,东与古尔班通古特荒漠植被保护区相接。面积约占新疆的9.47%,年平均降水量为100~300毫米。

(2)综合评价。该区域荒漠化分布较广,部分地区沙化仍有扩张的趋势,防沙治沙形势严峻。以农田防护林和防沙固沙基干林为主,林分结构比较单一,存在发生病虫害风险。草原多为沙质荒漠草原，产草能力逐年降低。湿地面积萎缩严重。草地面积下降。水资源利用不合理，利用效率较低。自然保护地建设有待提高。林业产业规模较小，特色林果产品加工业附加值低，缺少龙头企业带动，合作社模式有待全面推广；生态旅游模式单一、层次不高。

（3）发展方向。强化山区森林生态系统水源涵养、水土保持和生物多样性保护功能。精准提升森林质量，加大低产低效林改造力度。加大防沙治沙力度，加强防风固沙基干防护林建设、沙化土地封禁保护区建设、风沙源生态修复，阻止沙化扩大趋势。继续加强人工营造林措施，完善综合防护林体系，提高混交林和生态经济型防护林比例。强化退化林带修复，恢复荒漠草原和天然河谷次生林。实施湿地综合治理；改善湿地生态系统。合理利用水资源，提升水资源利用效率。完善自然保护地体系建设，优化野生动植物栖息繁衍环境，强化保护生物多样性。发挥乌昌石城镇群优势，强化林果业及种苗花卉等特色产业培育，优化产业结构，加强合作社经验总结和成熟模式推广。推动草产业提质增效，加强商品化开发和一体化经营。促进沙漠主题公园等生态旅游项目发展。加快鲜果和林产饮料产业升级，提质增效。

1.4.2.5 古尔班通古特荒漠植被恢复区

（1）区域范围。该区域位于准噶尔盆地中部和东部，西北、西南为古尔班通古特沙漠的边缘，与准噶尔盆地绿洲防护经济区相接，东南至塔克拉玛干荒漠植被保护区，与天山生态屏障接壤，东至蒙古国边界。面积约占新疆的9.30%，年平均降水量为100~200毫米。

（2）综合评价。该区域生态环境非常脆弱，生态恢复难度较大。森林资源以荒漠灌木林为主，各种资源承载力弱，新造林恢复难度大。区域内存在大型矿产开发等国家重点建设项目，存在破坏植被现象，增加了区域内野生动植物保护难度。

（3）发展方向。以保护荒漠动植物资源为导向，加强现有荒漠植被和生物多样性保护，实施沙化土地封禁保护区建设，以自然修复为主，减少人为干扰。加大国家重点开发项目评估审查力度，加强矿区的生态环境保护与综合治理。

1.4.2.6 塔里木盆地绿洲防护经济区

（1）区域范围。该区域位于塔里木盆地和吐鲁番—哈密盆地边缘绿洲以及沿孔雀河、开都河、塔里木河、渭干河、阿克苏河、喀什噶尔河、叶尔羌河、玉龙喀什河、喀拉喀什河、克里雅河、车尔臣河等内陆河沿岸绿洲，整体呈不封闭环状分布。外环北抵天山生态屏障，南部与昆仑山—阿尔金山生态屏障相连，内环至塔克拉玛干沙漠的边缘与塔克拉玛干荒漠植被保护区相接。面积约占新疆的19.82%。年平均降水量为50~100毫米。

（2）综合评价。该区域荒漠生境严酷，植物区系贫乏。森林植被以灌木为主，乔木林分较少且分布不均。生态用水紧张，制约造林规模和造林质量。生态承载力低，盐碱地、荒漠化区域多，沙化土地面积大，立地条件差。胡杨林衰败严重，数量急剧下降。草原以荒漠草原为主，载畜量高，草地退化比较严重。林果业产业化水平不高、精深加工能力不足、市场营销体系有待完善，林草生态旅游特色不明显。

（3）发展方向。完善防护林建设体系，继续推进防沙治沙，创新荒漠治理投入机制，降低企业的社会成本，推广商业治沙等模式，吸引社会资本进入荒漠治理领域。统筹塔里木河生态水源，根据各地胡杨林面积、分布、退化情况，按需制定各地区的配水计划，提高生态水源利用效率，提升胡杨林生态自然修复能力。在塔里木河两岸合理提高草原植被覆盖度，提升草原质量。加大湿地保护力度。统筹发展林果产业，大力发展特色经济林，深入推进环塔里木盆地优势林果主产区和吐哈盆地林果业及特色产业带建设。促进特色林果和草产业提质增效，加快引进龙头企业，开展精深加工,加强品牌建设,完善仓储与物流设施,探索运输补贴,加快饲草料基地建设,提高饲草料利用率。发展种苗花卉产业。

1.4.2.7 塔克拉玛干荒漠植被恢复区

(1)区域范围。该区域位于塔里木盆地、吐鲁番—哈密盆地的腹地,界线主要沿着塔克拉玛干和库木塔格沙漠的外缘线,北部、西部和南部与塔里木盆地绿洲防护经济区、昆仑山—阿尔金山生态屏障接壤,东至新疆与甘肃交界。面积约占新疆的28.33%。年平均降水量为10~100毫米。

(2)综合评价。该区域为我国极度干旱的地区,沙漠化和盐渍化敏感性极高,植被覆盖度极低。荒漠地区占比高,荒漠化、沙化趋势尚未得到有效控制。天然胡杨林等乔木树种、草地退化严重。维持生物多样性压力较大,珍稀特有野生动植物减少。

(3)发展方向。以实施封禁等自然恢复为主,严格禁止毁林毁草开荒、滥采地下水资源和过度放牧等行为,在有条件的区域实施封沙育草与人工种草相结合的模式。提高林草经营保护和治理水平,加强对现有野生动植物的保护,恢复荒漠动植物资源。

1.4.2.8 多点串联的城乡绿网

(1)区域范围。以全自治区城镇、乡村、农田林网、交通干道为基准区域,突出重点开发的城镇——国家层面重点开发区域,天山北坡城市或城区以及县市城关镇和重要工业园区,涉及23个县(市);自治区层面重点开发区域主要指内点状分布的承载绿洲经济发展的县(市)城关镇和重要工业园区,涉及36个县(市)。重点开发城镇见表1-3。

表1-3 新疆重点开发区域范围

等级	区域	覆盖范围
国家级	天山北坡地区	乌鲁木齐市、克拉玛依市、石河子市、奎屯市、昌吉市、乌苏市、阜康市、五家渠市、博乐市、伊宁市、哈密市(城区)、吐鲁番市(城区)、鄯善县(鄯善镇)、托克逊县(托克逊镇)、奇台县(奇台镇)、吉木萨尔县(吉木萨尔镇)、呼图壁县(呼图壁镇)、玛纳斯县(玛纳斯镇)、沙湾县(三道河子镇)、精河县(精河镇)、伊宁县(吉里于孜镇)、察布查尔县(察布查尔镇)、霍城县(水定镇、清水河镇部分、霍尔果斯口岸)
自治区级	点状开发城镇	库尔勒市(城区)、尉犁县(尉犁镇)、轮台县(轮台镇)、库车县(库车镇)、拜城县(拜城镇)、新和县(新和镇)、沙雅县(沙雅镇)、阿克苏市(城区)、温宿县(温宿镇)、阿拉尔市(城区)、喀什市、阿图什市(城区)、疏附县(托克扎克镇)、疏勒县(疏勒镇)、和田市、和田县(巴格其镇)、巩留县(巩留镇)、尼勒克县(尼勒克镇)、新源县(新源镇)、昭苏县(昭苏镇)、特克斯县(特克斯镇)、乌什县(乌什镇)、柯坪县(柯坪镇)、焉耆回族自治县(焉耆镇)、和静县(和静镇)、和硕县(特吾里克镇)、博湖县(博湖镇)、温泉县(博格达尔镇)、塔城市(城区)、额敏县(额敏镇)、托里县(托里镇)、裕民县(哈拉布拉镇)、和布克赛尔蒙古自治县(和布克赛尔镇)、巴里坤哈萨克自治县(巴里坤镇)、伊吾县(伊吾镇)、木垒哈萨克自治县(木垒镇)

(2)综合评价。重点开发区域是指有一定经济基础,资源环境承载能力较强,发展潜力较大,集聚人口和经济条件较好,从而应该重点进行工业化城镇化开发的城市化地区。

(3)发展方向。以全自治区城镇、乡村、农田林网、交通干道为重点区域,大力推进城乡人居环境绿化。加强森林廊道建设,推动森林城市建设行动,加快农田防护林网建设和乡村绿化美化工作,为推进乡村振兴打好生态基础。

1.5 战略任务

深入践行"两山"理念、山水林田湖草沙综合治理理念，聚焦林草职能职责，整体保护、综合治理、系统修复一体推进，重大项目、重大工程、重大政策、重大改革协调兼顾，大力推进林业草原现代化建设和高质量发展，以"丝绸之路经济带"核心区生态保护和林草事业高质量发展"一个主题"为总的统领，以推进林草改革和探索创新"两山"转化机制、"两项改革创新"为动力，以建设防沙治沙为主体的生态建设体系、国家公园为主体的自然保护地体系、特色林果业为主体的林草产业体系"三大体系"为主要抓手，推进实施科学国土绿化、林草质量精准提升、林草资源管理创新、生态文化振兴"四大行动"，认真落实好天然林、湿地、荒漠、草原保护修复以及生物多样性保护"五大生态保护修复制度"，不断夯实科技、种苗、灾害防控、人才、基础设施、生态资源监测等"六大基础保障"，着力构建稳固安全的生态安全屏障体系、优质的生态产品供给体系、完善的生态公共服务体系、成熟的保护修复制度体系、有力的基础保障体系、特色的生态文化体系、现代的林草治理体系，努力将新疆建设成为绿色"一带一路"倡议示范区、"丝绸之路经济带"核心区。

1.5.1 突出一个主题

突出"丝绸之路经济带核心区生态保护和林草事业高质量发展"这一主题，坚持山水林田湖草沙系统治理，正确处理森林、湿地、草原、荒漠生态系统等生态要素之间的关系。加大改革创新力度，超前谋划、认真落实林草重大任务，保持生态文明建设战略定力，探索以生态优先、绿色发展为导向的高质量发展新路子，推动形成人与自然和谐发展的林草现代化建设新格局。

(1) 全面加强"丝绸之路经济带"核心区生态保护，深入推进生态保护修复。完善"三屏四区"生态安全格局，加强林草资源保护，按照山水林田湖草是一个生命共同体的原则，加强对"丝绸之路经济带"核心区的整体保护、系统修复和综合治理。着力构建绿洲内部农田林网、绿洲外缘防风固沙林草带、荒漠天然林草区、河流(谷)两岸林草带、山区天热林草区为主体的立体绿色生态屏障，即阿尔泰山山地森林、天山山地森林、帕米尔—昆仑山—阿尔金山荒漠草原森林生态屏障，以及塔里木和准噶尔两大盆地边缘绿洲区生态屏障，因地制宜，分区施策，实现人与自然和谐共生。统筹开展天然林保护修复、三北防护林、防沙治沙等重大生态工程，配合开展山水林田湖草沙系统保护修复工程试点，落实生态保护红线。加大防沙治沙力度，深入推进塔里木盆地周边、准噶尔盆地南缘防沙治沙工作，加强古尔班通古特、塔克拉玛干沙漠荒漠植被保护和综合治理。加快推进国土绿化，坚持宜林则林、宜灌则灌、宜草则草、宜荒则荒，加强退化森林草原修复。加强湿地保护，重点实施伊犁河、开都河、喀什噶尔河、额尔齐斯河、塔里木河等流域湿地保护与恢复工程。加强重点濒危物种及栖息地的保护。整合优化各类自然保护地，筹建国家公园，构建新疆高质量的生态空间。

(2) 树立高质量发展理念，推进林草管理体制机制创新。坚持林草发展速度、质量和效益有机统一的理念，将着力点及时转移到科学有效推动提升质量的方向上来，从林草管理体制机制等方面加大改革创新力度。不断完善"丝绸之路经济带"核心区生态保护体制机制，强化顶层设计，编制《丝绸之路经济带核心区生态保护中长期规划》，增强生态系统功能的稳定性和完整性。完善林草资源管理体制,全面试点林(草)长制,明确自治区范围内地方党委政府"一把手"的责任,加快完善林草监督考核和责任追究制度。牢固树立"兵地一盘棋"思想,建立由自治区统一领导、兵团与地方林草部门组成的新疆林草工作协调小组,集中管理兵团与地方林草改革。建立林草多元投入机制,培育生态产品交易市场,大力发展绿色信贷,设立各类绿色发展基金,吸引社会资本支持重点生态功能区发展生态经济。建立健全生态补偿动态调整机制,逐步实现重点生态功能区森林、草原、湿地、荒漠等生态保护补偿全覆盖,推动中央制定针对新疆林草实际的生态补偿标准,将具有生态效益的经济林纳入生态补偿范围。建立林草资源损害赔偿制度,坚持"谁破坏,谁赔偿"的基本原则,加大林草部门索赔力度。优化完善自然保护地管理体制,由自治区林业和草原局统一管理全自治区各类自然保护地,充实健全自然保护区管理局等各类保护地基层管理机构和队伍,制定保护地管理权力和责任清单。健全生态管护体系,强化生态空间用途管制。创设多元共治机制,建立各级政府、社区、行业协会、公益组织等多方组成的决策机制,动员公众参与林草建设。建立"丝绸之路经济带"联保联治协作机制,加强与周边国家技术交流合作,共建"丝绸之路经济带"生态保护合作基地。

(3)着力改善林草资源质量和结构。加强退化林修复,完善防护林网络,调整树种结构,提高林分质量。注重集约高效精细保护,着力构建稳定健康的林草生态系统,以精细化管理促进林草事业高质量发展。全面推进森林经营方案编制与实施,逐步建立以森林经营方案为核心的管理机制,加强低效林改造、中幼林抚育、退化林修复。摸清草原资源本底,开展退化沙化草地治理、已垦草原退耕还草、工矿区生态修复和打草场质量提升等工作,促进草原经营方式转变。调整林草资源结构,科学确定优化成熟林和中幼林比例,优化林草空间布局。

(4)推进林草重大生态工程高质量发展。谋划实施一批国家和自治区级重大生态工程和林草保护大行动,补齐林草高质量发展的短板。以防治土地荒漠化和沙化、保护生物多样性、保护修复森林草原湿地等任务为重点,聚焦"三山两盆"等主要生态功能区,继续深入实施防沙治沙、天然林资源保护修复等林草重点工程,实施自治区级层面重大林草行动,坚持因地制宜,在优化生态功能分区的基础上,充分考虑新疆各区域生态差异性,全面提升生态功能和城乡生态品质。

(5)推进林草高质量发展制度和科技创新。改变过去单一的考核评价体系,建立科学完善的林草高质量发展保障制度体系,构建林草高质量发展的规划、监管、考评和奖惩制度。探索将林草发展质量指标如林草生态效益实物量、森林经营方案执行程度等纳入规划监督考核体系。推动制定促进林草高质量发展的技术标准和法律法规。建立并丰富林草高质量发展的资金渠道,设立林草高质量发展专项资金。建立林草科技成果转移转化机制,推进数字林草、智慧林草建设,运用现代信息技术提高科技应用和装备智能化水平,构建"天空地"一体化资源监管系统,实现对林草资源、生物多样性和自然保护地的精准监管。

1.5.2 深化两项改革创新

1.5.2.1 深化林业草原改革

(1)大力推进草原制度改革。结合国土"三调",推进基本草原保护、禁休牧和草畜平衡、草原承包经营制度完善,积极配合推进国有草原确权登记颁证工作,推进草原所有权(使用权)、承包权和经营权分置,把地块、面积、合同、权属证书落实到户,解决"一地多证"问题,着力构建产权清晰、多元参与、激励约束并重的草原保护管理制度体系,强化国有草原流转管理和资源有偿使用监管。

(2) 深入推进国有林场林区改革。完善国有森林资源管理体制，建立权属清晰、权责明确、监管有效的森林资源产权制度，落实国有森林资源资产有偿使用制度。全面建立森林保护培育制度，建设现代化林区林场，大力发展森林观光、生态旅游、等绿色经济，加强林区林场基础设施建设和升级改造，大力发展林区公共事业。实施以政府购买服务为主的国有林场公益林管护机制，认真开展国有林场场长任期森林资源考核和离任审计，建立职工绩效考核激励机制，加快推进绿色林场、科技林场、文化林场、智慧林场建设。

(3) 继续深化集体林权制度改革。落实《关于完善集体林权制度的实施意见》，切实提高颁证率，深化集体林所有权、承包权、经营权三权分置，放活经营机制，促进集体林地适度规模经营。探索扩大林权抵押、林权收储担保工作。积极将公益林补助、特色经济林扶持、退耕还林等惠农政策与发展特色林产品、林下经济有机结合，鼓励各种社会主体投资发展林业产业。

(4) 积极探索自然资源资产产权改革。积极配合各类自然保护地、国有林场、湿地等重要自然资源和生态空间确权登记，将全民所有自然资源资产所有权代表行使主体登记为有关主管部门，逐步实现全自治区自然资源确权登记全覆盖，清晰界定各类自然资源资产的产权主体，划清各类自然资源资产所有权、使用权的边界。制定国有森林、草原、荒漠资产有偿使用办法，明确使用范围、期限、条件和程序，完善使用权转让和出租具体办法，允许通过租赁、特许经营等方式积极发展森林草原旅游和康养。

(5) 深化林草行政审批改革。全面落实中央和自治区行政审批改革部署，精简审批事项，将所有林草行政许可事项进驻自治区政务服务大厅集中办理，优化公共服务水平，推动林草审批改革。加快推进政务服务"一网通办"，深化"最多跑一次""不见面马上办""互联网+监管"等改革，提高行政审批效率，为自治区生态建设和经济高质量发展提供有力支撑。

1.5.2.2 探索"两山"转化机制创新

深入践行"两山"理念，创建成熟完善的转化机制，做好绿水青山这篇大文章，积极探索以森林、草原、湿地、自然保护地、生物多样性为主体的"绿水青山"转化为人民群众手中的"金山银山"的实现路径。

(1) 完善转移支付机制。充分考虑新疆在保障"丝绸之路经济带"核心区生态安全和维护社会稳定等方面因素，特别是新疆独特自然条件造成的一些特殊性成本差异，适当提高转移支付系数，进一步加大对新疆的财政转移支付力度。要从大区域大尺度算好"生态欠账"，加大转移支付力度和横向补偿，支持新疆创建生态补偿综合试验区，逐步实现新疆森林生态效益补偿和草原奖补全覆盖，探索荒漠和湿地生态效益补偿。设立生态公益管护岗位并给予专项补助，增加护林员、草管员数量，让更多的农牧民生态保护事业中受益。对新疆林草改革发展设立更高的补偿补贴标准，提高防沙治沙、造林种草、抚育经营和林草管护的标准。探索建立资金补偿之外的对口支援、人才引进、人员培训等合作方式，健全绿色发展财政奖补机制，探索政府采购生态产品试点，探索建立根据生态产品质量和价值确定财政转移支付额度、横向生态补偿额度的体制机制。

(2) 创新生态产业价值实现路径。建立标准化和规模化的绿色有机林草产品基地，建设珍稀濒危植物类、药用植物类、生态修复植物类等种质资源库，带动农牧民和农民合作社发展适度规模经营。开展林下种植养殖，发展林下经济。开展生态旅游、生态康养和生态体验向高端化、智慧化、融合化发展，建设生态文化小镇、森林小镇，推进林草生态服务业稳步发展，打造区域农家乐综合体和精品民宿示范品牌。完善共建共享机制和政策，引导全民全领域、全过程参与防沙治沙、国土绿化、生态工程、资源保护、自然保护地建设等林草建设行动。依托巨大的生态价值优势，挖掘生态价值的巨大潜力，强化"绿水青山"价值转化的政策、技术和制度供给。

（3）推进生态产品市场增值交易。加快构建自然资源资产产权制度、生态产品价值核算、市场交易平台、质量和技术标准认证在内的新体系，实现不砍树照样能致富。探索公益林分类补偿和分级管理机制，提高生态公益林补偿标准。推行公益林收益权质押贷款模式。探索建设生态产品交易平台，推进森林、草原、湿地碳汇交易。推动金融机构与自治区合作设立生态产品价值实现专项基金，争取国家开发银行等机构支持，提供生态产品的企业发行绿色债券融资工具，探索绿色林产品收益保险和绿色企业贷款保证保险。

（4）打造生态产品品牌。用"丝绸之路核心区""大漠胡杨""绿色天山"等冠名林草产品，打造林草绿色生态产品品牌，制定行业标准，建立认证体系，整合构建网商、电商、微商融合的营销体系和品牌推介平台。突出枸杞、花卉苗木等生态产品优势，建立"生态+""品牌+""互联网+"等市场化模式，培育具有新疆特色的区域生态品牌，不断探索完善生态产品价值转化路径机制，让新疆人民在保护和培育绿水青山中增收致富。

1.5.3 构建三大体系

1.5.3.1 建立以防沙治沙为主体的生态建设体系

党的十九大要求构建生态安全屏障体系、建设绿色经济体系，习近平总书记明确提出构建"生态文化、生态经济、目标责任、生态文明制度、生态安全"五大体系；党的十九届四中全会要求推进生态文明治理体系，特别是在2025年事关美丽中国承前启后的关键节点，按照中央描绘的生态文明建设蓝图，与之相对应，必须开创林草生态新局面。国家把新疆定位为"丝绸之路经济带"核心区、西部重要生态屏障区，要按照自治区党委、政府建设大美新疆的战略构想，以防沙治沙为主体，全方位、高水平、系统性推动全自治区生态建设，开创林草事业发展新格局，尽快建立生态建设五个体系。新疆是我国沙化土地面积最大、分布最广的省份，也是生态治理最重要、最紧迫、最艰巨的地区之一。多年来，经过持续不懈的生态建设和保护，许多地区已从当初的荒漠戈壁，发展成为绿树成荫、环境优美的宜居之地。"十四五"时期必须继续推动建立以防沙治沙为主体的生态建设体系。

（1）实施沙化土地封禁保护。认真落实国家制定的《沙化土地封禁保护修复制度方案》，遵照保护优先、自然恢复为主的方针，把现有植被保护置于优先位置，对沙区天然植被进行全面封育，在严重沙化区实行"四禁"（禁止采挖，禁止超载放牧，禁止开垦，禁止滥用水资源）。将塔克拉玛干沙漠周边、古尔班通古特沙漠及周边应当治理而当前又不具备治理条件的部分沙化土地区，划为沙化土地封禁保护区。一是对塔克拉玛干沙漠周边沙化土地封禁保护区。主要布局在托克拉克沙漠和布古里沙漠及周边、叶尔羌河流域、和田绿洲外围、塔里木盆地北缘、阿克别勒库姆沙漠及周边绿洲、车尔臣河流域、鄯善库姆塔格沙漠及周边绿洲、淖毛湖及嘎顺戈壁8个治理小区，主要范围包括和田地区、喀什地区、克孜勒苏柯尔克孜自治州、阿克苏地区、巴音郭楞蒙古自治州、吐鲁番市、哈密市，主要措施是通过严格禁止过度放牧樵采、毁林毁草开荒、滥采地下水资源等行为，实施封禁保护、封沙育林育草、引洪灌溉、合理分配农业和生态用水等措施，拯救和保护荒漠植被；通过封沙育林育草、人工种草、农田林网更新改造以及具备条件的地区开展植树造林等措施，增加林草植被，遏制沙化土地扩展态势。发展葡萄、石榴、枣等经济林果，增加农民收入。二是对古尔班通古特沙漠及周边沙化土地封禁保护区。主要布局在准噶尔盆地南缘、准噶尔盆地西缘、塔额盆地、乌伦古河流域及吉—哈—布沙漠四个治理小区，主要范围包括自治区的昌吉回族自治州、塔城地区、阿勒泰地区。主要措施是对尚不具备治理条件及保护生态需要不宜开发利用的连片沙化土地实施严格封禁保护，封育天然荒漠植被，提高区域植被盖度；建立准噶尔盆地南缘大型综合防护林体系，改善天山北坡经济带的生态状况，遏制沙化土地扩展；依托国家和地方防沙治沙工程建设，运用高效节水灌溉等现代科学技术，大力发展特色中草药种植和中药材精深加工业；合理开展人工饲料基地建设，发展饲料加工业，促进畜牧业及畜产品加工业的发展。另外，要建立防沙治沙综合示范区，探索推动政策创新、机制创新和技术创新。强化沙漠公园建设，推动成立沙化土地封禁保护区和国家沙漠公园专门管理机构，明确人员编制和运行经费，赋予其执法权限。

（2）强化沙化土地综合治理。落实沙化土地综合治理任务，在切实加强现有林草植被保护和管理的基础上，本着因地制宜、因害设防、宜乔则乔、宜灌则灌、宜草则草的原则，通过生物措施与工程措施相结合的方式，加强沙化土地综合治理，加快沙区生态改善。建设内容主要为造林营林，沙化草原治理，水土流失综合治理和水源、节水灌溉工程建设，非生物治沙工程建设等，同时完成配套工程、科技支撑体系、防沙治沙科技示范区建设和人员培训。造林营林主要是采取人工造林、封沙育林、飞播造林等方式恢复植被，建立荒漠绿洲防护林、防风固沙林、农田草牧场防护林以及水土保持林，形成多树种、多林种、多功能的综合防护林体系。沙化草原治理主要实行基本草原保护制度，禁止开垦草原，推行以草定畜、草畜平衡制度和草原生态保护补助奖励机制，加强草场改良和人工种草，实行围封禁牧、划区轮牧、季节性休牧、舍饲圈养等，保护和恢复草原植被。水土流失综合治理和水源、节水灌溉工程建设主要是对水土流失严重、土地沙化严重的农区和农牧交错区，以小流域为单元，采取封禁、水土保持林（草）、经济林等为重点的水土流失治理措施对水土流失、土地沙化严重的农区和农牧交错区，以小流域为单元，采取封禁、坡改梯、淤地坝、水土保持林（草）、经济林、小型蓄水保水工程等为重点的水土流失综合治理措施，搞好水源和节水灌溉工程建设，减少水土流失，改善农业生产条件，为沙区恢复植被、封育保护创造有利条件。同时，采取物理治沙和化学治沙工程对流动、半流动沙地固定，形成兰新铁路、北疆铁路等国道、铁路区域风沙前沿林草阻沙带。

（3）认真实施重点生态工程。以各类生态建设重点工程为支撑，加快沙化土地治理，重点抓好以下工程。继续深入实施三北防护林体系工程、退耕还林还草工程、天然林资源保护工程、退牧还草工程、公益林管护工程等国家重点生态工程，加快自治区城镇周边的荒山荒地、城市新区、工业园区、新兴矿区和水源湿地的绿化步伐和生态改善，构筑与城镇发展相适应的林草生态防护体系；加快铁路公路两侧绿化，形成带、片、点相结合，层次多样、结构合理、功能完备的绿色长廊，改善沿线生态环境和景观效果，有效减轻风沙、冰雪等灾害影响。同时，在现有防护基干林基础上加快形成有效保护绿洲、保护天山、保护重要河流的林草植被生态安全体系。

（4）完善绿洲生态防护体系。强化防风固沙林带建设，构筑绿洲防护屏障，保障农区生产生活安全。按照因害设防、科学治理的原则，通过新建、续建措施，在绿洲外围荒漠区，实施封沙育林，形成绿洲外围大型天然防风阻沙带；在绿洲边缘，进一步完善、补缺，对重点流动沙丘区采取以沙障为主的非生物治理措施；在绿洲内部，沙化及潜在沙化土地、重要交通干线两侧等以人工造林为主，结合农业产业结构调整，发展特色经济林；在绿洲内部，城乡周边荒山荒滩、重要交通干线两侧等以人工造林为主，结合农业产业结构调整，加强农田防护林建设和村庄绿化美化，改善农区生态环境。同时，封育保护各大河流两岸分布的天然胡杨林、怪柳等特有树种。加快建成沿绿洲边缘风沙线构筑结构合理、树种优化、体系完整、功能完备、设施配套、管护到位的防护林体系，为保障农区生产生活安全提供生态支撑。编制《新疆维吾尔自治区防沙治沙中长期规划（2021—2035年)》，明确指导思想、基本原则、治理目标、方式、技术手段等。争取中央加大沙化土地治理资金投入力度，推进自治区地方财政建立配套资金投入。完善防沙治沙投入机制、税收减免机制、金融扶持机制、补偿机制。坚持治沙与治穷相结合，完善荒漠生态补偿机制，积极发展沙产业和生态旅游产业，扶持龙头企业发展，增加沙区群众收入。

1.5.3.2 建立以国家公园为主体的自然保护地体系

(1) 谋划设立国家公园。对照国家公园设立标准和国家公园空间布局方案，与国家公园管理局等部门加强联系对接，稳步推进，量力而行，国家公园是我国自然生态系统中最重要、自然景观最独特、自然遗产最精华、生物多样性最富集的区域。依托阿尔金山国家级自然保护区、中昆仑自然保护区等设立昆仑山国家公园，配合国家公园管理局等共同推动条件成熟的其他地区申报国家公园。筹建自治区层面国家公园各级管理机构，在管理体制机制、自然生态系统保护、社区协调发展、资金和法律法规等试点保障方面加大创新力度，优化边界范围和功能分区。对国家公园实行最严格的保护，保护自然生态系统的原真性、完整性。

(2) 加快自然保护地整合优化归并。开展自然保护地本底调查，全面掌握新疆各类自然保护地范围、边界、重点保护对象、管理机构、人员编制等基本情况。制定自治区自然保护地整合优化办法等，按照保护从严、等级从高要求，整合交叉重叠保护地，归并优化相邻保护地，确保重要自然生态系统、自然遗迹、自然景观和生物多样性得到系统性、完整性保护。将新疆各类自然保护地分为国家公园、自然保护区和自然公园三大类，在科学评估基础上，加快地质公园、森林公园、湿地公园、风景名胜区、国家沙漠公园等优化整合，按照保护地面积不减少、保护强度不降低和保护性质不改变的原则，做到一个保护地一个名称、一套机构、一块牌子。编制《新疆自然保护地总体规划》，加快编制专项规划和年度实施计划。制定《新疆维吾尔自治区自然保护地管理条例》，授权自然保护地管理机构履行管辖范围内必要的综合执法职责，建设自然保护地综合执法队伍，构建自然资源刑事司法和行政执法联动机制。

(3) 进一步理顺自然保护地管理体制机制。建立分级统一管理体制，国家级自然保护地属于中央事权，由中央和自治区政府商议管理体制。自治区级自然保护地由自治区林业和草原局统筹管理，行使全民所有自然资源资产所有者管理职责，建立各类自治区级保护地管理机构，明确职能和编制，履行管理职责。建立完善的自然保护地内自然资源产权体系，清晰界定产权主体，划清所有权与使用权的边界，逐步落实保护地内全民所有自然资源资产代行主体的权利内容，非全民所有自然资源资产实行协议管理。

(4) 建立财政事权划分和资金保障机制。建立财政投入为主的资金保障机制。完善中央和新疆财政事权和支出责任划分机制，推动中央与自治区按照事权划分分别出资保障国家级自然保护地，加大中央财政对新疆国家级自然保护地的投入力度。明确自治区林草局与地方政府在自治区级自然保护地方面的财政事权和支出责任划分，设立自然保护地能力建设专项资金，加大建设力度。建立财政投入为主的自然保护地多元资金机制，加强自然保护地特许经营和社会捐赠资金管理，定向用于保护地生态保护、设施维护等。鼓励金融机构对自然保护地建设项目提供信贷支持，发行长期专项债券。鼓励社会资本发起设立绿色产业基金参与保护地建设。加大对自然保护地科技支撑、监测网络体系、大数据平台等方面的投入。

(5) 加快移民搬迁和水电工矿企业退出。编制自治区自然保护地生态移民安置专项规划，将自然保护区核心保护区的居民逐步搬迁到区外，严格限制自然保护地一般控制区内的居民数量，妥善解决移民安置后就业。涉及需要征收农村集体土地的，依法办理土地征收手续，并结合生态移民搬迁进行妥善安置。妥善解决移民安置后续工作，对实施移民搬迁家庭中具备劳动能力的成员优安排生态公益岗位，争取做到移民户"一户一岗"。全面排查统计新疆自然保护地内的工矿企业家底情况，研究制定自治区自然保护地矿产退出条例或办法。采取注销退出、扣除退出、限期退出、自然退出等多种方式，对开采范围涉及自然保护区核心区的工矿企业，可结合财力推行补偿退出，加快核心生态系统和自然资源的保护修复。同时，明确在自治区自然保护地内，不再受理新的探矿权和采矿权。制定自治区自然保护地矿山废弃地修复方案，实现对自然保护地内山水林田湖草的系统治理和保护修复。

1.5.3.3 建立以特色林果业为主体的林草产业体系

（1）巩固基础产业。优化林草产业布局，科学划定各主栽树种的优生区、适生区、风险区和非适生区，在政策资金上重点向优生区和适生区倾斜，向优势区域集中，严格控制各树种的发展规模和品种结构。加大特色优良品种的选育与推广，按照时间系列化（早、中、晚熟品种）、品质特性系列化（酸甜软硬等品种）、用途系列化（鲜食、制干、加工等品种），提高林果产品的有效供给。不断提高市场均衡供应能力。以四季供应、周年上市为目标，早、中、晚熟搭配，鲜、干、仁等搭配，适度发展杏李、西梅、无花果、新疆桃、鲜食枣、开心果等适销对路、具有市场竞争力的特色品种。同时，充分利用不同区域气候带特点，沿气候带优化杏、桃、李等核果类优势品种的布局，大力发展桃、樱桃、葡萄、鲜食枣等设施林果，打季节差、错峰销售，形成反季培育、时令新鲜、特色突出、四季有果的供应格局。加快推进林果基地标准化建设和提质增效，加快红枣、核桃密植园疏密改造。大力推行绿色生产技术标准，推动农药和化肥减量施用提质增效，推广农家肥计划，提升林果品质。引导和鼓励果农以转包、出租等符合国家法律和政策规定的方式，推进果园承包经营权流转。深入分析果粮果棉间作问题，建立逐步退出机制，坚决退出果园内不宜间作的粮食、棉花。大力推广水肥一体化应用技术，加快果园斗农渠防渗改造，实行以林果为主的配水制度。加强林果灾害防控能力建设，严格出入境检验检疫，加快提升检验检疫、监测预报、综合防治能力和水平。

（2）做强加工业。加强冷链仓储物流基础设施建设，提升果品贮藏保鲜能力。引导各种经济成分积极参与发展果品加工贮藏保鲜产业，支持企业、合作社建设一批有一定规模的贮藏保鲜设施，延长产业链，加快完善物流体系建设，形成果品贮藏保鲜集群优势。通过援疆机制，重点在北京、上海、广东、浙江、武汉等城市建设集仓储保鲜、物流配送、品牌展示等功能为一体的销地交易配送专区。提升果品初级加工能力，增强加工转化水平。大力引进央企、有实力的企业到新疆发展果品加工，改造升级贮藏、保鲜、清洗、烘干、分级、包装等生产线。鼓励企业引进先进设备和加工技术，开发适销对路的精深加工产品，提高果品综合加工利用率和附加值。提高加工科技含量，增强果品就近就地转化能力，提高附加值。建立完整的产业链，推进一、二、三产融合发展。

（3）健全销售体系。加强产地交易市场建设，在林果主产区加快建设与基地生产相衔接的果品产地批发交易市场，完善市场基础设施，提升市场功能，大力推进全自治区果品电子商务平台体系建设，广泛推广"互联网+林果产品"电子商务营销模式，建立包括上下游企业的交易平台，为企业提供线上商机查询、合作洽谈、询报价、在线交易等服务，并打通供应链金融、物流、企业认证等环节。加强林果产品品牌建设，深入实施林果品牌名牌发展战略。建立林果产品品牌培育、发展和保护体系，培育形成一批以品牌林果产品生产为主的规模化生产基地、加工龙头企业，大幅提高品牌产值和市场占有率，逐步形成"培育名牌、发展名牌、宣传名牌、保护名牌"的良好机制，探索出一条品牌富农、品牌强农的发展之路。会同工商管理部门加大对假冒伪劣林果品牌生产者、经销商、代理商的打击力度，尤其是要加强对重点地区的监控。提升林果产品外销平台建设水平。加强市场调研，做好产销衔接。在继续办好北京、广州两大展会基础上，充分利用各类展会、交易会等，进一步宣传展示新疆特色林果产品。充分利用援疆机制，在19个援疆省份实施新疆农产品"百城千店"市场开拓工程，深化果品外销、农超、农批对接，提高新疆果品的市场占有率和竞争力。对出疆林果产品通过公路、铁路、航空运输，给予一定比例的运费补贴。

（4）推动科技兴业。加快科技研发和成果转化。引进吸收消化国内外林果产区在栽培、病虫害防控、储藏加工及林果机械等方面的先进技术，积极转化和示范推广本区域先进林草科技成果和实用技术。强化林业各级创新平台建设，增强开放运行效能，依托林草科技项目与科技平台，开展技术攻关。推进林果业简约化栽培管理和绿肥种植、农家肥积造技术，从根本上解决土、肥、水条件制约和林果效益提升的矛盾等问题。加强科技服务体系建设。强化科研院所、技术推广站、乡（镇）林管站等服务机构建设，加快形成以自治区林果专家服务团、地州林果办、林科所为依托，以县市林管站、园林站为主体，乡镇农业技术推广站、林管站为纽带，农民技术员、林果技术服务队、生态护林员为网络的区、地、县、乡、村5级林果技术服务体系。加强"专家服务团专项行动""一户一个明白人工程"。提高机械化生产水平，加快特色林果机械化关键技术与设备的引进、试验、示范，重点推广灌溉、施肥、修剪、喷药及果品收获、清洗、保鲜、贮藏、烘干、分选、包装等机械化技术与设备，推进生产全程机械化。

（5）推进"丝绸之路经济带"生态旅游。积极打造"丝绸之路经济带"上的生态旅游重要区域。优化生态旅游发展布局。加快发展国家公园、风景名胜区、自然保护区、森林公园、湿地公园等重要生态保护地的生态旅游产品。大力培育生态旅游新业态，积极推动"生态+""旅游+""文化+"。推进生态旅游的区域联动，创新生态旅游的营销体系，完善区域合作机制，建设"丝绸之路经济带"生态旅游大通道。

1.5.4 大力开展四大行动

1.5.4.1 科学国土绿化行动

树立正确的绿化发展观，科学节俭开展城乡绿化美化，推动国土绿化由数量增长向质量提升转变，由人工增绿为主向自然增绿为主、人工增绿促进转变，为人民种树，为群众造福。以三北防护林、天然林资源保护等国家重点工程为依托，巩固建设成果，提高造林种草标准，加快山地森林保护修复。完善农田防护林体系，加快推进农田防护林网修复改造，促进退化防护林更新复壮。开展绿洲外围防风固沙基干林带建设、环准噶尔盆地荒漠区植被恢复重建、农田林网化建设等3项工作。在巩固前期退耕还林还草成果基础上，对严重沙化耕地实施新一轮退耕还林还草。以"三山两盆"等重点生态功能区为主战场，采取人工造林种草、封山（沙）育林育草、退化林分、草原修复等措施，增加林草植被，构建片、带、线、点相结合的防护林草体系。开展村庄绿化美化工作，打造城乡生态空间网络，加快村旁绿化、路旁绿化、宅旁绿化、河渠旁绿化步伐，推进路边绿化、河边绿化、田边绿化、山边绿化步伐，创建一批森林（草原）城镇、森林（草原）乡村。提升通道绿化水平，加强城际连接线、主要交通线、河道两岸绿化，强化林草景观提质改造。进一步丰富义务植树形式，深入推动"互联网+"义务植树，加大造林种草绿化的公益宣传发动工作力度，吸引社会各界广泛参与义务植树种草，鼓励单位和个人通过捐资捐物等形式参与国土绿化，积极完成部门绿化责任状规定的相关绿化工作。

1.5.4.2 林草质量精准提升行动

按照数量与质量并重、质量优先的原则，科学开展森林经营，着力培育健康稳定优质高效的林草生态系统，提高森林生态系统生产力和森林质量，充分发挥林草资源在维护生态安全中的主体作用。实施天山、阿尔泰山和昆仑山"三山"林区林草质量精准提升工程，开展退化防护林修复和森林抚育，提高水源涵养、水土保持生态功能。加强荒漠灌木林保护，加大混交灌木林补植补造力度，增加灌木林稳定性和质量。加大中幼龄林抚育力度，大力改造低质低效林，形成稳定、健康、生物丰富多样的森林群落结构。实施河流(谷)沿岸天然林草资源质量提升工程，对塔里木河、伊犁河、额尔齐斯河等流域的林草资源，采取多种措施，改善林分质量，促进天然更新。

全面提高造林种草质量，加大乡土树种、珍贵树种、抗逆性树种繁育力度，积极培育良种壮苗，科学确定造林树种和草原恢复方式。切实加强林草科学经营，树立多功能近自然经营的理念，综合采取抚育间伐、补植补造、促进天然更新等措施，自然力和人工措施相结合，不断提升林草生态系统多功能效益。科学编制并执行森林经营方案，着力建设一批森林质量提升经营样板示范区。

1.5.4.3 林草资源管理创新行动

用严格的制度、高效的手段保护发展林草资源，按照山水林田湖草系统治理要求，以"建制度、提能力、抓管理、严监督"为中心，对标短板、聚焦弱项，构建系统完备、科学规范、运行有效的林草资源制度体系。建立全自治区林草资源"一张图"机制，全天候、无死角、广覆盖开展生态巡查和生态监测。在国土"三调"的基础上，划清不同所有主体的林草资源边界，解决林权证、草原证等一地两证问题，充分利用新技术、新手段，实现监管数据科学化、精准化，实现林草管理平台应用常态化。加快推进"互联网+资源管理"建设，建成自治区、市(地、州)、县3级营造林管理、荒漠化管理、自然保护地管理等多个业务系统，健全自治区林草电子商务平台、林产品信息服务平台、林权管理系统和林区综合公共服务平台，基本建成智慧监管框架。在自治区推行资源管理林(草)长制，建立自治区—县级—乡级—村级—护林员5级管理制度。建立以保护和发展森林资源目标责任制度为核心，以林地定额管理、采伐限额管理、森林经营方案编制等制度为基础，逐步完善森林资源管理制度体系。建立森林资源考核指标体系、森林资源督查工作机制、森林资源管理问责机制，形成森林资源监管体系制度，推动资源管理创新迈上新台阶。

1.5.4.4 生态文化振兴行动

大力挖掘胡杨文化、昆仑文化等历史文化资源，讲好林草生态文化故事。依托丰富的森林、草原、湿地和荒漠资源，发挥好区域人文生态的独特性和大尺度景观价值，建设生态文化基地，丰富生态文化内涵，筑牢"望得见山、看得见水、记得住乡愁"的生态文化基础，构建新疆生态文化体系。将新疆传统的生态文化进行收集、梳理、拾遗补阙，挖掘推广林草歌曲、诗歌、典故、舞蹈、书法、绘画等艺术作品。依托生态文化基地建设，开展带有明显地域特色和当地多民族特色的各类生态文化节庆活动，传播和宣传生态文化理念，营造人与自然和谐相处的生态文化氛围。举办生态文化风情旅游节，开展各类林草文化活动，充分展示新疆森林草原的生产、生活方式和风俗习惯。建立生态文化数字平台，通过大数据中心的智能化功能，实现生态文化数据的检索浏览。将生态文化研究成果导入自然教育、社区生态道德教育、生态体验、文创产品、生态旅游等领域，让社区居民在生态文化建设中获益。开发"生态文化+"，利用丰富的生态文化资源，打造生态文化项目，探索实现新疆生态文化与产品、与市场的有机结合。加强生态文化与旅游的融合，着力建设生态文化旅游产业园、生态文化观光体验园、林草部落民俗村、林草影视外景拍摄基地等一批具有示范、辐射和推动作用的生态文化旅游产业示范园。

1.5.5 落实五大保护修复制度

1.5.5.1 全面保护修复天然林

认真落实《天然林保护修复制度方案》，加快建立全面保护、系统恢复、用途管控、权责明确的天然林保护修复制度体系，全面停止天然林商业性采伐，实行天然林保护与公益林管理并轨，加快构建以天然林为主体的健康稳定的森林生态系统。将天然林保护修复目标任务纳入经济社会发展规划，按目标、任务、资金、责任"四到县"认真组织实施，实行市（地、州）、县政府天然林保护修复行政首长负责制，列入领导干部自然资源离任审计事项，实行天然林资源损害责任追究制。制定《天然林分级保护管理制度》，自治区划分重点保护天然林和一般保护天然林进行管理。编制《新疆维吾尔自治区天然林保护修复中长期规划》，制定天然林修复技术规程，继续实施塔里木河天然胡杨林拯救行动，启动天然胡杨林全域普查，加大天然胡杨林保护宣传。到 2025 年，天然林质量实现根本好转，天然林生态系统得到有效恢复、生态承载力显著提高。

1.5.5.2 加强草原生态保护修复

制订《草原保护修复治理管理办法》和《草地资源有偿使用管理办法》，不断完善新疆草原保护管理法律法规体系建设，全面加强草原保护管理。严格落实基本草原保护、禁牧休牧和草畜平衡制度。规范草原征占使用审核审批，建立负面清单，实行审核审批终身责任制。继续实施退牧还草、退耕还草等工程。科学修复退化草原，结合退化草原人工种草修复治理试点，配套草原生物灾害防治技术和草原防火等手段。制定不同类型不同区域的草原生态保护修复治理模式和技术标准，加快推进退化草原的修复治理和实现可持续利用，依据生态功能区划定草原生态功能区，严格实行以草定畜、以县为单位开展草畜平衡试点并推广。进一步探索建立草原生态保护补偿的长效机制，建立并强化禁休牧补助和草畜平衡奖励绩效考核机制。加强草原执法体系建设，加大对草原生态管护员队伍建设投入支持。开展草地资源普查完善统计调查制度。监测监管方面建立草地资源管理"一张图"，逐步建立健全草原生态保护建设成效评价指标体系和草原生态环境损害评估和赔偿制度，为领导干部草原资源资产离任审计等绿色指标体系建立奠定基础。

1.5.5.3 开展湿地保护恢复

认真落实《湿地保护修复制度方案》，加快推动湿地保护修复制度体系建设。建立健全湿地总量管控制度，严格落实征占用湿地"先补后占、占补平衡"，确保湿地面积不减少、功能不降低，稳步提高湿地保护率。加强退化湿地修复，重点抓好天山、阿尔泰山河流源头湿地修复和乌伦古湖、艾丁湖等生态脆弱区域湿地保护修复重大工程，建立湿地分级管理制度、湿地资源利用监管制度，严格保护和重点修复自治区重要湿地，实施产业引导和退出机制。完善湿地生态补偿机制，多措并举增加湿地面积，恢复湿地功能。及时发布和更新自治区重要湿地名录，健全湿地保护体系。出台湿地修复技术标准和湿地监测评价技术规程，加大湿地监测网络和人员队伍建设。将湿地保护修复目标任务纳入经济社会发展规划，绩效考核指标纳入各级党委政府生态文明建设目标评价考核和领导干部离任审计等制度体系。

1.5.5.4 持续推进沙化土地治理

认真落实《沙化土地封禁保护修复制度方案》，因地制宜、因害设防、适地适树、乔灌草搭配，生物和非生物治理措施相结合，遏制沙化土地扩展，保护恢复现有天然荒漠植被，推进沙化土地封禁保护区建设，完善水资源调配制度，编制防沙治沙中长期规划，持续推进沙化土地综合治理，推动荒漠化治理迈上新台阶。加强古尔班通古特、塔克拉玛干沙漠植被封禁保护和综合治理。在沙漠前沿建设乔灌草、带片网状的防风阻沙林草带，在绿洲外围建设防风固沙综合防护林体系，在重点设防地段营造大型防沙固沙林带，在铁路、公路沿线营造乔灌混交护路林带，绿洲内部进行沙化土地综合治理，在弃耕地、撂荒地、低产田、潜在沙化土地以及未利用沙化土地上营造生态林。建立防沙治沙综合示范区，完善防沙治沙投入机制、税收减免机制、金融扶持机制、生态补偿机制。坚持治沙与治穷相结合，完善荒漠生态补偿机制，积极发展沙产业和生态旅游产业，扶持龙头企业发展，增加沙区群众收入。

1.5.5.5 加强生物多样性保护

落实《新疆生物多样性保护战略与行动规划（2020—2030年）》，划定生物多样性保护优先区域，开展生物多样性保护专项行动，加强自然保护区建设、建立珍稀濒危及新疆特有野生动植物保护小区。在自治区范围内开展野生动植物拯救和栖息地质量提升行动，对雪豹、野骆驼、兔狲、吐鲁番沙虎、伊犁鼠兔、骆驼刺、柽柳、白刺、矮沙、冬青等珍稀野生动植物进行保护。抢救濒危珍稀野生生物。加强入侵物种对生物多样性影响研究。加强重点时节、重点区域和重点疫病的监测防控，建立陆生野生动物疫源疫病监测防控体系。完善疫病疫情防控应急制度，完善野生动物源人兽共患病防控策略，提高分类监测和主动预警水平。

完善生物多样性保护与可持续利用的政策和法规体系。建设生物多样性保护基础信息系统，建立新疆物种资源数据库。开展自治区生物多样性状况评估，建立信息化的生物多样性监测体系，加强生物多样性监测及保护研究，开展气候变化对生物多样性保护影响评估与应对战略研究。完善生物多样性保护资金保障机制，建立新疆生物多样性保护基金，鼓励企业、个人参与生物多样性保护。深入开展公众生物多样性保护宣传和国际合作。

1.5.6 夯实林草发展六大基础保障

1.5.6.1 提高科技创新能力

面向重大国家战略和自治区党委的战略部署，着力加强退化林分修复、防沙治沙、天然林、湿地和草原保护修复、自然保护地资源监测管理等关键技术攻关，积极争取一批国家重大专项。针对地方需求，大力开展自治区林草科技专项研究，重点对退化林分修复、困难立地造林种草、抗逆性乡土树种草种选育、良种引种驯化、退化湿地修复改良、林草有害生物防治、次生盐碱地改良与示范、草原生物灾害防治、林草产业和林草信息化等进行攻关。建立重大科技项目揭榜挂帅制度。创新林草科技推广载体，在现有新疆农业大学、新疆林业科学院、新疆林业勘察设计院等基础上，整合优化草原、湿地、荒漠科研机构和勘察设计机构。加强与科研机构等合作，建立林草科技协同创新机制和创新联盟。建立政府委托或购买科技服务机制。健全覆盖自治区、市、县、乡、村5级的林草技术应用和推广体系，稳定林草技术推广队伍。提高林草科技成果管理使用水平，增强科技推广与林农群体、企业需求的精准度、融合度、匹配度。完善林草科研评价和激励机制。以继续教育、关键岗位、重点工程和绿色证书培训为重点，加强对林草各级领导干部职工、林农果农的教育培训。制订、修订地方标准、规程40项，实施林草科技推广示范项目70个，成果转化率达85%；挂牌国家或自治区重点实验室1个，新建国家级生态定位站2个，国家长期科研试验基地1个，工程（技术）研究中心1个，生物产业基地1个。

1.5.6.2 提升林草种苗质量

提高良种生产供应能力。改造提升特色种苗基地，新建一批林草种苗基地。加大乡土树(草)种、珍贵树种和适宜困难立地造林的抗逆性树种的良(品)种选育力度，积极培育良种壮苗。建立健全种苗检测联动机制，高标准建成省林草种质检验检疫中心，强化自治区、市、县3级林木种苗执法站建设。继续深入开展古树名木抢救性保护，集中对全自治区古树群和散生古树名木全部实行原地保护。加强种质资源保护利用。推进林草种质资源普查，全面摸清种质资源家底。加快林草种质资源库建设，建成和完善国家林木种质资源设施保存库新疆分库。"十四五"期间收集保存1000份林草种质资源，加强树种草种质资源收集保存、鉴定评价和开发利用，有效保护种质资源。建设一批优良乡土树种草种基地，实施林草种业科技入户工程，满足生态修复治理需要。到2025年，基地供种率达到80%，良种使用率稳定在75%以上，种子和苗木合格率均保持在90%以上。配合完成第一次全国林草种质资源普查与收集工作。

1.5.6.3 强化林草有害生物防治和森林草原防火

贯彻生命至上、安全第一、源头管控、科学施救的根本要求，坚持一盘棋共抓、一体化推进，早发现、早处置，"打早、打小、打了"全面提升森林草原防灭火能力。健全预防管理体系。坚持预防为先，建立健全森林草原火灾数字化、智能化监测预警体系，综合利用航空、瞭望塔、林火视频、地面巡护等立体化监测手段，提高火情发现能力。严格落实党政同责、行政首长负责制，层层传导市、县、乡、村干部防火责任和压力，强化网格管理队伍，充分发挥护林员、瞭望员预防"探头作用"。完善网格管理制度，定域、定职责、定任务，推进精细化、常态化、规范化管理。创新科学防火方式方法，积极推进"互联网+防火"。健全各级特别是县级防火机构，保证编制、人员力量。探索实行防火购买服务机制，吸引社会力量参与森林草原防灭火工作。提高早期火情处置能力。完善森林草原火灾应急处置和早期火情处理方案，推行一区一策、一地一案，提高火情处置的针对性和可操作性。全面推进地方专业防扑火队伍标准化建设，深入开展火灾隐患排查和重点区域巡护，做到早发现、早排除、早处置、早扑灭。切实加强风险防范、依法治火、科学施救，预防发生人员伤亡和扑火安全事故。提升防控保障水平。科学优化防火应急道路、林火阻隔带、防火物资储备库、瞭望塔、航空护林站(点)等森林草原防灭火基础设施布局，构建自然、工程、生物阻隔带为一体的林火阻隔系统。加强专业化、现代化装备配备，提升基础通信、指挥调度和数据共享等监控能力。建立多层次、多渠道、多主体的投入机制，实施科学化"闭环式"项目管理，加强项目监督检查。2025年，通过森林草原防火建设，实现自治区重点防火区域森林草原火情监测全覆盖，森林草原火灾防控能力显著提高，实现森林火灾24小时扑灭率达95%以上，森林和草原火灾受害率稳定分别控制在0.7‰和0.3‰以内。

加强林草有害生物监测预警体系、检疫御灾体系、防治减灾体系、应急防控体系建设。建立有害生物资料数据库，强化预报工作。完善自治区林草有害生物灾害应急指挥制度，强化检疫执法和检查检验队伍建设，更新和配备现代化防治设备，加强应急防治物资储备，强化应急防控演练和技术培训，提升应急处置和防治减灾能力。完善草原有害生物灾害监测预警体系，建设自治区级监控中心、地级监控站、县级监测防治站，探索建立边境生物灾害防火墙，建立重大入侵生物灾害定点测报系统。吸纳有能力、有经验的企业或组织作为防治主体，推进草原生物灾害专业化统防统治、全程承包服务模式。到2025年，林业有害生物成灾率控制在3‰以下。

1.5.6.4 加强基层组织和队伍建设

明确基层林业、草原工作站(所)的公益属性，积极配合县乡有关部门，解决基础管护站所的人员编制和工作经费。改善基层工作和生活条件。推进林草基层站所标准化、规范化建设。发挥基层林草站、森林管护所、木材检查站等机构人员优势，成立统一的林草综合执法队伍、综合防火队伍、技术推广队伍。加快生态护林员、公益林管护员、草管员等林草管护人员职能任务融合，保持稳定生态管护队伍。牧区县、半牧区县设置草原工作站，改善执法检查装备条件。建立健全自治区林草人才发展规划体系，多渠道引进和培养高层次专业技术和经营管理人才。完善基层林草专业技术人才继续教育体系，加快实施专业技术人才知识更新工程，激励人才向基层流动，到一线创业，优化基层林草人才配置机制。大力培养科技领军人物、科技拔尖人才和基层技术骨干。

1.5.6.5 改善基础设施

推进林区、牧区林场道路、给排水、供电、供暖、通信等生产生活条件改善。将基层林草工作站基础设施建设和仪器设备的配备纳入林草体系建设专项投资，改善办公条件，配备先进仪器设备。依托新疆国家林草种质资源设施保存库，启动建设新疆林草生态大数据平台，运用互联网、云计算、物联网、"3S"等技术，结合实地调研整理收集自治区内水文、土壤、气候、植物、动物、微生物等生态本地数据，形成草原生态大数据、林业大数据、畜牧业大数据、农业大数据、矿山大数据等，并结合生态管理实践，建立指标分析模型，输出区域生态大数据和产业大数据，根据产业生态管理维度，运用遥感、数据建模、大数据深度学习等技术，生成产业生态管理体系，搭建林草种质资源共享平台，服务于新疆产业生态管理、产业决策导航，从而精准指导自治区生态保护与修复，科学指导产业结构布局，用数据指导新疆生态文明建设。

1.5.6.6 健全生态监测体系

建立健全新疆林草资源综合调查监测及评估体系，建立新疆生态监测及价值资产评估中心。建立自治区、市、县3级森林、草原、湿地和防沙治沙监测队伍，加快监测样本布点，增设野外观测研究站点，完善生态监测的技术支撑体系，建立自治区生态资源监测评估网络。深化遥感、定位、通信技术全面应用，构建"天空地"一体化监测预警评估体系，实时掌握生态资源状况及动态变化，及时发现和评估重大生态灾害、重大生态环境损害情况。综合运用大系统、大样地、定位观测、视频监控、北斗导航、自动传感、人工智能等先进技术，推进监测现代化。研究建立系统科学、准确快捷的生态监测评价标准，为推行生态政绩考核和生态损害责任追究制度提供科学依据。

1.6 林草重点生态工程

林业草原重大工程项目是有效解决长期困扰和阻碍自治区经济社会发展生态问题的重要着力点，是推进山水林田湖草生态保护与修复、保障国家生态安全的关键举措，是实现绿水青山就是金山银山、提供生态产品和服务的重要载体，是实现绿色发展、推进林业草原治理现代化的战略途径。贯彻落实习近平生态文明思想和关于实施重要生态系统修复重大工程的重要指示，必须坚持国家和地方重点生态工程建设相结合，加快推动重点生态工程高质量发展，为构筑结构稳定、布局有序、功能完备的绿洲生态屏障发挥主干支撑作用，为全面推进国土绿化工作、建设"生态高地"担当主干责任，发挥引领作用。"十四五"期间拟在新疆全面实施三北防护林体系建设工程、防沙治沙工程、湿地保护与恢复工程、林草生态保护和综合治理工程、退化草原修复治理工程、自然保护地体系建设工程、森林质量精准提升工程、特色经济林提质增效工程、林草支撑保障体系建设工程九大工程。

1.7 加强政策扶持

聚焦"丝绸之路核心区生态保护和林草高质量发展"这一主题，实施新疆"十四五"林草发展规划，必须在政策上取得突破，加快建立健全涵盖森林、草原、湿地、荒漠、自然保护地、野生动植物等生态保护修复及相关配套协同的政策体系，确保如期高质量完成规划目标任务。

1.7.1 完善生态保护修复和自然资源管理政策

1.7.1.1 创新完善生态保护修复扶持政策

完善生态修复政策，因不可抗拒自然因素造成的造林种草面积损失，经自治区级工程管理部门组织认定后，审核报损，列入下一年度工程建设任务。扩大退化林分修复试点面积，加大三北防护林工程退化林分改造和灌木平茬任务面积，分不同类型区域、针对退化主导因素，制定具体措施，促进防护林建设优化升级。加快推进流域上下游横向生态保护补偿机制，推动开展跨区流域生态补偿机制的试点，建立自治区内流域下游横向生态保护补偿机制，以市(州)为单元，通过积极争取中央财政支持、本级财政整合资金对流域上下游建立横向生态保护补偿给予引导支持，推动建立长效机制。

推行宜林则林、宜草则草、宜荒则荒、林中有草、草中有林的林草融合发展模式。严格落实草原承包、草畜平衡和基本草原保护等制度，结合草原奖补政策，实施"三山"禁牧、轮牧，解决山区林牧矛盾，确保"三山"林草再造工程实施，严格实施南疆五地州塔里木盆地荒漠区禁牧、北疆准噶尔盆地休牧轮牧，有效遏制草原"三化"退化趋势。结合林草重点工程，实施伊犁河谷、塔里木河两岸、三大山区、古尔班通古特沙漠周边人工种草、补草工程，提高草原植被覆盖度，提升草原质量。

制定退化草原修复政策，编制草原休养生息规划，建立专项修复资金，引入社会资本参与草原生态修复；制定"一地两证"解决办法，明确补偿标准；完善草原生态管护员管理办法，建立草原管护员制度，在"一户一岗"基础上，对管护面积超过户均水平一定规模的增加1名管护员。根据不同地区的地理气候和生态区位差异，适当提高新疆造林种草补助标准，建立差异化的生态建设成本补偿机制。

1.7.1.2 完善林草重点工程接续政策

加快完善天然林保护修复制度、管护制度及配套政策。依法合理确定天然林保护重点区域，制定天然林保护规划、实施方案，完善天然林管护体系，建立天然林休养生息促进机制。严管天然林地占用，完善天然林保护修复支持政策，加强天然林保护修复基础设施建设。统一天然林管护与国家级公益林补偿政策，对集体和个人所有的天然商品林，中央财政继续安排停伐管护补助。逐步加大对天然林抚育的财政支持力度。鼓励社会公益组织参与天然林保护修复。

制定退耕还林后续补偿政策，退耕补助到期后，按照不低于第一轮补助标准进行后续补助。扩大退耕还林还草规模，对生态地位十分重要、生态环境特别脆弱的退耕还林地区，在替代政策尚未出台前，继续实施补助；将退耕地上营造的生态公益林纳入各级政府生态效益补偿基金，提高补偿标准，逐步将退耕还林地纳入生态护林员统一管护范围。将坡度15°~25°的生态严重退化地区的退耕地纳入耕地休耕制度试点范围。

1.7.1.3 制定自然资源管理和有偿使用政策

在明晰产权的基础上，推动新疆国有森林、草原、湿地、荒漠等所有权和使用权相分离，完善森林、草原、湿地、荒漠等自然资源价值核算，基于核算标准探索并制定国有森林、草原、湿地、荒漠等有偿使用政策或办法，严禁无偿或低价出让。推动森林、草原、湿地进入碳汇交易市场，制定补贴政策，引导高排放企业购买林草碳信用，建立林草增加碳汇的有效机制。

1.7.2 完善林草改革相关配套政策

1.7.2.1 完善集体林地承包经营改革政策

在明晰产权、承包到户的基础上，稳定承包权，放活经营权，培育新型经营主体，促进适度规模经营。一是加快形成集体林地三权分置和互惠共赢的权利关系。按照产权规律和林业经营特点分置三权，落实集体所有权，稳定农户承包权，放活经营权，加强承包经营合同管理。二是培育扶持新型经营主体。鼓励发展各类专业大户、家庭农场、股份制林场，加快发展合作经营，鼓励组建林业合作社联社，推进集体林权有序流转，支持多种形式的林业适度规模经营。三是促进各种资本经营集体林。加大对造林、林木良种、森林抚育的财政支持力度，支持工商资本投资林业产业，总结推广林权出资注册制度，引导金融机构完善针对新型集体林经营主体的信贷、保险支持机制。四是加快发展绿色富民产业。大力发展林下经济，促进农民增收致富。五是完善社会化服务体系。加快建立森林资源资产评估、林业融资担保、林权收储等服务机构，指导农户制订适合家庭经营的简明森林经营方案，加强承包经营纠纷调处，积极推进县级林地承包经营纠纷仲裁体系建设。积极争取中央财政支持，安排专项资金用于新疆集体林权制度改革。积极协调有关部门，进一步完善森林保险、林权流转、抵押贷款等基层急需的林草政策，解决制约新疆林草发展的政策机制问题。

1.7.2.2 完善巩固国有林场改革成果配套政策

探索建立国有林管理制度，深化国有林场改革，建立健全保护生态和改善民生双赢的国有林管理体制机制。全面剥离国有林场社会管理和公共服务职能，着力提升国有林场公共服务能力和水平。完善国有林场森林资源管理体制，明确森林资源所有者、经营者、监管者及各自职责，建立与履行所有者职责相关的森林资源及资产管理制度。开展国有林场场长任期森林资源考核和离任审计，建立职工绩效考核激励机制。全面推行国有林场森林经营方案制度。支持发展绿色循环经济，增强林区林场发展内生动力。加快推进绿色林场、科技林场、文化林场、智慧林场建设。

1.7.2.3 完善草原承包经营制度改革配套政策

坚持"稳定为主、长久不变"和"责权清晰、依法有序"的原则，依法赋予广大农牧民长期稳定的草原承包经营权，规范承包工作流程，完善草原承包合同，颁发草原权属证书，加强草原确权承包档案管理，健全草原承包纠纷调处机制，扎实稳妥推进承包确权登记试点，实现承包地块、面积、合同、证书"四到户"。积极引导和规范草原承包经营权流转，草原流转受让方必须具有畜牧业经营能力，履行草原保护和建设义务，遵守草畜平衡制度，合理利用草原。

1.7.3 加快建立产业高质量发展政策

践行"绿水青山就是金山银山"理念，开展科学国土绿化行动、稳固完善绿洲防护林体系、保护修复自然生态系统、发展特色林果业、实施乡村振兴战略，助推脱贫攻坚，大力培育和合理利用林草资源，充分发挥林草生态系统多种功能，促进资源可持续经营和产业高质量发展，有效增加优质林草产品供给，推动林草产业全环节升级、全链条增值。发展绿色富民产业，厚植生态底色，做足扶贫成色，全力推动林业和草原事业向高质量发展的目标加快迈进。

1.7.3.1 制定特色林草产业提质增效政策

各级政府根据财力状况，调整财政支出结构，将林草生态建设、林果产业发展纳入公共财政预算体系，建立稳定的投资渠道。扩大林果业政策性保险覆盖范围，积极争取将林果业保险纳入林草业政策性保险范畴。在生态安全的前提下，以市场为导向，科学合理利用林草资源，促进林草经济向集约化、规模化、标准化、产业化发展。巩固提升林下经济产业发展水平，促进林产品加工业升级，推动经济林产业提质增效，大力发展森林生态旅游，积极发展森林康养。增加科技投入，稳定林果核心产区的规模，提升产品的品质与品牌，从追求种植面积和果品产量向追求单位效益转变。推进林产品精深加工，三产融合，延伸产业链条，增加林产品附加值。积极争取库尔勒香梨、阿克苏苹果、若羌红枣、和田皮亚曼石榴等多产业进入国家林业产业投资基金项目库。加快新疆特色林果质量追溯体系和质量认证体系建设，建立完善统一规范的区域性产品标准、认定和标识制度，加强区域特色品牌、区域公用品牌、国内知名品牌和国际优良品牌建设。苗木产业向销售、施工、设计等产业链延伸。培育壮大草产业。继续实施退牧还草工程，启动草原生态修复工程、草业良种工程、优质牧草规模化生产基地建设项目、草产业产业化建设项目、草产业示范园区建设项目等，增加草产品生产和供应能力。发展草原野生药用植物产业。

1.7.3.2 健全生态旅游政策

大力发展森林旅游、草原旅游，将重点生态工程建设与贫困地区特色产业提升工程相结合。以丰富和完善旅游产业链、推出富有竞争力旅游产品、打造区域旅游品牌、推动旅游产业创新升级为目的，创新设计推出一批旅游新业态产品，推进旅游供给侧改革，建立与市场需求和发展阶段相适应的多样化、多层次旅游产品体系，满足快速增长的大众化、个性化、体验化消费需求。深化全域旅游示范区建设，推行"旅游+"模式，完善配套设施和服务，加快复合型旅游景区开发建设，开发精品线路，丰富产品供给，实施重点旅游景区升级改造工程，提升天山、阿尔泰山等景区景点档次。努力铸造融合生态旅游和文创产业于一体的产业体系。大力发展森林生态旅游，积极发展森林康养，建设森林浴场、森林氧吧、森林康复中心、森林疗养场馆、康养步道、导引系统等服务设施，大力兴办保健养生、康复疗养、健康养老等森林康养服务。积极发展草原旅游，开展大美草原精品推介活动，打造草原旅游精品路线。

1.7.3.3 完善新型市场主体政策

以建设现代果品业为目标，转变观念，牢固树立建大市场、求大发展的思想，制定适应本地的果品产业化实施方案。根据各地的资源优势和比较利益原则，引导林果业主导产业的形成。加强林果业的统一规划，避免重复建设。开展龙头企业壮大、农民专业合作社升级、家庭林场认定、社会化服务组织孵育四大工程。鼓励发展林草业专业大户，重点培育规模化家庭林、牧场，大力发展乡村集体林牧场、股份制林牧场。大力发展林草业专业合作社，开展专业合作社示范社创建活动，引导发展林草业联合社。培育和壮大林草业龙头企业，推动组建林草业重点龙头企业联盟，加快推动产业园区建设，促进产业集群发展。引导发展以林草产品生产加工企业为龙头、专业合作组织为纽带、林农和种草农户为基础的"企业+合作组织+农户"的林草产业经营模式，打造现代林草业生产经营主体。建立新型林草产业经营主体教育培训制度，推进新型林草业经营主体带头人培育行动。

1.7.3.4 强化产、加、销一体化政策

探索建立"互联网+林草产业+大数据"产业信息平台。完善物流体系，构建"绿色通道"，加强农副产品运输能力建设，支持各类营销主体开拓国际市场，提高通关速度。依托口岸优势，进一步扶持外向型农产品出口生产、加工基地，推动外向型农业向更广领域、更深层次发展。弥补市场短板，健全营销体系。在电子扶贫、电子商务、大数据运用、互联网金融、电商培训等领域，进一步增强项目合作和招商引资，扩大新疆特色农产品营销网络及布局，促进林产品销售，打通产销渠道，增强林草产业发展后劲。加强宣传，打造品牌。充分利用电视、报纸、杂志、广播、互联网等各种媒体，宣传和推广特色林果产品，提高产品知名度。同时，进一步完善市场法规和监管体系，以保障市场体系的有序运行，建立良好的市场交易秩序。

1.7.4 建立健全支持支撑政策

立足绿水青山守护者的定位，切实转变政府职能，进一步加大公共财政支持力度、强化生态补偿、拓宽生态建设投融资渠道、发挥科技政策服务功能，增强能力、释放活力、提高效率，全面支撑引领林草事业发展。

1.7.4.1 生态补偿政策

积极争取通过对口援疆等多种方式对新疆实行纵向和横向补偿，建立长效的森林、草原、湿地生态效益补偿机制。生态经济林纳入生态效益补偿范围。积极争取将生态型经济林纳入森林生态效益补偿范围，与集体生态公益林同等享受中央、地方和横向生态补偿。按照生态保护成效，探索开展森林生态效益分档补偿试点。建立流域生态补偿长效机制。建立自治区内流域下游横向生态保护补偿机制，以地级市为单元，积极争取中央财政支持，整合自治区财政资金，引导建立流域上下游横向生态保护补偿基金。探索"湿地资源恢复费"相关政策，从水电费等有关湿地资源利用收益中按比例安排湿地保护资金。积极争取中央将区内国际重要湿地、国家重要湿地、国家湿地公园、区级重要湿地纳入湿地生态效益补偿范围。开展退耕还湿，适时扩大范围。进一步完善草原生态保护补助奖励政策。积极争取中央将未纳入草原生态保护补助奖励政策的草原面积纳入补助范围。在有代表性区域开展沙化土地封禁保护试点，将生态保护补偿作为试点重要内容。推进生态综合补偿试点。完善草原生态管护员管理办法。增加草原管护员，建立健全草原生态管护员长效运行和管理机制，形成政府主导、村级管理、层层考核的严密考核管理体系，切实督促管护员发挥监管作用。建立完善荒漠生态补偿机制。借鉴森林生态效益补偿机制的作法，以国家投入为主导，在加大现有防沙治沙投入基础上，强化荒漠植被保护，尽快将荒漠生态系统整体纳入国家生态补偿范围，并予以重点考虑荒漠植被保护。具体来讲，国家投入生态补偿资金首要任务是解决荒漠生态系统的管护问题，如发放管护人员工资，给予必要的病虫害防治、火灾扑救、自然灾害抵御等经费，且随着国民经济增长逐步提高标准。

1.7.4.2 财政政策

加大对生态功能区财政转移支付力度，争取对生态涵养功能区生态补偿和政策资金支持，不断扩大建设规模，逐步提高建设标准。完善重点生态工程投资结构，将造林基础设施建设、抚育管护纳入投资范畴，逐步提高单位面积造林补助标准。将退化林分修复纳入工程新造林范围，享受新造林补贴政策。健全相应的财政支出体制。建立完善的预算监督体系、绩效评估机制和财政监督法律体系。实行差别化财政项目标准，根据不同地区的地理气候和生态区位差异，研究开展不同区位造林成本核算，建立差异化的生态建设成本补偿机制。建立绿色GDP核算机制，为实施

区际生态转移支付和交易做准备,为生态政绩考核提供依据。按照年度财政支出的固定比例用于生态建设,增大财政支出中用于生态建设的比例。

1.7.4.3 投融资政策

加大对林草的扶持力度,建立和完善以国家投资为主、地方投资为辅、金融和社会资本参与的林业草原投融资体制。引导金融机构开发贷款期和宽限期长、利率优惠、手续简便、服务完善等适应林草业特点的金融产品。完善林草抵押贷款融资政策。完善林权抵押贷款贴息政策,提高贴息比例,延长贴息时间。扩大林权抵押贷款范围,将整个林权制度深化改革和农村综合改革推上新台阶。制定林地承包经营权抵押贷款管理办法,完善相关法律法规,让林草地承包经营权抵押于法有据。加大政府财政支持,在政策上对接受林草地承包经营权抵押的金融机构给予一定的税收优惠。鼓励社会资本参与林草建设。出台工商资本参与林草建设的中长期指导意见,建立准入和退出机制,落实风险保障机制。吸引社会资本参与生态修复治理,共治共享。培育社会资本参与生态修复治理的经济、责任、情怀动机,激发社会资本参与的动力。发行长期专项债券。研究发行以生态保护修复建设为主的长期专项债券,发行期限按照15~20年为限,定向投资于建设国家公园以及自然保护地。

1.7.4.4 科技政策

加强林草科技发展顶层设计。加快编制立足自治区区情和绿色发展需要的林草科技发展专项规划,推动林草事业和生态文明建设,促进林草健康发展。坚持问题和需求导向,发挥好林业和草原科技力量协同创新的优势,结合供给侧改革,提升林草科技成果推广转化的质量和结构。落实好中央脱贫攻坚决策部署,创新科技扶贫开发模式。发挥好林草科技创新的支撑作用,把科技推广与科技扶贫紧密结合起来。实施林草科技平台建设工程、林果食品安全标准建设工程、林草科技扶贫工程。加大林草科技投入政策。各级应安排一定比例的林草科技和教育经费,增加林草科技投入,加大科技创新力度。加强草原生态建设与保护技术的基础性研究,建立不同区域草原生态保护和修复技术标准体系,鼓励支持草原实验监测站(点)建设,积极开展草原生态修复专题研究和技术示范。加大林草业技术人才培育和引进,加强林草干部队伍专业知识培训,不断提高林草科技人员的业务素质和干部队伍综合素质。开展林草科技培训工程。坚持分级培训、分类培训和分阶段培训相结合的原则,提高培训实效。优化科技推广的组织与投入模式。不断提升推广服务水平。在现有科研机构基础上,建立健全以林草科技推广站为主,以中央财政林草科技推广示范、自治区科技兴农、科技兴新、成果转化等推广计划为载体,以林草科研院所、高校和涉林企业为辅的多元化林草科技推广体系,破解科技成果转化"最后一公里"。完善各级林草推广站的基础设施建设,加大推广人员的培训力度,提高林草科技推广服务能力。促进林草科技对口援助。鼓励和支持国内重点农林高校和相关科研机构在新疆设立若干个面向基层、服务农牧民且符合绿色发展需求的区域性林草综合试验示范站或推广基地。发挥好政府部门、科研机构、高等院校和企业、生产经营主体各自的职能特点和优势特色,形成集聚合力。

1.8 组织保障建设

新疆林草"十四五"发展迎来了重要的历史机遇期,林草行业在"美丽新疆"及"丝绸之路经济带"核心区建设中具有重要地位。各级政府要充分重视并发挥其重要作用,各相关部门要加强协调配合，各级林草部门要落实责任，攻坚克难，发挥组织服务保障作用。要继续完善林草法制建设和政策设计，加强科技创新引领战略，加强公共财政投入和绿色金融支持，加快林草人才培养和夯实基层管理，增加公众参与度，为新疆林草"十四五"发展提供坚强保障。

1.8.1 加强组织领导，维护稳定大局

"十四五"时期是新疆经济社会建设发展的关键时期，稳定是大局中的大局。各级党委、政府要切实增强"四个意识"，坚定"四个自信"，做到"两个维护"，主动担负起林草改革发展的主体责任，把工作放在发展稳定大局之中去谋划和落实。各级林草部门要主动谋划，把林草建设纳入当地经济社会发展总体规划，提上政府工作的重要议事日程，把加强"丝绸之路经济带"核心区生态保护修复治理与维护社会稳定、长治久安有机结合起来，把林草高质量发展与改善城乡人居环境有机结合起来，把林草产业发展与生态扶贫、乡村振兴有机结合起来，统一规划实施，整体协调推进。落实各级党委政府责任，加强部门协调配合，推动林草融合发展。要调动领导干部积极性，充分体现督查、考核撬动林草改革发展的杠杆作用，把森林覆盖率、林地草原征占用审核审批率、破坏林草资源和自然保护地案件查结率、森林草原火灾受害率、林草有害生物成灾率等重要指标，纳入各级政府年度督查和考核体系，严格考核奖惩。落实各级地方政府林业草原生态建设目标责任制，积极推动进一步落实领导干部自然资源资产离任审计、党政领导干部生态环境损害责任追究制度。要加强统筹各类生态空间规划，组织编制一批落实本规划的重点专项规划，并做好政策和任务的相互衔接，做到集中发力，重点突破，切实解决生态保护与修复存在的突出问题。要强化对规划实施情况跟踪分析，建立规划实施评估机制，开展规划中期评估和终期考核，加强对规划执行情况的监督和检查，定期公布重点工程项目进展情况和规划目标完成情况。自治区林业和草原局要发挥大局意识，积极做好规划编制、协调指导、资金争取、服务督促、检查落实、实体培育、宣传推介等工作，群策群力推动林草"十四五"工作的开展。基层林草部门要结合地方实际，突出地方特色，做好地方规划与自治区规划提出的发展战略、主要目标和重点任务的衔接协调。加强年度计划与规划的衔接，确保提出的发展目标和主要任务落地见效。

1.8.2 加大政策和资金投入，确保建设成效

积极争取国家扩大对新疆政策支持和生态保护建设的投入。加大各级财政投入，对列入规划的造林绿化、防沙治沙、自然保护地建设等所需资金，按原定渠道由国家新一轮退耕还林还草、天然林资源保护等项目投入，自治区安排的专项经费投入及市（地、州）、县级财政投入等渠道落实。做大做强林草产业发展基金规模，用好林业贴息贷款，加大林果产业招商引资力度，鼓励和吸引金融资本、社会资本参与林草建设，完善信贷资金扶持政策，放宽贷款条件、降低贷款利率、简化贷款手续，推进生态建设投资主体多元化。完善林草资源资产抵押与交易平台，建立公平、透明、高效的交易市场。

1.8.3 强化法治保障，坚持依法治林治草

完善林草法治体系，提高林草法治水平，用最严格的制度和最严密的法治为林草改革发展提供可靠保障。推动自治区自然保护地、草原、湿地、国家公园等地方立法，积极配合修订林草业法律法规及部门规章制度，逐步建立法律、条例、规定、制度、办法等要素紧密结合的法律法规体系，为林草主管部门履行新职能提供法制支撑。严格执行《中华人民共和国森林法》《中华人民

共和国草原法》《中华人民共和国野生动物保护法》《中华人民共和国防沙治沙法》等国家法律法规，坚持依法治林治草，加大林草执法力度，严格森林、草原、湿地、荒漠植被和野生动植物资源保护管理，严厉打击乱砍滥伐、乱捕滥猎、毁林毁草开垦、非法占用林地草地等违法行为，严禁随意采挖野生植物，做到有法必依，执法必严，违法必究。加强新疆林草立法工作，根据修订后的《中华人民共和国森林法》《中华人民共和国草原法》《中华人民共和国野生动物保护法》，研究修订新疆的相关办法和细则，逐步建立健全以若干法律为基础、各种行政法规相配套的法律法规体系，进一步增强林草生态保护修复的法制保障。强化林地林权草地管理，严格禁止林地草地逆转和非法流失。根据法律法规和政策规定，理顺行政执法体制，建立健全一支专业素质过硬、法律业务精通的林业草原综合执法队伍。改善执法的装备条件，提高执法水平。对高发多发、社会敏感度高、影响大的破坏林草资源的案件，组织开展专项打击行动，持续保持高压震慑态势。加强普法教育工作。加强林业草原普法宣传活动，创新普法活动形式，提高林草干部队伍运用法治思维和法治方式推动工作的能力水平，健全依法决策和民主决策机制。提高全社会重视生态保护的意识。在中小学教育中，推动生态保护相关法律进课堂，提高生态保护道德意识和法律意识。

1.8.4 完善制度体系，提升林草治理效能

建立完备的制度体系是实现新疆林草治理体系治理能力现代化、实现林草高质量发展的必然要求，也是解决深层次体制机制性问题的重要基础。围绕构建最严格的生态保护修复治理体系，对现有林草制度进行梳理，摸清缺项弱项，补齐短板漏洞，建立健全林草资源保护修复、利用监管、产权保护、科学经营、生态补偿等制度体系。一是建立健全森林资源保护制度。加快制定生态保护红线管控办法，健全生态资源用途管制制度，确保生态安全。全面推行林（草）长制。严格实行生态环境损害赔偿制度，健全生态损害赔偿等法律制度、评估方法和实施机制，建立领导干部自然资源资产离任审计制度。坚持和完善林地分类分级管理制度，实行林地用途管制和定额管理。完善森林督查制度，建立"天空地"全覆盖督查体系。二是建立生态文明标准体系，逐步建立健全生态监测、生态价值核算、生态风险评估、生态文明考核评价等标准体系。三是进一步建立健全生态保护和建设制度。探索建立多元化的生态补偿机制和横向生态保护补偿机制。四是实施资源经营利用监管制度。实施林草科学经营制度。完善森林采伐限额、林木采伐许可证制度，推广应用"互联网+采伐"管理模式，全面推行"一站式办理"。实行国有森林、草原资源资产有偿使用，完善使用权转让和出租具体办法。严格执行野生动物特许猎捕证管理、人工繁育许可证管理和经营利用专用标识管理等制度。五是实施科技人才支撑制度。加强林草科技创新体系建设，完善创新激励机制和政策制度。优化科技创新平台运行机制，建立产学研紧密结合、多主体协同推进的科技成果转移转化新机制。加强科技创新组织保障。完善标准规范体系。推进林草信息化。完善人才引进、培养、使用机制，推进林草院校省部共建机制，健全基层专业技术人才职称评审、技能人才技能鉴定和岗位晋升激励制度。总之，要创新林业草原体制机制，推动建立更加成熟、更加定型、更加完善的林草事业制度体系。

1.8.5 推进合作交流，夯实工作成效

新疆拥有独特的生态资源、悠久的生态历史和鲜明的民族文化，吸引国内外有关力量参与到新疆林草建设的项目、技术、资金等优势突出。牢牢抓住"一带一路"发展机遇，实施林草业"走出去"战略。推进"丝绸之路经济带"核心区建设，广泛开展林草各领域、各层次的对外合作与交

流活动。优化生态领域对外创新合作的区域、途径与方式,拓展对外合作的视野和渠道,引进先进技术、理念与方法,建设对外科技合作示范平台,创新对外合作开放新机制,增强新疆林业草原国际合作的主动性和前瞻性。加强防沙治沙、退化森林草原湿地修复、生物多样性保护、特色林果业等方面的对外交流。深入推进林草援疆工作,带动林草事业高质量发展。

1.8.6 加大宣传力度,营造良好氛围

充分认识林草宣传工作的重大意义,讲好林草故事,扩大林草影响力,大力宣传林草重点工作的思路举措和成功经验,全面开创林草宣传工作新格局,营造全社会促进林草大发展的浓厚氛围。在每年的2月2日世界湿地日、3月3日世界野生动植物日、3月12日中国植树节、3月21日国际森林日、5月12日防灾减灾日、6月17日世界防治荒漠化与干旱日等关键节点,突出主题、提前谋划,宣传国土绿化、森林城市创建、义务植树、退耕还林、防沙治沙、森林防火等重要举措、明显成效和典型经验。以林果业提质增效为依托,宣传林果业在农业增效、农村发展、农民增收中的重要作用,不断扩大各类林果的知名度和影响力,加大宣传推介力度,提高新疆果品知名度和影响力。及时挖掘总结各地探索实践林草改革发展的成功经验,树立最鲜活的典型、最感人的故事,宣传新时代林业草原工作者艰苦奋斗、勇于创新、无私奉献、实干兴业的良好形象,引导全社会关心支持林草事业发展。积极主动与中央、自治区级媒体联系沟通,不断充实宣传内容、创新宣传形式、扩大宣传影响,同时,充分发挥自治区林业和草原局政务网站、新媒体的作用,形成全社会关心生态文明建设,支持林草事业发展的强大合力,努力营造良好的舆论氛围。

2 自然保护地"十四五"规划思路研究

2.1 研究概况

建立以国家公园为主体的自然保护地体系，是党的十九大提出的重要目标任务，是加快生态文明体制改革和建设美丽中国的必然要求，对于推进自然资源科学保护与合理利用，促进人与自然和谐共生，具有极其重要的意义。新疆是沟通或完成亚欧大陆东西方文化与政治、经济交流的唯一性桥梁。古丝绸之路连接亚洲、欧洲和非洲三大陆的通道，是世界历史发展的中心。新疆地处西北内陆，是我国北方防沙带、丝绸之路生态防护带重要组成部分，在全国生态安全战略格局中占有特殊地位，也是西北地区重要的生态安全屏障，集中分布有森林、湿地、草原和高山等多种生态系统，并建立了分级管理的各类自然保护地对各重要生态系统加以保护。多年来，新疆自然保护地生态保护成效显著，但也存在资源本底不清，体制机制不顺，交叉重叠、保护开发相互博弈等问题。

为切实推进新疆维吾尔自治区建立起分类科学、布局合理、保护有力、管理有效的自然保护地体系，本研究通过分析新疆维吾尔自治区当前自然保护地的现状和问题，明确整合优化目标方向，制定整合原则，提出优化方案，为解决自然保护地区域交叉重叠、保护管理分割、破碎化问题，理顺管理体制等提供科学依据和解决办法。

2.1.1 研究内容

根据研究目的，本研究主要包括以下3项内容：
(1) 分析梳理新疆自然保护地现状及管理体制和运行机制方面存在的问题。
(2) 提出"十四五"期间新疆保护地整合优化的基本原则和主要方向。
(3) 根据存在问题和整合优化原则，提出"十四五"期间拟开展工作的具体建议。

2.1.2 研究方法及技术路线

(1)研究方法。本研究采用资料和文献分析法为主,结合实地调研、访谈座谈、问卷调查等方法开展研究,最后在听取专家学者意见建议基础上形成《新疆自然保护地体系整合优化完善研究报告》。具体研究方法包括以下三方面。

一是通过查阅资料和梳理文献,系统总结新疆自然保护地的现状,重点分析在管理体制机制、运营机制及保护效能、法治体系、资金投入机制等方面存在的问题。

二是到典型保护地调研,实地踏查保护效果,与保护地管理人员和工作人员进行交流座谈,听取情况汇报和建议意见;通过访谈和问卷调查,了解保护地内居民对相关问题的认识理解和意见建议。

三是听取专家学者意见建议,通过召开专家座谈会等方式广泛征求专家意见,了解掌握并吸收专家对"十四五"期间,新疆自然保护地整合优化的相关看法,在此基础上,经过修改完善,形成最终的研究报告。

(2)技术路线。自然保护地"十四五"规划思路研究技术路线如图2-1。

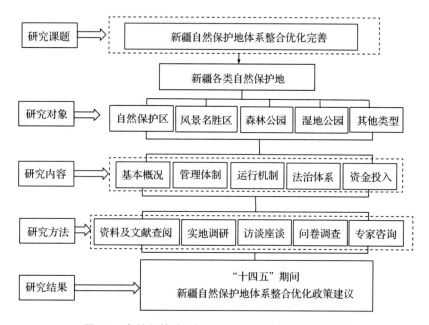

图 2-1 自然保护地"十四五"规划思路研究技术路线

2.2 自然保护地保护管理现状

2.2.1 保护地类型

新疆地域辽阔,具有多种自然资源,不同的自然资源组合形成了不同类型的保护地。目前,新疆保护地类型有自然保护区、自然遗产地、湿地公园、森林公园、地质公园、沙漠公园和风景名胜区7大类型181处,面积540.34万公顷(表2-1)。

表 2-1 新疆保护地类型、数量及面积情况

类型	数量（处）	面积（万公顷）	备注
自然保护区	51	147.74	国家级 16 处
自然遗产地	8	102	国家级 7 处
湿地公园	50	64.6	全部为国家级
森林公园	23	132	全部为国家级
地质公园	8	35	国家级 7 处
沙漠公园	33	21	全部为国家级
风景名胜区	8	38	国家级 7 处
合计	181	540.34	

（1）自然保护区。新疆现有自然保护区 51 处，总面积 147.74 万公顷。其中，湿地生态系统总面积 14.3 万公顷，占自然保护区总面积的 9.68%；野生动植物系统总面积 50.1 万公顷，占自然保护区总面积的 33.91%；荒漠生态系统总面积 4.2 万公顷，占自然保护区总面积的 2.84%；森林草原系统总面积 20.2 万公顷，占自然保护区总面积的 13.67%。

（2）自然遗产地。新疆现有自然遗产地与风景名胜区 8 处，省级 1 处，国家级 7 处，总面积达到 102 万公顷，占新疆总面积的 0.06%。

（3）湿地公园。新疆湿地公园多以多样化湿地景观资源为基础，以湿地的科普宣教、湿地功能利用、弘扬湿地文化等为主体，并建有一定规模的旅游休闲设施，可供人们旅游观光、休闲娱乐的生态型主题公园。目前，以吐鲁番艾丁湖湿地公园和新疆察布查尔县伊犁河湿地公园为主的新疆湿地公园共 50 处，总面积 64.6 万公顷。

（4）森林公园。新疆森林公园一共 23 处，总面积 132 万公顷。公园大部分集中在新疆西北部以及天山两侧，一般以大面积人工林或天然林为主体园内保存原有的自然景观。

（5）地质公园。新疆地质公园以具有特殊地质科学意义，稀有的自然属性，较高的美学观赏价值，具有一定规模和分布范围和地质遗迹景观为主体，并融合其他自然景观与人文景观而构成的一种独特的自然区域。目前，新疆地质公园一共 8 处，省级 1 处，国家级 7 处，总面积达 35 万公顷。

（6）沙漠公园。新疆沙漠公园一共 33 处，总面积约 21 万公顷。公园以荒漠景观为主体，以保护荒漠生态系统和生态功能为核心，合理利用自然与人文景观资源，开展生态保护、生态旅游等活动。面积最大的伊吾县胡杨林国家沙漠公园是新疆重要的胡杨观赏地之一，面积达 47.6 万亩①，位于新疆维吾尔自治区哈密市伊吾县淖毛湖镇东 10 公里处，是我国境内分布最为集中的胡杨林之一，2014 年被授予"中国国家沙漠公园"称号，是全国首批国家级沙漠公园。

（7）风景名胜区。新疆风景名胜区是指具有观赏、文化或者科学价值，自然景观、人文景观比较集中，环境优美，可供人们游览或者进行科学、文化活动的区域。"十三五"期间新疆风景名胜区一共 8 处，省级 1 处，国家级 7 处，总面积达 9 万公顷。部分地质公园晋升为国家级后总面积达到 38 万公顷。

2.2.2 自然保护地建设主要成就

新疆在"十三五"期间，自然保护区有 13 处晋升为国家级自然保护区，新建面积达 15 万公顷；

---

① 1 平方千米 = 1500 亩

湿地公园建设有 50 处，并有 21 处湿地公园挂牌为国家级，新建面积达 22 万公顷；"十三五"期间新建了 1 处森林公园，8 处晋升为国家级森林公园，新建面积达 39 万公顷；地质公园和风景名胜区分别晋升 1 处为国家级，新建面积达到 6199 公顷；新建 28 处沙漠公园，新建面积 15 万公顷。目前，新疆 82 个县（市）基本实现农田林网化，绿洲森林覆盖率由 14.95% 提高到 23.5%，退耕还林面积达到 325.8 万亩；累计治理沙化面积 2460 万亩，退牧还草工程建设围栏 4160 万亩；以小流域水土流失治理为载体，累计治理水土流失面积 4000 多平方千米；自治区 79 条重要河流水质优良率由 2009 年的 88.3% 提高到 2014 年的 94%，湖库优良水质比例由 43.3% 提高到 67.8%，远高于全国平均水平。

2.2.3　自然保护地面临新形势新要求

当前，新疆自然保护工作仍然面临着"维稳"这个大形势和两个"新常态"的压力挑战。一方面，维护新疆稳定是首要的、压倒一切的任务，新疆的自然保护工作既要服从"维稳"这一政治任务要求，又要为"维稳"注入新的正能量；另一方面经济发展进入了"新常态"，经济下行压力较大，存在许多困难和问题，打赢脱贫攻坚战、实现西部大开发国家战略和"一带一路"倡议等国家战略任务艰巨。同时，自然保护的内外部环境正在发生深刻变化，供给和需求两侧依然问题并存，矛盾的主要方面在供给侧，自然保护供给侧结构性改革迫在眉睫；优质生态产品和服务供给不足，既不能满足广大当地社会公众的需求，也无法实现国内社会公众对新疆保障碧水蓝天清新空气的期盼。保护水平急需提升，保护能力亟须加强，各项改革亟待深化。

2.2.4　自然保护地发展潜力分析

一是地缘区位。新疆位于欧亚大陆腹地，地域辽阔，区内山脉融雪形成众多河流，绿洲分布于盆地边缘和河流流域，绿洲总面积约占全自治区总面积的 8.6%，具有典型的绿洲生态特点。陆地边境线 5600 多千米，周边与俄罗斯等 8 个国家接壤，是"亚欧大陆桥"的必经之地，战略位置十分重要，是西部大开发的主要阵地，发展前景十分广阔。正是由于特殊的地理位置，独特的地形、地貌条件，其自然保护地发展与建设具有自身地缘区位优势。

二是基础条件。新疆自然环境区域差异明显，自然景观多样，拥有森林、荒漠、湿地、草原、沙漠和高原苔地等各种类型的生态系统，野生动植物资源丰富。按国家分类标准，将自然保护区划分为 3 大类 9 种类型，新疆现有 2 大类（无自然遗迹类）6 种类型（无海洋生态系统、古地质遗迹、古生物遗迹）。其中，森林生态系统类型 9 个。自然保护地湿地总面积 148 万公顷，占新疆总面积的 0.89%。新疆 35 个国家级自然保护区面积平均 63.13 万公顷，其中林业系统自然保护区面积平均 38.36 万公顷，分别高于 2005 年全国面积平均 6.38 万公顷的 10 倍和 6 倍。

三是发展机遇。党的十八大以来，以习近平同志为核心的党中央把生态文明建设纳入中国特色社会主义事业"五位一体"的总体布局和"四个全面"战略布局。习近平总书记"绿水青山"与"山水林田湖草"等生态思想与自然保护地建设息息相关，这为新疆保护地建设提供了思想指引和理论基础。"一带一路"倡议和"丝绸之路经济带"核心区建设的重要布局，一方面使沿线各国正在形成一个生态命运共同体；另一方面也对新疆加快自然保护地建设，构建绿色生态屏障，保障"一带一路"国家战略实现提出了必然要求。国家林业援疆、生态扶贫、西部大开发等举措也为新疆未来生态建设与保护提供了大力支持。出台了《关于进一步加强林业援疆工作的意见》《关于新时代推进西部大开发形成新格局的指导意见》及《关于建立以国家公园为主体的自然保护地体系的指导意见》，也为推进新疆自然资源的科学保护和合理利用，促进各类保护地与区域协调发展带来了新的机遇。

2.2.5 保护地管理中存在的主要问题

(1) 自然保护地定位模糊，权属不清，边界不清，区划不合理，人地冲突严重。

(2) 自然保护地家底不清，历史资料不全，规划编制不完善，范围和分区不合理，勘界立标工作未开展。

(3) 多元资金投入保障体系尚未建立，投入规模小，资金渠道单一，很多自然保护地只是依靠中央政府投资，地方投入很少。

(4) 重建设、轻保护。部分地方政府热衷于保护地申报，但对批准的保护地缺少支持，导致保护管理技术人员匮乏，技术手段落后。

(5) 只形成了数量上的优势和空间上的集合，尚未形成整体高效，有机联系，互为补充的自然保护地体系。

2.3 自然保护地发展方向与思路

2.3.1 指导思想

以习近平新时代中国特色社会主义思想为指导，全面落实习近平生态文明思想，认真贯彻党中央、国务院决策部署，紧紧围绕统筹推进"五位一体"总体布局和协调推进"四个全面"战略布局，以构建新疆自然保护地体系建设为重点，以国家公园建设为抓手，以调查监测自然保护地本底和资源确权登记为基础，着力促进自然资源集约开发利用和生态保护修复，加强监督管理，注重改革创新，加快构建系统完备、科学规范、运行高效的具有中国特色新疆特点的自然保护地制度体系，为建设美丽中国大美新疆夯实生态根基。"十四五"是全面实现小康、进入新征程的第一个五年，是自治区全面深化改革，为新时代现代化建设开局起步的五年，是林业和草原在新时代推动生态文明建设的第一个五年，是机构改革后的第一个林业和草原五年专项规划。自治区林业和草原作为生态建设主体，为全自治区实现现代化，实现大美新疆打下坚实基础，在生态文明建设，服务自治区发展大局上将承担着更为艰巨的使命。编制自治区保护地"十四五"发展规划，可以把握新形势，认识新挑战，抢抓新机遇，落实新要求，改革再发力，在破解瓶颈制约、转变发展方式、推动科学发展上取得更大进展，促进自治区林业和草原实现提质增效升级。

2.3.2 发展目标

全面总结"十三五"时期自治区自然保护地建设取得的成绩、经验，查找主要问题为合理确定未来五年自治区自然保护地发展目标及其工程建设指标做好准备。前期调研主要围绕建立以国家公园为主体的自然保护地体系建设，即加强生物多样性保护，建立以国家公园为主体、自然保护区为基础、各类自然公园为补充的自然保护地管理体系。落实各级党委、政府的主体，加强机构和队伍建设，强化科技支撑，保障以国家公园为主体的自然保护地体系的建立和运行。

2.3.3 发展思路

以党的十九大精神为指导,深入学习贯彻习近平新时代中国特色社会主义思想,紧紧围绕"五位一体"总体布局、"四个全面"战略布局,坚持新发展理念和稳中求进工作总基调,全面落实高质量发展要求,主动融入"一带一路"建设,深度参与西部大开发、精准扶贫等国家战略,以贯彻落实《关于建立以国家公园为主体的自然保护地体系的指导意见》为统领,充分发挥地缘优势,深入推进自然保护地整合优化工作,探索建立以天山生态保护特区为龙头,天山—丝路沿线保护地为"伞柄",沿边地区保护地为"伞面",天山与"两盆"间保护地为"龙骨"的伞形自然保护地体系,并积极开展国家公园前期准备。

2.3.4 基本原则

(1)统筹规划、系统保护。牢固树立山水林田湖草与人生命共同体理念,统筹考虑保护与利用,严守生态保护红线,谋划建立天山生态特区,并积极开展国家公园设立前期准备,科学确定自然保护地体系空间布局,优化生态空间布局。明确自然保护地进行功能定位。按照自然生态整体性、系统性及其内在规律,实行整体保护、系统修复、综合治理、科学管理。

(2)分级管理、分区管控。按照山水林田湖草与人生命共同体的理念,改革以部门设置、以资源分类、以行政区划分设的弊端,完善国家和地方两级设立、分级管理制度,合理划分中央与新疆在保护地体系管理层面的财权事权。科学划定自然保护地功能分区,实现差别化管控。坚持保护面积不减少、保护强度不降低、保护性质不改变。

(3)政府主导、多方参与。突出自然保护地体系建设的社会公益性,合理划分发挥自治区政府在自然保护地规划、建设、管理、监督、保护等方面的主体作用。建立健全政府、企业、社会组织和公众参与自然保护的长效机制,探索社会力量参与自然资源管理和生态保护的新模式。加大财政支持力度,广泛引导社会资金多渠道投入。

2.3.5 类型划分

按照山水林田湖草与人是一个生命共同体的理念和相关原则,将新疆自然保护地类型划分为国家公园、自然保护区和自然公园三类(表2-2)。在具有国家代表性的重要自然生态系统区域内申请设立国家公园,实施最严格的保护;将典型的自然生态系统、珍稀濒危野生动植物种的天然集中分布区、有特殊意义的自然遗迹的区域设置为自然保护区,分为国家级和自治区级;将重要的自然生态系统、自然遗迹和自然景观,具有生态、观赏、文化和科学价值,可持续利用的区域设置为自然公园,包括森林公园、地质公园、湿地公园等。最终逐步建立以国家公园为主体、自然保护区为基础、自然公园为补充的自然保护地管理体系。

表 2-2 自然保护地类型划分标准

类型划分标准	自然属性	生态价值	保护与利用等级	管理层级
国家公园	自然生态系统中最重要、自然景观最独特、自然遗产最精华、生物多样性最富集的部分	生态功能非常重要、生态环境敏感脆弱,具有全球保护价值、国家代表性	实施长期的严格保护	最高,自治区级

(续)

类型划分标准	自然属性	生态价值	保护与利用等级	管理层级
自然保护区	典型的自然生态系统、珍稀濒危野生动植物种的天然集中分布区、有特殊意义的自然遗迹区域	具有典型性、代表性和特殊意义	严格保护	较高，国家级不低于县（处）级、省级不低于副县（处）级
自然公园	具有生态、观赏、文化和科学价值的典型自然生态系统、自然遗迹和自然景观	具有重要生态价值	限制利用，或可持续利用	适合，副县（处）级

2.3.6 重点工作

综上分析，新疆应探索开展各项自然保护地分类试点，以创新体制机制为核心，有序推进自然保护地的优化归并整合，逐步建立。具体重点工作应包含本底调查等前期准备工作，整合归并优化工作和体制机制创新等三方面。

2.3.6.1 基础准备

（1）开展本底调查。统筹考虑新疆自然资源和生态保护状况，查清自治区自然保护地本底，包括名称、建立时间、类型、面积、边界范围、自然资源状况、管理机构和人员等，科学评估自然保护地生态状况，分析其功能定位和空间分布特征，建立新疆自然保护地基础资料和数据库。通过实地考察、专家论证等方式，将新疆全域范围内最具代表性、最珍贵和最有生态价值的自然生态系统和自然景观，以及重点保护物种等进行排序。

（2）编制总体规划。在本底调查的基础上，与相关科研院所和规划单位共同研究编制《新疆自然保护地总体规划》《新疆天山生态保护特区总体规划》《阿尔金山国家公园总体规划》和《自然保护地体系试点区总体规划》，明确建立或整合归并优化自然保护地的原则、目标、管理方式，以及在管理体制、运行机制、财政保障、法律法规等方面的发展方向和相关制度设计安排等。

（3）妥善解决历史遗留问题。在科学评估的基础上，按照自然保护地面积不减少、保护强度不降低的基本原则，分类有序解决历史遗留问题。

——边界划定和功能分区不合理的应进行优化、调整。

——核心保护区内原住居民应当实施有序搬迁，暂时不能搬迁的，在不扩大发展和保障生活方式不变的前提下，严格控制生产活动。一般控制区内原住居民在不扩大现有规模前提下，可酌情保留生活必需的少量种植、放牧、养殖等生产活动。

——将保护价值低的建制城镇、村屯或人口密集区域、社区民生设施，调整出自然保护地范围，不能调出的按程序报批，申请划为传统利用区或一般控制区。

——对自然保护地内的违法违规建设设施，采取多种方式退出，进行生态修复。对线型基础设施，包括铁路、公路、石油与燃气管线、渠道、管道、输电线路等，开展生态环境影响评价，除严重影响居民生活的相关设施外，其余应整改修复。风电、光伏设施应无条件退出。

——核心保护区内的永久基本农田、村镇逐步有序退出；一般控制区内的永久基本农田、村镇，对生态功能造成明显影响的，逐步有序退出，并进行生态修复。根据保护需要，按规定程序对自然保护地内的耕地实施退田还林还草还湖还湿。

——摸排清理整治自然保护地内的探矿采矿、水电开发、工业建设等项目，通过根据相关规定有序退出，开发区应当退出。

——对划入各类自然保护地内的集体所有土地及其附属资源，按照依法、自愿、有偿原则，探索通过租赁、置换、赎买、合作等方式解决权属问题，实现多元化保护。

——对保护价值低且分散的自然保护地，在确保面积不减少的前提下，可以探索采取置换、区域互补、区级协调的方式并入其他自然保护地。

（4）整合优化归并。上述分析显示，新疆各类保护地存在破碎化、空间布局交叉重叠，保护地管理机构缺失、重叠、级别交错等问题较为突出，亟待加速推进整合优化归并，按照在对现有各类保护地及其关联区域进行全面评估的基础上，以保护面积不减少、保护强度不降低、保护性质不改变为基本原则，按照国家公园、自然保护区、自然公园3大类保护地的功能定位进行整合与优化，形成布局合理、分类科学、定位明确、保护有力、管理有效的具有中国特色的以国家公园为主体的自然保护地体系。

（5）谋划建立天山生态保护特区。新疆的水主要来自天山，新疆的人口主要集中在天山，新疆适宜耕作的田也主要在天山周边地区。天山是新疆人的根，天山是中国的西大门，天山是中亚地区的水晶。保护好天山对新疆、对全国甚至对中亚都非常重要。应考虑以天山为主叶脉，两侧城镇绿洲为次叶脉，建设树叶式天山生态保护特区。特区建设重点首先是解决发展方式的问题，通过中央政策引导和地方的自身努力，实现保护、发展与维稳的长期平衡，真正实现生态友好、绿色发展。其次是解决管理体制的问题，通过自然资源的集中统一管理，切断盲目开发的利益链条，切实保护好优质自然资源。特区的"特"体现在保护的生态系统和物种是新疆特有的，建立的管理体制和运行机制是特殊的，中央政府对特区的支持重点是政策。最后是资金，自治区对特区的支持则主要体现在管理体制和运行机制上的一些特别的支持和倾斜。

（6）开展国家公园设立前期准备。在全面评估的基础上，按照国家顶层设计下的国家公园设立标准和程序，在维护国家生态安全的关键区域，最珍贵、最重要的生物多样性集中分布区，根据"一带一路"和"维稳"等国家战略，在条件成熟时考虑逐步设立国家公园，相关区域内不再设立或保留其他类型保护地。设立国家公园后同步开展体制机制创新，按照山水林田湖草与人是一个生命共同体的原则和机构改革要求，完善区域内管理机构系统整合，组建新的管理实体，创新管理运行机制、财政投入机制、法律法规、生态文明考核机制、综合执法机制等。

（7）评估其他保护地性质，整合交叉重叠保护地。对于未纳入国家公园范围，且空间上不存在重叠、相连、毗邻等情况的保护地，评估后与自然保护区和自然公园功能定位对标，确定最符合保护要求的保护地类型。多个保护地交叉重叠的区域，按照保护从严、等级从高的要求整合。原则上，涉及自然保护区和其他类型保护地交叉重叠时，尽量将其整合为自然保护区；若不涉及自然保护区的其他自然保护地重叠时（例如风景名胜区和森林公园），按照性质和生态系统状况不同，同级别保护强度优先、不同级别低级别服从高级别的原则进行整合，分别整合为国家级和自治区级自然保护区和自然公园；如有多个国家级保护地或全为省级保护地，则通过全面评估，基于资源特征和保护要求确定保护地名称。按照保护地命名机关等级，同一区域内完全交叉重叠或部分交叉重叠的保护地中，优先保留等级高的国家级自然保护区，其余合并或撤销。同一区域内完全重叠的自然保护地，优先保留国家级自然保护区，其余合并撤销；对内部分交叉重叠的自然保护地，优先保留国家级自然保护地及保护对象价值典型且有重要功能的保护地；对同一区域内保护对象、范围、功能发生变化、已丧失保护价值或人类活动频繁的保护地进行调整、合并或撤销；对同一区域内存在多个保护地且无自然保护区的，根据设立时间先后，只保留最高级别的保护地。整合后，区域内其他保护地不在保留，做到一个保护地、一个名称、一套机构、一块牌子。对涉及国际履约的自然保护地，可以保留履行相关国际公约的名称。

2.3.6.2 打造生态"双循环"新格局

政府市场两手并用，利用中央财政纵向生态补偿政策，建立完善市场化社会化生态补偿新渠道，探索国家公园生态产品价值实现路径，示范"两山"转化新疆实践。培育"物联网+生态产品"新业态新模式，以绿色有机产品打通"内循环"的断点、堵点和节点。深度融入"一带一路"倡议，加快"丝绸之路经济带"核心区建设，形成西向生态商品对外物流枢纽、生态文化对外宣传窗口和生态游憩体验中心。充分利用好国家西部大开发36条等政策，打造我国向西向北"生态开放"前沿和窗口。努力推动对外开放由"要素和商品流动型"输出向以国家公园为代表的"规则制度型"输出转变，推动由传动初级产品和加工产品输出向以生态产品为主输出转变，建设生态开放新示范，生态产品和生态保护制度打通"外循环"的新示范。

2.3.6.3 归并相邻保护地

对于同一自然地理单元内相邻、毗连的保护地，打破因行政区划、资源分类造成的条块割裂的局面，解决保护管理分割、自然保护地破碎化和孤岛化问题，按照自然生态系统完整性、物种栖息地连通性、保护管理统一性的原则进行合并重组，按照保护从严、等级从高原则确定整合后的自然保护地类型和功能定位，优化边界范围和功能分区，被优化归并的自然保护地名称和机构将不再保留。

2.3.6.4 整合后概况

在部分现有自然保护区和水产种质资源保护区基础上整合区域内各类保护地设立自然保护区；将未整合进国家公园和自然保护区的风景名胜区、森林公园、地质公园、湿地公园、沙漠公园、水利风景名胜区等，保留保护地类型名称，整合实现一区一牌后，统一划为自然公园类。整合归并优化完成后，新疆将形成以阿尔金山国家公园为主体、喀纳斯自然保护区等各类国家级和自治区级保护区为基础，各类自然公园为补充的自然保护地体系。

2.3.6.5 创新体制机制

（1）建立分级统一的管理体制。新疆林业和草原局统筹管理区域范围内的自然保护地，行使保护地范围内各类全民所有自然资源资产所有者管理职责。各保护地根据实际整合优化后，根据不同的自然保护地类型，整合原有管理结构，分别建立二级管理机构如管理局或管委会等，作为新疆林业和草原局的直属或派出机构，履行管理职责，明确其职能配置、内设机构和人员编制，实现"一个保护地一个牌子、一个管理机构、一套人马"。

一是分级行使自然资源所有权。新疆自然保护地内的全民所有自然资源资产所有权由中央政府和新疆维吾尔自治区政府分级行使。每个自然保护地作为独立的登记单元，依法对区域内水流、森林、山岭、草原、荒地、滩涂等所有自然生态空间统一进行确权登记。新疆应对保护地的生态空间依法实行区域准入和用途专用许可制度，严禁任意改变用途，严格控制各类开发利用活动对生态空间的占用和扰动，防治不合理开发建设活动对生态红线的干扰。

二是分级行使管理职责。合理划分中央与新疆事权，对于国家公园、国家级自然保护区和自然公园，由国家批准设立，管理主体可由国家委其自然资源资产所有权，由中央政府直接行使。对于自治区级自然保护区和自然公园，由新疆林业和草原局统一管理，自然资源管理，试点期间可由自治区林业和草原局代行，条件成熟时逐步过度到要建立由国家林业和草原局或自治区政府直接管理的机构。

三是实施差别化管理，分区管控。根据新疆自然保护地自然资源、生态系统基本情况和管理目标，实施差别化管控，在国家公园和自然保护区设置核心保护区和一般控制区，原则上核心保护区内禁止人为活动，一般控制区内限制人为活动。自然公园原则上按一般控制区管理，限制人为活动。国家公园实行最严格的保护，自然保护区实行严格保护，自然公园实行重点保护。

（2）建立财政投入为主的多元化资金保障机制。主要应建立以下三种资金渠道：

一是财政资金。中央与新疆按照事权划分分别出资保障自然保护地建设管理，国家公园、国家级自然保护区和自然公园应由中央政府出资保障，自治区政府酌情进行补助；自治区级自然保护区和自然公园，自治区政府应加大投入力度。自治区财政设立自治区自然保护地能力建设专项资金，加大各类自然保护地基础能力建设。各级各类自然保护地所在地政府要分别设立自然保护地管理和野生动植物保护专项经费，纳入年度地方财政预算，并根据国民经济增长速度逐年增长，为自然保护地野生动植物保护、救助提供保障。继续争取中央、自治区财政加大项目、资金支持，全面加大自然保护地森林防火、生产道路、野生动植物栖息地等基础设施建设、信息化智能提升和人员培训力度，有效提升自然保护地能力建设水平。自治区财政、发展改革委、自然资源、生态环境等部门要倾斜加大自然保护地生态修复、生态保护、环境整治等方面的投入力度。

二是生态补偿。研究建立生态综合补偿制度，创新现有生态补偿机制落实办法。整合转移支付、横向补偿和市场化补偿等渠道资金，结合当地实际制定有针对性的综合性补偿办法。构建科学有效的监测评估考核体系，把生态补偿资金支付与生态保护成效紧密结合起来，让原住居民在参与生态保护中获得应有的补偿。要建立完善野生动物肇事损害赔偿制度和野生动物伤害保险制度。

三是经营收入和社会捐赠。新疆自然保护地特许经营和社会捐赠资金均实行收支两条线管理。特许经营费由各保护地管理单位编制单位预算，汇总到省林业和草原局编制部门预算，其收入全额纳入部门预算进行管理，支出按基本支出、项目支出进行编列，严禁各保护地管理机构"坐收坐支"。

各保护地管理机构作为特许经营和社会捐赠收入执行部门，必须严格按照规定的特许经营项目、征收范围、征收标准和捐赠性质等进行征收，足额上缴国库。社会捐赠资金必须严格规范管理，及时公开公示，提高使用透明度。特许经营和社会捐赠收入只能专款专用，定向用于保护地生态保护、设施维护、社区发展及日常管理等。

2.3.6.6　完善法律法规，严格执法

按照自然保护地类别，分类制定完善相关法律法规。

一是在国家层面的国家公园法、自然保护地法出台前，明确规定国家公园的规划建设、资源保护、利用管理、社会参与、法律责任等。

二是修改现行《新疆维吾尔自治区自然保护区管理条例》，提高其立法位阶，上升为地方性法规，条件成熟时推进保护区的"一区一法"。

三是整合《风景名胜区条例》《森林公园管理办法》等，制定新疆维吾尔自治区自然公园管理办法，明确自然公园功能定位、保护目标、管理和利用原则，确定管理主体，并着手制定特许经营等配套法规。

四是制定新疆自然保护地生态环境监督办法，建立包括相关部门在内的统一执法机制，在自然保护地范围内实行生态环境保护综合执法，制定自然保护地生态环境保护综合执法指导意见，构建自然资源刑事司法和行政执法联动机制。强化监督检查，定期开展监督检查专项行动，及时发现涉及自然保护地的违法违规问题。对违反各类自然保护地法律法规等规定，造成自然保护地

生态系统和资源环境受到损害的机构和人员，按照有关法律法规严肃追究责任，涉嫌犯罪的移送司法机关处理。建立督查机制，对自然保护地保护不力的责任人和责任单位进行问责，强化自治区各级政府和管理机构的主体责任。

2.3.6.7 建立支撑保障和监督考核体系

一是要建立监测体系，强化动态监测。建立定期监测制度，实现对生态系统、环境、气象、水文水资源、水土保持等的实时立体监测。启动新疆自然保护地科研监测智能化统一指挥平台规划设计，建立全新自治区自然保护区空间信息数据、遥感监测信息、科研资源信息、森林防火监测等智能化信息传输分析集成体系，推动区、市（县）、局、站、点5级信息连通、实时监控，引领自治区自然保护地由传统保护向现代保护转变。强化保护地日常巡护，广泛运用卫星遥感等高科技手段开展"天地空"一体化监测，每季度进行一次保护地生态环境遥感"体检"，及时掌握自然保护地生态环境保护动态，加强对自然保护地内基础设施建设、矿产资源开发等人类活动实施全面监控。

二要建立生态文明绩效考核制度。要建立清单负责制，明确各级保护地管理机构的责任，实行权力清单和责任清单制，明确责任人，坚持依法依规、严格监管，明确、落实地方政府主体责任、保护地管理机构保护责任、行业主管部门管理责任、生态环境监督责任。要编制自治区范围内的自然资源资产负债表，建立自然资源资产离任审计制度，自然资源和生态环境损害责任终身追究制度等，定期进行考核评估，并将考核结果纳入生态文明建设目标评价考核体系，作为党政领导班子和领导干部综合评价及责任追究、离任审计的重要参考。

三是建立科技支撑体系。开展新疆生态保护等重大科学研究，与高等院校和科研、咨询机构开展相关研究。充分利用大数据、物联网、云计算等现代技术手段开展保护利用活动。

四是加强国际交流合作，借鉴国际先进技术、体制机制及建设经验。

2.3.6.8 协调发展机制

（1）工矿企业有序退出机制。全面排查统计新疆自然保护地内的工矿企业数量、规模、资质、合同订立年限等，在摸清家底的基础上，研究制定新疆自然保护地矿产退出条例或办法，对违法违规开展探矿采矿的企业，一律清退，并要求相关企业履行生态修复责任。对依规的工矿企业，开展分类退出试点，采取注销退出、扣除退出、限期退出、自然退出等多种方式，对开采范围涉及国家公园和自然保护区核心区的工矿企业，可结合财力进行补偿退出，加快核心生态系统和自然资源的保护修复。同时，明确在自治区自然保护地内，不再受理新的探矿权和采矿权。要加快制定新疆自然保护地矿山废弃地修复方案，实现对自然保护地内山水林田湖草的系统治理修复，开展文化保护和宣教项目，设立遗址遗迹纪念地，以示后人。同时，要建立定期评估新疆自然保护地内自然资源利用方式和效益、以及对生态环境的影响等。

（2）原住居民替代生计机制。主要是通过设置公益岗位和培养原住居民参与管理两种方式。参照新疆自然保护区、天然林保护、生态公益林、草原等生态管护员管理标准，科学合理设置生态管护岗位。将自然保护地体系内的林地、草原、湿地等管护岗位统一归并为生态和自然资源管护岗位，优先安置建档立卡贫困户和生态移民，实现对自然保护地内的土地、矿产、水、森林、草原、海域海岛、地质遗迹、风景名胜等资源的全方位巡护管理。研究制定保护地内原住居民培养计划，增加直接或间接为自然保护地提供服务的原住居民员工数量。设立原住居民学员培养岗位，接受培训的原住居民自费或公费完成培训课程后，通过考试，获得国家认可的自然保护地管理培训证书。新疆林业和草原局为成绩优秀的学员提供实习岗位，通过基层锻炼后逐步选拔到自然保护地管理岗。同时，积极鼓励年轻原住居民参与保护地内的志愿者服务，开展志愿者培训和优秀志愿者评选活动，不断提高原住居民的存在感和参与度。

2.3.6.9 保护地重点工程项目与内容

（1）重点工程项目。"十四五"期间，根据《关于建立以国家公园为主体的自然保护地体系的指导意见》调整完善自治区自然保护地整体布局，整合归并保护地结构，合理划分保护区的功能分区，优化提升保护地体系功能。谋划天山生态特区，实施阿尔金山国家公园建设项目，把"中亚水塔"打造成中亚生态水晶。并以之引领自治区保护地体系的发展。整合归并现有天山南北两侧各保护地，实施"长安—天山"廊道保护地体系优化整合工程，打造"丝绸之路"新疆地区生态保护带。围绕塔里木河、昆仑山及阿尔泰山、塔克拉玛干沙漠等高山、河流及沙漠的自然地理走向，实施退耕还林（草）工程、天然林资源保护工程、胡杨拯救工程及荒漠化治理等生态工程，打造数条重点生态区位生态保护链。

（2）保护地建设主要内容包括：保护管理、科普宣传、科研监测、基础设施等。实施保护地恢复工程、扩大保护地面积工程以及"天地空"一体化的保护地跟踪监测。保护地恢复工程包括退化保护地恢复、保护地生态修复和野生动植物生境恢复等。扩大保护地面积工程，是指原有保护地已经遭受到严重破坏，通过工程和非工程措施恢复成保护地的工程建设，主要措施包括土地整理、保护区植被、沟渠建设、生态补水、栖息地修复、污染综合治理等。通过卫星、遥感、无人机、地面红外相机等现代化手段和技术应用，结合传统的抽查、普查等方式，构建"天地空"一体化保护地监测网络体系，对保护区内植物种类和数量变化、野生动物种群消长进行动态跟踪监测。

2.4 保障措施

2.4.1 加强保护地的组织领导

目前，新疆自然保护地管理机构比较薄弱，人员编制严重不足。各地、各部门要严格按照《新疆维吾尔自治区自然保护区机构编制管理条例》，坚持"划要建、建要管、管要严"，落实管理机构，落实编制，落实工作经费，落实工作人员。解决好各级自然保护区人员编制落实不到位，经费无保障、建设缓慢等问题。新疆已建立的自然公园也要参照这一管理办法，配备专业技术人员，落实和完善湿地管理机构建设。

2.4.2 加强保护管理制度建设

自然保护区和保护地管理机构要按照规范化建设要求，加强队伍建设，提升人员综合素质，协调社区发展，增强管理水平。建立保护地保护和合理利用示范点，通过在示范点获得经验，指导自治区保护地的保护与利用，并在总结经验、借鉴国内外先进经验的基础上，对新疆保护地实施统筹规划、综合开发。切实协调好自然保护地的开发利用、资源统一管理、自然保护区保护三者之间的关系同时，加强保护区、保护地执法队伍建设，坚决打击在自然保护区内的乱捕滥猎、乱采滥挖野生动植物和非法占用林地、侵占湿地资源的违法犯罪活动。

2.4.3 建立资金保障机制

按照印发的《关于做好自然保护区管理有关工作的通知》，落实自然保护区建设与管理资金。将自然保护区管理和业务经费、人员社会保障以及对保护对象造成的损失补偿等分别纳入各级政府公共财政预算内，统筹安排自然保护区能力建设补助专项经费和自然保护区基础设施建设投资，将部分国家生态类转移支付资金用于自然保护区建设管理。加强对自然保护区建设工程项目与各种资金使用的管理，加大资金监管力度，确保资金安全有效运营。要建立以中央和地方政府投资为主，多渠道集资为辅的投入机制。各级主管部门要积极争取将自然保护区和湿地公园各项经费纳入国民经济和社会发展规划，所需事业经费纳入财政预算。进一步扩大对外开放，广泛开展国际合作与交流，为自然保护区、湿地事业的发展争取更多的资金。

2.4.4 开展保护地宣传与教育工作

加强教育，提高全民自然保护地保护新理念。进一步加强保护地培训与教育工作，通过学习、培训，提高从业人员的素质和水平，为保护地保护创造有利条件。拟定宣传计划，增加宣传投入，调动社会各界与自然保护区事业；利用广播、电视、报纸、杂志等多种媒体，采取多种形式，大力宣传保护保护地对生态环境和实施可持续发展战略的重要意义。宣传国家有关的政策法规，发挥舆论的监督作用，扩大社会影响。提高公众的保护意识，强化公众的自然保护区、湿地保护意识和资源忧患意识。

新疆保护地具体见表 2-3。

表 2-3 新疆保护地

序号	类型	名称	面积（公顷）	成立时间	级别	备注
1	保护区	新疆布尔根河狸国家级自然保护区	5000	1980	国家级	2013 年晋升国家级
		新疆额尔齐斯河科克托海湿地自然保护区	99043	2004	省级	2005 年晋升省级
		新疆哈纳斯国家级自然保护区	228862	1980	国家级	1986 年晋升国家级
		新疆托木尔峰国家级自然保护区	4500000	1983	国家级	1985 年晋升国家级
		托木尔峰国家级自然保护区	380480	1980	国家级	2003 年晋升国家级
		新疆卡拉麦里山有蹄类野生动物自然保护区	1485648	1982	省级	
		新疆夏尔希里自然保护区	31400	2000	省级	
		新疆阿勒泰科克苏湿地国家级自然保护区	30667	2001	国家级	2017 年晋升国家级
		新疆甘家湖梭梭林国家级自然保护区	54667	1983	国家级	2001 年晋升国家级
		新疆塔什库尔干野生动物自然保护区	1500000	1984	省级	
		新疆巴尔鲁克山国家级自然保护区	115037.3	1980	国家级	2014 年晋升国家级
		新疆伊犁小叶白蜡国家级自然保护区	9103.47	1983	国家级	
		新疆中昆仑自然保护区	3200000	2001	省级	
		新疆沙雅县塔里木河上游湿地自然保护区	256840	2004	省级	
		哈密罗布泊野骆驼国家级自然保护区	1790000	1986	国家级	2003 年晋升国家级
		新疆天池博格达峰自然保护区	38069	1980	省级	
		新疆帕米尔高原湿地自然保护区	125600	2005		

（续）

序号	类型	名称	面积（公顷）	成立时间	级别	备注
1	保护区	新疆塔里木胡杨国家级自然保护区	395420	1983	国家级	2006年晋升国家级
		新疆温泉新疆北鲵国家级自然保护区	694.5	1997	国家级	
		新疆霍城四爪陆龟国家级自然保护区	35000	1983	国家级	2016年晋升国家级
		新疆巴音布鲁克国家级自然保护区	100000	1980	国家级	1986年晋升国家级
		伊犁黑蜂自然保护区			省级	
		福海金塔斯草原类草地自然保护区	3145.4	1986	省级	
		新疆西天山国家级自然保护区	31217	1983	国家级	2003年晋升国家级
		新疆天山中部巩乃斯山地草甸类草地自然保护区	4008.12	1986	省级	
		新疆巩留野核桃自然保护区	1180	1973	省级	1983年晋升省级
		新疆艾比湖湿地国家级自然保护区	267085	2000	国家级	
		新疆阿尔泰山两河源自然保护区	675900	2001	国家级	
		新疆和田西昆仑藏羚羊繁殖地市级自然保护区	132000	2004	地市级	
		新疆阿瓦提县胡杨林县级自然保护区	187360	1994	县级	
		新疆拜城县木扎湿地县级自然保护区	17576	2007	县级	
		新疆温宿县早让县级自然保护区	26700	2007	县级	
		青格达湖省级自然保护区	5508	2002	省级	
		玛纳斯河流域中上游湿地省级自然保护区	28800	2005	省级	
		叶尔羌河中下游湿地省级自然保护区	44400	2005	省级	
		奎屯河流域湿地省级自然保护区	25110	2007	省级	
		新疆玛依格勒市级自然保护区	60000	2002	地市级	
		新疆孔雀河市级自然保护区	141300	2002	地市级	
		新疆昭苏天山圆柏县级自然保护区	7870	2007	县级	
		新疆尼勒克湿地县级自然保护区	2130	2007	县级	
		新疆尼勒克吉仁台布隆湿地县级自然保护区	5546	2007	县级	
		新疆尼勒克喀什河流域密叶杨县级自然保护区	7714	2007	县级	
		新疆察布查尔齐格勒大白鹭县级自然保护区	335	2007	县级	
		新疆霍城伊犁河北岸湿地县级自然保护区	4128	2013	县级	
		新疆霍城大西沟野生樱桃李县级自然保护区	2533	2008	县级	
		新疆阿克苏河流域湿地县级自然保护区	19206	2004	县级	
		新疆库车县草湖湿地县级自然保护区	340000	2004	县级	
		新疆库车县大龙池县级自然保护区	174467	2004	县级	
		新疆新和县依干库勒河湿地县级自然保护区	21560	2008	县级	
		新疆乌什县托什干河流域湿地县级自然保护区	42100	2007	县级	
		新疆哈密东天山生态功能省级自然保护区	990000	2005	省级	

(续)

序号	类型	名称	面积（公顷）	成立时间	级别	备注
2	湿地公园	乌伦古河国家湿地公园	13590.3	2013	国家级	
		新疆吉木乃高山冰缘区国家湿地公园	4965	2013	国家级	
		乌伦古湖国家湿地公园	127155	2012	国家级	
		新疆布尔津托库木特国家湿地公园	1174.54	2014	国家级	
		新疆富蕴可可托海国家湿地公园	3137.38	2014	国家级	
		哈巴河县阿克齐国家湿地公园	1206.11	2015	国家级	
		新疆照壁山国家湿地公园（试点）	749.27	2016	国家级	
		新疆天山北坡头屯河国家湿地公园（试点）	2847.22	2015	国家级	
		乌鲁木齐柴窝堡湖国家湿地公园	4509.56	2009	国家级	2016年晋升国家级
		阿克苏市多浪河湿地	1291.4	2011	国家级	
		博斯腾湖国家湿地公园	157371	2012	国家级	2017年晋升国家级
		新疆乌齐里克国家湿地公园	11.02	2011	国家级	
		叶城县宗朗国家湿地公园	1350.63	2011	国家级	
		新疆疏勒香妃湖国家湿地公园	311.56	2014	国家级	
		泽普叶尔羌河国家湿地公园	2050.5	2013	国家级	
		新疆巴楚邦克尔国家湿地公园	4936.37	2015	国家级	
		英吉沙国家湿地公园	5528.5	2014	国家级	2013年晋升国家级
		新疆麦盖提县唐王湖国家湿地公园	1927	2013	国家级	
		新疆莎车叶尔羌国家湿地公园	2886.06	2014	国家级	
		新疆帕米尔高原阿拉尔国家湿地公园	8431.18	2013	国家级	2014年晋升国家级
		新疆塔城五弦河国家湿地公园	2596.77	2013	国家级	
		额敏河国家湿地公园	2124.85	2012	国家级	
		新疆沙湾千泉湖国家湿地公园	1311.3	2013	国家级	2017年晋升国家级
		和布克赛尔国家湿地公园	15442	2011	国家级	2016年晋升国家级
		吐鲁番艾丁湖国家湿地公园	3465	2016	国家级	
		新疆尼勒克喀什河国家湿地公园	3815	2014	国家级	
		赛里木湖湿地公园	130140	2014	国家级	
		新疆哈密河国家湿地公园	1200	2013	国家级	
		新疆伊宁伊犁河国家湿地公园（试点）	1063	2014	国家级	
		新疆察布查尔县伊犁河湿地公园（试点）	3516.8	2016	国家级	2016年12月晋升国家级
		尼勒克喀什河国家湿地公园国家湿地公园（试点）	3815	2014	国家级	
		特克斯河下游国家湿地公园	2647.8	2016	国家级	
		新疆伊犁那拉提国家湿地公园（试点）	14052		国家级	
		新疆伊犁雅玛图国家湿地公园（试点）	2272.23	2016	国家级	
		新疆霍城伊犁河谷国家湿地公园（试点）	10953	2013	国家级	
		昭苏县特克斯上游湿地公园	1657	2014	国家级	
		国家湿地公园（试点）	2647.8	2016	国家级	

(续)

序号	类型	名称	面积（公顷）	成立时间	级别	备注
2	湿地公园	新疆天山阿克牙孜国家湿地公园	1772.1	2015	国家级	
		新疆和硕塔什汗国家湿地公园	5323.5	2015	国家级	
		吉木萨尔北庭国家湿地公园	1492	2017	国家级	
		尼雅国家湿地公园			国家级	
		拉里昆国家湿地公园	24438.13	2012	国家级	
		尉犁罗布淖尔湿地公园	2600	2015	国家级	
		玛纳斯国家湿地公园	8500	2011	国家级	2016年晋升国家级
		新疆阿合奇托什干河国家湿地公园（试点）	9238.1		国家级	
		呼图壁大海子国家湿地公园	1960.06	2016	国家级	2015年晋升国家级
		新疆策勒达玛沟国家湿地公园	1672.28	2018	国家级	
		焉耆相思湖国家湿地公园	5068	2017	国家级	
		乌什县托什干国家湿地公园	30082.71	2013	国家级	
		于田县克里雅河国家湿地公园	8	2015	国家级	2014年晋升国家级
		新疆温泉博尔塔拉河国家湿地公园	5626.5	2015	县级	
		新疆阜康特纳格尔国家湿地公园			国家级	
		新疆博乐博尔塔拉河国家湿地公园			国家级	
3	地质公园	喀纳斯国家地质公园	87500	2004	国家级	
		新疆富蕴可可托海国家地质公园	62538	2005	国家级	
		新疆奇台硅化木-恐龙国家地质公园	25800	2004	国家级	
		吐鲁番火焰山国家地质公园	23600	2011	国家级	
		天山天池国家地质公园	54300	2009	国家级	
		库车大峡谷国家地质公园	10800	2009	国家级	
		温宿盐丘国家地质公园	7649	2011	国家级	
		吉木乃草原石城国家地质公园	5900	2012	国家级	2017年晋升国家级
4	风景名胜区	哈密东天山（白石头）风景名胜区	29600	1997	省级	
		天山天池风景名胜区	54800	1982	国家级	
		赛里木湖风景名胜区	130140	2004	国家级	
		博斯腾湖风景名胜区	355000	1999	国家级	2002年晋升国家级
		库木塔格沙漠风景名胜区	188000	1996	国家级	2002年晋升国家级
		罗布人村寨风景名胜区	13400	2012	国家级	
		托木尔大峡谷风景名胜区	299.05	2009	国家级	2017年晋升国家级
		博尔塔拉蒙古自治州赛里木湖风景名胜区	130140	2004	国家级	
5	森林公园	新疆贾登峪国家森林公园	38985	2000	国家级	2002年晋升国家级
		新疆白哈巴国家森林公园	51359.83	1999	国家级	2002年晋升国家级
		阿尔泰山温泉国家森林公园	88793	2006	国家级	2010年晋升国家级
		哈密天山国家森林公园	166570.3	2015	国家级	
		新疆江布拉克国家森林公园	90211.13	2013	国家级	
		新疆车师古道国家森林公园	100120	1996	国家级	2015年晋升国家级

(续)

序号	类型	名称	面积（公顷）	成立时间	级别	备注
5	森林公园	新疆天山大峡谷国家级森林公园	84737.08	1992	国家级	1993年晋升国家级
		天山国家森林公园	40509.39	1956	国家级	2015年晋升国家级
		新疆鹿角国家森林公园	66766.67		国家级	
		乌苏佛山国家森林公园	50875.84	1992	国家级	2018年晋级国家级
		新疆恰西国家森林公园	55600	1999	国家级	2004年晋级国家级
		新疆科桑溶洞国家森林公园	16400	2001	国家级	2003年晋级国家级
		新疆夏塔古道国家森林公园	38507.49		国家级	
		新疆唐布拉国家森林公园	34237	1999	国家级	2003年晋级国家级
		新疆白石峰国家森林公园	23743.71	1993	国家级	2017年晋级国家级
		新疆果子沟国家森林公园	10771.6	1996	国家级	2017年晋级国家级
		新疆玛纳斯塔西河国家级森林公园	4309.14	2012	国家级	
		哈巴河白桦国家森林公园	24700.95	2010	国家级	
		新疆巴楚胡杨林国家森林公园	169371.03	2012	国家级	
		巩乃斯国家森林公园	73104	1993	国家级	2001年晋级国家级
		新疆天池国家森林公园	44627	1995	国家级	
		金湖杨国家森林公园	2000	2003	国家级	
		新源县那拉提国家森林公园	6025	1999	国家级	2001年晋级国家级
		哈日图热格森林公园	40022	1994	国家级	2004年晋级国家级
6	沙漠公园	沙漠公园	3000	2017	国家级	
		新疆伊吾县胡杨林国家沙漠公园	11100	2014	国家级	
		新疆阜康梧桐沟国家沙漠公园		2014	国家级	
		新疆奇台硅化木国家沙漠公园	3600	2014	国家级	
		新疆木垒鸣沙山国家沙漠公园	3000	2014	国家级	
		新疆尉犁国家沙漠公园	2000	2014	国家级	
		新疆且末国家沙漠公园	7153.33	2014	国家级	
		新疆沙雅国家沙漠公园	27800	2014	国家级	
		新疆鄯善国家沙漠公园	20000	2014	国家级	
		新疆洛浦玉龙湾国家沙漠公园	1714	2016	国家级	
		新疆博湖阿克别勒库姆国家沙漠公园	5600	2015	国家级	
		新疆精河木特塔尔国家沙漠公园	24775	2015	国家级	
		新疆和布克赛尔江格尔国家沙漠公园	15000	2015	国家级	
		新疆吐鲁番艾丁湖国家沙漠公园	780	2015	国家级	
		新疆兵团驼铃梦坡国家沙漠公园	2039.78	2015	国家级	
		新疆库车龟兹国家沙漠公园	20047	2017	国家级	
		新疆麦盖提国家沙漠公园	6400	2015	国家级	
		新疆莎车喀尔苏国家沙漠公园	6428	2015	国家级	
		新疆岳普湖达瓦昆国家沙漠公园	3300	2017	国家级	
		新疆布尔津萨尔乌尊国家沙漠公园	7780	2016	国家级	

(续)

序号	类型	名称	面积（公顷）	成立时间	级别	备注
6	沙漠公园	新疆玛纳斯土炮营国家沙漠公园	2645	2017	国家级	
		新疆昌吉北沙窝国家沙漠公园	5000	2016	国家级	
		新疆呼图壁马桥子国家沙漠公园	7689.36	2016	国家级	
		新疆英吉沙萨罕国家沙漠公园	666.66	2016	国家级	
		新疆轮台依明切克国家沙漠公园	10000	2017	国家级	
		新疆乌苏甘家湖国家沙漠公园	6666.3	2017	国家级	
		新疆沙湾铁门槛国家沙漠公园	10000	2017	国家级	
		新疆生产建设兵团阿拉尔睡胡杨国家沙漠公园	3072.6	2017	国家级	
		新疆生产建设兵团乌鲁克国家沙漠公园	653.1	2017	国家级	
		新疆生产建设兵团子母河国家沙漠公园	1132.2	2017	国家级	
		新疆生产建设兵团醉胡杨国家沙漠公园	1314.5	2017	国家级	
		新疆生产建设兵团阿拉尔昆岗国家沙漠公园	1380.3	2017	国家级	
		新疆生产建设兵团可克达拉国家沙漠公园	1320.6	2017	国家级	
		新疆生产建设兵团丰盛堡国家沙漠公园	1169.8	2017	国家级	
		新疆生产建设兵团第七师金丝滩国家沙漠公园		2017	国家级	
		新疆叶城恰其库木国家沙漠公园	3381	2018	国家级	

3 湿地保护修复研究

3.1 研究概况

3.1.1 研究背景

党的十九届四中全会提出,坚持和完善生态文明制度体系,促进人与自然和谐共生。生态文明建设是习近平新时代中国特色社会主义思想的重要组成部分,是推进美丽中国建设、实现中华民族永续发展的科学指南和根本遵循。湿地保护修复是习近平总书记提出的"绿水青山就是金山银山""山水林田湖草是一个生命共同体"等理念在生态文明建设领域的重要组成部分。林草系统在社会主义生态文明建设中肩负着重要的职责和使命,湿地保护修复是林草工作的中心任务之一。

党中央、国务院高度重视湿地保护,明确把"湿地面积不低于8亿亩"列为2020年我国生态文明建设的主要目标之一,并纳入了国家"十三五"规划纲要。党的十八大报告提出了"扩大湿地面积"的明确要求,党的十九大报告作出了"强化湿地保护和恢复"的重大部署。近年来,按照党中央、国务院的决策部署,各地区、各部门不断加强湿地保护修复,为加强湿地保护修复,原国家林业局(现国家林业和草原局)牵头制定了《中国湿地保护行动计划》《全国湿地保护工程规划》,并相继出台了11项具体制度,修订了《湿地保护管理规定》《国家湿地公园管理办法》,出台了国际湿地城市认证提名办法和指标体系,制定了湿地生态系统服务价值评估规范等标准,开展了湿地公园建设和湿地生态效益补偿、退耕还湿试点,以及湿地保护修复重点工程建设,恢复了退化湿地,改善了区域生态功能。截至2019年年底,全国共有国际重要湿地57处,湿地自然保护区602个,国家湿地公园899个,湿地保护率达52.19%,初步形成了以湿地自然保护区为主体的湿地保护体系。但是,近年来,随着我国人口的增加、工农业及城乡经济的高速发展,我国仍面临着湿地面积持续萎缩、功能不断退化、物种逐渐减少等十分突出的问题,我国湿地遭受威胁影响范围的不断扩大意味着我国湿地保护修复制度的不健全。为全面保护湿地、维护湿地生态功能和作用的可持续性，制定湿地保护修复制度十分必要。

2015年，出台的《生态文明体制改革总体方案》，把建立湿地保护修复制度纳入我国生态文明体制改革的总体部署。2016年11月30日，国务院办公厅印发了《湿地保护修复制度方案》，这是我国生态文明体制改革的全新成果，为完善湿地保护管理制度体系奠定了良好基础，开启了全面保护湿地的新篇章。新疆维吾尔自治区人民政府高度重视湿地保护工作，2017年10月15日，自治区人民政府印发《新疆维吾尔自治区湿地保护与修复工作实施方案》（简称《实施方案》），为全面保护湿地、维护湿地生态功能和作用的可持续性，作出了顶层制度设计。《实施方案》包括总体要求、基本原则、建立湿地分级体系、湿地资源数据库和湿地监测评价体系共5个部分21条具体内容。提出了"建立湿地资源数据库、湿地监测评价体系、建立湿地分级体系、建立湿地生态管护员制度、完善生态用水机制内容"等制度框架，明确了建立湿地保护修复制度体系的基本思路。

结合新疆湿地保护管理当前的新形势、新任务，特别是针对湿地保护面临的严重威胁，以及湿地保护管理相关制度不健全的现状，本研究提出了新疆"十四五"期间完善湿地保护修复制度的重点和方向。

3.1.2 研究意义

我国是世界上湿地资源最丰富的国家之一，居亚洲第1位，世界第4位，仅次于俄罗斯、加拿大和美国。新疆湿地不仅在我国湿地中占有较大的比重，而且分布在江河源头地区、绿洲、河滩、内陆湖滨等生态环境敏感地带，一旦破坏则很难恢复。湿地作为干旱、半干旱区水资源的重要载体，在新疆更具有特殊的价值，是不可替代的宝贵资源。

从第二次全国湿地资源调查情况看，全国湿地生态环境呈现改善态势，但长期以来，人类对湿地的生态功能和价值认识不足，对湿地保护、管理和利用的客观规律研究不够，对湿地生态系统进行整体性、综合性、系统性保护和管理一直未取得进展。加之近年来人口的急剧增长、经济社会的高速发展，不合理开发利用、非法侵占或破坏湿地的行为时常发生，使我国湿地遭到开（围）垦、污染、淤积、资源过度利用、外来物种入侵等破坏或威胁，湿地面积不断萎缩、湿地功能逐渐退化，湿地的补水缓流和生态净化功能弱化，保障经济社会可持续发展的作用下降，保护和修复湿地任务艰巨、刻不容缓。

目前，针对湿地生态系统保护和利用行为，我国尚无行之有效的制度规范，加之湿地管理缺失、修复缺位等问题，导致我国湿地遭受如此严重的威胁。湿地维系着新疆的绿洲，是新疆各族人民生存和社会发展的依托。建立完善的湿地保护修复制度体系，对地处内陆干旱、半干旱的新疆生态建设、生态系统维护和修复发挥着决定性作用，对全国生态保护与生态建设具有重大的理论和现实意义。

3.1.3 研究方法

本研究主要采用了以下方法：

（1）实地调研。研究启动之初，深入新疆5个市（州）开展了座谈会议、现地考察，与相关行业部门的管理者、专家深入交流，收集了大量一手材料，形成了研究的基本思路。

（2）文献研究。认真查阅、搜集整理了新疆湿地资源概况、湿地保护管理现状、湿地保护管理现有政策措施、湿地生态系统受威胁状况等相关文献资料，结合全国湿地保护修复面临的突出问题，分析原因，思考对策。

（3）对比分析。对比国际、国内解决湿地保护修复面临的突出问题的一般方法，总结可借鉴的较好经验，探索具有针对性的、切实可行的对策。新疆湿地保护面临的问题与全国其他地区基本相同，如水质污染、围垦、矿产开发、过度放牧等，也存在法规不健全、投入不足和政策不合理等制约因素，需要结合新疆特点，提出有针对性的对策建议。

3.2 湿地概况

新疆的地理位置和地形地貌特征较为特殊。内陆盆地与高山相间分布，发源于高山地区的河流形成由高山向平原、盆地汇集的向心式水系。新疆湿地在山区分布少而分散，河流水系大多互不相通，湖泊相互隔离，河流下游与河岸河漫滩平原较多且连续分布，也有部分湿地呈岛状孤立分布于新疆各地的荒漠中。山区蒸发强度较小，水资源较为丰富，是河流的主要径流形成区。平原地区水系成线状，在沿河滩地及绿洲地下水露头处有零星分布的湖泊和沼泽湿地。内陆河流最终消失在荒漠中或汇成湖泊，形成内陆盐湖和盐沼湿地。内陆河流出山口后，进入平原绿洲区，水资源的天然配置被明显改变，自然湿地转变为人工湿地，一些河流进入绿洲区后，逐渐退变成季节性河流或消失于沙漠中。

3.2.1 湿地资源概况

第二次全国湿地资源调查结果显示，新疆湿地面积394.82万公顷（不包括水稻田），居全国第5位，占自治区总面积的2.4%，主要分布在阿尔泰山、天山、昆仑山及阿尔金山和塔里木盆地、准噶尔盆地。自治区湿地资源类型多样，在我国湿地生态系统中具有典型性和独特性。新疆湿地分为4类17型，其中：河流湿地121.65万公顷（30.81%）、湖泊湿地77.47万公顷（19.62%）、沼泽湿地168.73万公顷（42.73%）、人工湿地26.99万公顷（6.84%）。巴音郭楞蒙古自治州、阿勒泰地区、和田地区、喀什地区、阿克苏地区的湿地分布较多（表3-1）。

表3-1 新疆维吾尔自治区15个地级行政区湿地面积

行政区	湿地面积（万公顷）	河流湿地（万公顷）	湖泊湿地（万公顷）	沼泽湿地（万公顷）	人工湿地（万公顷）
巴音郭楞蒙古自治州	137.43	30.10	41.38	61.63	4.32
阿勒泰地区	41.06	9.80	15.07	14.71	1.48
和田地区	40.86	20.19	5.56	13.93	1.18
喀什地区	40.19	18.61	1.05	14.57	5.97
阿克苏地区	34.55	16.10	0.83	11.75	5.86
塔城地区	21.97	4.75	0.81	14.08	2.33
博尔塔拉蒙古自治州	19.13	1.10	9.60	8.19	0.24
伊犁哈萨克自治州	15.51	9.30	0.04	4.41	1.76
克孜勒苏柯尔克孜自治州	15.36	5.53	0.71	8.82	0.29
哈密市	11.15	1.34	0.66	8.37	0.79
昌吉回族自治州	6.74	2.92	0.67	1.58	1.56

(续)

行政区	湿地面积（万公顷）	河流湿地（万公顷）	湖泊湿地（万公顷）	沼泽湿地（万公顷）	人工湿地（万公顷）
吐鲁番市	4.77	1.06	0.14	3.37	0.20
乌鲁木齐市	2.88	0.67	0.77	0.82	0.63
克拉玛依市	2.18	0.16	0.08	1.81	0.13
生产建设兵团	1.06	0.02	0.10	0.69	0.25
合计	394.84	121.65	77.47	168.73	26.99

3.2.2 湿地生物多样性

第二次全国湿地资源调查显示，自治区湿地维管束植物1227种（国家二级保护野生植物10种），隶属40目93科380属。其中，蕨类植物22种，裸子植物9种，被子植物1196种。自治区湿地脊椎动物有234种，隶属于5纲25目47科；全自治区鱼类87种（国家一级保护野生鱼类1种），两栖类8种，爬行类4种，鸟类121种（国家一级保护野生鸟类3种，国家二级保护野生鸟类15种），哺乳类14种（国家一级保护野生动物1种，国家二级保护野生动物1种）。

3.2.3 湿地资源利用与保护现状

新疆湿地资源分布广泛、种类丰富，包括水资源、生物资源、景观资源、矿产资源、水能资源等。各类湿地资源在新疆生态环境保护、国民经济和社会发展等方面都发挥着重要的生态、社会和经济效益。

3.2.3.1 水资源利用

新疆水资源包括河流、湖泊、水库以及地下水资源。新疆共有大小河流570余条，其中大部分是流程短、水量小的河流。新疆湖泊众多，面积大于500公顷的天然湖泊有52个，乌伦古湖、艾比湖、赛里木湖、博斯腾湖等水域面积较大。新疆共有大小冰川18.6万多条，总面积240万公顷，储水量2.58亿立方米。新疆的地表水年平均径流量817.8亿立方米，地表径流量的补给来源主要是自然降水；地下水资源总量为497.0亿立方米，地下水可开采量为252亿立方米，主要分布在平原区。据统计，2016年新疆用水总量为565.38亿立方米，其中，生产用水量548.13亿立方米，生活用水10.75亿立方米，生态环境补水量6.49亿立方米。第一产业用水中灌溉用水527.68亿立方米；第二产业用水中工业用水量11.70亿立方米，建筑用水0.969亿立方米；第三产业即服务业用水为2.20亿立方米；居民生活用水10.75亿立方米（图3-1）。

由于新疆地处内陆干旱地区，其农业大省的定位和灌溉农业的特点，使得农业用水在总用水量中占据绝大部分份额（2016年94.3%）。新疆生态用水被大量挤占，农业与水土矛盾日益突出，农业用水缺口仍在扩大，湿地面积日益萎缩，严重制约新疆生态文明建设目标的实现。另外，新疆每立方米用水的农业产出量远远低于全国平均水平，农业用水的生产效率极低；加上一些平原水库蒸发、渗漏量较大，导致新疆水资源浪费也十分严重。

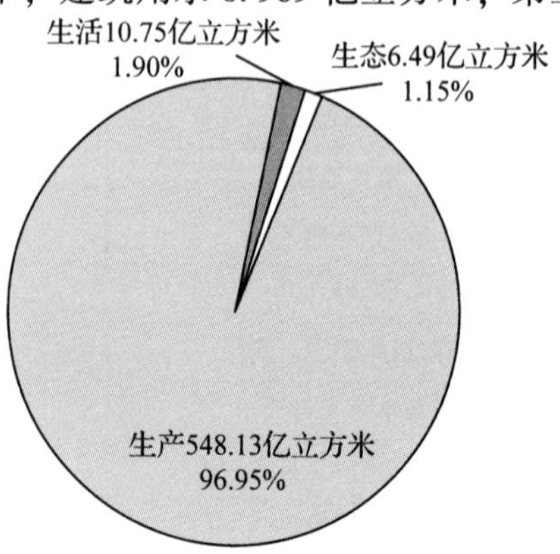

图3-1 2016年新疆用水结构

3.2.3.2 生物资源利用

新疆气温差异悬殊，宽大山体与广阔的盆地相间排列，沙漠、戈壁、洪积扇带多呈环状嵌合，动植物分布呈现南北向水平地带性更迭，并在盆地区域出现环带状分布。同时，地带与隐域相间分布，散布于其间的湿地受周围环境强烈影响，从而形成湿地类型和生态系统的多样性。丰富的湿地类型和生态系统决定了新疆湿地生物资源的多样性。湿地植物能够直接给人类提供工业原料、食物、观赏花卉、药材等，还能够调节气候，净化空气，为各种动物提供食物和栖息地，为人类提供了旅游、休闲的自然美景。湿地是新疆野生脊椎动物分布最为集中的地方之一，不仅为鱼类和两栖类动物生存提供了必需的水环境，也为鸟类提供了很好的栖息环境，成为迁徙鸟类必要的补给站点。因此，保护湿地对于维护新疆生物多样性具有十分重要的作用。

3.2.3.3 景观资源利用

湿地具有自然观光、旅游、娱乐等美学方面的功能。截至2018年年底，新疆已建赛里木湖、柴窝堡湖、福海乌伦古湖、博斯腾湖等51处国家湿地公园，已建立湿地类型自治区级以上自然保护区29处，都成为重要的景观资源。国家湿地公园、湿地类型自然保护区等是新疆保护自然生态环境、各种类型生态系统及各种野生动植物的重要基地；有不少湖泊因自然景色壮观秀丽而吸引人们向往，在不同程度上开发为旅游和疗养胜地，成为国内外旅游爱好者向往的目的地。近年来，新疆旅游业实现了较快发展，旅游总收入及旅游总人次均明显增长，2018年累计接待国内外游客1.5亿人次，同比增长40.09%；实现旅游总收入2579.71亿元，同比增长41.59%；实现旅游就业176.72万人，同比增长21.80%。

3.2.3.4 矿产资源利用

新疆众多湖泊、沼泽湿地是石油天然气资源的重要产区，蕴藏着大量的石油、天然气资源，具有广阔的勘探和开发前景。根据新疆矿产资源潜力评价，新疆石油预测资源量约占全国陆上石油资源量的30%，天然气预测资源量约占全国陆上资源量的34%。湿地中有各种矿砂和盐类资源，很多具有工业开采价值。新疆已查明的盐湖有50余个，其中半数以上是沙下湖和干盐湖，它们大多属于硫酸盐型。盐湖中分布有多种矿物质，是重要的工业原料。

3.2.3.5 水能资源利用

新疆水能资源较为丰富，共有大小河流570余条，其中年径流量10亿立方米以上的共有18条，冰川储量2.58亿立方米，地表水年平均径流量817.8亿立方米，地下水年平均补径量395亿立方米，水能资源理论蕴藏量超过3350万千瓦，其中近期可供经济开发的资源量达1796万千瓦。

3.2.4 湿地保护修复及成效

"十三五"期间，新疆坚持重点示范和项目带动，以点带面，整体推进，加强湿地保护恢复。截至2018年年底，新疆湿地保护面积261.05万公顷，保护率达到66.12%，高于全国平均水平（43.51%）。通过积极申报和建设，新疆已建赛里木湖、柴窝堡湖、福海乌伦古湖、博斯腾湖等51处国家湿地公园（表3-2）。其中，赛里木湖、福海乌伦古湖、博斯腾湖等20处湿地公园通过国家林业和草原局试点验收正式挂牌国家湿地公园，玛纳斯国家湿地公园已列入国家重点建设湿地公园范围；自治区级以上湿地类型自然保护区7处（表3-3），其中：国家级湿地自然保护区3处，自治区级湿地自然保护区4处；初步形成了以湿地自然保护区和湿地公园为主体，世界遗产地、风景名胜保护区、森林公园、沙漠公园等形式为辅的湿地保护格局，在保护湿地生态系统功能和生物多样性等方面发挥着重要作用。

表 3-2 新疆国家湿地公园

序号	名称	类型	湿地面积（公顷）	公园面积（公顷）
1	赛里木湖国家湿地公园	湖泊	45800	130140
2	乌鲁木齐柴窝堡湖国家湿地公园	湖泊	3047	4509
3	乌齐里克国家湿地公园	沼泽	34735	62891
4	阿克苏多浪河国家湿地公园	河流	581	1291
5	玛纳斯国家湿地公园	河流	2806	4702
6	和布克赛尔国家湿地公园	沼泽	15442	29103
7	博斯腾湖国家湿地公园	湖泊	144469	157371
8	乌伦古湖国家湿地公园	湖泊	109500	127155
9	尼雅国家湿地公园	湖泊	53843	62246
10	拉里昆国家湿地公园	沼泽	10651	24438
11	塔城五弦河国家湿地公园	河流	2448	2597
12	沙湾千泉湖国家湿地公园	人工	773	1311
13	伊犁那拉提国家湿地公园	沼泽	13940	14052
14	泽普叶尔羌河国家湿地公园	河流	2025	2051
15	额敏河国家湿地公园	河流	1218	2125
16	英吉沙国家湿地公园	沼泽、人工	3490	5529
17	于田克里雅河国家湿地公园	河流、沼泽	80031	135554
18	乌什托什干河国家湿地公园	河流、沼泽	10634	30083
19	哈密河国家湿地公园	人工	830	1500
20	霍城伊犁河谷国家湿地公园	河流	10452	10953
21	伊宁伊犁河国家湿地公园	河流、人工	833	1063
22	青河县乌伦古河国家湿地公园	河流、沼泽	6309	13590
23	吉木乃高山冰缘区国家湿地公园	沼泽、河流	2437	4965
24	尼勒克喀什河国家湿地公园	沼泽、河流	3659	3815
25	布尔津托库木特国家湿地公园	沼泽	891	1175
26	麦盖提唐王湖国家湿地公园	沼泽	1715	1927
27	昭苏特克斯河国家湿地公园	沼泽、河流	1636	1657
28	吉木萨尔北庭国家湿地公园	河流	843	1492
29	疏勒香妃湖国家湿地公园	人工、沼泽	188	312
30	莎车叶尔羌河国家湿地公园	人工、沼泽	2036	2450
31	帕米尔高原阿拉尔国家湿地公园	沼泽、河流	6385	8431
32	富蕴可可托海国家湿地公园	湖泊	3166	3215
33	巴楚邦克尔国家湿地公园	河流、人工	4728	4936
34	尉犁罗布淖尔国家湿地公园	湖泊、河流	1046	2600
35	和硕塔什汗国家湿地公园	河流、沼泽	3483	5324
36	呼图壁大海子国家湿地公园	人工、河流	1620	1960
37	天山阿合牙孜国家湿地公园	河流、沼泽	926	1772
38	阿合奇托什干河国家湿地公园	河流、沼泽	4776	9238

(续)

序号	名称	类型	湿地面积（公顷）	公园面积（公顷）
39	温泉博尔塔拉河国家湿地公园	河流、沼泽	3839	5627
40	天山北坡头屯河国家湿地公园	河流、湖泊	1657	2847
41	哈巴河阿克齐国家湿地公园	沼泽	1206	1250
42	叶城宗朗国家湿地公园	河流、沼泽	783	1351
43	察布查尔伊犁河国家湿地公园	河流、沼泽	2508	3517
44	特克斯国家湿地公园	河流	2519	2648
45	阜康特纳格尔国家湿地公园	河流	471	1075
46	吐鲁番艾丁湖国家湿地公园	湖泊、沼泽	19238	28986
47	伊犁雅玛图国家湿地公园	河流、沼泽	2239	2272
48	照壁山国家湿地公园	河流	282	749
49	策勒达玛沟国家湿地公园	河流、沼泽	904	1760
50	焉耆相思湖国家湿地公园	湖泊、沼泽	5143	6920
51	博乐博尔塔拉河国家湿地公园	人工、河流	1659	3247

表3-3 新疆湿地类型自然保护区

序号	名称	级别	生态类型	总面积（公顷）
1	艾比湖湿地自然保护区	国家级	湿地	267085
2	巴音布鲁克国家级自然保护区	国家级	动物、湿地	136894
3	阿尔泰科克苏湿地自然保护区	国家级	湿地	30667
4	阿尔泰两河源头自然保护区	自治区级	森林、湿地	675900
5	额尔齐斯河科克托海湿地自然保护区	自治区级	湿地	99043.7
6	帕米尔高原湿地自然保护区	自治区级	森林、湿地	125600
7	塔里木河上游湿地自然保护区	自治区级	湿地	256840

近年来，新疆积极争取中央财政湿地保护恢复资金，依靠项目带动湿地保护、恢复和发展。2016年以来，累计争取中央财政湿地补助资金2.29亿元，其中：湿地保护与恢复补助资金11400万元、湿地生态效益补偿试点资金5000万元、退耕还湿试点资金4500万元、湿地保护奖励资金2000万元，主要用于湿地保护恢复、退耕还湿、湿地生态效益补偿和水系连通、能力建设、科研宣教、基础建设、植被恢复等，完成退耕还湿任务4.5万亩；争取中央预算内资金1557万元，在新疆博斯腾湖国家湿地公园、新疆额尔齐斯河科可托海湿地、新疆伊犁河流域巩乃斯河重点湿地等地实施湿地保护与恢复工程项目，加强了湿地保护设施设备建设和基层湿地保护管理机构能力建设，恢复了一批退化湿地，改善了湿地生态状况，维护了区域生态安全。

3.3 湿地保护修复现行制度体系

近年来，新疆高度重视湿地保护修复工作，积极贯彻落实国家关于湿地保护的相关政策措施，不断完善自治区层面湿地保护与管理相关法规、制度和技术标准（表3-4），持续提升湿地保护修复的标准化、规范化水平，为湿地保护修复提供了有力的法律支撑。

表 3-4　新疆湿地保护修复制度相关文件

文件名称	颁发部门	出台时间
《新疆维吾尔自治区湿地保护条例》	自治区人民政府	2012 年 7 月
《新疆维吾尔自治区重要湿地确认办法》	自治区林业厅	2017 年 5 月
《新疆维吾尔自治区湿地公园管理办法》	自治区林业厅	2017 年 5 月
《新疆维吾尔自治区实施河长制工作方案》	自治区人民政府	2017 年 7 月
《新疆湿地保护与修复工作实施方案》	自治区人民政府	2017 年 10 月
《新疆湿地保护修复工程"十三五"规划》	自治区人民政府	2017 年 10 月
《自治区贯彻落实〈耕地草原河湖休养生息规划（2016—2030 年）〉实施意见》	自治区人民政府	2016 年
《新疆维吾尔自治区湿地名录管理办法》	自治区林业厅	2018 年 7 月

3.3.1　水资源利用管控

水资源过度开发、用水效率低下和水环境退化并存，是新疆现阶段的突出水情，也是将要长期面临的基本区情。《自治区实行最严格水资源管理制度考核方案（试行）》明确规定，"实行最严格水资源管理制度考核结果纳入各级政府和领导干部绩效考核。年度或期末考核结果经自治区人民政府审定后向社会公告，并交干部主管部，作为对各地、州、市人民政府（行政公署）及兵团各师主要负责人和领导班子综合考评的重要依据。"

2017 年，新疆水利厅相继制定出台了《新疆实行最严格水资源管理制度指标考核评分及技术细则》《新疆实行最严格水资源管理制度工作测评评分标准（2014—2020 年）》和《2016 年度全疆实行最严格水资源管理制度考核工作实施方案》，有序落实最严格水资源管理制度，不断创新水资源优化配置、节约、保护和管理机制。同年，新疆维吾尔自治区党委办公厅、政府办公厅印发《新疆维吾尔自治区控制污染物排放许可制实施方案》和《新疆维吾尔自治区实施河长制工作方案》，其中，《新疆维吾尔自治区实施河长制工作方案》明确规定："强化地方各级政府责任，严格考核评估和监督。实行水资源消耗总量和强度双控行动，严格限制发展高耗水项目。坚持以水定城、以水定人、以水定地、以水定需、以水定产，以水资源可持续利用保障经济社会可持续发展。进一步落实'用水总量控制、用水效率控制、水功能区限制纳污和水资源管理责任与考核'4 项制度和严守'水资源开发利用控制、用水效率控制和水功能区限制纳污控制'3 条红线，健全控制指标体系，着力加强监督考核。进一步落实水资源论证、取水许可和有偿使用制度，积极探索水权制度改革，推进水权交易试点。加快水资源管理系统和监测系统建设，探索建立区域水资源、水环境承载能力监测评价体系。严格入河湖排污口监督管理，开展入河湖排污口调查，核定水功能区的纳污能力，明确河湖水功能区的允许纳污总量。全面推进节水型社会建设，加强工业、城镇、农业节水。"在全面推行河长制工作中，明确河湖湿地红线划定、确权划界和河流中下游及尾闾湖泊生态补水、湿地保护等工作，纳入河长制工作目标考核、检查和验收体系，进一步维护了河湖生态安全，完善了河湖管理制度和管理机制。

3.3.2　湿地征占用管理

2012 年 7 月，制定出台了《新疆维吾尔自治区湿地保护条例》（以下简称《条例》），并于 2012

年10月正式开始实施。《条例》的制定和实施，为新疆湿地保护与管理提供了有力的法律依据，使新疆丰富的湿地生态系统和湿地资源得到有效的法律保护。《条例》规定"严格控制建设项目占用湿地"，明确了在湿地内开展建设活动的具体要求与审批程序；另外，《条例》还对在湿地内禁止实施的一系列带有危害、破坏性质的行为以及需要经依法批准后实施的行为做出了明确规定；并对违反规定的行为做出了具体的处罚措施，从而减少了人为干扰对湿地的破坏，湿地资源得到了有效保护。

自治区人民政府于2017年5月制定出台了《新疆维吾尔自治区湿地公园管理办法(暂行)》，明确指出了"禁止在湿地公园中从事的行为，强化了湿地征占用管理。禁止的行为包括：(一)开垦、填埋；(二)在禁止捕鱼区、禁止捕鱼期捕捞作业；(三)破坏鱼类等水生生物洄游通道和野生动物的重要繁殖区及栖息地；(四)采用灭绝性方式捕捞鱼类及其他水生生物；(五)引进外来物种；(六)投放有毒有害物质、倾倒固体废弃物、超标排放污水；(七)投放可能危害水体、水生生物的化学物品；(八)过度放牧，过度取用或者永久性截断湿地水源；(九)挖砂、取土、采矿；(十)从事房地产、度假村、宾馆、会所、高尔夫球场等不符合主体功能定位的建设项目和开发活动；(十一)其他破坏湿地及其生态功能的活动"。

3.3.3 湿地分级管理体系

2017年5月，制定出台了《新疆维吾尔自治区重要湿地确认办法(暂行)》，为贯彻落实国务院办公厅印发的《湿地保护修复制度方案》的第四条"建立湿地分级体系"提供了具体依据，为全面保护湿地生态系统、维护湿地生态功能和作用的可持续性奠定了基础。《新疆维吾尔自治区重要湿地确认办法(暂行)》规定："新疆湿地分为国家重要湿地(含国际重要湿地)、自治区重要湿地、地区(州、市)重要湿地和一般湿地"，明确将新疆湿地实行分级管理。

2018年7月，自治区林业厅印发了《新疆维吾尔自治区湿地名录管理办法》，明确规定"县级以上人民政府应当及时认定湿地名录，并根据湿地保护的需要和湿地资源的变化情况及时调整、公布、更新湿地名录""县级以上人民政府林业行政主管部门分别负责本行政区域内湿地名录的管理工作，并建立完善的档案资料"，对湿地名录的认定、调整、公布和备案都做了具体要求，规范了湿地名录认定及管理工作，加强了新疆维吾尔自治区行政区域内湿地保护，进一步建立健全了湿地分级管理体系。

3.3.4 湿地总量管控

2017年10月15日，制定出台了《新疆湿地保护与修复工作实施方案》(简称《实施方案》)，为新疆湿地保护与修复工作提出了目标和具体工作方案。《实施方案》提出到2020年，新疆湿地面积较394.82万公顷有所增加，河流湿地面积不低于121.64万公顷，人工湿地面积不低于26.99万公顷，湖泊湿地面积不低于77.45万公顷，沼泽湿地面积不低于168.74万公顷；申报国际重要湿地1~2处，湿地公园达到70处。《实施方案》创新点体现在四个方面：一是要建立湿地资源数据库和监测评价体系，明确湿地监测评价主体，完善湿地监测网络。二是要建立湿地分级体系，将新疆湿地划分为国家重要湿地(含国际重要湿地)、自治区重要湿地、地(州、市)重要湿地和一般湿地，列入不同级别湿地名录，定期更新。三是要大力推进湿地公园建设，促进湿地保护和合理利用。四是要建立湿地生态管护员制度，将设立湿地生态管护员与扶贫脱贫工作有机结合，实现生态受保护、群众得实惠的目标。

另外，自治区人民政府将湿地总面积和湿地保护率纳入《自治区贯彻落实〈耕地草原河湖休养生息规划（2016—2030年）〉实施意见》，将湿地资源纳入新疆生态红线划定方案中，确保湿地总面积不减少。

3.3.5 生态旅游约束

为有效保护和合理开发利用旅游资源，促进旅游业协调可持续发展，自治区人民政府于2017年1月17日制定出台了《新疆维吾尔自治区乡村旅游促进办法》，明确提出保护要求："开展乡村旅游活动，应当遵守有关法律、法规，节约集约利用水、土地等资源，采取有效措施，防止环境污染。建设相关设施应当与周边景观相协调，不得破坏自然资源、人文资源和生态环境"，以"生态优先，绿色发展"为原则，注重开发与保护并举，在保护自然资源的前提下开展生态旅游，促进自然资源的有序开发、合理布局，更有效地保护生态系统。

3.4 湿地保护修复面临的主要问题

"十三五"期间，新疆湿地保护修复取得了显著的成效，但湿地生态系统健康状况整体改善、局部恶化的总体趋势尚未得到根本遏制，湿地仍是最脆弱、最容易遭受破坏和侵占的生态系统，全面保护和修复新疆的湿地生态系统仍面临诸多困难。

3.4.1 湿地面积萎缩和生态功能退化趋势仍未扭转

近10年来，随着湿地保护管理力度不断加大，湿地面积有所增加，湿地整体质量有所好转。但在局部区域湿地面积仍在减少、湿地生态环境恶化现象依旧严重。主要是在绿洲内部，农业生产和水资源的不合理利用造成天然湿地转变为人工湿地，围垦农田造成湿地消失和退化。由于得不到水源补给，一些内陆河流长年断流，湖泊面积萎缩退化，天然植被衰退，生物多样性受到严重威胁。

造成新疆湿地面积萎缩、生态功能退化的主要原因：一是缺水。由于新疆地处西北内陆，气候干旱，光照长，降雨量少，蒸发量大，水资源匮乏，可用水量不能满足经济社会发展日益增长的需要，湿地生态补水困难，致使部分湿地功能退化、面积萎缩。二是过度开发利用湿地。超载放牧、农用地开垦、城市开发占用天然湿地是造成湿地退化的重要人为原因，工农业用水增加，使湿地得不到足量的生态补水而退化甚至消失；对湿地生物资源的过度开发也严重破坏了湿地的生态平衡。三是湿地污染加重。大量的工业废水、生活污水、废气、废渣等污染物的直排，造成湿地水质持续下降，湿地动植物生境遭到不可逆破坏。

3.4.2 经济社会发展与湿地保护修复的矛盾依然突出

随着西部大开发、"丝绸之路经济带"核心区建设，新疆湿地资源全面保护与经济社会发展的矛盾日益显现。在自然保护区内和重要河流湿地内进行开发，如农业围垦、养殖业、采矿、挖塘、挖沙、取土等活动，使得湿地生态系统受到不同程度的影响和破坏。个别地方为了增加耕地面积，在湿地内通过挖排减渠、围垦造田等方式，致使自然湿地面积减少，湿地生物资源过度利用，湿地污染加剧，生态环境质量下降，湿地功能不同程度退化，生物多样性持续减少。

研究表明，农业发展始终是影响新疆湿地变化的关键因素。1978—1990年，新疆有11.93万公顷湿地被开垦为耕地，内陆沼泽和洪泛湿地是遭破坏的主要湿地类型。由于大规模发展灌溉农业，过量消耗水资源已成为新疆湿地的最大威胁。2016年，全自治区用水总量的93.33%是灌溉用水，生态补水量仅占1.14%。伴随着旅游业和互联网经济的飞速发展，新疆特色农林果品外销量不断增加，现有的生产模式很难持续，对自治区湿地生态系统也会造成更大的破坏。

3.4.3 湿地保护管理能力不足

近年来，新疆湿地保护率虽然有所提高，但一些生态脆弱区、敏感区范围内的重要湿地，尚未被全部纳入保护管理体系之中，湿地保护的空缺还较多。长期以来，新疆的湿地保护管理机构不健全、机构级别偏低、人员不足，新疆维吾尔自治区级的湿地管理处仅有5名工作人员负责新疆的湿地保护管理工作。地方政府的决策大多对湿地保护不利，却很少为湿地破坏担责，湿地保护修复的工作任务和责任全部落在了基层保护管理机构上。

此外，科技支撑力量不足也是湿地保护修复面临的突出问题。新疆多数县（市）经济社会发展缓慢，各地普遍存在科研力量不足、专业人员少、经费缺乏、设施设备落后等困难。目前要面对的问题：一是湿地保护与恢复的技术瓶颈无法突破。对正在实施的湿地项目存在科技支撑薄弱、保护和恢复技术含量较低的问题，难以达到工程的示范目的。二是湿地生态环境监测工作不完善，已建立的自治区级湿地生态环境监测监控及管理大数据平台，各湿地公园、保护区建立了子系统，但无专业人员对监测数据进行科学分析评估的问题。

3.4.4 湿地保护修复目标责任考核制度不健全

长期以来，我国没有立法明确生态保护修复的责任主体，致使确认生态保护修复责任主体非常困难，只能由财政资金支持生态修复。责任主体的缺失或难以确认，不仅引发了环境不公平问题，而且造成生态环境修复成本的无法分担和生态修复绩效难以（也不必）评估核算。因此，生态保护修复目标任务未完成、决策失误和保护不力造成生态破坏等问题只能不了了之。

《湿地保护修复制度方案》提出，"地方各级人民政府对本行政区域内湿地保护负总责，政府主要领导成员承担主要责任，其他有关领导成员在职责范围内承担相应责任，要将湿地面积、湿地保护率、湿地生态状况等保护成效指标纳入本地区生态文明建设目标评价考核等制度体系，建立健全奖励机制和终身追责机制"。明确了地方政府和党政领导干部应该承担湿地保护修复的目标责任，实现了用最严格的法律制度保护生态环境的目的。目前，新疆在落实各级政府和党政领导干部生态保护修复目标责任制方面还没有实质性的举措，对于湿地保护修复成效的监测评估工作还非常滞后，急需建立湿地保护修复绩效的监测、评估、考核和奖惩等一系列制度。

3.4.5 缺乏湿地保护修复资金投入长效机制

目前，制约新疆湿地保护工作发展的突出问题是资金投入不足。近年来，中央财政补助资金支持力度稳中有增，但对新疆湿地资源数量大、分布广、管护难度大等实际来说，投入依然严重不足，多数天然湿地尚未开展湿地保护修复建设，急需项目资金支持。在财政补贴资金实施细则中，退耕（牧）还湿项目仅用于林业系统管理的国际重要湿地、国家级湿地自然保护区、国家重要湿地范围内的省级自然保护区实施退耕还湿的相关支出，新疆有不少国家湿地公园、国家重要湿地和省级以下湿地自然保护区有退耕还湿的需求但不符合要求，而且退耕（牧）还湿每亩一次性补助1000元的标准，与退耕还湿的实际需求相差较大，实施难度大。

新疆地方财政紧张，自治区级及地县级保护区和自治区重要湿地没有资金支持。在保护区建设、基础设施建设、湿地监测调查、基础研究、人员培训、执法队伍建设等方面都需要专项资金支持。由于资金短缺，必要的湿地保护基础建设滞后，许多湿地保护计划和行动难以实施。

3.5 湿地保护修复的中长期目标与任务

新时代湿地保护管理工作必须坚持以习近平新时代中国特色社会主义思想为指导，认真学习习近平生态文明思想，深入贯彻落实以习近平同志为核心的党中央治疆方略。认真践行党的十九大提出的绿水青山就是金山银山的生态文明理念，坚持社会可持续发展与生态环境保护相协调的基本原则，贯彻"全面保护、科学修复、合理利用、持续发展"的自然保护工作方针，创新发展思路，完善政策措施，增强支撑保障能力，大力推进生态文明建设，为建设美丽中国，为实现中华民族永续发展提供根本遵循和保障。

3.5.1 湿地保护修复的基本原则

新疆湿地保护修复应遵循以下原则：

（1）全面保护、分级管理。这是开展湿地保护修复工作应遵循的的根本原则，是充分结合全自治区湿地生态系统所面临的威胁而制定的。当前，新疆湿地正遭受着严重威胁，湿地面积萎缩、湿地功能退化的问题不断加剧，特别是大部分湿地分布在江河源头地区、绿洲、河滩、内陆湖滨等生态环境敏感地带，一旦遭到破坏则很难恢复，其损失将不可估量。湿地作为干旱、半干旱区水资源的重要载体，在新疆更具有特殊的价值，是不可替代的宝贵资源。因此，将新疆所有湿地纳入保护范围，重点加强自然湿地、重要湿地的保护与修复，是十分迫切而必要的。

（2）生态优先、科学修复。湿地功能丰富，湿地保护管理工作也涉及多领域，以目前的人力、财力和物力兼顾到所有领域的保护，而应该根据湿地保护管理的目标确定一个优先领域，突出重点。然而，生态保护和生态建设是处于首要位置的，是湿地保护管理工作的根本目的。应践行尊重自然、顺应自然、保护自然的生态文明理念，尽量保持湿地固有的生态状态和功能，而针对退化湿地则采取科学措施努力使其恢复到自然或近自然的状态，科学推进我国湿地生态系统的保护与恢复建设，扩大湿地面积，增强湿地生态功能，进而更好地发挥其在国民经济社会发展中的突出作用。

（3）合理利用、永续发展。这是开展湿地保护与管理工作的必然要求，也是《关于特别是作为水禽栖息地的国际重要湿地公约》（简称《湿地公约》）规定缔约国的三项任务之一，更是正确处理湿地保护修复与国民经济社会发展关系的有效手段。湿地生态系统拥有极其丰富的自然资源，长久以来，湿地往往是区域内居民资源利用的重要场所。在制定湿地保护与管理相关政策法规时，一定要充分考虑到湿地资源合理利用的问题，否则将进一步激化湿地保护修复与经济发展之间的矛盾冲突，进而影响到湿地保护管理工作的有效性；并且，新疆当前社会经济发展水平还不具备对湿地资源实行严格保护、禁止利用的条件。因此，在确保湿地生态系统健康、湿地功能不退化、湿地性质不改变的前提下，合理确定湿地资源的利用强度，通过湿地生态旅游、自然教育及湿地立体种养等产业实施，结合重要湿地生态补偿，加强湿地可持续利用试验、示范，保持并最大限度地发挥湿地生态系统各种功能和效益,维护湿地生态功能和作用的可持续性。这样不仅可以减轻当地政府的经济压力,而且也能从一定程度上满足湿地区域内居民的生存发展需求,也能获得社会对湿地保护与管理工作的支持和理解。

(4)政府主导、社会参与。湿地是由水、土地、生物等资源要素和环境要素共同构成的生态、生产、环境及文化等多种功能的综合体。我国湿地保护与管理现实行综合协调、分部门实施的管理体制,虽然,多部门管理体制在一定意义上有利于划清各部门管理权限与范围的边界,提高行政监管效率。但是,在实际的湿地保护与管理工作中,不同部门的职责和权力不同、目标不同、利益不同,使其各自为政、各行其是的矛盾比较突出,进而严重地影响到湿地资源科学管理和合理利用。另外,我国湿地保护管理工作总体起步晚、底子差、基础弱,相关制度规范建设相对薄弱,湿地保护管理任务艰巨。新疆要坚持党委领导、政府主导、部门协作、社会参与的工作机制,充分发挥发展改革委、国土资源、环境保护、农业、林业、水利、畜牧等湿地保护管理相关部门的职能作用,协同推进湿地保护与修复;以人民为中心,在顶层设计和制度规范有待健全的前提下,注重发挥地方的首创精神,尊重基层和群众意愿,鼓励社会各界参与湿地保护与修复。同时,也要积极履行国际义务,广泛开展交流合作,对外宣传推广湿地保护的中国智慧,不断提升中国在全球生态环境治理体系中的话语权和影响力,树立全球生态文明建设重要参与者、贡献者、引领者的良好形象,自觉为国家推进"一带一路"和构建人类命运共同体战略作出贡献。

3.5.2 湿地保护修复的主要目标

对湿地实施全面保护,科学修复退化湿地,扩大湿地面积,增强湿地生态功能,保护生物多样性,加强湿地保护管理能力建设,积极推进湿地可持续利用,不断满足新时期建设生态文明和美丽中国对湿地生态资源的多样化需求,为实施国家三大战略提供生态保障。实行湿地面积总量管控,到 2020 年,新疆湿地面积不低于 394.82 万公顷(5922 万亩),湿地保护率达 66.2%以上,恢复退化湿地 13300 公顷,扩大湿地面积 8967 公顷;建立比较完善的湿地保护体系、科普宣教体系和监测评估体系,明显提高湿地保护管理能力,增强湿地生态系统的自然性、完整性和稳定性。

3.5.3 湿地保护修复的核心任务

对于新疆林草部门来说,"十四五"期间要着力抓好以下工作:

一是全面建立湿地分级管理体系。按照全面保护、分级管理的原则,将新疆所有湿地纳入保护范围,根据湿地的生态区位、生态系统功能和生物多样性等因素,建立边界清晰、管理明确、事权清晰的国家重要湿地(含国际重要湿地)、省级重要湿地和一般湿地三级湿地管理体系,并发布重要湿地名录。重点加强国家和地方重要湿地的保护与修复。

二是持续推进湿地生态保护修复。践行山水林田湖草是一个生命共同体的理念,坚持自然恢复为主、人工修复为辅的方式,对集中连片、破碎化严重、功能退化的湿地进行修复和综合整治,优先修复生态功能严重退化的国家和地方重要湿地。积极争取扩大湿地补助政策,充分发挥中央财政湿地补助政策的引导作用,将中央财政湿地补助重点支持国家重要湿地和国家湿地公园,除支持开展湿地保护与恢复、退耕还湿、湿地生态效益补偿外,新增小微湿地支持方向,把全面保护与恢复湿地的任务落到实处;完善湿地生态效益补偿制度,除对国家重要湿地、国家湿地公园实施常态化补偿外,探索建立受益区域向保护区域补偿的湿地生态补偿制度,逐步将相关利益群体为保护湿地发生的各类直接损失支出、湿地周边环境综合整治支出等纳入补偿范围。实施一批湿地保护修复重点工程，对重点区域或流域的重要湿地实施系统修复和综合治理。继续做好生态护林员工作，把相关市（州）湿地管护纳入新增生态护林员范围，从贫困县的建档立卡贫困户中，安排部分湿地管护人员，促进其稳定脱贫，切实保护好现有湿地。

三是健全湿地保护修复制度体系。在深入学习贯彻党的十九大关于"加大生态系统保护力度，实施重要生态系统保护和修复重大工程，强化湿地保护和恢复"精神的基础上，紧紧抓住自治区人民政府批复《实施方案》的机遇，强化分解《实施方案》中 21 项任务的落实工作，通过编制湿地保护规划、建立湿地资源数据库和自然保护区湿地生态监测和管理大数据平台、完善保护管理制度、落实湿地面积总量管控、建立湿地分级管理体系，组织开展自治区地方重要湿地认证工作，发布自治区重要湿地名录，大力推进国家湿地公园和自治区级湿地公园的建设工作，将全面保护湿地工作落地生根。

四是健全湿地保护地体系。近年来，我国湿地保护率虽然不断提高，但一些候鸟迁飞路线、重要江河源头、生态脆弱区和敏感区等范围内的重要湿地，尚未被全部纳入保护体系之中，湿地保护的空缺还较多。按照《关于建立以国家公园为主体的自然保护地体系的指导意见》精神，"十四五"期间，新疆将以国家公园为主体，自然保护区、湿地公园、湿地保护小区、可持续利用示范区等保护模式为补充，逐渐形成覆盖面广、连通性强、层级合理的湿地保护地体系，重点加强湿地生态系统典型完整或珍稀濒危物种集中分布区域保护，稳步提高湿地保护率。

五是探索湿地可持续利用示范。全面系统践行"两山"理念，在坚持生态优先的前提下，注重发挥湿地的多种价值和服务功能，科学合理利用湿地自然和人文资源。依据《关于建立以国家公园为主体的自然保护地体系的指导意见》精神，围绕湿地生态种养、湿地文化创意、湿地生态旅游等生态产业，通过规划一系列湿地资源可持续利用的示范项目，建立不同类型湿地开发和资源合理利用示范模式，探索实现生态产业化、产业生态化，不断为湿地保护和合理利用注入新动能，向人民群众提供更多更丰富的优质生态产品，为我国湿地资源可持续利用奠定基础。

六是提升湿地管理能力。结合机构改革新形势、新要求，切实加强湿地保护管理机构和干部队伍建设，要持续开展业务培训，提高各级湿地管理队伍的专业素养和政策水平，打造一支政治过硬、作风优良、纪律严明、业务精湛的湿地保护管理队伍。"十四五"期间，新疆要加大湿地监测体系建设，提高监测数据质量和信息化水平；强化湿地科技支撑，深化湿地重大政策、湿地基础理论、湿地保护修复关键技术等研究；加强湿地科普教育工作，建立湿地保护宣传网络体系；加紧围绕保护恢复、湿地补偿、生态监测等内容制定相关标准规范，推进湿地保护与恢复工程的规范化。

七是深化湿地国际交流合作。引进国外资金、先进技术和理念，配合国家推进"一带一路"倡议，进一步扩大新疆湿地保护修复的对外影响，增强在发展中国家的引领地位。积极组织推进申报国际湿地城市、指定国际重要湿地等履约事务。

3.6　健全湿地保护修复制度的政策建议

湿地保护修复是习近平总书记提出的"绿水青山就是金山银山""山水林田湖草是一个生命共同体"等理念在生态文明建设领域的重要组成部分，建立健全湿地保护修复制度是实现湿地保护修复的有效途径之一。为此，我们抓住新疆湿地分布广泛、敏感脆弱、生态需求强烈的典型，坚持问题导向和成因分析，提出以下政策建议：

3.6.1　建立自治区湿地分级管理制度体系

新疆湿地面积大，保护管理能力弱，要统筹好全面保护与重点保护的关系，制定《新疆维吾尔自治区湿地分级保护管理制度》。一是按照全面保护、分级管理的原则，将自治区所有湿地纳入保护范围，根据湿地的生态区位、生态系统功能和生物多样性的重要性等因素，建立边界明确、管理到位、事权清晰的国家重要湿地(含国际重要湿地)、自治区重要湿地、地区(州、市)重要湿地和一般湿地四级保护管理体系，尽早发布重要湿地名录；二是按照《关于建立以国家公园为主体的自然保护地体系的指导意见》精神，"十四五"期间将以国家公园为主体，自然保护区、湿地公园、湿地保护小区、可持续利用示范区等保护模式为补充，逐渐形成覆盖面广、连通性强、层级合理的湿地保护地体系，重点加强湿地生态系统典型完整或珍稀濒危物种集中分布区域保护，稳步提高湿地保护率。

3.6.2　完善湿地利用管控制度

全面管控湿地利用，才能确保湿地生态系统持续改善。管不住过度开发利用，就只能重复"先破坏、后治理"的老路。考虑到对新疆湿地生态系统造成压力最大的几种利用方式，建议完善以下制度。一是《湿地生态补水制度》，将水资源利用与湿地保护紧密结合，统筹协调区域或流域内的水资源平衡，维护湿地生态用水需求，在全年用水指标中考虑适当份额的湿地用水指标，在全年丰水期给予湿地不列入各地用水指标的生态补水指标，水库蓄水和泄洪要充分考虑湿地生态用水和相关野生动植物保护需求。二是制定《湿地利用监管制度》，科学限定湿地资源开发利用的总量上限和开发利用类型；限制各类建筑、设施的功能和面积上限，以及立体种养殖密度上限，根据湿地实际情况，统筹配给利用强度和种养殖密度；定期发布湿地类自然保护地范围内"产业负面清单"，杜绝对湿地资源的过度利用和无序滥用。三是完善《湿地保护修复生态补偿制度》，用经济手段协调湿地保护修复相关利益主体的关系(矛盾)，建立"谁破坏谁治理、谁受益谁补偿"的湿地生态补偿机制。

3.6.3　全面提升湿地保护管理能力

"十四五"期间，新疆需加快提升湿地保护管理能力，具体包括：一是合理设置湿地保护管理机构，增加专业技术人员岗位，定期对业务人员开展具有针对性的培训，不断提升湿地保护管理人员的业务能力，使湿地资源得到有效保护。二是稳定湿地管护人员队伍，将贫困县的建档立卡贫困户作为湿地管护人员的后备队伍，促进其稳定脱贫，切实保护好现有湿地。三是加大自治区湿地保护空缺、湿地环境变化、湿地退化机制、湿地生态修复关键技术、河湖湿地生态用水、湿地生态安全评估、湿地生态环境损害鉴定评估、水禽栖息地保护湿地生态服务价值评估、湿地绿色产业等重大课题的研究力度，依托现有职能部门，与相关科研院所、高校结合，开展相关科研研究，强化湿地科技支撑。

3.6.4　建立湿地保护修复绩效奖惩制度

湿地保护修复目标责任考核既是对目标结果进行控制，也是对过程细节的控制；既是目标实现与否的衡量标尺，也是落实自治区各项保护修复措施的重要指标。没有量化分解的目标任务，就无法比较任务的完成情况和措施的落实情况;没有考核和监管的目标任务,就无法形成上下联动、部门协作的工作局面;没有奖惩的目标任务,就无法调动每一个人的积极性。

各级政府要将湿地面积、湿地保护率、湿地生态状况等保护成效指标,纳入生态文明建设目标评价考核等制度体系,建立健全奖励机制和终身追责机制。建立《湿地保护修复绩效目标责任制度》,将湿地保护修复的整体目标逐级分解,转换为单位目标最终落实到各地区、各部门。在目标分解过程中,要科学量化分解目标,明确各地区、各部门的权责利,保证目标方向一致,环环相扣,相互配合,形成协调统一的目标体系。加强目标结果和过程细节的控制,强化平时工作中的跟踪监督,实施定期通报,以保证每一项具体项目的顺利完成,推动整体目标的实现。建立《湿地保护修复绩效奖惩制度》,科学运用考核结果,定期开展评比表彰,充分调动湿地保护管理人员的积极性和创造性,提高工作效率,促进政府部门各项工作逐步走向科学化、民主化、规范化和法制化的运行轨道。

3.6.5 建立湿地保护修复资金投入长效机制

充足的资金投入是湿地保护工程实施的基础保障。湿地保护是社会性很强的公益性事业,湿地保护也是全社会共同的责任和义务。深化改革创新,充分发挥政府投资的引导性作用,积极扩大湿地保护的社会资金投入,鼓励社会资本投入,积极争取国际资金的融入,加强湿地资源保护,形成多渠道、多元化的湿地保护投入机制。具体讲,要从以下几方面建立湿地保护修复资金投入长效机制:一是积极争取中央财政湿地补助资金和中央预算内投资,继续做好湿地补助项目和湿地保护与修复工程。二是积极推动建立自治区地方湿地生态效益补偿制度,在国家和自治区级湿地自然保护区、国家重要湿地、水源涵养区、天然林资源保护工程区开展补偿试点,探索建立受益区域向保护区域补偿的湿地生态补偿制度;三是探索建立湿地修复基金和湿地修复保证金制度,建立湿地生态保护成效与资金分配挂钩的激励制约机制。

3.6.6 思考与展望

湿地保护修复是生态文明建设的重要内容,事关国家生态安全,事关经济社会可持续发展,事关中华民族子孙后代的生存福祉。建立和完善湿地保护修复制度可以更加严格地履行《湿地公约》,更加有效地落实国家"全面保护、科学修复、合理利用、持续发展"的方针,更加准确地开展湿地资源调查、监测、评估;可以规范湿地保护修复的秩序性和协同性,增强湿地保护修复的系统性和整体性,引导湿地保护修复社会参与和发挥激励功能。

紧紧围绕新疆湿地面积萎缩、功能退化、过度开发利用和保护管理能力不足等主要问题,进一步规范新疆湿地利用监管制度和构建湿地保护修复规划标准体系,从开发准入、利用过程、保护修复标准、监测标准、目标责任考核机制等方面,有针对性地健全和完善新疆湿地保护修复制度,使新疆湿地保护修复工作制度化、规范化、持续化,努力使新疆成为全国湿地保护修复制度系统完整的先行区域。

4 天然林资源保护修复研究

实施天然林资源保护工程(简称天保工程)20多年来,新疆全面停止了天然林采伐,高质量完成了森林管护、中幼龄林抚育和公益林建设等各项建设任务,自治区天然林得到了很好保护,生态状况持续改善,生物多样性明显增加。继续加强天然林保护修复,提升自治区森林质量,是建设大美新疆的重要保障。

4.1 研究概况

4.1.1 天然林资源概况

新疆林草资源分布相对集中,天然林是新疆森林资源主体。第九次全国森林资源清查结果显示(表4-1),新疆天然林面积占新疆森林面积的84.86%,平均郁闭度为0.42。乔木林单位面积蓄积量为182.60立方米/公顷,天然乔木林单位面积蓄积量为190.18立方米/公顷,高于自治区平均水平,属于高质量森林。

表4-1 第九次全国森林资源清查新疆结果

项目	天然林	森林	占比(%)
面积(万公顷)	680.81	802.23	84.86
蓄积量(万立方米)	31093.66	39221.50	79.28

新疆天然林主要分布于山区、荒漠和河谷。山区天然林:由于山体对冷空气的抬升和阻滞,山区降水丰富,空气湿润,气候温和,立地条件优越,成为新疆广袤干旱环境中的"湿岛",形成了新疆独特的山区天然林。山区天然林地处山地中部,上有高山草甸草原及高山冰川和永久性积

雪，下与半干旱草原相连，是山区生态构架的主体，能够有效涵养冰川融水和山区降水、调节河川径流、防止水土流失。新疆山区天然林主要分布在天山北坡、阿尔泰山海拔1400~2800米的中山带，少量分布在天山南坡和昆仑山区。荒漠灌木林：从塔里木盆地和准噶尔盆地的沙漠前沿，到低山带河流流域的河漫滩阶地，从天山、阿尔泰山和昆仑山北坡等山地沟谷坡地，到山前洪积冲积扇河流两岸阶地，分布着梭梭、红柳、沙拐枣、沙棘、野蔷薇、白刺等荒漠灌木林。荒漠灌木林分布辽阔、种类繁多，对于防风固沙起到了重要作用。河谷天然林，主要分布在塔里木、准噶尔盆地和诸多河流两岸的阶地或河漫滩上，是遏制沙化扩展和河流肆意泛滥、巩固绿洲的天然屏障。

新疆天然林是维持绿洲生态稳定的关键一环。新疆是我国绿洲分布最广、面积最大的省区，主要分布在天山南北麓、昆仑山—阿尔金山北麓、伊犁谷地和额尔齐斯河流域。新疆绿洲分布与天然林分布高度重合，主要规律可以概括为逐水土而发育、环盆地而展布、沿山前而盘踞；北疆天山北麓天然林对于维护玛纳斯河、奎屯河、呼图壁河等流域冲洪积平原水土保持、涵养水源起着决定性的作用。在干旱少雨的塔里木盆地、准噶尔盆地，人工绿洲与天然林绿洲环盆地呈菱形或圈层分布，由于水资源匮乏、地表蒸散量大，荒漠化现象严重。以天然灌木林为主的荒漠植被对该地区保持水土、涵养水源、调节小气候、维持绿洲生态系统稳定性起着重要作用。可见，天然林是新疆绿洲的重要生态屏障。

4.1.2 天然林资源保护工程建设成效显著

4.1.2.1 天保工程一期实施成效

新疆1998年试点天保工程，2000年正式实施。一期工程范围为2个国有重点森工企业（天西林管局、阿尔泰山林管局）和厅直属林场等共计40个工程实施单位。工程实施面积177.2万公顷，实际经费补助范围涉及29个工程单位，其中郁闭度在0.4以上的有林地101.2万公顷。

截至2010年，天保工程区实际管护天然林面积394.6万公顷。为确保天保工程顺利实施，各工程实施单位按营林区和沟系区划，将自治区95个营林区、6225个林班、6万多个小班的管护责任全部落实到了山头、地块和管护员。按资源分布状况、管护难易程度，在林区内统一规划了198个森林管护所、783个森林管护站。通过天保一期工程建设，工程区森林面积由209.47万公顷增加到308.93万公顷，森林蓄积量由2.34亿立方米提高到2.62亿立方米，工程区森林覆盖率由25.66%提高到28.94%，实现了山区天然林有林地面积、覆盖率和蓄积量的"三增长"。

4.1.2.2 天保工程二期实施成效

新疆天保二期实施单位为3个国有林管理局（天西、阿山、天东国有林管理局）直属林场、重点保护区等共计44个实施单位。工程区林业用地面积423.63万公顷。其中，纳入中央财政天保管护补助面积327.87万公顷，涉及11个地州市、44个县级实施单位，在岗在册职工2988人。纳入中央生态补偿的国家级公益林66.73万公顷，国家补偿面积共计394.33万公顷。未纳入天保管护和中央生态补偿林地面积为29.3万公顷。

20年来，中央财政累计投入资金42.8亿元，其中：2011—2018年天保工程二期财政专项补助30.1亿元，预算内资金0.7亿元，中幼林抚育补助2.7亿元。完成人工造林0.43万公顷，飞播造林2.07万公顷，中幼林抚育面积15万公顷。通过全面保护天然林资源、停止天然林商品性采伐、构建社保体系、建设管护体系、培育森林资源及单位改制等措施，建立有效的管护体制机制，有效保护了天然林资源、野生动物栖息环境及物种多样性。

新疆妥善处理生态保护和经济发展的关系，通过发展天保后续产业，不断增加职工和林区群众的收入，充分调动职工和群众保护生态的积极性。通过管护所站多功能平台和建设蔬菜大棚等手段，为交通不便的管护所无偿提供蔬菜，改善了林区职工生产生活条件。"十三五"期间，各管理局深入林区，组织开展了"严厉打击破坏森林资源专项行动""绿剑行动""绿盾行动""绿卫行动"等专项行动，受理案件3468起，查处破获3336起，收缴林木590.73立方米，维护了林区稳定。

4.1.3 天然林管理体制逐步健全

从管理体制上看，新疆森林资源主要由天山西部国有林管理局、阿尔泰山国有林管理局、天山东部国有林管理局3个局管理，其余由地州管理。按起源划分（表4-2），除天山西部国有林管理局有少量人工林外，天然林是工程区范围森林的绝对主体，占工程区有林地面积的99.28%。按权属划分，天保工程区范围内无集体林，森林全部为国有林。

表4-2 新疆天保工程二期各类土地面积

项目	有林地（万亩）	天然林（万亩）	人工林（万亩）	国有林（万亩）
天山西部国有林管理局	466.89	460.13	6.76	466.89
阿尔泰山国有林管理局	828.95	828.95	0	828.95
天山东部国有林管理局	477.93	469.26	0	477.93
地州所属林场及其他	149.67	149.67	0	149.67
天保二期新增林场	240.14	240.14	0	240.14
总计	2163.57	2148.15	6.76	2163.57

按龄组划分（表4-3），新疆天保工程范围内幼龄林、中龄林各占5.21%和20.86%，近熟林面积与中龄林相近，约占总面积的20.37%。成、过熟林面积占比超过一半，占53.56%。

表4-3 新疆天保工程二期国有林各龄组面积

项目	幼龄林（万亩）	中龄林（万亩）	近熟林（万亩）	成、过熟林（万亩）
天山西部国有林管理局	28.64	55.42	88.14	294.69
阿尔泰山国有林管理局	6.80	139.9	110.44	571.81
天山东部国有林管理局	11.90	154.81	147.07	164.15
地州所属林场及其他	6.36	21.45	48.75	73.11
天保二期新增林场	58.93	79.79	46.34	55.08
总计	112.63	451.37	440.74	1158.82

4.1.4 天然林利用日益规范

《新疆维吾尔自治区现代农业（种植业）"十三五"发展规划（2016—2020年）》提出，要优化资源配置，推进农林牧互动，探索生态农业、立体农业、戈壁农业和林下种养结合的特色农业，加大农作物秸秆、林果枝叶、农产品加工副产品饲料化利用，降低林下养殖成本。

目前，新疆林下经济已初步形成以林果、林禽、林畜、林菌、林苗、林菜及林家乐、森林旅游等林下经济发展格局（表 4-4）。重点发展以食用菌为主的森林绿色食品种植业，以塔里木马鹿、七彩山鸡为主的特色养殖业，以生态鸡、野猪、土蜂为主的绿色肉蛋养殖业，积极打造享誉新疆内外的新疆林下经济金字招牌，以及森林绿色食品、保健品等知名品牌。

表 4-4 新疆林下经济主要发展模式

序号	模式	主要形式
1	林农模式	大型乔木果树疏密后的林间空地种植小麦、玉米、棉花等农作物
2	林草模式	大型乔木果树疏密后的林间空地种植苜蓿、黑麦草、三叶草等饲草
3	林菌模式	种植羊肚菌、麻脸蘑菇、平菇、草菇、阿魏蘑菇等各种菌根性食用菌
4	林禽模式	在高大乔木果树的林间空地养殖鸡、鸭和鹅等家禽

4.1.5 天然林管护能力持续提升

新疆通过天然林禁伐、加强管护和调整产业结构减少森林资源消耗，切实保护好现有森林资源，通过自然修复和人工培育，逐步增加森林生态功能。各地方管理局制定了相应的管护办法，确保天然林资源得到有效保护。

自治区坚持最严格的生态资源保护制度，健全完善以检查和监理为手段的管理体系，提高天然林资源保护管理水平。自治区出台《进一步加强森林资源管理工作的意见》，与直属山区国有林管理局签订"保护森林资源目标管理责任书"，落实管护责任。加强林地管理，实施"总量控制、定额管理、合理供地、节约用地、占补平衡"的林地管理机制。建立建设项目使用林地现场查验机制和使用林地报告编制质量信用档案管理制度。加强采伐管理，推进森林可持续经营。森林灾害防控能力明显提升。森林火灾呈现平稳下降趋势，平均受害率仅为 0.01‰；有害生物成灾率控制在 0.1‰左右，低于国家 4‰以下的总体要求。完善监测体系，提升森林资源监测水平，修正"林地一张图"，完成新疆第九次森林资源清查，开展森林资源生态质量和生态效益典型性监测评估。强化监督执法，不断提升林业草原行政执法水平。

4.2 天然林保护修复现行制度

国家层面，中共中央、国务院印发的《天然林保护修复制度方案》（简称《方案》），是贯彻落实习近平生态文明思想的重要成果，是指导天然林保护修复工作的纲领性文件。《方案》明确了党在天然林保护修复中的领导地位，强调天然林保护是广大人民群众共同参与、共同建设、共同受益的事业，是一项长期的任务，要一代代抓下去。天然林管理方面，提出要实行天然林保护与公益林管理并轨；要提高天然林质量，重视科技投入；资金管理方面，要求优化天然林保护修复资金支出结构，实行绩效管理；实施周期方面，提出要将天然林保护从周期性、区域性的工程措施逐步转向长期性、全面性的公益性事业；强调要高度重视研究编制全国天然林保护修复中长期规划，在省、市级层面编制实施方案。

自治区层面，从天然林禁（限）伐制度、林地征占用、林下经营、采矿、天然林资源监测评价及天然林保护修复责任落实方面因地制宜地制定了一系列法律法规（表 4-5）。

表 4-5 新疆天然林保护主要法规制度

分类	名称
条例	《新疆维吾尔自治区平原天然林保护条例》
	《新疆维吾尔自治区野生植物保护条例》
规划	《新疆维吾尔自治区林业发展"十三五"规划》
	《林下经济发展规划(2016—2020年)》
	《新疆维吾尔自治区现代农业(种植业)"十三五"发展规划》

4.2.1 天然林禁(限)伐

国家层面,《国务院关于全国"十三五"期间年森林采伐限额的批复》中提出,要不断创新森林经营管理机制,积极引导和鼓励森林经营者编制森林经营方案,科学开展森林培育和采伐。"十三五"期间,新疆天然林非商业性采伐限额为10.6万立方米。2016年,国务院办公厅印发的《关于健全生态保护补偿机制的意见》进一步提出,要合理安排停止天然林商业性采伐补助奖励资金。同年,国务院印发《"十三五"脱贫攻坚规划》中提出,要扩大天然林保护政策覆盖范围,全面停止天然林商业性采伐,逐步提高补助标准,加大对贫困地区的支持。《国家林业和草原局关于进一步放活集体林经营权的意见》中指出,要鼓励探索跨区域森林资源性补偿机制,市场化筹集生态建设保护资金,促进区域协调发展。探索开展集体林经营收益权和公益林、天然林保护补偿收益权市场化质押担保。

自治区层面,新疆维吾尔自治区依据《中华人民共和国森林法》《中华人民共和国森林法实施条例》等制定了林木采伐许可证的核发流程。采伐许可方面,建设项目使用林地需采伐天然林木或因森林火灾、林地有害生物等自然灾害对灾害林进行清理的,由自治区林业主管部门核发林木采伐许可证。依法审批的林木采伐蓄积,不得突破自治区预留限额和年森林采伐限额总量。申请人需提交采伐林木的所有权或使用权证书和伐区调查设计文件,逐级向林业主管部门申请。审查合格的,由自治区林业和草原局向申请人核发林木采伐许可证;审查不合格的,由自治区林业和草原局书面通知申请人并说明理由,告知复议或者诉讼权利。天然林采伐方面,为了保护和合理利用平原天然林,维护生态安全和保护生物多样性,《新疆维吾尔自治区平原天然林保护条例》明确规定了在自治区行政区域内从事平原天然林保护、利用、管理及其相关活动要遵循全面保护、生态优先、合理利用、自然恢复与人工恢复相结合的原则。对平原天然林进行抚育采伐应当依法向林业行政主管部门申请林木采伐许可,并采取择伐方式。采伐后的乔木郁闭度或者灌木覆盖度不得低于国家和自治区规定的标准。

4.2.2 天然林地林木征占用

自治区根据《中华人民共和国森林法》《中华人民共和国森林法实施条例》《建设项目使用林地审核审批管理办法》《国家林业局关于印发〈占用征用林地审核审批管理规范〉的通知》制定权限内征占用林地的审核制度。

(1)申请提出。占用征收防护林林地或特种用途林林地面积10公顷以下,用材林、经济林、薪炭林林地及其采伐迹地面积35公顷以下,其他林地面积70公顷以下的公民、法人或其他组织依法提出申请。申请人需提交:使用林地申请表;用地单位的资质证明或者个人的身份证明;建设项目有关批准文件;林地证明材料;使用林地补偿协议;属于符合自然保护区、森林公园、湿地公园、风景名胜区等规划的建设项目，提供相关规划或者相关管理部门出具的符合规划的证明材料；划拨植被恢复造林用地的承诺文件；建设项目使用林地可行性报告或者林地现状调查表。

（2）资格审核。建设单位向县级林业主管部门或国有林管理局所属林场申请。县级林业主管部门或国有林管理局所属林场受理申请后，提出明确的审查意见，与申报材料一并上报所属市（州）林业主管部门或国有林管理局审核。市（州）林业主管部门或国有林管理局收到审查意见和申报材料后，提出明确的审核意见，与申报材料一并上报自治区林业和草原局。自治区林业和草原局收到审核意见和申报材料后，提出明确的审核意见，审核同意的，按照规定预收森林植被恢复费，由自治区林业和草原局向申请人核发《使用林地审核同意书》。审核不同意的，由自治区林业和草原局书面通知申请人并说明理由，告知复议或诉讼权利。对于建设工程占用征用林地收取森林植被恢复费。

（3）费用征收。收费依据《中华人民共和国森林法》《中华人民共和国森林法实施条例》《财政部、国家林业局关于印发〈森林植被恢复费征收使用管理暂行办法〉的通知》关于调整自治区森林植被恢复费征收标准等有关问题的通知等制定，具体审核由自治区林草局森林资源管理处承办。

（4）天然林地征占用。《新疆维吾尔自治区平原天然林保护条例》规定：严格控制占用区划为国家重点公益林和自治区重点公益林的平原天然林林地。因重点建设、抗洪救灾等确需占用的，应当依法办理审核、审批手续，并依据国家和自治区有关规定缴纳相应的补偿费用。

4.2.3 矿产开发

《新疆维吾尔自治区平原天然林保护条例》规定：禁止在平原天然林地内进行毁林开垦和毁林开矿、采石、采砂、采土以及其他毁林行为。禁止在幼林地内放牧、砍柴、采挖药材、使用易损伤幼苗的机具割草以及进行其他不利于平原天然林自然恢复的活动。禁止在郁闭度0.2以上的乔木林地、灌木林地和疏林地内全面整地造林、损毁天然林营造人工林。

4.2.4 林下经济

2017年，《新疆林下经济发展规划（2017—2020年）》的编制，打破了只在集体林地发展林下经济的禁锢，把适合发展林下经济的山区天然林、特色林果基地、荒漠林、河谷林等全部纳入林下经济发展范围。

4.2.5 天然林资源监测

《新疆维吾尔自治区平原天然林保护条例》规定：县级以上林业行政主管部门应当建立平原天然林监测体系和信息系统，设立监测样点，监测平原天然林资源和生态状况，将监测结果及时报告本级人民政府并向社会公布。县级以上林业行政主管部门应当建立健全平原天然林防火组织和防火监测预警体系；要加强平原天然林有害生物监测、预报和综合防治工作。平原天然林管护单位应当落实防火责任，做好森林火灾的预防和扑救工作；发现森林病虫害的，应当及时向林业行政主管部门报告。《新疆维吾尔自治区野生植物保护条例》规定：自治区野生植物行政主管部门应当建立健全野生植物监测体系，对野生植物资源进行监测，掌握野生植物资源的动态变化，并采取相应措施，加强对野生植物的保护管理。

4.2.6 天然林保护修复目标责任制

《新疆维吾尔自治区平原天然林保护条例》规定：县级以上人民政府应当加强对平原天然林保

护工作的领导,将平原天然林保护工作纳入国民经济和社会发展规划,实行政府行政领导平原天然林保护任期目标责任考核奖惩制度。平原天然林的保护管理、恢复发展及其基础设施建设所需经费列入县级以上人民政府财政预算。县级以上林业行政主管部门负责平原天然林保护和监督管理工作。平原天然林场(站)、有关自然保护区管理机构或者县(市)林业工作站(以下统称平原天然林管护单位)按照管护权限,具体履行平原天然林的管护职责。

林业行政主管部门和平原天然林管护单位及其工作人员有下列行为之一的,对直接负责的主管人员和其他责任人员依法给予处分;构成犯罪的,依法追究刑事责任:①违反本条例规定批准采伐平原天然林的;②因预防措施不力导致森林火灾的;③发生森林病虫害,未及时进行综合防治,造成扩散蔓延的;④其他玩忽职守、滥用职权、徇私舞弊的行为。

《新疆维吾尔自治区野生植物保护条例》规定:建设项目对国家和自治区重点保护野生植物的生长环境造成不利影响的,建设单位提交的环境影响报告书中必须对此作出评价。环境保护部门在审批环境影响报告书时,应当征求野生植物行政主管部门的意见。建设项目对国家和自治区重点保护野生植物的生长环境造成威胁的,野生植物行政主管部门和有关单位应当采取拯救措施,必要时,应当建立繁育基地、种质资源库或者采取迁地保护措施。

4.3 天然林保护修复制度存在的问题

天保工程二期结束后,全部天然林将纳入保护范围,如何完善天然林保护制度体系,合理利用天然林资源,做好退化天然林修复,是"十四五"期间天然林保护修复的重点。新疆天然林保护修复还需要注意以下几方面问题。

4.3.1 天然林保护修复中长期目标不明确

天保工程实施的20多年时间里,新疆对于天然林保护修复制度的探索持续深化,并先于中央政府出台了《新疆维吾尔自治区平原天然林保护条例》,为天然林保护修复的地方立法提供了实践基础。但在实际操作层面,缺少自治区天然林保护修复的中长期规划,地区、县之间也缺少天然林保护修复实施方案。具体存在以下三方面问题:首先,新疆天然林退化面积底数不清。全国森林资源一类、二类调查中对于退化林分的界定尚不清晰,开展退化林分修复时往往无从入手、无据可依。其次,没有可行的技术标准。实行退化林修复,要通盘考虑气候、立地条件、林业政策等多方面因素。受森林资源水平限制,全国层面对于退化林界定、退化程度分级、退化林改造标准等不能全面适用于新疆地区,需要因地制宜地制定地方性修复方案和技术标准。最后,缺乏针对天然林长期监测的相关制度建设。目前,尚未建立一套完整的天然林资源监测指标体系确。

4.3.2 天然林利用管控制度不健全

过度和滥用天然林造成破坏的问题,主要包括:一是由于管护设施不足,管护效果与预期有差距。二是由于饲养牲畜数量迅速增加,牲畜啃食践踏导致林下幼苗难以成活。以阿勒泰地区为例,1949年该地区仅有牲畜43.22万只(头),2011年增加到428.73万只(头),2016年增加到

501.20万只（头）①。三是风灾后云杉等浅根性植物连片倒伏，更新不及时，导致残存林分郁闭度不断降低，草类斑块逐渐增加。天山地区云杉林形成了"低郁闭度林分—疏林地—疏林草场—散生林地—草场"等多个退化阶段，严重破坏了山地森林生态系统的固有结构，加剧了区域生态环境的恶化。

目前，对于天然林及其林木、生物资源利用尚处于探索阶段。对于如何科学、合理地利用天然林资源，针对不同生态区位、不同立地条件、不同保护形式的天然林，需要制定差异化的利用政策。在利用范围与利用形式上，仍需要进一步探索。天然林及林木资源利用分类上，对重点保护区域和其他区域，应根据实际情况，建立分级利用制度，对于林木、林地、生物质资源等天然林相关产业，需要制定准入和限制清单，特别是对天然林生态系统产生破坏的林业产业，要尽快出台负面清单。

4.3.3 天然林缺乏保护修复措施

天保工程实施后，森林资源总量虽呈现增加态势，但由于人工更新跟不上，生长量基本来自成过熟林，中幼林资源质量不高，林分结构不合理。天保工程区内成过熟林面积比例超过一半，郁闭度较高的林分，林下因树冠荫蔽导致新苗难以萌发。过熟林抵抗力降低，极易感染病虫害。

天然灌木林方面，新疆灌木林地主要为天然起源的国家特别规定灌木林地。天然灌木林地以柽柳面积最大，其次为梭梭。从地域分布来看，超过70%的天然灌木林分布在平原地区，其他多数分布在山区。平原地区荒漠灌木林集中分布在塔克拉玛干沙漠和古尔班通古特沙漠及其边沿荒漠，灌木林占比最大的塔克拉玛干沙漠及其边沿地区，正好是森林资源稀缺、森林覆盖率低于新疆平均水平的地区，以阿克苏、喀什、和田为代表的塔克拉玛干沙漠及其边沿地区森林覆盖率均在3%以下。天然灌木林对于改善环境、防风固沙、提高土壤抗冲蚀、调控小气候等方面有着不可替代的作用，但目前尚缺乏相关保护修复制度，不能很好地发挥其应有的生态作用。

4.3.4 天然林和公益林管理体制不顺

目前，新疆国家级公益林面积约11419.2万公顷，其中纳入中央财政生态效益补偿面积为8710.4万公顷，纳入天然林保护工程补助面积为2708.8万公顷。首先，国家级公益林大部分由天山西部国有林管理局、阿尔泰山国有林管理局、天山东部国有林管理局等3个局管理，国家层面对于国家级公益林的垂直管理不足。其次，对于国家级公益林生态补偿和天保工程区内天然林的补助标准不一致，地方政府及林草主管部门由于资金问题，对公益林无法实施及时、有效的管护。最后，机构改革后保护管理能力不足。目前，天西、阿山、天东林管局及其所属单位均已转为事业单位，初步解决了体制问题。转制后，虽然各工程实施单位工作的内容和对象没有变，但各单位的管理方式、经营模式、运行机制和发展方向等都将发生根本改变，地方林管局对于天然林、公益林资源的管理能力跟不上，需要理顺体制来应对更严格的自然资源保护任务。

4.4 完善天然林保护修复制度建议

针对上述存在问题，对新疆"十四五"期间天然林保护修复制度建设方面提出如下政策建议。

---

① 数据来源于《阿勒泰地区统计年鉴（2017）》。

4.4.1 科学编制天然林保护修复中长期规划

(1)制定差异化的《退化天然林修复技术标准》。第一,制定新疆地区退化天然林分级标准,分区域、分树种建立对应的退化分级指标体系,对不同立地条件区域可制定差异化退化分级标准。第二,结合国土"三调",对自治区退化天然林面积、退化程度进行摸底,据此制定退化天然林分修复技术规程,分区域、地形、林分类型编制退化天然林修复方案。第三,对于天然灌木林,建议在造林困难的土地上实施天然灌木林统筹保护,在保证面积不减少的基础上探索稳定灌木林生态系统的保护方式,实行退化灌木林修复。

(2)编制《天然林保护修复中长期规划》。在坚持节约优先、保护优先、自然恢复为主的方针基础上,对天然林及其生态环境保护修复分阶段、分区域有针对性地制定中长期规划。结合《新疆维吾尔自治区生态文明建设工作要点》《新疆维吾尔自治区环境保护"十三五"规划》《新疆构建丝绸之路经济带核心区生态屏障战略合作协议》等的基础上,统筹考虑生态红线、耕地红线等重大生态保护政策,以5~10年为一个周期分阶段制定天然林保护修复规划;规划重点由"增绿"向"提质"转变,天然林修复规划以自然封育为主、人工修复为辅,以提高天然林生态系统稳定性、增加生物多样性为目标稳步进行。

(3)建立《天然林质量精准提升制度》。建议"十四五"期间,按照"宜乔则乔,宜灌则灌""加强修复为主,人工补造为辅"的原则,建立天然林质量精准提升制度,加强立地条件较差地区退化林修复。修复要基于山水林田湖草生命共同体系统思想,以恢复自然状态和生态系统整体性为目标,按照先易后难的思路确定退化森林生态修复区域和生态修复面积。调整林龄结构,重点促进中幼龄林天然更新,调整林木竞争关系,促进形成地带性顶级群落。对于成过熟林,可在科学评估后适当抚育以恢复林分活力,恢复森林健康稳定。根据新疆重点生态功能区的要求,分区制定天然林保护修复重点建设目标(表4-6),根据天然林质量,区分不同等次并采用有区别的经费标准,从而使高质量的天然林能得到更多的保护修复资金支持。

表4-6 新疆天然林分区保护修复重点

分区名称	功能定位	保护修复重点
阿尔金草原荒漠化防治生态功能区	防风固沙	禁止开垦天然灌草,着力修复天然植被,加强退化农田防护林修复;实行保护修复时,优先考虑草原、荒漠生态系统天然灌木林,特别是特种用途灌木林保护红线的生态作用
塔里木河荒漠化防治生态功能区		
塔里木盆地西北部荒漠生态功能区		
阿尔泰山地森林草原生态功能区		
天山西部森林草原生态功能区	水源涵养	控制森林旅游设施建设,在实施保护修复规划时要优先考虑已划定的森林及自然自然保护区等生态保护红线,以封山育林、封坡育灌为主
天山南坡中段山地草原生态功能区		
天山南坡西段荒漠草原生态功能区	水土保持	
夏尔西里山地森林生态功能区	生物多样性保护	以封山育林为主,严格控制偷采、偷盗苗木及天然林生态系统中生物资源,促进自然演替,稳定天然林群落
塔额盆地湿地草原生态功能区		
准噶尔西部荒漠草原生态功能区		
准噶尔东部荒漠草原生态功能区		

4.4.2 完善天然林利用管控制度

首先,对区域进行分级。对生态环境脆弱、生态区位重要的地区的天然林实行严格保护,禁止一切开发利用。对于其他区域的天然林,可适当放开森林旅游、森林康养等不会对植被造成破坏的利用方式。对于这类利用中天然林地征占用问题,可适度下放审批权,可由省级层面审批,报备国家林业主管部门备案。其次,对天然林资源进行分级。综合考虑天然林林龄、立地条件、树种组成等因素,根据发挥的生态效益和具有的潜力,将天然林林分划分等级。对于差异化地逐步实施天然林修复工作,优先修复立地条件差、珍稀天然林树种。最后,在管理上,对于重点修复对象由省级林草主管部门编制并执行修复方案,其余由区、市、县林草主管部门分解落实。各州、市、县要配套制定天然林保护实施方案,对天然林保护修复提供保障。

4.4.3 健全天然林保护修复绩效奖惩制度

建议将天然林保护修复纳入领导干部自然资源资产离任审计事项,制定对天然林资源及生态环境损害的责任追究办法并实行终身追责制。对于国家重大工程、民生基础建设征占用林地,要组织有资质的第三方,提前开展科学评估,减少对林分、林地的破坏,依法办理征占用林地手续。足额收取林地补偿费、林木补偿费、安置补助费、植被恢复费等费用,同时按照"占补平衡"的原则开展异地植被恢复工程,保质保量完成植被恢复、补造任务。切实加强天然林保护修复终身追责制度,对于修复不作为、不担当造成严重后果的,依法依纪追究其终身责任。

4.4.4 加强天然林保护管理体系建设

(1)管理体制上,建议将新疆所有国家级公益林交由国家管理。首先,可以解决地方投入不足的问题。其次,可以解决国家级公益林生态补偿与天保补助标准不一致的问题,便于理顺资金渠道与资金分配。最后,可以解决地方人力不足的问题,由国家统一行使管理职责,也为后期天然林与公益林管理并轨奠定基础。

(2)管护体系上,提高管护效率和应急处理能力。充分运用高新技术,构建全方位、多角度、高效运转、天地一体的天然林管护网络,实现天然林保护相关信息获取全面、共享充分、更新及时。建议加强管护基础设施资金投入,提高管护效率。在各管理单位实施范围内建立智能管护系统,在各重点区块增加摄像头,定时无人机巡逻等现代化管护手段,做到对林分基本情况、病虫害、森林火灾等实时监控。加强管护基础设施建设,修建管护站,配备现代化管护、防火设备等。

(3)能力建设上,建议增加天然林管护科技和人员投入,加强科技创新引领,提升天然林保护修复科技贡献率。结合新疆几大重要科技支撑战略建设,即水资源的可持续利用支撑战略、科技创新和成果转化战略和打造绿色高效国家能源基地战略,以高新技术为支撑促进天然林保护向其科学利用逐步转变,以提高科技创新能力为核心建设创新型新疆天然林保护新路径。在理顺管理体制的基础上,增加人员投入和队伍建设,培养基层专业技术人才,组建科学保护、管理天然林技术服务团队等。

5 林草产业发展研究

5.1 研究概况

5.1.1 研究背景

以特色林果业为主体的林草产业是新疆农业经济的重要组成部分，成为农业与农村经济发展的主导产业，同时，肩负着建设绿色生态屏障的重任。党和国家一直高度重视新疆的经济发展，加大了对以特色林果业为主体的林草产业的支持力度，特别是实施西部大开发和"一带一路"倡议以来，新疆是全国林果产业重要的生产供应基地之一，新疆把林果产业作为农业四大支柱产业之一，以此带动新疆农业经济结构的调整和广大果农收入的增加。经过多年发展，新疆以特色林果业为主体的林草产业已成为优化农业结构、促进农民增收的主导产业。以特色林果业为主体的林草产业在农村经济发展和农民增收方面显现出强劲的作用，但总体而言，新疆以特色林果业为主体的林草产业的发展尚处于初级阶段，与林草产业发达省份相比存在相当大的差距，在国内、国际竞争中面临巨大挑战。目前，在特色林草产品销售过程中，需要承担很大的市场风险，而且不能分享流通环节的利益，如许多地区产品流通组织缺失，农户没有与流通主体形成稳定的利益合作关系，还不能适应当前林果业及特色产业的发展，如何构建能够维护广大林农利益、以特色林果业为主体的林草产业体系成为了一个重要的课题。同时随着新疆林果基地规模的不断扩大，进入盛果期的面积逐年快速增长，果品总产量大幅度提升。如何协调种植业与以特色林果业为主体的林草产业之间的关系，探寻把以特色林果业为主体的林草产业资源优势转化为具有竞争优势的可持续发展模式，是目前新疆以特色林果业为主体的林草产业发展亟待解决的重大课题。

因此，本研究从生态优先、保护优先、保育结合与可持续发展的角度审视新疆以特色林果业为主体的林草产业的定位与发展，在分析以特色林果业为主体的林草产业发展影响因素的基础上，明确以特色林果业为主体的林草产业的发展朝向，探讨新疆以特色林果业为主体的林草产业可持续发展的对策，不仅具有理论价值，而且有重要的现实意义。

5.1.2 关键概念界定

（1）林果产业。按《中国农业百科全书（果树卷）》对果业的定义："开发利用可提供干鲜果品（果实或种仁）的多年生木本或多年生草本果树，进行大规模商品生产的种植业，是农业生产的组成部分"，可见，果品包括水果（鲜果）和干果两部分，且均为多年生。中国统计年鉴对水果统计口径一般指水果和干果。为了与国际惯例接轨，2001年的新统计口径还包括瓜果类（一般为一年生，习惯上既把它当水果又把它当蔬菜），合称为"干鲜瓜果"，具有鲜明的地域性、市场独占性和竞争性，且发展前景广阔，能生产开发满足公众需要的特色产品和服务的产业体系。

（2）林业产业化。林业产业化是指以森林资源为依托，以市场为导向，以提高经济效益为中心，对林业主导产业实行区域化布局，规模化生产，集约化经营，社会化服务，建立产供销贸工林一体化生产经营体制，实现林业的自我调节，自我发展的良性可持续循环。林业产业化包含了3个方面的内涵：①森林资源是林业产业化的基础。森林资源为林业产业化体系中各条产业链提供加工或生产对象，是林业产业化经营的基本保障。②各条产业链是林业产业化的载体。林业产业化产业链要有足够的长度，形成规模，且各条产业链之间有相当的关联度，才能建成结构合理、有机构成的多条产业链组成的复合产业体系，囊括第一产业到第三产业、低级层次生产到高级层次加工的产品生产。③实现林业的可持续发展是林业产业化的目的。通过有效建立各产业链的构建，形成产业之间的密切联系和协作、有机构成的产业组织体系，使各产业间利益分配趋于合理，从而使各产业得到协调发展。

（3）特色产业。特色产业的核心是具有地方特色的产品或服务，其形成的基础是独具特色的资源，其形成和发展的重要条件是一国或区域所特有的生产技术、生产流程和组织管理方式。因此，特色产业是一定区域特有的或与其他区域相比占优势的、反映该区域要素禀赋特点、已经或逐步在市场竞争中表现出优势的产业，是区域比较优势转化为竞争优势的纽带和载体，因而它总是依附于特定的空间地域，离开了一定的区域，特色产业将失去存在的基础和条件而不复存在。

（4）林草产业。林草产业，是指以获取经济利益为主要目的，兼顾生态效益，以森林和草原资源为基础，以技术和资金为手段，有效组织生产和提供物质和非物质产品的行业，包括种养殖业、加工业、旅游业和市场营销业等，是农业的基础产业，是国民经济的重要组成部分。

（5）林草产业可持续发展。产业发展是指产业从无到有，从弱到强，从小到大的动态过程，不仅包含量的扩张，还包含质的扩张，表现为纵向（时间）的形成、壮大、成熟与衰退及横向（空间）的扩散与转移过程。林草产业发展是林草产业的产生、成长和进化过程，即林草产业从诞生到被淘汰或者进一步更新的全过程以及其对其他产业演变的影响过程，包括林草产业本身的发展规律、发展周期、影响因素等。林草产业可持续发展是一个涉及经济、社会、资源及环境的综合概念，指既满足当代人的林草产业需要，又不对后代人满足其林草产业需求的能力构成危害的林草产业发展。该定义虽简洁但包含了发展的含义，又包含了可持续性的含义，同时也界定了发展部门的特征。

（6）林业产业结构。林业各生产部门及各生产环节的组成和比例关系。现代林业是由林业内部许多生产部门和生产环节所组成的有机体系，每一部门或环节需要其他部门或环节提供产品作为劳动手段、劳动对象和劳动者的生活资料，同时把本部门或本环节的产品通过交换，供给其他部门或其他环节使用。林业的基础生产部门——森林培育部门不仅以物质形态的产物同其他部门交换，而且以特有的森林生态系统在林业和农业生产中进行能量转换并发挥多种效益。这些部门或环节间形成的经常的、大量的、相互交错的技术、生态、经济联系，必须保持一定的比例关系，以保证森林资源再生产。

(7) 新型林业经营体系。新型林业经营体系是指大力培育发展新型林业经营主体，逐步形成以家庭承包经营为基础，专业大户、家庭林场、林业合作社、林业产业化龙头企业为骨干，其他组织形式为补充的新型林业经营体系。构建新型林业经营体系，大力培育专业大户、家庭林场、林业合作社等新型林业经营主体，发展多种形式的林业规模经营和社会化服务，有利于有效化解这些问题和新挑战，保障林业健康发展。

5.1.3 研究方法

(1) 文献综述法。主要是梳理国内外关于产业发展及林草产业研究领域内已有研究成果，充实研究资料，归纳和研究林草产业发展历程和主要观点，分析林草产业发展趋势，寻求新的研究空间，力求研究的创新性。

(2) 调查研究方法。在研究报告的撰写过程中，立足新疆以特色林果业为主体的林草产业发展的现实基础，将综合运用深入访谈法、实地观察法等多种调研方法，重点访谈林草局、新疆调查队、市(州)等单位及有关专家，以获得第一手真实的资料，丰富研究内容，拓宽研究思路，力求数据来源可靠，论述科学准确。

(3) 规范研究方法。在研究报告的撰写过程中，以产业经济理论、规模经济理论等为立论依据，结合林草产业具体情况对新疆以特色林果业为主体的林草产业发展现状及其影响因素进行实证分析，以总结其经验和教训，为推动新疆以特色林果业为主体的林草产业发展提供理论和实践依据。

(4) 定性分析方法。本研究的分析和论述在定性分析的基础上，运用有关统计数据，分析新疆以特色林果业为主体的林草产业优势，为提出发展对策与建议打下基础。

5.1.4 研究问题

本研究主要关注以下几个问题：
(1) 明确新疆以特色林果业为主体的林草产业发展的根本出路。
(2) 解决以特色林果业为主体的林草产业发展中的生态安全问题。
(3) 探索新型林草经营体系的构建。

5.2 产业现状

新疆是著名的"瓜果之乡"，具有得天独厚的水土光热资源条件和丰富的特色林果资源。经过多年的优化调整，新疆目前已形成以环塔里木盆地红枣、核桃、杏、香梨、苹果、巴旦木、葡萄等为主的南疆特色林果主产区；以鲜食和制干葡萄、红枣为主的吐鲁番盆地优质高效林果产业带；以鲜食和酿酒葡萄、枸杞、小浆果等为主的伊犁河谷林果产业带和天山北坡特色林果产业带。"十三五"以来，新疆以特色林果业为主体的林草产业得到了快速发展，已成为新疆农业农村经济的支柱产业之一，更是南疆深度贫困地区农民脱贫攻坚的有力支撑，在助力乡村振兴和脱贫攻坚中发挥了重要作用。

5.2.1 林果产业

截至2018年年底，新疆林果种植面积1845.56万亩，总产量796.25万吨[①]，年产值706.2亿元，农民人均林果收入达2200元，林果业收入已占农民人均收入的30%以上，主产区达到40%以上。生态健康果园等标准化林果基地达到250万亩。林果加工贮藏保鲜企业380多家，农民林果业合作经济组织1300多个，年贮藏保鲜与加工处理能力突破300万吨。林果产品品牌建设取得突破性进展，新疆获得国家级和自治区级的各类知名品牌名牌林果产品143个。在广州市举办新疆特色林果产品博览会(交易会)，共签约282亿元。在全国建立林果产品专卖、代理、加盟店10000多家，初步建成新疆林果销售网络，林果业及特色产业已成为新疆农民增收致富的支柱产业。

目前，新疆具有一定规模的果品贮藏保鲜与加工企业557家，年贮藏保鲜加工果品能力为300多万吨，年冷藏保鲜与加工率仅为25%。其中，红枣机械加工率为11%，核桃机械脱皮后再传统晾晒的为20%。目前果品加工企业，大多是以脱皮、清洗、分级、制干等为主的初级加工企业。2018年，新疆果品初级加工产品为171.7万吨，占加工果品的93%、占新疆果品总量的22%。新疆林果多以"原果"销售，不论是香梨、杏、葡萄、西梅等优势特色鲜果对冷藏保鲜有较高要求。目前，新疆果品冷藏保鲜能力190万吨，占果品总量的25%。

目前，新疆共实施经果林质量精准提升项目24万亩，实施区域主要在巴音郭楞蒙古自治州、阿克苏地区、克孜勒苏柯尔克孜自治州、喀什地区、和田地区和吐鲁番市。其中，2017年实施8万亩，主要包括阿克苏市苹果1万亩，温宿县核桃、苹果1.5万亩，乌什县核桃1万亩，洛浦县核桃1万亩，民丰县红枣0.5万亩，岳普湖红枣1万亩，叶城县核桃1万亩，阿图什市葡萄1万亩；2018年实施8万亩，主要包括沙雅县红枣1万亩，莎车县巴旦木1万亩，和田县核桃0.8万亩，策勒县红枣0.8万亩，墨玉县核桃1万亩，且末县红枣1万亩，吐鲁番市葡萄2.4万亩；2019年实施8万亩，主要涉及吐鲁番市葡萄1.2万亩，巴音郭楞蒙古自治州香梨2万亩，阿克苏地区红枣1.4万亩，喀什地区核桃、杏1.3万亩，和田地区红枣2.1万亩。经果林项目主要采取"间伐、改型"措施，通过"一次性间伐"和"计划间伐"两种模式，开展疏密；采取"落头开心、抬干、疏除大枝"，统一标准化整形修剪，改善通风透光条件，培育高光效树形；施农家肥、购置有机肥、林下种植油菜等措施改良土壤、培肥地力，增加土壤有机质含量；铺设园艺地布、病虫害生物防控等综合措施提升质量。项目实施过程中，采取高接换优、更新品种，疏密，统一标准化整形修剪，培育高光效树形，广辟肥源提高土壤有机质含量，对有害生物综合防治等措施，减少农药残留，经过综合施策，提升了果品的质量，增加果品的市场竞争力，促进了农民增收。

5.2.2 种苗产业

全自治区初步形成以林木良种繁育基地为骨干，林木采种基地、种子园、母树林、优良采种林分和良种采穗圃为补充的林木种子种苗生产体系，建立以区内自主调剂与市场引导销售相结合的林木种子供应体系，初步形成以市场为导向，国家、集体、个人等多种所有制形式共同发展的

[①] 数据来源于新疆林业和草原局《大力推进提质增效 做优做强林果产业》。

苗木生产供应体系。全自治区种苗生产规模不断扩大，截至2018年年底，全自治区共有苗圃5011处，实际育苗面积46.2万亩，苗木总产量16.9亿株，其中良种苗木13.6亿株，可供造林苗木9亿株，苗木产值达57.9亿元。2018年全自治区造林实际用苗4.97亿株，使用良种苗木4.46亿株，良种使用率由"十二五"末期的82%提高到2018年年底的89.7%，其中特色林果良种使用率达100%。基本满足了林业建设、特色果业发展和国土绿化对林木种苗的需求。

5.2.3　花卉产业

新疆花卉产业呈现鲜切花、盆栽植物、观赏苗木、草坪、食用、药用和工业用大田花卉等多品种共同发展态势。目前，全自治区花卉总面积已达30万亩，总产值15亿元[①]。主要有以乌鲁木齐市、昌吉回族自治州、石河子市、库尔勒市、伊宁市、喀什地区等大中城市为主的鲜切花类、盆栽植物类和观赏苗木等生产区域；以和田地区的玫瑰花、喀什地区的万寿菊、伊犁哈萨克自治州的薰衣草、塔城地区和博尔塔拉蒙古自治州的红花、香紫苏及全自治区都有种植的雪菊等大田花卉为主的食用、药用和工业用花卉生产区域。生产区域的形成，为调整当地产业结构，带动当地农民增收致富产生了积极促进作用。目前，新疆大田花卉平均产值能达4000~5000元/亩，深加工的精油、色素、膏及其他产品80%左右销售到内地和出口国外；50%以上的鲜切花、盆栽花卉产品为本地产花卉，在品质上具有一定优势，在新疆市场占有率和出口量迅速增长。新疆花卉企业从分工看，既有花卉生产栽培、种苗种球繁育及花卉深加工企业，也有设施设备、园艺工程企业，亦有营销和其他服务性企业。从经济成分和规模上看，民营企业为主，国有控股、参股企业次之，企业规模普遍偏小。

5.2.4　草产业

新疆天然草原面积辽阔、资源丰富，草原总面积5733.3万公顷，可利用面积4800万公顷，占新疆总面积的34.4%，占全国可利用草原的14.5%，居全国第3位。独特的地理位置和复杂的地貌类型，形成了新疆草地类型的丰富多样，在全国18个草地大类中新疆有11个大类，涵盖了温带地区的全部草地类型。天然野生牧草2930余种，在新疆牧草资源中，在国内仅产于新疆的种类相当丰富，其中，禾本科牧草84种、豆科牧草76种、菊科牧草25种、莎草科牧草27种、藜科牧草30种、蔷薇科牧草21种、其他牧草6种。新疆目前的饲料加工企业，主要都是以农作物加工副产品为原料进行深加工，企业与农民签订合同，本着互利互惠的原则，建立苜蓿生产基地，进行草产品的加工和流通，形成了苜蓿草捆、草块、草颗粒的苜蓿产品销往新疆内外，一度推动了新疆草产业的建设与发展。

5.2.5　生态旅游业

新疆具有天然的发展生态旅游的先天条件，各大旅行社积极筹划并开始开展独具特色的新疆生态旅游项目，生态旅游参与者的数量逐年猛增。新疆生态旅游业的发展纳入到地区发展的战略性计划中，通过旅游业带动地区人民富裕，提高当地人民的收入，当地政府连续出台加快发展旅游业的意见，大力扶持，重点推进，各地"全域旅游"发展意识明显增强。截至2018年年底，新疆各级各类自然保护区达28个，其中国家级自然保护区9个，占新疆总面积的8.8%。自治区内建

[①] 数据来源于新疆林业和草原局新疆花卉产业"十四五"规划调研课题材料。

立各个级别的森林公园57个，建立国家级生态区8个，总面积12.76万平方千米，天池与塔里木胡杨自然保护区已经成为国际人与生物圈保护网的成员单位。新疆各个自然保护区、森林公园、国家地质公园等重要的风景名胜区竞相开展了大量的生态旅游活动，在科学的管理下，成为国内外众多生态旅游者的首选之地。喀纳斯、天池、吐鲁番葡萄沟等3处国际级生态旅游景区以及伊犁那拉提草原风景区，经过近年来的大力发展已经迅速成为国内外闻名遐迩的生态旅游精品景区。

5.2.6 沙产业

新疆作为中国沙区面积最大的省份，沙化面积达74.67平方千米，占到新疆总面积的44.84%，占中国沙漠面积的60.00%。新疆凭借丰富的沙漠资源，积极改良沙生物种，强化对沙产业的政策支持，提高沙区资源利用率，推动沙产业的发展，推出了一系列支撑沙产业发展的优惠政策。2017年统计结果显示，新疆每年的沙产业产值近42亿元，涉沙加工企业94家，企业年加工能力118万吨，产值达35亿元。其产业不仅涉及林果业，还包括中药材、饲料行业，甚至延伸到了运输、沙漠旅游业。

5.3 发展环境

5.3.1 产业发展的优势

（1）产品品质优势。新疆远离海洋，四周高山环绕，冰峰耸立，地貌多由盆地和谷地构成，地表分布着浩瀚的戈壁、沙漠，形成大陆性很强的温带干旱气候。新疆气候条件干燥，光热资源丰富，昼夜温差大，日照时间长，结果期干旱少雨，非常有利于果实糖分和干物质的积累，与其他地区相比，新疆的水果着色好、糖分高、干物质积累多，并有良好的外观、口感和丰富的营养成分。新疆地域辽阔，绿洲分散，形成了良好的自然隔离。同时，工业发展相对落后，目前，新疆主要林果种植区无重大工业污染，土地及水资源无重金属污染。林果污染主要为生产过程中的农药、化肥和生长激素使用造成的污染。而新疆气候干旱，病虫害发生相对较少，通过科学的栽培管理手段，可以减少农药、化肥等的使用，有利于达到无公害及绿色生产的要求。

（2）种质资源优势。新疆自然条件多样，高山、平原、盆地、沙漠、河流、湖泊等组成了其独特的地理气候特征，辽阔的地域、复杂的地形，形成暖温带、中温带和寒温带，炎热干旱与冷凉湿润并存的多样气候特点，生境的多样性形成了独特丰富的林木资源，既有我国面积最大、种类丰富的原始野果林资源，如新疆野核桃、野杏、野生樱桃李、野苹果；也有众多的林木特有种，具有生态价值和潜在经济价值的遗传基因，如银灰杨、银白杨、黑杨、额河杨、灰毛柳、疣枝桦、白梭梭、梭梭、天山圆柏、密叶杨、雪岭云杉、野山楂、小叶白蜡、野扁桃等。据《新疆树木志》记载产于新疆和引入新疆的乔、灌木树种共930种，其中裸子植物67种，被子植物863种。新疆保存了大量的林木种质资源，为林木种质资源的原地保存奠定了基础。总体上新疆生物多样性保护显著加强，生物多样性丧失速度得到基本控制，新疆生态系统稳定性明显增强，生态服务功能显著提高。

（3）区位优势。新疆地处亚欧大陆的腹地，位于亚太经济圈与欧洲经济圈两大经济圈的中间位置，是"丝绸之路经济带"的必经之地和核心区域，"丝绸之路"的北、中、南三条通道在新疆汇集,因此"丝绸之路经济带"新疆段在整体布局上将以三条通道为发展主轴,辐射周边,形成全境通过全面覆盖全线连通的开放新格局。自治区党委、政府提出要建设"丝绸之路经济带五大中心",即重要的交通枢纽中心、商贸物流中心、金融中心、文化科技中心、医疗服务中心,成为"丝绸之路经济带"上的核心区,为新疆大力发展外向型以特色林果业为主体的林草产业提供了良好的条件。近年来,新疆沿边口岸的地州、县市边境贸易日趋活跃,外销果品数量呈逐年上升的趋势。新疆与中亚五国的风俗习惯、消费偏好等极为相似,林果产品消费互补性强,有利于促进区域经济的合作和互补。第二亚欧大陆桥和亚欧光缆的贯通,将为新疆以特色林果业为主体的林草产业的跨越式发展提供广阔的空间。

(4)机械化优势。目前,新疆林果田间生产管理机具已达59853台(架、套),其中种植机械5583台、施肥机械4774台、修剪机械20465台、植保机械28821台、树枝粉碎机8台、采摘机械202台。据初步统计,阿克苏地区现有各类林果业机械28372台,其中田园管理机2512台,植保、修剪机械13935台,红枣分级机6500台,果品烘干设备1630台,保鲜设备716台,其他林果机械3439台。巴音郭楞蒙古自治州现有各类林果业机械1756台(架),其中,挖坑机138台、果树修剪机835台、植树机32台、开沟机614台、起苗机58台、施肥机30台。昌吉回族自治州现有林果机械设备3749台(套),其中,各式台式拖拉机590台、小型挖掘机3台、喷药机50台、果树修剪机3000台、旋坑机50台、履带挖树机5台、葡萄埋藤机50台、无人机1台。吐鲁番市现有各类林果业机械3995台(套),其中,挖坑机243台、果树修剪机1982台、开沟机74台、起苗机2台、施肥机269台、保鲜储藏设备296台、果蔬加工机械475台、埋藤机544台、葡萄开墩机80台、植保机30台①。通过经果林项目的实施,新技术、新方法、新工具的运用,许多果园已经成为地州级、县级标准化管理示范园,地州、县市召开现场会的观摩点。在经果林项目区,电动高枝修剪油锯、电动修枝剪等高效先进的修剪工具应用到整形修剪、疏密控高工作,开沟施肥填埋一体机、风送式喷雾机等林果机械大量使用,冲施黄腐酸磷酸二氢钾高效水肥一体化技术得到大面积推广,绿色环保高效杀虫装置普遍使用,通过"行政推动+科技服务"的形式,广大果农自发按照标准化技术管理、严格落实修剪、灌水、施肥、病虫害防治、摘心抹芽、越冬管护等措施,促使产量、质量和效益大幅度提高。

5.3.2 产业发展的劣势

(1)产品的附加值低。新疆常见的果品有红枣、核桃、杏、葡萄、苹果、香梨、樱桃、无花果、石榴、桃和桑葚等。其中吐鲁番的无核白葡萄,鄯善县的哈密瓜,库尔勒的香梨,库车的白杏,阿图什的无花果,喀什的核桃、巴旦木、樱桃,皮山县的石榴等均享有美誉。但果品业销售的主要是鲜果和少量果脯,深加工产品较少,产品的科技含量较低,而且鲜果质量也差。从整个世界市场来看,加工水果消费增长速度大大快于新鲜水果消费增长速度。因此,在水果加工方面新疆不具有竞争力。

(2)市场竞争力弱。近几年来,新疆各地市以优质果品为载体,加快产业化步伐,涌现了一批品牌果品。如红柳牌葡萄,皮亚曼牌石榴,和田牌薄皮核桃,沙依东牌香梨,库车、赛买提、轮南等白杏品牌,红旗坡、狄夏特、阿力玛里等优质苹果品牌,古丽巴克、沙阿娜等蟠桃品牌。由于一些品牌受资金、技术和规模的因素制约,难以形成有较强国内外市场竞争力的知名品牌。既

---

① 数据来源于新疆林业和草原局《关于加快新疆林果业基地机械化发展的对策及建议》。

难以取得应有的效益,又难以占领市场。

(3)营销渠道单一。新疆特色林果产品目前仍通过传统的农贸市场、批发市场、零售市场及超市等销售渠道进入市场,其他如专卖店、品牌店和连锁店的数量稀少,网络销售未能有效开展。大多数仅仅依靠政府的各种农产品博览会、亚欧博览会、喀交会和新疆林果博览会等产品展示平台实现销售,产销一体化的林果业的物流体系不健全。新疆多数林果业企业与农户还是一种简单松散的买卖关系,没有形成利益共享、风险共担的紧密的利益共同体,订单履约率较低,农民受益有限。

(4)产业体系尚未形成。从产业结构看,新疆林果包含种植、加工、销售,林果一产占比过重,加工制造及林果服务产值比重低,尤其是与旅游、文化产业结合非常缺乏,产业结构亟须优化。新疆林果多以"原果"销售,不论是香梨、杏、葡萄、西梅等优势特色鲜果,还是红枣、核桃等干果,都对冷藏保鲜有较高要求。而目前,全自治区具有一定规模的果品贮藏保鲜与加工企业557家,年贮藏保鲜加工果品能力为300多万吨,年冷藏保鲜与加工率仅为25%。其中,红枣机械加工率不足11%,核桃机械脱皮后再传统晾晒的不足20%。一是初级加工比重大。目前的果品加工企业,大多是以脱皮、清洗、分级、制干等为主的初级加工企业,2018年,新疆果品初级加工产品为171.7万吨,占加工果品的93%、占全自治区果品总量的22%。二是精深加工少,龙头企业更少。2018年,新疆果品精深加工量仅有12万吨左右,占加工果品的7%、占全自治区果品总量的1.5%。此外,新疆在国内国际有一定影响力的果品深加工龙头企业只有中粮屯河、汇源果汁、果业集团和沙棘加工、葡萄酿酒等为数不多的企业,且产品同质化严重,带动能力并不突出。三是加工转化科技含量低。目前,新疆果品的精深加工产品大多为果脯、果汁、果酱、果酒,加工技术落后,生产周期短,附加值不高,很少能够做到将原料"吃干榨净"。因技术含量不高,导致产品的市场竞争力不强、生产规模很难扩大。四是加工转化原料浪费大。以生产"原果"为主的初级加工,约有30%的等外果、残次果未被充分利用。经估算,仅红枣初级加工,全自治区每年约有30万吨的外果、残次果未被利用。此外,初级加工过程中产生的大量副产品,如果皮、油粕、果核、果渣等,都被直接废弃,没有产业链的承接,造成损失3亿~5亿元。从经营角度看,缺乏高效的生产经营模式,被动接受市场价格,产品附加值低,而未达到标准化生产经营模式。目前,林果生产还是以家庭经营为主,以家庭为单位很难按照统一的标准化生产模式落实。即使是林业企业和林业合作社参与到林业生产中,但企业、合作社组织生产的能力还不够强,林果种植管理、果品收购加工、产品市场营销联系的还不够紧密。企业实力弱,林果合作社规模小,运作不够规范,带动果农按照市场要求规范化栽培管理的效应不明显。

(5)经营主体活力不足。从事林果产业的规模经营主体(包括龙头企业、合作社、林场等)大多承担了开展国土绿化、防治沙漠化等生态建设以及扶贫脱贫社会责任,但很少享受到生态相关补偿。随着近两年林果产品价格下降,规模经营主体生存状况不乐观,从事国土绿化、种植生态经济林果企业经营艰难。已使大多数规模经营主体因缺乏资金而处于停产、半停产状态,举步维艰,已进入投资的寒冬期,不解决规模经营主体发展所面临的困难,失业人员将增加,就业压力加大,也将给社会稳定带来一定的影响。

5.3.3 产业发展面临的机遇

(1)政策利好。自治区政府在推动林果业的发展过程中,起着积极的推动作用,应加大政府的扶持力度,努力实现林果业由扩大种植规模向提高品质和效益转变,由分散的基地建设向形成优势特色产品产业带转变,由生产初级产品向加工增值、开拓市场转变;以推动林果业产业化经营为突破口,努力构筑龙头企业带动、标准化生产、品牌支撑、"产、加、销"相结合的高效以特色林果业为主体的林草产业体系;以促进特色林果业为主体的林草产业可持续发展为着力点,努力提高以特色林果业为主体的林草产业基地建设能力、加工转化能力、市场开拓能力和科技支撑能力。把新疆建成重要的特色林果生产、加工和出口基地,在全国确立以特色林果业为主体的林草产业大区地位,使以特色林果业为主体的林草产业成为自治区农村经济发展的支柱产业,为农民持续增收和全面建设农村小康社会做出更大贡献。

(2)西部大开发和新疆进一步的对外开放。我国西部大开发和对外开放的进一步发展,使新疆成为依托内地、面向中亚、南亚、西亚乃至欧洲国家的出口商品基地和区域性国际商贸中心,形成西部陆上开放和东部沿海开放并进的对外开放新格局,对中亚地区的市场开发战略,为新疆以特色林果业为主体的林草产业开辟了新的市场空间。

(3)新兴产业日渐活跃。森林旅游、花卉、沙产业等特色林产业不断壮大。新疆森林公园年接待旅游人数3484万人次,收入12.1亿元。新疆苗圃数量4990处,育苗面积52万亩,年产苗量11.81亿株,年产值49.11亿元。花卉种植面积30万亩,年产值15亿元。沙产业基地131万亩,年产值41.7亿元。

5.3.4 产业发展面临的挑战

(1)国内外林果产品的竞争。随着经济全球化的发展,国外林果产品大量涌入,新疆的以特色林果业为主体的林草产业面对着国内和国外的激烈竞争,新疆林草企业在产前维护、加工、贮藏、运输、产品品牌、市场运作等方面不具备足够的优势。新疆的林果产品附加值比较低,加工贮藏、物流运输等方面比较落后。

(2)绿色壁垒对出口的影响。新疆是林果产品的重要出口国,北美欧盟等一些发国家和地区是林果产品出口的主要市场。这些国家的法规对林果产品的安全性和卫生提出了严格的规定,对有毒有害残留物的控制和严格的检验检疫程序增加了林草产品出口的不确定性,使新疆的林草产品出口增长缓慢。

(3)水资源供给日渐紧张。新疆是农业灌溉大省,大部分水资源用于农业(含林果)灌溉,近年来林果业的发展更是离不开灌溉水的支撑,但是近些年对地下水的利用程度不断增加,水资源矛盾凸显。根据新疆水资源公报,2000年新疆用水量480.4亿立方米,其中,地表水用水量425.8亿立方米,地下水用水量54.2亿立方米,到2016年新疆用水量上升到565.4亿立方米,其中,地表水用水量445.9亿立方米,地下水用水量118.6亿立方米。用水量增长最快的是地下水用水量,17年来增长了118.8%。公报显示,林果业快速发展是导致地下水用水量激增的重要因素。2000年新疆地下水主要用于工业、城镇生活用水,而到2016年绝大部分用于林业第一产业(含林果业)。以和田地区为例,和田绿地面积自1984年以来变化不大,但在绿地内,尤其是河床两岸,农业用地开发明显(含林果),河床干涸程度加剧,更多的水用于两岸灌溉是造成河床干涸的重要原因。和田地区绿洲边缘林果种植业的扩张所需用水主要来自于地下水的开采,存在产业不可持续风险(表5-1)。

(4)果粮间作问题凸显。果粮间作模式为新疆农民增收、农业增效做出了巨大的积极贡献,新疆南疆三地州(喀什地区、和田地区、克孜勒苏柯尔克孜自治州)林果业发展迅速,林果总面积约占三地州耕地总面积的80%,果粮间作面积不断扩大,最高的和田县果粮间作率达82%以上。

表 5-1　2016 年新疆用水分布情况

生产用水量						居民生活用水量		生态环境用水量		合计	
第一产业		第二产业		第三产业							
用水量（亿立方米）	其中地下水（亿立方米）	用水量（亿立方米）	其中地下水（亿立方米）	用水量（亿立方米）	其中地下水（亿立方米）	用水量（亿立方米）	其中地下水（亿立方米）	用水量（亿立方米）	其中地下水（亿立方米）	总用水量（亿立方米）	其中地下水（亿立方米）
533.26	102.88	12.67	7.67	2.20	1.15	10.75	4.71	6.49	2.16	565.38	118.57

但随着果树树龄的增长，树冠不断扩大，田间荫蔽日益加重，田间通风透光性日益降低。田间湿度加大，粮食作物生长所需的光、热、水、土地等资源条件都得不到有效保障，小麦品质、单产受到严重的影响。间作的果树将粮田分割成小地块，农业现代化的大型农业机械难以展开。生产上只能用小型机械甚至畜力耕种。粗放的农田灌水模式导致果粮之间用水矛盾进一步凸显，果实膨大期需要供水的时候，粮食作物正处于成熟期几乎不需要太多的水份供应，而果树成熟期为保证果品质量几乎不需要供水的时候正是复播粮食作物需水的高峰期，农民为保果品质量而放弃复播粮食作物，粮食产量日益降低，经济效益逐渐下滑。农民只有种植粮食作物才能保证农业生产用水，10 年以上的间作地仅仅是为了保证果树灌水不得已而种植小麦、玉米等粮食作物，农民缺乏种粮的积极主动性。

5.4　目标定位

新疆地区独特的地理位置和气候条件形成了发展以特色林果业为主体的林草产业的独特优势，以特色林果业为主体的林草产业在新疆经济社会发展中起着至关重要的作用。基于此，应在对新形势充分把握和自身优劣势透彻分析的基础上，才能更准确地探讨新疆以特色林果业为主体的林草产业在新疆经济发展中的地位和作用，促进其进一步发展，为新疆地区的经济、社会、生态进步作出更为巨大的贡献。

5.4.1　指导思想

全面贯彻党的十九大精神，以习近平新时代中国特色社会主义思想为指导，践行"绿水青山就是金山银山"理念，深化林草供给侧结构性改革，大力培育和合理利用林草资源，充分发挥森林和草原生态系统多种功能，以增强林草业可持续发展能力和促进农牧民增收、就业为目标，以市场需求为导向，因地制宜、突出特色，着力建设一批林草产业基地，培育一批林草重点龙头企业，打造一批特色主导产业，全面实施林果业提质增效工程，有效增加优质林草产品供给，为实现精准脱贫、推动乡村振兴、建设生态文明和美丽新疆作出更大贡献。

5.4.2　功能定位

5.4.2.1　经济功能

以特色林果业为主体的林草产业是新疆农村产业的重要核心。

（1）促进农村经济可持续发展。发展以特色林果业为主体的林草产业既是加强农业基础，又是发挥区域比较优势，调整农业、农村经济结构和增加农民收入的重要环节，也成为体现农产品生产的差异性和提高农产品市场竞争力的关键内容和现实途径。发展以特色林果业为主体的林草产业既有利于优化农业经营方式，形成农民增收新的增长点，也有利于保护生态环境，促进资源的可持续利用，特别是南疆林果主产区，林果业成为南疆农村经济新的增长点。新疆规模以上林果产品加工业总产值年均增长15%，增加值年均增长17%。林草产品加工业已成为新疆农村经济中增长较快、后发优势突出并极具发展活力的重要产业之一。

(2) 调整和优化农村产业结构。多年来，新疆农村产业结构中种植业比重过大，而种植业中，棉花的比重又过大，作物布局单一，致使棉花无法倒茬、多年连作。棉区生态系统简单化，生物多样性丧失，有害生物典型化，天敌数量减少，自控作用降低。棉花多年连作，加速了枯黄萎病的蔓延，使一些抗病品种也逐渐失去抗病力，地膜、化肥、农药、除草剂的大量使用，对土壤和人类生存环境造成污染，特别是"白色污染"恶化土壤理化性状。在这种形势下，必须突破以粮棉为主的单一性的结构模式，要以市场为导向，以特色资源为基础，以质量、效益为中心，以结构调整为核心，大力发展具有竞争力的特色优势产业，实现农业产业结构的调整和优化。因此，大力发展以特色林果业为主体的林草产业是农业产业结构调整与优化的必然趋势，把重点放在优势特色林果业资源开发和提高林果业产品质量、效益及增强以特色林果业为主体的林草产业竞争力上来。

5.4.2.2 社会功能

以特色林果业为主体的林草产业发展能够维护社会稳定团结。

(1) 促进就业、维护社会稳定团结。南疆地区人口主要集中在乡村，工业基础弱，土地是赖以生存的主要方式，不像其他省份在乡村空心化趋势明显，而在南疆地区，乡村人口在不断增加，和田地区250多万人，近50万人口是2010年开始增长起来的，林果业的发展解决了大量人口的就业问题。一方面大量劳动力从事以特色林果业为主体的林草产业；另一方面林草企业承担了大量贫困人口就业，有的企业贫困劳动力比例达到50%。

(2) 提高收入，打赢脱贫攻坚战。新疆曾经是全国棉花主产区，棉花在新疆农业发展中占据主导地位，随着的人民生活水平的提高，以特色林果业为主体的林草产业逐渐取代棉花，成为农民的主要收入来源之一，有些地区的林果业收入占农民收入的50%以上。外因成为新疆以特色林果业为主体的林草产业资源面积快速扩张的主因，林果业是与国民经济发展水平契合紧密的产业，在国内外市场对林果需求的刺激下，新疆依靠良好的资源禀赋很快成为了我国核桃、大枣、苹果、巴旦木、杏、香梨等生产大省，林果获取的收入远超种植棉花的收入水平。

5.4.2.3 生态功能

以特色林果业为主体的林草产业发展是生态环境改善的关键。

(1) 防治沙漠化，开展国土绿化。新疆充足的光热条件为发展以特色林果业为主体的林草产业尤其是林果业提供了良好的资源禀赋，一些地区的三北防护林工程、新一轮退耕还林工程等林业重点生态工程80%选择经济林果作树种。调研也发现，在绿洲边缘沙漠化地区，吸引民营资本参与生态建设，通过种植防护林和经果林的方式，加快国土绿化进程。在政府和企业的合理推动下，新疆的生态环境发展向好。

(2) 保护生态环境。新疆地处大陆腹地，远离海洋，地域辽阔，植被稀少，降水稀少，属典型的内陆干旱荒漠性气候，荒漠化土地面积占新疆总面积的近一半，绿洲面积仅占4.3%，风沙灾害频繁，生态环境极其脆弱。改变和保护生态环境是西部大开发的战略重点之一，是实现新疆社会经济发展的必要前提。而新疆经济落后的现状，又决定了开发必须走经济和生态效益兼顾的道路。在新疆，经济林与生态林一样，具有保持水土、涵养水源、防风固沙、提高绿洲森林覆盖率、维护绿洲生态安全的重要作用。发展经济林果业可促进生态效益和经济效益协调发展，实现国家战略和农民增收的协调统一。

5.4.3 发展原则

（1）全域统筹，以水定产。以水资源的分布作为以特色林果业为主体的林草产业发展的前提条件，以市场需求为导向，重新制定与调整新疆的以特色林果业为主体的林草产业规模和结构，明确"十四五"林草发展上限，为新疆以特色林果业为主体的林草产业的再度崛起打牢基础。

（2）因地制宜，错位发展。通盘考虑新疆以特色林果业为主体的林草产业布局与分工，各地结合自然禀赋打造特色产业，杜绝同质化竞争，形成区域优势互补与联动。

（3）稳定规模，提质升级。增加科技投入，稳定林草核心产区的规模，提升产品的品质与品牌，从追求种植面积和产量向追求单位效益转变。

（4）林旅一体，融合发展。促进林草产品精深加工，与民俗、文化、生态旅游产业深度融合，开发特色旅游商品，构建拉长产业链，提高产品附加值，促进生态产业化。

（5）坚持生态优先，绿色发展。正确处理林草资源保护、培育与利用的关系，建立生态产业化、产业生态化的林草生态产业体系。

5.4.4 发展目标

按照定位与原则，"十四五"期间新疆以特色林果业为主体的林草产业实现以下发展目标：

（1）实现林果提质增效。围绕做强林果业，推进林果业"产、加、销"一体化发展，构建现代林果业产业体系，实现林果业提质增效。稳定林果面积，推动林果生产模式变革，逐步推出果粮、果棉间作套种模式，建设标准化果园。优化区域布局，加快推进环塔里木盆地林果主产区，吐哈盆地、伊犁河谷和天山北坡林果产业带建设，构建"一区三带"林果优势区。优化树种和品种结构，合理配置早、中、晚熟品种，协调发展制干、鲜食与精深加工品种，拓展增值空间。全自治区林果面积稳定在1800万亩左右，果品产量达900万吨左右，林果业产值达600亿元以上，形成比较完善的现代林果业产业体系。

（2）完成品牌体系建设。加快形成以区域公用品牌、特色产品品牌和企业品牌为核心的品牌格局。不断夯实品牌发展基础，实施标准化战略，把产前、产中、产后各个环节纳入标准化管理。健全林草产品品牌体系，按照"同一区域、同一产业、同一品牌、同一商标"的原则，完善品牌标识管制机制。重点支持"库尔勒香梨""吐鲁番葡萄""哈密瓜""阿克苏苹果""和田玉枣""和田玫瑰""伊犁薰衣草"等一批具有知名度的区域农产品品牌发展。以品牌引领以特色林果业为主体的林草产业发展，培育发展自治区级农产品区域公用品牌10个以上，县市级区域公用品牌100个以上，知名品牌100个以上，构建起比较完整的林草品牌体系。

（3）推动全域绿色生产。突出打好新疆林草产品绿色、生态、有机品牌。健全标准化体系，推行标准化生产。积极开展绿色有机农产品生产示范，建设一批农产品地理标志产品和生态原产地保护基地。健全绿色技术体系，推广应用绿色生态、提质增效新技术。加快完善林草产品质量和食品安全标准体系，健全质量检验检测体系，推进产品质量分级及产地准出、市场准入制度，完善林草产品认证体系和林草产品质量安全监管追溯体系，实现全自治区农业产业化重点龙头企业、种养大户、合作社生产的林草产品及"三品一标"产品100%可追溯。

(4)促进产业融合发展。在一、二、三产业融合发展的基础上带动全域以特色林果业为主体的林草产业升级，积极培育以特色林果业为主体的林草产业发展新动能，进一步提升基础产业、做强加工产业与培育林草旅游产业体系，全面实现现代化以特色林果业为主体的林草产业发展的全环节提升、全链条增值、全产业融合，积极推进新疆以特色林果业为主体的林草产业发展，促进山水林田湖草一体化发展，实现全域振兴的美好愿景。到"十四五"末期全自治区农产品加工转化率超过55%，农产品加工增值率达160%以上，农产品加工增值率达200%以上，全自治区休闲农业和乡村旅游接待国内外游客力争突破1亿人次，占全自治区旅游接待人次的比重超过30%，实现乡村旅游消费600亿元以上。

(5)新兴特色产业协调发展。产业结构不断优化，新产业新业态大量涌现，种苗花卉、林沙产业、草产业、森林和草原服务业等加速发展，森林的非木质利用全面加强和优化，森林和草原的旅游、康养、休闲产业规模进一步扩大。

5.5 发展思路

以特色林果业为主体的林草产业作为新疆独特的资源优势产业，对于新疆经济的发展举足轻重。目前，新疆以特色林果业为主体的林草产业的发展遇到了瓶颈，要进行转型升级、提质增效。从产业来看，可以林草种植为基础产业、加工物流为先导产业、林草旅游为新兴产业，三产业各有侧重，错位发展，相互支撑才能充分发挥新疆以特色林果业为主体的林草产业独特的资源和地理位置等优势，使以特色林果业为主体的林草产业得到可持续发展。

5.5.1 提质升级基础产业

5.5.1.1 夯实林果产业基础

(1)优化品种结构。坚持"人无我有，人有我优，人优我特"的思路，优化品种结构，加大优良品种的选育与推广，按照时间系列化(早、中、晚熟品种)、品质特性系列化(酸甜软硬等品种)、用途系列化(鲜食、制干、加工等品种)，红枣适当增加鲜食品种，苹果适度发展早熟品种，杏子重点发展早熟、晚熟品种及耐储运品种，做到鲜食、制干、仁用、加工等的不同需求布局和不同成熟期品种布局的科学发展，逐步调减市场需求量少、经济效益不高的树种、品种，提高林果产品的有效供给。

(2)提高市场均衡供应能力。以四季供应、周年上市为目标，早、中、晚熟搭配，鲜、干、仁等搭配，适度发展杏李、西梅、无花果、新疆桃、鲜食枣、开心果等适销对路、具有市场竞争力的特色品种。同时，充分利用不同区域气候带特点，沿气候带优化杏、桃、李等核果类优势品种的布局，通过不同气候带延长应市期。此外，要大力发展桃、樱桃、葡萄、鲜食枣等设施林果，打季节差、错峰销售，形成反季培育、时令新鲜、特色突出、四季有果的供应格局。

(3)构建现代林果生产经营体系。要坚持科学发展，优化结构布局，努力提高林果基地建设能力，优化品种结构和区域布局，加强标准化生产，使林果业成为当地的主导产业，带动一系列配套设施的发展，构建现代果业生产经营体系。一是要积极培育规范的营销队伍和专业销售市场，加强果业专业协会和果品销售中介组织建设，建立一定规模的果品批发市场，鼓励农民直接进入市场，参与流通，引导培育健康有序的林果产品产销、流通渠道，理顺中间环节。二是要推行"企业+基地+合作社+农户+市场"的经营模式，全面实行订单农业，使"农户+基地+加工"三者形成产业链使农户和企业息息相通，同步发展。三是要围绕林果生产，引进一批科技含量高、附加值高、带动能力强的林果产业项目，增强新产品、新技术研发与生产能力，为产业发展注入新的活力。

（4）推进基地区域化布局。依托资源优势发展林果业，因地制宜、适地适树、突出重点、统筹规划，精细区划主栽树种品种的适合栽培区，合理确定发展优势树种品种的最佳区域，充分发挥比较优势，筛选出最具特色和效益的产品。一是要根据消费和加工转化需要，合理配置早中晚熟品种。协调发展制干、鲜食与精深加工品种，努力形成品种优良、优势集中、有利于产业化发展的树种品种结构。二是要积极开展林果基地测土配方施肥试点工作，深入研究果树营养需求，为全面实现林果基地配方施肥奠定基础，不断推动林果基地向质量效益型、产品安全型转变。三是要推进基地建设，以提质增效、产品安全健康为重点，大力发展有机、绿色林果基地，完善建设机制、形成标准体系，按照绿色、有机、无公害果品生产要求，建立一批林果科技示范园和精品园。

（5）加快推进林果业生产机械化进程。围绕林果业及特色产业生产实际，积极引进研发、示范推广开沟施肥、果园耕作、果树修剪、病虫害防治、果品采摘、分级包装、加工处理、贮藏保鲜等机械化技术及配套机具，建立林果业及特色产业生产机械化技术试验示范区。一是利用国家和自治区农机购置补贴政策，加大对已列入自治区农机购置补贴目录的果树修剪机、果园喷雾机、烟雾机、挖坑机和开沟机等一批先进适用的林果机具补贴和示范推广力度。二是利用自治区财政安排的林果机具研发和林果生产机械化技术示范推广项目资金，组织新疆新联科技有限责任公司、新疆机械研究院、新疆农业科学院农业机械化研究所、新疆农业大学机电工程学院等农机科研、教学、生产企业和阿克苏地区、喀什地区、和田地区、巴音郭楞蒙古自治州、哈密市等地林果主产区的农机推广部门，引进试验、研发、示范推广红枣播种、葡萄埋藤、果树修剪、开沟施肥、果园多功能作业、核桃脱青皮及核桃、红枣清洗、分级、烘干等林果机械设备和技术。三是按照自治区提出的做优做强林果业及特色产业的要求，自治区利用科技兴新、科技兴农、科研、技术推广等项目资金，在阿克苏地区、疏附县等27个市（县）组织实施特色林果生产机械化技术试验示范项目，在阿克苏地区、和田地区建立两个林果业及特色产业生产机械化技术示范区。阿克苏地区、喀什地区、和田地区、吐鲁番市、哈密市、伊犁哈萨克自治州等地农机部门围绕林果业及特色产业生产实际，加强与林业部门的合作，积极引进研发、示范推广开沟施肥、果园耕作、果树修剪、病虫害防治、果品采摘、分级包装、加工处理、贮藏保鲜等机械化技术及配套机具，建立林果业及特色产业生产机械化技术试验示范区。

（6）将经果林纳入生态林建设项目。根据新疆特殊的生态环境和以特色林果业为主体的林草产业在生态建设中的作用，建议中央把新疆的林草基地建设纳入全国防沙治沙工程、三北防护林体系建设工程和退耕还林工程等重点林业生态建设工程，同时在退耕还林工程建设中给新疆以特殊政策，取消经济林与生态林的比例限制。

（7）加强社会化综合服务组织建设。各级政府要在果树发展规划、良种引进示范、依靠科技、制定标准、实施优果工程、建设龙头企业、完善市场体系、提供果品市场信息网等方面的服务和扶持功能。一是要建立和完善服务型政府，提高各级政府的服务意识和水平，要围绕全产业链建立社会化综合服务体系，把科研、技术、人才等服务功能整合到种植、加工、销售以及产业融合等各个环节，逐步实现从单一生产服务向全产业链服务转变，特别是在生产环节，采取政府购买服务方式，支持龙头企业、合作社和专业公司，为林农开展病虫害统防统治服务，从源头上减少污染。二是要建立林果质量评估体系，通过确立操作性比较强的林果质量评估指标，定期抽检，从林果生产、加工质量的源头抓农药残留问题，把林果的无公害生产纳入法制化、规范化的轨道，确保林果业生产、加工的质量安全，加强林果业生产环境、生产过程、加工工艺和出口产品检验检疫工作，实行林果产品市场准入制度，限制污染、破坏环境和不符合检验检疫标准的产品出口。三是要建立信息服务配套体系，各级政府应把信息引导纳入重要的政府职能范围，设立专门机构，形成信息网络，搜集整理各种最新具有指导作用的综合信息，实现信息资源共享，充分利用报纸、广播、电视、因特网等媒体定时向公众发布，使这些信息以最快速度深入到最基层，为林果业发展提供信息服务。

5.5.1.2 兴旺林草特色产业

鼓励和支持各地发挥比较优势，立足特色资源，加快建设特色林草产品优势区，把地方土特产和小品种做成带动农民增收的大产业。

(1) 草产业。首先是建立合理的草场利用制度体系。改革传统放牧制度与建立合理利用制度的核心：动态调整季节放牧场，把轮牧的理念和技术措施融入现行的季节休闲放牧制度中。科学合理地确定季节草场的放牧时间与放牧强度，要建立以牧草生长状态确定各季节草场进退时间的机制。因地制宜的推行科学的放牧管理技术。建立和实施合理的草场利用制度体系，需要转变传统草原畜牧业生产方式为其创造时空条件。其次是要推进人工饲草料基地建设。加快人工饲草基地建设，逐步引导农牧民调整种植业结构，增加饲草料的供应。对中度以上退化草原实施禁牧后，实行以草定畜。加大暖棚、人工饲草料基地等基础设施的配套建设，推行"放牧+舍饲"，加强牲畜暖棚、人工饲草料基地等牧业基础设施建设力度。制定合理的草场利用及放牧计划，确定放牧牲畜数量、放牧天数及利用强度，在合理载畜的界值，获取最佳的经济效益。实现畜草平衡，确保退牧还草的成果，实现草原的持续利用和畜牧业高效发展。最后是生态草种的培育与选择。建立健全适应现代林果业发展的生态草种培育与选择体系，切实解决草产业良种繁育滞后、优质草种短缺等问题。开展特色生态草种资源的收集、保存、评价和利用。注重对现有优良生态草种资源的挖掘汇集、选优提纯和整理保护。加大国内外优良品种的引进和培育，提高良种应用范围，增强产业发展后劲和活力。在种植上对人员加以培训，做到每一个参与种植的人掌握要领，在水肥管理上，推广使用农家肥，在选用肥料、用量和施肥次数上严格按照绿色食品原料生产基地的标准执行等，调优草种品种结构上，要瞄准国内外市场，加大新品种、新技术引进，加快更新换代步伐，进一步优化生态草种结构，不断改善内在品质，实现生态效益与经济效益协调统一。

(2) 林草种苗产业。首先是要做好林草种质资源调查收集保存利用。根据《中华人民共和国种子法》《中华人民共和国草原法》和《草种管理办法》，适时启动全自治区草种质资源普查。依据林木种质资源现状，组织实施好自治区林木种质资源调查收集与保存利用。建设林木种质资源保存库，着力构建原地保存、异地保存和设施保存有机结合的林木种质资源保存体系，科学开展林木种质资源评价，实现林木种质资源安全保存和可持续利用。其次是要选育推广林草良种。以常规育种为基础，结合生物技术应用，加快林草良种选育进程，选育一批优良品种和优良无性系。到2025年，选育高产优质用材林新品种和优良无性系5~10个；选育高产经济林新品种和优良无性系5个以上；选育耐旱、耐盐碱、抗风、抗污染、抗病虫等高抗新品种和优良无性系5~10个；加强具有优良生态价值、经济价值的乡土树种草种和野生种质资源试验研究，扶持林草良种育苗技术研究3~5项；继续开展林草新品种引进工作，在引进树种草种中选育出10~15个优势树种进行良种选育；启动扶持选育一批高产、抗逆、广适的优良草品种，为草原生态修复和牧业发展提供支持。采用杂交、选优等常规育种技术，结合基因工程等细胞工程高新技术，开展主要造林树种、重要木本粮油树种、特色经济林树种、重要生态修复树种草种、主要牧草品种为重点的选育和快繁研究。加大林草良种区域化试验力度，对经选育和引进的优良树种草种开展区域化试验，充分利用国有林场、林草良种基地进行多点试验，挖掘其品种潜力，证实其优良性状、品质、适宜推广区域、使用价值，研究试验其栽培技术，建立相应的林草良种配套栽培技术体系，增强林草良种技术储备，为林草生产建设源源不断地提供良种和配套技术。最后是要加强林草种苗基地建设。按照林木遗传育种学规律和长期育种策略，科学布局和加强种子园、母树林、采穗圃等良种基地营建与管理。推进良种基地科研与生产管理深度融合，建立健全管理、科研、生产紧密集合的良种繁育机制，形成三方面各负其责、各得其所、合作共赢的格局。在现有林草良种基地中再确定一批国家、自治区重点林草良种基地，实施改扩建，开展提高种子园、母树林结实能力和产量、提高采穗圃管理技术水平研究，加强经营管理，提高林草良种生产能力。在重点加强特色林果树种、防沙治沙树种、耐盐碱树种、重要生态修复树种草种、主要饲草品种的林木良种选育工作。加快国家重点林草良种基地的树种结构调整和升级换代。建立一批以巴旦木、阿月浑子、榛子、枸杞、石榴、大果沙枣、柽柳、白蜡、夏橡、梭梭和其他沙生植物等优良乡土树种和特色林果树种的自治区重点林木良种基地。支持科研单位、大专院校和社会资本开展乡土草种生产基地建设，大力提高草种生产供应自给能力，建立一批重要生态修复树种草种、主要牧草品种、乡土草种良种基地。同时，根据现代林业草原发展建设及各地州市林业草原发展需要，新建一批以核桃、巴旦木、榛子等为主的木本粮油树种、珍贵用材树种等林木良种基地。把国家和自治区重点林草良种基地建成主要造林树种、重要草种的良种生产基地、科技专家的研发基地、科研成果的推广基地、林木种质资源的保存基地，为持续供应林草良种奠定基础。

(3)花卉产业。首先要提升大田花卉种植规模。大力推广发展和田玫瑰、万寿菊两个重要大田花卉品种，这两个品种都属于深加工花卉，产品广泛应用于食品、医药、化妆品等行业，具有很高的经济价值，适合推广种植，对于调整新疆农业种植结构，增加农民收入，实现精准脱贫、建设美丽乡村、维护社会稳定等具有重要而深远的意义。发展新疆大田花卉产业，除了可以直接增加农民的收入，增加区域知名度，为美丽新疆增光添彩，还可以带动新疆的人气和旅游经济，带动新疆部分第一、二、三产业发展。其次要建立花卉产业发展的科技支撑体系。针对和田玫瑰、万寿菊在种植模式及栽培技术方面存在的不足，联合有关花卉企业、科研单位予以研究、提高，并在今后当地花卉企业和农户的生产实际中将研究技术推广应用。一是做好花卉的科技推广和品种引进工作，做好花卉优良品种的选育和引进试验，不断提高新疆的花卉科技含量；二是以企业、农民为主体，依托现有大专院校和科研单位建立培训体系，为花卉企业培养多层次、高素质、应用型的花卉园艺、经营、管理人才；三是加强对具有优良花色、花型、花香和抗逆性强的野生花卉的遗传多样性和亲缘关系研究，对有特色、有开发前景的野生花卉品种进行驯化和种质改良，培育出更多的花卉新品种，实现野生花卉的商品化开发利用。

(4)沙产业。首先制定沙产业综合发展规划。新疆地区沙产业缺少统一发展规划，沙产业的实施者对该产业无章可循，国家对该产业的扶持政策不够，缺乏先进的科学技术作支撑，产业链短发展缓慢。笔者认为沙产业是新疆沙区农民的重要收入来源，国家和政府应该加大对该产业的关注和投入，颁布相应条例形成沙产业的发展指南，完善沙产业的持续协调，以此规范沙产业的发展。其次扩大种植沙生植物资源。在新疆广大沙漠地区，大面积地生长着沙拐枣、梭梭、红柳、麻黄、甘草、沙棘等一年生或多年生的固沙植物。这些沙生植物不仅有超强的耐旱、耐盐碱的特性，而且还有食用的价值，部分沙漠地区的沙生植物还有药用价值。所以怎样将这些传统沙生植物潜在的经济价值开发出来是发展沙漠经济的一个重要环节。根据资源的分布可以在沙漠深处大面积种植红柳等耐盐耐旱的沙生植物用于发展造纸或刨花板加工等产业；在沙质较好的沙区，发展以沙漠甘草种植加工为主的中草药产业化工程；在居民点与沙漠交汇处，可以利用处理后的工业水建造人工湿地用于水稻种植。同时，还可以借鉴国内已成功推广的草方格法将沙子固定住，在方格内种植其他沙生植物用于发展沙漠生物化工。最后要促进沙区特有植物的培育和加工利用。新疆塔里木盆地南部边缘地区生态资源较为平衡，野生动植物种类丰富，具有药用价值生物很多，众多的饮用植物资源和食用植物资源也都分布在这里。塔里木盆地相对于新疆其他地区来说拥有丰富的水资源。经过科学家多年的研究发现，该地区已经完全具备人工种植、人工培育、人工加工的开发条件，为药用植物资源和林果资源以及其他产品的开发做出了充足的准备。

5.5.2 做大做强加工物流

实施林果加工业提升行动，统筹推进林果产品初加工、精深加工、综合利用加工和主食加工协调发展，以自治区内、国内、周边国家市场为重点，全方位拓展新疆特色林果产品营销，抓住"一带一路"建设机遇，统筹利用好国外和区内两个市场、两种资源，坚持"走出去"和"引进来"相结合，提升林果产品附加值。

（1）加大对林果产品加工和物流行业的支持。一是增加对林果业的精深加工发展、科技支撑和市场开拓的资金支持，采取中央财政投资补贴的方式，吸引和扶持国内外投资商、各类工商业、大型加工企业和集团来新疆投资林果业及特色产业。同时，增加林业发展贴息资金，优先用于发展林果加工和贮藏保鲜业。二是积极培育、扶持和引进一批有基础、有潜力的龙头企业，发挥其辐射、带头作用，政府应当引导重点龙头企业，以资金为纽带，组织跨区域、跨行业的大型林果企业集团，向高科技、高效益、集团化发展，在进一步巩固原有林果加工企业的同时，加快发展一批新的加工企业，遵循优先发展本地加工企业，增强本地加工企业竞争力原则，政府鼓励增加本地加工企业数，另外通过招商引资方式引进外来加工企业进疆参与林果业发展。三是建设林果产品仓储配送中心和现代物流中心，在乌鲁木齐、喀什、阿克苏等主产区、主销区大型批发市场及边境口岸扩建冷藏保鲜库，在鲜果运输方面，引进和购置冷藏集装箱运输车等低温仓储运输系统的设备，在各地州及集散中心，建设林果产品冷库仓储中心或林果产品配送中心，全面提高新疆物流业发展。

（2）全面对接"一带一路"。围绕"一带一路"国家倡议，构建新疆农产品向西开放的新格局，发展更高层次的开放型林果产业经济，服务于新疆"丝绸之路经济带"核心区"五大中心"建设，搭建丝绸之路经济带"民心互通"的外交桥梁。加大扶持力度，支持具有国际市场开拓能力的农产品出口加工龙头企业引领新疆林果产业开发，建立出口企业带动生产基地和农户、统一标准生产的外向型农业产业体系，把新疆建设成为我国独具特色、向西开放的林果产品出口基地。

（3）培育龙头企业。一是在法律、政策、金融等方面加强对龙头企业的扶持力度，重点支持和培育一批带动能力强的林果产品贮藏保鲜及精深加工龙头企业，不断推动新疆林果产品龙头企业的发展，进一步发挥龙头企业在提升新疆林果产品的市场竞争力方面的重要作用。二是支持林果产品加工企业到乡镇建立自己的原料生产核心示范基地，使基地建设和企业发展有机结合起来，以基地辐射带动果农发展。对于当地的龙头企业及农民专业合作经济组织和农民协会要有计划的扶持和培育，真正的让龙头企业带动、示范、引领作用发挥到最大化，实现林果产品的种植生产、加工转化、销售一体化，经济贸易、加工转化、农业发展一体化。

（4）向精深加工转型升级。积极搭建外销平台，大力推销鲜果产品，注重初级产品加工向深加工、高端加工转型升级，加快林果产品加工转化的发展来促进农业现代化进程的实现，使单纯的依靠扩大基地规模来提高经济效益的现象得到彻底改变，也使得构建形成新疆特色林果产品精深加工体系的内在要求得以体现。重点发展以核桃、红枣等优质林果资源、优质果品为主的精深加工业，大力发展以香梨、杏、葡萄、苹果、石榴、桃等为主的冷藏保鲜业，加大对杏、葡萄等果品的冷藏保鲜技术研究与开发，不断延伸林果业产业链，不断提高林果产品的经济价值和附加值。

5.5.3 着力培育新兴产业

围绕建设现代农业产业体系，在调整优化农业结构的基础上，推动延伸产业链、提升价值链、完善利益链，发展农业产业化，着力构建全产业链，推进林草一、二、三产业交叉融合，培育新产业新业态，形成发展新动能。

（1）创新林草产品与服务体系。以丰富和完善旅游产业链、推出富有竞争力旅游产品、打造区域旅游品牌、推动旅游产业创新升级为目的，创新设计推出一批旅游新业态产品，推进旅游供给侧改革，建立与市场需求和发展阶段相适应的多样化、多层次旅游产品体系，满足快速增长的大众化、个性化、体验化消费需求。一是契合当前旅游消费新热点新趋势，积极深入开发生态休闲度假、民俗文化体验、阳光温泉冬游、健康养生、研学科考等旅游新产品。二是制定和推广"新疆人家（民宿）服务质量规范"，塑造"新疆人家"的特色民宿品牌，引导发展森林人家、草原人家、果园农家乐、滨湖渔村等多种形式的家庭旅馆。三是以"展示民族文化、餐饮服务和住宿接待"为核心推动乡村休闲旅游发展，依托传统林果土特产品规模生产区，建设旅游土特商品精加工生产基地、中华名果园、果园农家乐。

（2）适度发展"森林康养"。依托国家森林公园，积极引导发展"森林康养"产业。一是选择森林覆盖率高、景观优美、负氧离子含量高的最优区域，按照"环境优良、服务优质、管理完善、特色鲜明、效益明显"的要求，创建一批国家级和省级森林康养基地，发挥示范引领作用。二是开展森林浴、森林氧吧、森林瑜伽、森林养生饮食、草原有氧运动等康养体验项目，配备养生康养服务设施，依托已有林间步道、护林防火道和生产性道路建设康养步道和导引系统等基础设施，充分利用现有房舍和建设用地，建设森林康复中心、森林疗养场所、森林浴、森林氧吧等服务设施，做好公共设施无障碍建设和改造。三是以满足多层次市场需求为导向，着力开展保健养生、康复疗养、健康养老、休闲游憩等森林康养服务。积极发展森林浴、森林食疗、药疗等服务项目。充分发挥中医药特色优势，大力开发中医药与森林康养服务相结合的产品。四是推动药用野生动植物资源的保护、繁育及利用。加强森林康养食材、中药材种植培育，森林食品、饮品、保健品等研发、加工和销售。依托森林生态标志产品建设工程，培育一批特色鲜明的优质森林康养品牌。

（3）构建林草旅游富民产业体系。由政府推动、部门联动、市场运作、居民参与，构建旅游富民产业体系。一是依托精品景区、旅游热线、旅游集散和服务节点、城郊休闲带，建设一批旅游富民产业基地。二是推广旅游景观建设与旅游服务功能、旅游富民就业相结合的"旅游+扶贫"发展模式，实现农牧民脱贫致富、文化保护传承、生态环境保护、旅游产业结构转型升级的多方共赢。三是开展百村万人乡村旅游创客行动，加强专业规划设计、技能技艺培训、线上线下整合营销，推动就业增长，为我国扶贫攻坚作出重要贡献。

5.6 产业布局

通过多年的发展，新疆林果业形成南疆环塔里木盆地林果主产区和吐哈盆地、伊犁河谷、天山北坡3个林果产业带。即，环塔里木盆地林果主产区以红枣、核桃、杏、香梨、苹果、巴旦木、葡萄等为主，林果种植面积和产量占全自治区林果规模的83%。吐哈盆地优质高效林果产业带以鲜食(制干)葡萄、红枣为主，伊犁河谷林果产业带和天山北坡林果产业带以鲜食(酿酒)葡萄、枸杞、小浆果、时令水果、设施林果等为主。应在"一区三带"发展格局下，突出地区特色、品种特色，进一步控制面积、优化区域布局，科学划定各主栽树种的优生区、适生区、风险区和非适生区，做好产业布局规划引导，在政策资金上重点向优生区和适生区倾斜，向优势区域集中，严格控制各树种的发展规模、品种结构，避免一哄而上、无序扩张，确保区域特色、比较优势。稳步推进种苗花卉产业。着力建设昌吉回族自治州呼图壁县林木种苗优势区、喀什地区莎车县万寿菊优势区、和田地区于田县沙漠玫瑰优势区；大力推进林沙产业。着力建设和田地区、博尔塔拉蒙古自治州、昌吉回族自治州肉苁蓉产业优势区、吐鲁番地区鄯善县库姆塔格沙漠旅游优势区；培育壮大草产业。积极发展草原旅游，开展大美草原精品推介活动，打造草原旅游精品路线。各主要品种的布局如下：

5.6.1 主栽品种

5.6.1.1 核桃

(1)产业发展重点区域。按照控制面积、稳定布局的要求，着力抓好阿克苏地区、喀什地区、和田地区3个优势区建设，其中：阿克苏地区优势区主要在阿克苏市、温宿县、库车县、乌什县等；喀什地区优势区主要在叶城县、泽普县和莎车县等；和田地区优势区主要在和田县、和田市、墨玉县和洛浦县。

(2)产业发展方向。围绕核桃基地标准化、品牌化和市场化建设，一是加快推进核桃品种良种化，解决品种混杂的问题。积极推广扎343、新丰、温185、新新2号等早实品种，同时，加大支持核桃新品种选育，引进推广适应性强、丰产性好和适宜加工的国内外优良品种。二是抓好密植园疏密改造、整形修剪和肥水管理，解决果园郁闭造成的核桃空壳率、瘪仁率高等问题。依据树龄、株行距等情况，将严重影响通风透光条件的核桃园调整为11~22株/亩的合理密度。三是做好采收和初加工处理。按照不同品种，实行分品种采收，及时脱青皮、晾晒干燥、产品分级和储藏，保证进入流通环节产品质量。

5.6.1.2 红枣

(1)产业发展重点区域。按照控制面积、稳定布局、调优结构的要求，着力抓好巴音郭楞蒙古自治州、阿克苏地区、喀什地区、和田地区和哈密市5个优势区建设。巴音郭楞蒙古自治州主要分布在若羌县、且末县；阿克苏地区主要分布在库车县、沙雅县、新和县、阿瓦提县、阿克苏地区等。喀什地区主要分布在麦盖提县、泽普县、巴楚县、伽师县、岳普湖县等；和田地区主要分布在和田县、洛浦县、策勒县、墨玉县、于田县、民丰县等；哈密市主要分布在伊州区。

(2)产业发展方向。一是调整品种结构。在稳定面积的前提下，适当发展优良鲜食品种，解决品种过于单一的问题。二是抓好密植园疏密改造、整形修剪和水肥管理，解决果园郁闭造成的红枣皮皮枣率高等问题。依据树龄、株行距等情况，将严重影响通风透光条件的红枣园调整为55株/亩左右的合理密度。三是做好"枣树一号病"等病虫害防控，降低病虫灾害损失。四是做好采收和初加工处理，实行分级销售。

5.6.2 特色林果

5.6.2.1 杏

(1)产业发展重点区域。着力建设喀什地区、巴音郭楞蒙古自治州、吐鲁番市、阿克苏地区、克孜勒苏柯尔克孜自治州、和田地区等主产地区。在吐鲁番市适当发展早熟鲜食杏，满足早期市场的需求；巴音郭楞蒙古自治州轮台县、阿克苏地区库车县发展小白杏；喀什地区英吉沙县、疏附县，克孜勒苏柯尔克孜自治州阿克陶县主要发展鲜食制干兼用品种。和田地区皮山县、阿克苏地区乌什县、喀什地区叶城县等山区重点发展中晚熟品种，打品种季节差，拓宽销售市场。

(2)产业发展方向。稳定种植规模，优化栽培品种结构，提高果园管理技术水平，解决好果粮、果棉间作矛盾，增强贮藏加工能力和市场开拓能力。一是优化早中晚品种系列化，积极选育耐贮运品种；二是积极推进果树整形修剪，便于机械化作业；三是重点加强杏食心虫等病虫害的防控，提高果品质量；四是提高果品精深加工能力，提高果品附加值。

5.6.2.2 葡 萄

(1)产业发展重点区域。着力建设吐鲁番市、巴音郭楞蒙古自治州、昌吉回族自治州、和田地区、克孜勒苏柯尔克孜自治州、伊犁哈萨克自治州、哈密市等主产地市(州)。吐鲁番市高昌区、鄯善县及和田地区于田县、墨玉县重点发展以无核白为主的鲜食制干兼用品种；克孜勒苏柯尔克孜自治州阿图什市以木纳格葡萄为主；伊犁哈萨克自治州霍城县、伊宁县及哈密市伊州区重点发展鲜食品种；昌吉回族自治州昌吉市、玛纳斯县，巴音郭楞蒙古自治州和硕县、焉耆县重点发展酿酒葡萄。

(2)产业发展方向。一是优化品种结构，实行早、中、晚熟葡萄品种合理搭配，制干、鲜食、酿酒合理布局。二是推广葡萄架式改造等栽培新模式，提高机械化利用率，降低生产成本。三是做好葡萄白粉病、霜霉病等病虫害防控工作。四是提高果品采后储运、加工能力，增加附加值。

5.6.2.3 苹 果

(1)产业发展重点区域。着力建设阿克苏地区、喀什地区鲜食苹果主产区，北疆伊犁哈萨克自治州、昌吉回族自治州等逆温带适当发展抗寒加工苹果。阿克苏地区主要在阿克苏市及温宿县，喀什地区主要在叶城县和泽普县，伊犁哈萨克自治州主要位于巩留、伊宁县，塔城地区塔城市，昌吉回族自治州吉木萨尔县、奇台县。

(2)产业发展方向。围绕新疆林果提质增效工程及林果业助力脱贫攻坚，稳定面积，调优品种结构，提高单产、优质果率，增强贮藏加工能力和市场开拓能力。一是积极选育优质品种，促进更新换代。二是加快苹果简约化栽培模式的推广。三是提高果品精深加工能力，完善果品保鲜技术和冷链系统。

5.6.2.4 香 梨

(1)产业发展重点区域。着力抓好巴音郭楞蒙古自治州和阿克苏地区2个优势区建设，巴音郭楞蒙古自治州主要分布在库尔勒市、轮台县、尉犁县；阿克苏地区主要分布在阿克苏市、库车县、阿瓦提县、沙雅县。

(2)产业发展方向。促进香梨出口和深加工，稳定面积，提高单产，提高优质果率，增强市场开拓能力。一是加快优良种选育,促进更新换代。二是加强香梨病害防控。三是推广研发香梨简约化栽培模式。

5.6.2.5 石榴

(1)产业发展重点区域。着力抓好喀什地区和和田地区石榴优势区建设,喀什地区主要分布在喀什市、叶城县、疏附县;和田地区主要分布在皮山县、策勒县。

(2)产业发展方向。一是加强石榴品种引进与优质品种的选育。二是加大机械化研究和推广,降低石榴越冬埋土、春季开墩人工劳动成本。三是做好石榴保鲜、储运和加工等技术研发,延长产业链,增加附加值。

5.6.3 新品种和设施林果

5.6.3.1 桃

(1)产业发展重点区域。喀什地区、和田地区、伊犁哈萨克自治州、昌吉回族自治州、阿克苏地区以满足市场需求为导向,适当研究发展耐储运的油桃、水蜜桃、黄肉桃等鲜食品种;伊犁哈萨克自治州霍尔果斯市重点发展油桃、塔城地区沙湾县、昌吉回族自治州阜康市发展蟠桃等鲜食品种;和田地区皮山县、和田县;喀什地区喀什市、疏附县、叶城县、莎车县适当发展本地品种。

(2)产业发展方向。一是引进和选育具有耐储运的、不同成熟期的优良品种。二是进一步加强冷链物流能力建设,加大储运技术的研发,提高货架期。三是通过赏花节、采摘节,促进林果业与旅游业融合发展,带动经济发展。

5.6.3.2 开心果

(1)产业发展重点区域。重点在喀什、和田地区地下水位低、土壤透气性好的县(市)适当发展开心果的种植。

(2)产业发展方向。一是做好品种及抗逆砧木选育。二是加强栽培技术研发。三是建设开心果标准化栽培示范园。

5.6.3.3 巴旦木

(1)产业发展重点区域。着力抓好喀什地区巴旦木优势区建设,主要分布在莎车县、英吉沙县等地,后期加大抗寒品种选育,在和田地区部分县市试验推广种植。

(2)产业发展方向。围绕促进巴旦木栽培管理、加工转化水平,增加亩产、优质果率,提升市场开拓能力。一是培育适宜新疆栽培的抗寒优良品种;二是加强标准化种植栽培技术研究。三是加快机械化分级、加工、包装研发应用,提升果品流入市场品质、价格。

5.6.3.4 杏李

(1)产业发展重点区域。重点围绕环塔里木盆地优势区,主要包括阿克苏地区温宿县,喀什地区伽师县、叶城县,和田地区皮山县、和田县。

(2)产业发展方向。一是加强栽培技术研发。二是建立标准化生产示范基地,加强果园基础设施建设,扩大基地规模化种植。

5.6.3.5 樱桃

(1)产业发展重点区域。适宜区集中在新疆南疆喀什地区叶城县、莎车县、泽普县、疏附县、喀什市,阿克苏地区温宿县、阿克苏市,和田地区和田市、和田县。

(2)产业发展方向。一是加强优良品种、砧木的引进与筛选。二是建立标准化生产示范基地。三是加强果园基础设施建设。四是引进国内外先进冷藏技术,加快冷藏设施建设,提高樱桃果实保鲜能力，延长货架期。五是通过观赏采摘，促进林果业与旅游业融合，带动区域经济发展。

5.6.3.6 西梅

（1）产业发展重点区域。适宜区集中在喀什地区伽师县、莎车县，巴音郭楞蒙古自治州和硕县等南疆环塔里木盆地，北疆伊犁哈萨克自治州伊宁县、霍城县。

（2）产业发展方向。一是大力发展西梅新品种选育。二是建立标准化生产示范基地，加强果园基础设施建设。三是提高产业化经营水平，扶持加工贮藏龙头企业，开发保鲜技术和完善冷链系统，提高产品附加值。

5.6.3.7 榛子

（1）产业发展重点区域。伊犁河谷、天山北坡经济带、阿勒泰地区和南疆冷凉山区以及绿洲内部，具备一定灌溉条件的区域均可种植。在大果榛子区域推广示范的基础上，着力建设伊犁河谷、天山北坡经济带和南疆冷凉山区3个优势区发展。

（2）产业发展方向。围绕平欧杂种榛主栽品种标准化基地建设，不断优化种植模式、提质增效，弥补国内榛果市场供应不足，加快其产业化发展进程。一是重点推广省力、高效、节水的高效栽培技术。二是优化现有良种苗木繁育技术体系建设，降低造林用苗木成本。三是积极培育、扶持种植榛子的新型经营主体，即"企业+科技+专业合作社+农户"，推进规模化种植。

5.6.3.8 酿酒葡萄

（1）产业发展重点区域。重点发展天山北麓、伊犁河谷、吐哈盆地及焉耆盆地4个优势区。其中，昌吉回族自治州主要在玛纳斯县、昌吉回族自治州，伊犁哈萨克自治州主要在伊宁市、伊宁县，吐鲁番市主要在高昌区，巴音郭楞蒙古自治州主要在焉耆县、和硕县。

（2）产业发展方向。一是科学布局酿酒葡萄种植品种，提高产区酒种差异化程度。二是提高酿酒葡萄良种繁育基地建设水平，加大引种试验、栽培试验等相关研发力度。三是推广酿酒葡萄标准化生产技术，提高机械化使用和管理水平。

5.6.4 特色小浆果

5.6.4.1 沙棘

（1）产业发展重点区域。着力建设阿勒泰地区、阿克苏地区和克孜勒苏柯尔克孜自治州3个优势区，其中阿勒泰地区优势区在哈巴河县、青河县、布尔津县，克孜勒苏柯尔克孜自治州优势区在阿合奇县，阿克苏地区在乌什县，主要发展精深加工品种和产品。

（2）产业发展方向。一是加大投入，推广良种及标准化种植。二是老果园品种更新改造。三是密切企业、合作社及农户利益联结机制，不断做强现代沙棘产业。

5.6.4.2 枸杞

（1）产业发展重点区域。着力建设博尔塔拉蒙古自治州、昌吉回族自治州、巴音郭楞蒙古自治州和塔城地区4个优势区，其中博尔塔拉蒙古自治州优势区位于精河县，着力发展优质枸杞干果和精深加工产品。昌吉回族自治州优势区位于奇台县，巴音郭楞蒙古自治州优势区位于尉犁县，塔城地区优势区位于沙湾县及乌苏市。

（2）产业发展方向。一是加快新品种推广。二是加大标准化种植力度。三是促进产品采后加工和品牌建设。

5.6.4.3 黑加仑

（1）产业发展重点区域。着力建设阿勒泰地区、伊犁哈萨克自治州、塔城地区3个优势区，其中阿勒泰地区优势区位于富蕴县，伊犁哈萨克自治州优势区位于巩留县和伊宁县，塔城地区优势区位于塔城市、额敏县，主要以生产黑加仑精深加工产品为主。

(2)产业发展方向。一是选育优良品种、引进优质丰产配套栽培技术。二是加强黑加仑基地的投入和标准化建设。三是引进先进的贮藏保鲜和加工技术，延伸产业链条，丰富产品品类。

5.7 重点任务

5.7.1 推进林果提质增效

坚持市场导向，深入推进林果业提质增效工程，稳面积、提质量、优结构、强加工、创品牌、促销售、增效益，把林果业作为重点产业来打造，推进区域化布局、标准化生产、市场化经营，以提升果品品质为主攻方向，提升林果产品有效供给质量和效益。

(1)加快红枣、核桃密植园疏密改造。根据树龄、郁闭等情况，合理确定单位面积有效株数，在不影响果农特别是贫困户增收的前提下，依据树龄、株行距，按照不密不疏、密了再疏、该疏则疏、应疏尽疏的原则，核桃以 11~22 株/亩为主，红枣以 55~110 株/亩为主，通过移栽、间伐、填平、补齐、整形、修剪等措施，彻底改善果园通风透光条件。以市场需要的品质、品种为导向，在大田和大棚加大实生树嫁接、品种混杂果园及老果园改造，减少果品混杂，提高果品商品率。

(2)大力推行绿色生产技术标准。坚持生态健康的绿色生产方向，按照施肥、浇水、喷药及收获等环节绿色果品生产相关标准，向基层编制印发干部一看就明白、群众照着就会干的主要果树栽培管理技术明白册，简化技术、简便管理，按照示范园行政领导、科技人员、示范户"三位一体"相结合的方式，推行果园清洁、疏密改造、整形修剪、品种改接、配方施肥、疏花疏果、有效间作、按需供水、病虫防治、适期采收、分级处理等综合管理措施应用，在地州市、县市区、乡镇建设可复制、可推广、易实施的提质增效示范园，推动绿色标准生产技术的推广普及。

(3)推进果园承包经营权流转。始终坚持农村家庭承包经营制度，坚持稳定农村土地承包关系，在坚决不改变承包果园的农业用途，确保农民收入只增不减的前提下，遵循平等协商、依法、自愿、有偿的原则，引导和鼓励果农以转包、出租等符合有关法律和国家政策规定的方式，将果园承包经营权流转给栽培管理技术更高的大户、合作社或果品加工销售企业，一方面，通过大规模、集约化、现代化生产，提高一产水平，增加种植效益；另一方面，通过承包费、返聘务工，增加农民收入。承包方依法取得土地承包经营权证后，可以采取转让、出租、入股、抵押或者其他方式规范流转。

(4)合理解决果粮果棉间作问题。加大行政推力，按照"宜农则农、宜果则果"的原则，逐步建立粮食、棉花退出果园机制。组织相关部门和专家对不同树种、树龄果园间作问题进行调查研究，制定科学规范的退出标准、操作规程，积极开展"纯园"模式标准化建设试点，推行果草间作（种植绿肥），对不到达产年限的果园可以间作矮杆小宗经济作物及中药材、香料、饲草等，提高果园综合生产能力。

(5)大力推广水肥一体化应用技术。实施高效节水，每亩果园年需水量可由 700~800 立方米降至 500~600 立方米，用水量减少 30% 以上。因此，应大力推进林果高效节水工程，加快果园斗农渠防渗改造，加快水肥一体化设施的推广应用，在果园每年保证 1~2 次地表灌溉压碱的基础上，实现果树生育期全程水肥一体化供给。同时，加快改革林果主产区现行农业配水制度，实行以林果为主的配水制度，按照果树需水规律和特点进行配水，保证萌芽水、花后水、助果水、越冬水等关键用水。

（6）加强林果灾害防控能力建设。按照"发挥主体主责，不等不靠，走群众路线，尊重群众首创，尊重基层实践"要求，针对红枣枣瘿蚊、核桃蚧壳虫、杏食心虫等林果病虫害，分区域、分果园有针对性制定防治方案，通过统一组织、统一时间、统一安排、统一用药、统一防治，有效遏制病虫害发生危害和扩散蔓延。采取"土洋结合"的管理措施和病虫害防治技术，加快提升检验检疫、监测预报、综合防治能力和水平。要突出公益性，以政府为主导，普及以石硫合剂为主的基础性防治，积极推行用药少、效率高的飞机防治，实现联防联控、统防统治。加强防范低温冻害、大风沙尘、冰雹、强降雨等自然灾害的指导，做好极端天气来临之前的防范和灾后的恢复生产等工作，最大限度减轻灾害损失。

5.7.2 提高加工转化能力

依托丰富优质的林草资源，大力培育林草产品精深加工和仓储体系，扩大新疆特色以特色林果业为主体的林草产业的影响力，提升产品附加值。

（1）加强冷链仓储物流基础设施建设。加快林草产品贮藏保鲜体系建设，引导各种经济成份积极参与发展林草加工贮藏保鲜产业，重点发展现代化气调保鲜、冷藏保鲜，辅以精确分级技术、杀菌处理。支持企业、合作社建设一批有一定规模的贮藏保鲜设施，延长产业链，形成果品贮藏保鲜集群优势。同时，通过援疆机制，重点在北京、上海、广东、浙江、武汉等城市建设集仓储保鲜、物流配送、品牌展示等功能为一体的销地交易配送专区，着力完善批发和终端配送体系，减少中间环节，降低流通成本，搭建林草进军内地市场的绿色"快车道"。

（2）提升果品初级加工能力。大力支持林草加工业发展，鼓励支持林草加工龙头企业引进先进生产设备，改造升级贮藏、保鲜、清洗、烘干、分级、包装等生产线。大力推广"龙头企业+合作社+农户"和"卫星工厂"经营模式，以一家一户或多户联合为加工单元，促进林草产品的初级加工生产。大力引进央企、有实力的企业到新疆发展林草加工，尽快扩大加工规模，提高科技含量，增强果品就近就地转化能力，延长产业链，提高附加值。

（3）加强果品精深加工能力建设。加强自治区林草产品精深加工的顶层设计和布局，支持新疆果业集团等一批发展基础好、辐射带动作用大、市场竞争力强的林草精深加工企业发展壮大。以残次果、等外果的加工转化为重点，加大与科技研发机构特别是国内知名院校的合作力度，开发果油（核桃油、杏仁油等）、果脯、果汁、果酱、果酒、果粉及罐头等适销对路的系列产品。同时，充分利用果皮、油粕、果核、果渣等加工附产物，提高原料利用率，将原料"吃干榨净"，建立完整的产业链，推进一、二、三产融合发展。

5.7.3 实施林草品牌战略

按照自治区党委提出的"叫响新疆农牧产品绿色、生态、有机品牌"要求，加快形成以林草产品区域公用品牌、大宗农产品品牌、特色林草产品品牌和企业品牌为核心的林草品牌格局。

（1）健全林草品牌体系。按照"同一区域、同一产业、同一品牌、同一商标"的原则，完善品牌标识管制机制，突出区域特点，支持优势企业、产业协会培育打造各具优势的区域公用品牌。重点支持库尔勒香梨、吐鲁番葡萄、吐鲁番哈密瓜、阿克苏苹果、和田玉枣、和田玫瑰、伊犁薰衣草等一批具有知名度的区域林草产品品牌发展。

（2）全面提升企业产品品牌。引导新型林草经营主体依法开展商标注册和版权登记。加大地理标志商标品牌培育力度，推动地理标志产品规范管理，保持地理标志产品特有的品质优势和质量稳定，着力打造一批比较优势突出、市场竞争力强的地理标志品牌。支持和鼓励企业打造文化底蕴足、地区特征明显、市场信誉度高的"小而美"特色林草产品品牌。

（3）抓好品牌文化宣传。提升现有品牌，做强知名老品牌。鼓励发展企业品牌。加大林草品牌营销力度，加快构建品牌林草产品现代营销体系。借助林草产品博览会、农贸会、展销会等渠道，充分利用电商平台、线上线下融合、"互联网+"等创新方式，加强品牌市场营销。

（4）强化农业品牌宣传推介。构筑新疆林草品牌宣传网络，利用国内主流媒体，集中开展品牌宣传推介，亮好"新疆名片"，扩大新疆品牌林草产品知名度、美誉度和影响力。每年组织一次名优品牌林草产品评选活动。

（5）完善农业品牌服务体系。建立林草品牌目录制度，制定并定期发布自治区林草品牌目录。加大对林草品牌建设的政策扶持，制定自治区林草品牌发展规划。强化品牌保护，维护品牌经营主体的合法权益，引导建立区域公用品牌的授权使用机制。加强监管执法，完善跨区域、跨部门的打假维权协作机制，严厉打击各类侵权假冒行为。

5.7.4 健全市场营销体系

加快建设林草市场营销体系，积极开发高端市场，努力建设营销网络，扩大新疆特色林草产品的市场竞争力和影响力，不断提高新疆林草产品在国内外市场的占有份额，在更宽领域和更深层面上全力推进林草产品市场开拓工作。

（1）加大市场推广力度。根据消费者的不同需求及收入情况来提供不同性质和不同价格层次的产品，以比竞争者更快、更好、更新和更廉价的营销方式来满足疆内不同消费群体的需求；在国内，积极组织疆内各种特色以特色林果业为主体的林草产业化龙头企业参加国内各类展销会、洽谈会，进一步增强项目合作和招商引资，扩大新疆特色林草产品营销网络及布局。充分发挥19省（直辖市）对口援疆机制的作用，采取"一对一"模式，逐步在援疆省市的重点城市建成一批专卖店、加盟店、连锁店，在一些有影响力的批发市场建立新疆特色林草产品展销中心；在国外，我们要实施农产品"走出去"的战略。大力开拓以周边国家为主的农产品国际市场，组织外向型龙头企业在中亚、俄罗斯等地区进行市场考察、贸易洽谈和项目投资，找准新疆农产品市场定位。依托口岸优势，进一步扶持外向型林草产品出口生产、加工基地，推动外向型农业向更广领域、更深层次发展。在消费群体中，充分利用电视、报刊、杂志、广播、互联网等各种媒体，宣传和推广特色林果产品，提高产品知名度。

（2）加强产地交易市场建设。在林草主产区加快建设与基地生产相衔接的果品产地批发交易市场，打通农户销售与经销商采购的联系渠道，解决农户价格信息不灵、经纪人收购产品压级压价。完善市场基础设施，提升市场功能，着力打造集收购、加工、贮藏、保鲜、运输、销售、配送、监管、配套服务为一体的现代林草市场流通体系。以新疆电子商务科技园及地州级电子交易市场电商运营平台物流配送中心为依托，大力推进全自治区林草电子商务平台体系建设，广泛推广"互联网+林草产品"电子商务营销模式。

（3）提升稳定林草市场价格能力。根据《南疆特色林果业托市收购助力脱贫攻坚工作方案》要求，积极引导和支持重点龙头企业、民营企业参与果品托市收购和红枣期货，加强果品托市收购政策和红枣期货规则的宣传。及时了解各类林草通货价格，协同推动以国资国企、供销系统以及具有一定实力的民营企业开展南疆四地州红枣、核桃和杏托市收购工作。借助郑州交易所红枣期货上市平台，引导企业、合作社和农民加强建立紧密的利益联结机制，进一步增强广大枣农对红枣标准化生产和分级重要性的认识，利用新疆10个红枣交割库，加强红枣收购，扩大红枣销售，进一步稳定红枣价格，有效锁定市场风险。同时，不断研发上市更多的新疆林草期货产品，进一步提升期货市场服务实体经济的能力和水平。

(4) 提升林果产品外销平台建设水平。以南疆为重点，加快构建林果产品新疆内外收购销售"两张网"，围绕林草种植、产品加工、市场营销产业链，促进产、加、销升级，促进林果产品市场均衡供应。分别在东疆、南疆、北疆召开林果业提质增效企业研讨会，帮助企业解决运营中存在的困难和问题，帮助提供必要的政策支持。编制《新疆林草产品指导目录》，在北京、广东、上海、浙江等主要林草销售市场，开展新疆内加工企业与内地销售企业对接洽谈活动；利用国内外各类展会、交易会等平台，进一步宣传、推介、展示新疆林草产品，缓解红枣、核桃、苹果、香梨等林草产品集中上市的销售难题。建立跨省合作机制，用好援疆机制，扎实推进实施"百城千店"工程，深化产品外销、农超、农批对接，提高新疆林草的市场占有率和竞争力。

5.7.5 促进三次产业融合

以推进国土绿化、持续深化林草改革创新为着力点，加快以特色林果业为主体的林草产业供给侧结构调整，促进以特色林果业为主体的林草产业一、二、三产业融合发展。

(1) 推动林草产品综合开发利用。依托于主导产业基地，按照"标准化、多样化、多极化"的思路，通过龙头企业带动、项目招商联动、科技创新驱动、商标品牌驱动等举措，推动以特色林果业为主体的林草产业转型升级。通过新技术、新工艺、新方法的运用，加大林草产品开发力度，深挖精深加工潜力，优化产品结构。

(2) 发挥以特色林果业为主体的林草产业休闲功能。推进经济林产业与旅游观光、文化娱乐、餐饮服务的融合发展。利用种植基地、示范园区、古树名木等自然和人文资源，发展生产加工、观光采摘、农事体验、休闲游憩等融合的经营项目，依托现代林果园区，积极培育丰富的休闲度假产品，促进一、二、三产业融合发展。

(3) 优化以特色林果业为主体的林草产业的组织体系。引导发展以林草产品生产加工企业为龙头、专业合作组织为纽带、林农和种草农户为基础的"企业+合作组织+农户"的以特色林果业为主体的林草产业经营模式，引导农牧民开展专业化、标准化种养生产，打造现代林草业生产经营主体，构建和延伸"接二连三"产业链和价值链，促进一、二、三产业融合发展。

5.7.6 培育产业龙头企业

以特色林果业为主体的林草产业经营的核心环节是龙头企业的发展，龙头企业经济实力的强弱和牵动力的大小，决定着农业产业化经营的规模和成效，应把龙头企业的建设作为实现以特色林果业为主体的林草产业化经营的重点环节。

(1) 引进和培育产业龙头。要按照放宽政策，放活经营，大胆扶持，放手发展的思路，采用招商引资的办法，加速培育一批产业关联度大、技术水平高、带动能力强的龙头企业，对现有的龙头企业给予重点扶持。以林业专业大户、家庭林场、农民专业合作社、龙头企业和专业化服务组织为重点，加快新型林业经营体系建设，鼓励各种社会主体参与以特色林果业为主体的林草产业发展。培育与建设一批类型多样、资源节约、"产、加、销"一体、辐射带动能力强的省级以上龙头企业，推动组建国家林业重点龙头企业联盟，加快推动产业园区建设，促进产业集群发展。

(2) 引导龙头企业做大做强。龙头企业要面向市场，采取提高产品质量和科技含量的途径来着力培育自己的产品品牌，要从实际出发，采取合同契约制、股份制或合作制的形式，与农民建立"公司+农户"或"公司+基地+农户"的公平合理的利益联结机制，做到按订单组织生产，从而形成生产有产品销路，加工有原料供给，以"龙头"带动基地，用基地促进"龙头"的生产经营格局。

5.7.7 构建质量安全体系

建设质量认证体系，不断完善全程追溯协作机制，提升林草产品质量安全与公共安全水平，更好地满足人民群众生活和经济社会发展需要，提升新疆林草产品的美誉度。

(1) 加快质量认证体系和追溯体系建设。充分利用"地理产品保护标志+商业商标"和"地理标志证明商标+商业商标"的商标知识产权属性来保护新疆林草品牌，构建新疆林草品牌集群。一是要鼓励支持加工龙头企业、农民专业合作社和种植大户积极开展基地建设和产品"三品一标"认证、SC产品质量认证、森林生态标志产品认定。二是要从整体上提升林草产品质量安全水准，加强林草产品质量标准体系建设、林草质量安全检测体系建设，采用标准化的生产和管理技术进行林果品生产，以市场信息平台建设为突破点，围绕林草产地投入、生产环境与技术、林草质量以及林草产品生产、贮藏、运输包装等方面，建立较完善的、与国际国内林果业质量安全标准相衔接的林草产品质量安全标准、检测检验标准、质量安全认证标准等，以特色林果业为主体的林草产业的标准、规范化的生产，应推广落实到各县市乡林草生产的全过程。三是要加快完善监测手段，对林草生产资料的质量检测和林草生态环境的监测都要加强，提高新疆地区林果产品在国内外市场上的竞争力。四是要深入探索有机林草产品的生产技术和方法，积极发展有机绿色特色林草产品基地建设，为占领更高端林草产品市场打好基础。

(2) 建立果品准出基地制度。基地果品分为鲜食果品与加工果品，对这两种果品的出园条件建立严格基地准出制度，只有符合鲜食市场要求的果品与符合加工企业要求的果品才能准出。一是要严格管理，商检局作为出口商品质量监督部门对基地的果品生产过程进行监控，对果品质量进行检测，并对鲜食销售企业与加工企业人员进行监督。二是要推广绿色生产技术，对果农进行培训，使其熟练掌握安全生产技术，推广果实套袋、诱虫灯等先进生产技术，减少农药、化学肥料的使用量，增施农家肥等各种有机肥，才能确保生产的果品在质量、卫生安全指标达到出口要求。三是鼓励采取"公司+农户"的模式培育发展原料基地，逐步实现由分散经营向适度规模经营，由粗放经营向集约化经营，由兼业为主向专业化生产转变，形成"产、加、销"、贸工农一体化、系列化生产。

(3) 构建林草产品"绿色通道"。检验检疫、公路、铁路、民航、海关等部门要落实国家有关农产品"绿色通道"政策，对林草产品运输减免有关收费，主动提供优质、快捷服务，确保快速流通。检验检疫部门要对林草产品实行产地检疫，凡持有效期内检疫证的，任何部门不得重复检疫。对符合质量要求、守信用的企业，经有关部门批准，给予免检或委托自检，并免收相关费用。加强农副产品运输能力建设，铁路、民航要支持林草主产区、大型批发交易市场和林草产品加工龙头企业开展大宗果品运输预约服务，优先提供运力，做到货到即运。海关、商检部门要对林草产品出口简化手续，支持各类营销主体开拓国际市场，提高通关速度。

5.7.8 提升科技服务水平

有效解决涉及林草业发展的关键技术问题，初步实现林草科技管理的智能化，建立适应林草发展需求的科技推广机制和科技服务网络体系，加快以特色林果业为主体的林草产业的机械化进程，为以特色林果业为主体的林草产业持续快速发展提供科技支撑。

（1）加强科技服务体系建设。加快形成以科研院所为依托，以县市林管站、园艺站为主体，乡镇农业技术推广站、林管站为纽带，农民技术员、科技示范户为网络的区、地、县、乡、村五级林果技术服务体系。实施农村实用人才带头人培训计划和"一户一个明白人"培训工程，加大实用技能培训，联合自治区农科院、林科院、新疆农业大学、塔里木大学、新疆林业学校，选派既有理论知识、又有实践经验，既能讲授专业知识、又能现场技术指导的专家，采取与原单位工作"脱钩"，常驻地州、县市，以乡村干部、技术服务队、农户为主要培训对象，采用田间观摩示范教学等方式，紧扣提质增效关键技术，边指导、边服务、边督促，住在基层、干在基层，把论文写在大地上，成果留在百姓家。选择年青有文化的农民，在林草主产区乡（镇）组建1~2个由农民技术员和专业技术人员组成30~50人的林果技术服务队。积极探索政府购买服务和龙头企业、专业合作社开展林草技术有偿服务方式，加快形成以公益性服务为主导、经营性服务为补充的全覆盖社会化服务网络。

（2）加速科技研发和推广。制定优惠政策，积极组织技术人员深入生产第一线调研，鼓励参与科技开发和承包经营，及时解决疑难技术问题，提供模式栽培技术，大力推广嫁接修剪、疏花疏果、节水灌溉、配方施肥、生长调节剂、果实套袋、管道喷药和病虫害生物防治、贮藏保鲜、精深加工、分级包装等实用技术。对各种技术措施进行筛选、组装、配套，集成技术优势，依托工程带动，结合基地建设，全面提高科技水平，把以特色林果业为主体的林草产业的科研重点转移到推广应用上，使科研和推广有机结合。

（3）提高机械化生产水平。发挥市场作用，推进企业和科研人员的紧密结合，加快适合林草生产的机械化关键技术与设备的引进、试验、示范，重点推广灌溉、施肥、修剪、喷药及果品收获、清洗、保鲜、贮藏、烘干、分选、包装等机械化技术与设备，推进生产全程机械化。

5.8 政策建议

新疆以特色林果业为主体的林草产业已经取得了显著的成绩，且具有良好的发展机遇和发展条件，本研究在对新疆以特色林果业为主体的林草产业发展环境进行分析的基础上，提出以下政策建议，为有关部门制定以特色林果业为主体的林草产业发展政策提供参考。

5.8.1 巩固完善林业产权制度改革

集体林权制度改革"回头看"。以明晰产权、承包到户为核心，认真组织开展集体林权制度主体改革"回头看"活动，深入查找和整改主体改革工作中存在的问题，进一步巩固和发展主体改革成果。一是开展集体林权确权颁证查遗补漏纠错工作。依托农村土地承包经营权确权、林权类不动产登记颁证等工作，重点核实以经济林为主的商品林土地性质，将种植于耕地特别是基本农田上的经济林不纳入集体林范围；全面推进土地性质明确以防护林为主的公益林确权颁证，使集体林确权颁证率达到90%以上。二是深入开展国家集体林业综合改革试验玛纳斯示范区建设，重点在集体林地"三权分置"、林业社会化服务体系、财政扶持制度、金融支持制度、林权流转机制和制度等方面开展试验示范，力争探索一批可复制、可推广的经验，为深化集体林权制度改革探路子、做示范。三是改革国有林区、国有林场旅游资源管理使用机制和旅游收入分配机制，使国有林场、森林公园增加收益，调动人员的积极性。充分利用林业生物资源量大的优势，开发具有特色的林产业开发项目，形成具有地方特色、市场竞争力强的特色产业群体。

5.8.2　设立以特色林果业为主体的林草产业建设专项资金

切实增加以特色林果业为主体的林草产业投入，重点争取以特色林果业为主体的林草产业建设专项资金的持续投入和逐步增加，以保证重大以特色林果业为主体的林草产业创新示范项目实施的连续性。一是要增加以特色林果业为主体的林草产业推广体系建设和以特色林果业为主体的林草产业推广项目的资金投入，加速以特色林果业为主体的林草产业成果的转化和林业先进实用技术的推广应用，切实提高以特色林果业为主体的林草产业的支撑能力。对造林绿化工作要做到"三加三不减"，即"造林绿化的领导力度只加大不减小，资金支持只增加不减少，目标考核只加强不减弱"，充分体现各级政府狠抓绿化，建设生态文明的坚定信心，把新增造林面积纳入考核政策的主要指标之一。二是要设置专项资金加大对林区道路建设，加大对林业工作站、种苗站、技术推广站、森林病虫害防治检疫站、木材检查站、林政稽查机构、森林派出所、林权管理服务机构等基层林业站所以及林业执法监督体系、林业综合行政执法机构的基本建设投入。

5.8.3　加强农林业关键性技术研究

一是扎实推进科技创新。在林产业发展技术上，以提高质量效益产出技术为主。在林木种苗技术上，以开发乡土树种为主。二是大力推广林业科技成果及实用技术。积极推广林果新品种和抗旱造林集成技术等实用技术。三是依托高校、科研院所等专业平台，积极开展科技推广示范、优良品种培育、生态监测技术、林业科技富民工程等。四是建立和完善区、市（县）乡镇三级林业科技推广机构，稳定林业技术推广队伍，提高社会化服务能力。五是加快林产业产品质量标准体系建设。建立健全由国家标准、行业标准、地方标准和企业标准组成的林产品技术标准体系。建立健全林产品质量检验检测体系，从良种使用、基地建设、生产加工、储存流通、销售利用、市场营销等环节进行监管，确保林果产品质量安全。六是加快培育行业创新人才和农牧区致富能手。积极开展科技知识、适用技术及管理技能等培训，有效带动广大农民成为有觉悟、懂技术、善经营、会管理的新型劳动者。

5.8.4　积极建立多渠道投融资平台

一是建立以政府政策为引导、市场融资为主渠道、非公有制投资为主体的资金投入模式，把财政、工商、金融等各类资金吸引到林业上来，为提升林业发展水平提供资金保障。加大招商引资工作力度，重点推进以特色林果业为主体的林草产业发展。二是加强与财政、发改、金融等部门的协调，积极落实产业扶持、财政支持、税收优惠、金融服务等优惠政策，协调出台相关配套措施。鼓励采取股份制、股份合作制和承包、租赁、兼并、收购、出售等经营方式，建立鼓励各类社会投资主体参与林业建设的社会投入机制。三是完善金融服务，加强对林权制度改革与林业发展的金融服务工作。银行等金融机构要积极开办林权抵押贷款、小额信用贷款、林农联保贷款等业务，开发与林业生产周期相匹配的金融产品，延长贷款期限，切实加大对林业发展的有效贷款投入。探索创新集体和个人、中小企业、林业专业合作社组织的信贷管理模式，提高林业生产发展的组织化程度以及贷款信用等级、融资能力，增加林业贴息贷款等政策覆盖面。四是创造宽松的发展环境，全面落实"谁造谁有，合造共有"的政策，在项目准入、资金扶持、税费和资源利用政策等方面，给予各种所有制林业经营主体平等待遇，充分发挥非公有制经济在资金、机制等方面的优势，积极鼓励、支持和引导非公有制林业的发展，促进资本、技术和劳动力等要素在市场资源配置中流向林业。五是通过财政扶持、信贷支持等措施，加快构建公益性服务和经营性服务相结合、专业服务和综合服务相协调的新型林业社会化服务体系。培育林业社会化中介机构，引入市场竞争机制，做好政策咨询、信息服务、科技推广和行业自律等中介服务。六是积极推进政策性森林保险工作，提高财政森林保险补贴规模、范围和标准，鼓励形成政策性保险与商业保险相结合的森林保险体系，提高农户抵御自然灾害的能力。

5.8.5　扶持新型经营主体做大做强

激活集体林地经管管理，以家庭承包经营为基础，以林业大户、家庭林场、农民林业专业合作社、股份合作社、林业龙头企业和专业化服务组织为重点，加快构建集约化、专业化、组织化、社会化相结合的新型林业经营体系。一是积极扶持林业大户，鼓励农户按照依法自愿有偿原则，通过流转集体林地经营权，扩大经营规模，增强带动能力，发展成为规模适度的林业大户。支持返乡农民工、退役军人、林业科技人员、高校毕业生、大学生村官、个体工商户等到农村围绕优势产业和特色品种从事林业创业和开发，把分散经营引入林业规模化、专业化发展轨道。二是大力发展家庭林场，鼓励以家庭成员为主要劳动力、以经营林业为主要收入来源、具有相对稳定的林地经营面积和有林业经营特长的林业专业大户，发展成为家庭林场。三是规范发展农民林业专业合作社，鼓励和支持林业专业大户、家庭林场、职业林农、农村能人、涉林企业等牵头组建农民林业专业合作社，依法进行工商登记注册。加强农民林业专业合作社建设指导，健全规章制度、完善运行机制、优化民主管理、强化财务制度、规范利益分配，保障社员合法权益。积极开展示范社创建活动，推进农民林业专业合作社规范化发展。引导农民林业专业合作社在自愿前提下建立跨区域跨行业的农民林业专业合作社联合社。四是培育壮大林业龙头企业，鼓励和引导工商资本到农村发展适合企业化经营的干果经济林、特色经济林、森林旅游、苗木花卉、林下经济等林业产业。着力打造一批创新能力强、管理水平高、处于行业领先地位的国有控股经济林经营龙头企业。支持林业龙头企业通过做强品牌、资本运作、产业延伸等方式进行兼并重组、联合发展。建立林业龙头企业主导的研发创新机制，推动龙头企业成为技术创新和成果转化的主体。鼓励林业龙头企业通过"公司+合作社+农户+基地"，"公司+农户+基地"等经营模式与农户构建紧密利益联结机制，发挥龙头企业带动作用。

5.8.6　制定产业生态环境保护措施

坚持政策联动、按事权划分的原则，建立健全自治区、市、县三级造林补贴机制和自治区、市、县三级森林生态效益补偿机制，采取捆绑补贴资金、逐级予以补偿的办法，大幅提高补偿和补贴标准，让广大群众看到靠山致富、以林增收的希望。一是建立造林绿化、中幼林抚育、林木良种等财政补贴制度，加大金融扶持林业力度，增加林业信贷投放，加大银行融资造林力度，大力发展林业贴息贷款和林权抵押、林农信用、林农联保等小额贷款，建立政策性森林保险制度。二是建立与社会主义市场经济体制相适应的林业生态建设投入保障制度。三是开展大规模国土绿化行动，加强林业重点工程和重点区域建设，完善天然林保障制度，全面停止天然林商品性采伐，增加森林面积和蓄积量，发挥国有林场在绿化国土中的带动作用，扩大退耕还林还草，严禁移植天然林大树进城。

6 重点生态工程研究

新疆的生态建设，肩负着捍卫2487万新疆人民生存空间、守护祖国西北要地的历史重任。"十三五"期间，新疆林草重点生态工程建设扎实推进，生态文明建设成效显著，为新疆乃至全国经济社会各项事业发展提供了基础的生态安全保障。新的历史条件下，"一带一路"合作倡议、西部大开发、生态文明建设给新疆的社会经济发展提供了新机遇、提出了新要求。这种形势下，系统梳理"十三五"时期林草重点生态工程的经验，科学研判分析当前的形势和任务，提早谋划"十四五"时期重点生态工程的方向和任务，事关全局，意义重大。

6.1 研究概况

6.1.1 研究目标

研究目标是在总结分析新疆林业和草原重点工程建设现状的基础上，提出"十四五"时期新疆林业和草原重点生态工程建设的思路和内容，为保障工程建设顺利建设提出对策建议。

一是分析现状。系统梳理新疆目前正在实施的重点生态工程，重点关注工程建设目标、内容、布局，反映工程建设成效。

二是研判形势。重点生态工程建设是生态文明建设的重要手段、荒漠化地区生态治理的主要方式，也是新疆生态立区战略的重要着力点。研究当前建设重点生态工程的必要性、挑战性和可行性，有助于合理布局，谋划重点生态工程建设方向、目标、内容。

三是发现问题。按照问题导向，深入研究工程建设中存在的突出问题，分析这些问题的成因，为"策"而"谋"，提出有用、可用、管用的对策建议，助推重点生态工程建设顺利开展。

6.1.2 研究方法

（1）文献调查法。系统地搜集、整理了党的十八大以来，中央、自治区的林业和草原改革与发展政策，集中围绕重要规划、重要文件、重要讲话、重要活动，研究新疆林业和草原发展的政策机遇与挑战。

(2)实地调查法。通过对新疆哈密、库尔勒、伊犁等地进行实地调研，了解调查地区生态区位、生态资源保护管理现状、产业发展情况，以及林业和草原发展在地区社会经济发展中所处的地位及发挥的作用。

(3)访谈调查法。与新疆林业和草原局各处室负责人、实地调查地区行业主管部门管理人员、农民等相关利益群体进行详细、深入地交流，了解目前重点生态工程开展过程中存在的问题和改进建议。

(4)会议调查法。在乌鲁木齐市与自治区林业和草原局、发展改革委、财政局、水利局等部门进行会议交流，在实地调查地区与州、县行业主管部门进行座谈交流，充分听取各部门关于新疆生态保护的政策诉求和政策建议。

(5)专家调查法。邀请国家林业和草原局生态修复司、国家林业和草原局管理干部学院、北京林业大学等单位的专家，对研究思路、方法、结果等提出修改意见，并结合专家意见进行反复修改完善。

6.2 "十三五"时期重点生态工程实施情况

"十三五"期间，新疆坚定不移地落实生态立区战略，组织实施了天然林资源保护、退耕还林、三北防护林、防沙治沙、国土绿化、自然保护区和野生动植物保护、湿地保护与修复、林业基础设施建设、林业有害生物防治能力提升、草原生态修复治理试点等重点生态工程，全自治区山川面貌不断美化优化，生态环境质量总体改善，"大美新疆"的目标正在实现。

6.2.1 工程进展

(1)天然林资源保护工程。"十三五"期间，新疆加大天然林和公益林保护力度，天然林面积由2011年的9040.5万亩提高到2016年的10212.15万亩。天然林资源保护20年来，中央财政累计投入资金42.8亿元。其中，2011—2018年天保二期工程财政专项补助30.1亿元，预算内资金0.7亿元，中幼林抚育补助2.7亿元。完成人工造林0.43万公顷(6.50万亩)，飞播造林2.07万公顷(31.07万亩)，中幼林抚育任务15万公顷(225.6万亩)。通过全面保护天然林资源、停止天然林商品性采伐、构建社会保障体系、建设管护体系、培育森林资源及单位改制等措施，新疆建立起天然林资源、野生动物栖息环境及物种多样性有效的资源管护体制。

(2)新一轮退耕还林工程。"十三五"期间，新疆接受国家新一轮退耕还林工程建设任务403.12万亩。目前，已实施新一轮退耕还林329.8万亩，退耕还林工程成效明显：一是有效增加了森林资源总量，全自治区森林覆盖率由工程实施之初的1.92%，提高到现在的4.87%，仅退耕还林工程，使全自治区森林覆盖率增加了0.7个百分点；二是有效改善了生态环境，退耕还林工程建设重点布局在风沙、盐碱危害严重，生态重要区域，通过与三北防护林等林业重点生态工程同步建设，人工造林面积大幅度增加，初步构建起以森林为主体，乔灌草相结合的国土生态安全体系；三是推动林果业发展，各地将退耕还林与林果业发展结合，促进了农民增收，特别是南疆地区，依托749.17万亩退耕还林建设任务，带动形成了环塔里木盆地1200万亩特色林果业基地，实现了改善生态、促进发展、增收致富的有机统一；四是支持脱贫攻坚，退耕还林工程实施以来，全自治区受益农民已达 42.36 万户、170 万人。截至 2018 年，国家累计投入新疆退耕还林工程建设资金 128.6 亿元，农户直接获得的补助达到 94 亿元，户均 2 万元、人均 5000 元，退耕还林工程的实施使一大批农户摆脱了贫困。

（3）三北防护林工程。"十三五"期间，新疆共建设防护林 550.1 万亩。目前，新疆已有 12 个市（州）、82 个县（市）基本实现了农田林网化，全自治区 7000 多万亩耕地 95% 受到三北防护林工程的林网庇护，45 个县（市）通过农田林网化基本上实现了平原绿化达标。目前，新疆基本形成了农田防护林、大型防风固沙基干林带和天然荒漠林为主体，多林种、多带式、乔灌草、网片带相结合的综合防护林体系，为新疆农牧业连年丰收提供了强有力的生态保障。

（4）防沙治沙工程。"十三五"期间，新疆坚持保护为主，采取生物和非生物相结合的治理措施，抑制流沙侵袭、遏制沙化土地扩展，保护和恢复现有天然荒漠植被，对于不具备治理条件的以及因保护生态需要不宜开发利用的连片沙化土地划定为国家沙化土地封禁保护区。针对不同的生态位置采取不同的治理措施，在沙漠前沿建设乔灌草、带片网状的防风阻沙林草带，阻止流沙扩展；在绿洲外围建设以防风、固沙、减灾为主要目的的大型综合防护林体系；在重点设防的地段营造大型防沙固沙林带，阻止流沙移动；在铁路、公路沿线结合地形、气候条件，建造乔灌混交的护路林带；在河谷地带实施综合治理。通过坚持因地制宜、以水定林，依托三北防护林等重点生态工程完成沙化土地治理 1941.73 万亩，造林 936.12 万亩，森林抚育 1331.1 万亩。

（5）国土绿化工程。"十三五"期间，新疆加快推进国土绿化，继续依托三北防护林、退耕还林、防沙治沙等重点生态建设工程，以交通干道沿线、环城绿化带、重要水源地和乡村绿化美化、庭院美化等为重点，见缝插针增绿，不断提升城乡生态宜居水平。目前，已有 12 个市（州）、82 个县（市）基本实现了农田林网化，全自治区 95% 的耕地受到林网庇护，同时还开展了 6600 亩高标准农田防护林试点建设。此外，通过实施乡村振兴战略，先行投入 3250 万元用于 48 个村的绿化美化，筑牢乡村振兴的生态基础。

（6）自然保护区和野生动植物保护工程。"十三五"期间，新疆进一步加快自然保护区建设，首先是自然保护区网络基本形成，新疆现有自然保护区 51 处，总面积 147.74 万公顷，其中湿地生态系统总面积 14.3 万公顷，占自然保护区总面积的 9.67%；野生动植物保护总面积 50.1 万公顷，占自然保护区总面积的 33.97%；荒漠生态系统总面积 4.2 万公顷，占自然保护区总面积的 2.85%；森林草原系统总面积 20.2 万公顷，占自然保护区总面积的 13.67%。目前已初步形成类型比较齐全、布局比较合理、功能较为完备的自然保护区网络，有效保护了全自治区 90% 以上的珍稀野生动植物资源和典型生态系统；其次是自然保护区管理体制进一步健全，主要表现为综合管理和分部门管理相结合的行政管理基本建立，自然保护区管理机构建设进一步强化，相关管理制度进一步完善；最后是自然保护区基础设施建设得到加强，国家相关项目资金相继到位，有效投入到自然保护区基础设施建设和自然保护区能力建设方面，自然保护区整体条件不断改善，管理能力不断提升。

（7）湿地保护与恢复工程。"十三五"期间，新疆继续加大湿地保护与修复力度，一是湿地保护管理网络体系初步建立，通过自然保护区、湿地公园等方式对湿地进行保护管理，截至 2020 年年底共建立湿地公园 51 处，均为国家湿地公园，面积达到 94.28 万公顷，纳入湿地公园的湿地面积 63.58 万公顷，在保护湿地生态系统功能和生物多样性等方面发挥着重要作用；二是加强制度规划建设，依据国家湿地保护有关法律法规和政策，新疆相继出台、修订了《新疆维吾尔自治区湿地保护条例》《新疆湿地保护工程规划(2004—2010年)》,湿地保护走上法制化、科学化道路;三是健全完善相关管理机制和机构,依据地方法规条例,将"县(市)以上林业行政主管部门"确定为湿地保护的主管部门,"负责本行政区域湿地保护的组织、协调、指导和监督管理工作",并在新疆各州(地、市)、县(市)都建立了湿地保护管理机构,初步形成自上而下的湿地保护管理体系和由林业、水利、农业、环保、国土资源等部门组成的湿地保护管理网络,对新疆湿地保护起到了重要的保障作用。

(8)林业基础设施建设工程。"十三五"期间,新疆结合国家林业支撑保障体系建设工程,进一步加大林区基础设施投入力度,完善了以预防、扑救、保障为主的森林防火体系和以监测预警、检疫御灾、防治减灾为基础的有害生物综合防控体系建设,加强了森林、荒漠植被、湿地、物种保护监测和评价体系建设,强化了应对突发林业有害生物、沙尘暴、野生动物疫源疫病等为主的林业应急体系建设,推进了以科技创新与服务为主的林业科技支撑体系建设,不断提升林业永续发展的保障能力。

(9)林业有害生物防治能力提升工程。"十三五"期间,新疆根据《全国动植物保护能力提升工程建设规划(2017—2025年)》中有关林业有害生物建设内容,在全自治区33个国家级中心测报点和5个自治区级测报点投入1710万元进行监测设备改造、更新和建设,及时准确地发布了林业主要有害生物发生情况,为防治决策与管理提供科学依据,推动了主要林业有害生物监测的规范化、数字化、智能化和可视化。根据各地上报的保护区项目实施方案,38个实施单位共购买电脑、打印机等办公设备273台,全电子小气候采集系统、害虫性诱远程监测系统、鼠害云智能采集系统等监测设备共854台(套),交通工具(摩托车)30辆,数码解剖成像工作站、生物显微镜、标本制作工具等实验设备144台(套)。工程完成后,有效弥补了监测调查设备老化、监测调查手段落后等弊端,同时通过智能化、可视化的远程监测设备缓解了目前新疆林业有害生物监测调查人员缺乏、时间紧张等问题,完善了以预防、扑救、保障为主的森林防火体系和以监测预警、检疫御灾、防治减灾为基础的有害生物综合防控体系建设,加强了森林、荒漠植被、湿地、物种保护监测和评价体系建设,强化了应对林业突发有害生物、沙尘暴、野生动物疫源疫病等为主的林业应急体系建设,推进了以科技创新与服务为主的林业科技支撑体系建设。目前,新疆已实现对区域内主要有害生物常发区监测覆盖率达到100%,灾害测报准确率达90%以上的目标。

(10)草原生态修复治理试点工程。2011年新疆启动首轮草原生态保护补助奖励机制,开展水源涵养区禁牧保护行动,将天池、那拉提、巴音布鲁克、喀纳斯等8处草原景区核心区列为水源涵养区,实行禁牧保护,制定专项实施方案,每年安排禁牧补助资金7500万元。2016年启动实施第二轮草原生态保护补助奖励政策,经过两年的禁牧封育,那拉提等8处草原核心区域内的水源涵养区牧草长势良好,生态环境明显改善,禁牧和草畜平衡总面积6.91亿亩。2017年,新疆综合植被盖度、植被高度分别为41.48%和27.9厘米,2012—2016年新疆综合植被盖度和植被高度分别提高1.71个百分点和2.42厘米。

6.2.2 主要成绩

"十三五"期间,在重点生态工程的直接推动下,新疆维吾尔自治区山川面貌不断美化优化,生态环境质量总体改善,"大美新疆"的目标正在实现。

一是林草植被持续恢复。绿化造林有效推进。通过天然林资源保护、退耕还林、三北防护林等重点生态工程,造林绿化有效推进,森林资源持续增长,"十三五"期间森林面积由10473.75万亩增长到 12033.45 万亩，森林覆盖率由"十三五"初期 4.24% 提高到"十三五"末的 5.02%，森林蓄积量由 3.67 亿立方米提高到 3.92 亿立方米。草原资源逐渐恢复。通过草原生态保护补助奖励机制政策（其中，禁牧面积 1.45 亿亩，水源涵养地和草地类自然保护区 510 万亩，草畜平衡面积 5.409 亿亩）、退牧（退耕）还草、已垦草原治理试点、退化草原生态人工种草修复治理试点等重点生态工程，完成退牧还草工程围栏 1050 万亩、退化草原改良 269 万亩、人工饲草地建设 77 万亩、舍饲棚圈 43066 户、毒害草治理 115 万亩；完成退耕还草任务 91.84 万亩；完成已垦草原治理 185.5 万亩，围栏封育工程区内，植被高度、盖度、产量较工程区外有较大提高。天然草原面积 8.6 亿亩，可利用草原面积 6.9 亿亩（不含兵团），居全国第 3 位，约占全国草地总面积的 1/6。

二是沙漠治理成绩显著。"十三五"期间，通过防沙治沙等重点生态工程，新疆共完成沙化土地治理 2837.56 万亩，现有沙化土地封禁保护区 38 个，面积 730.84 万亩，占全部沙化土地总面积的 0.63%，沙漠侵蚀人类生存空间的情况得到初步遏制。

三是生物多样性保护不断加强。通过自然保护区和野生动植物保护、湿地保护与修复等工程，新疆共建立各类自然保护地 204 个，国家和自治区级各类自然保护区 29 个（不含兵团 4 个），占地面积 1968.86 万亩；湿地公园 51 个，占地面积 141.26 万亩；森林公园 58 个，占地面积 170.39 万亩；沙漠公园 27 个，占地面积 287.89 万亩；风景名胜区 25 个，占地面积 2.02 万亩；世界自然遗产地 1 处，占地面积 910.24 万亩；地质公园 13 个。通过严厉打击乱占滥建、乱砍滥伐、滥捕乱猎等违法犯罪行为，重特大涉林刑事案件上升势头得到有效遏制，有效促进了新疆生物多样性保护。

四是人居环境改善明显。近年来，新疆以改善城乡生态环境、提高居民生态福利为主要目标，积极开展国家森林城市、自治区级森林城市（县城）、森林乡镇、森林村庄创建工作，以大地植绿、心中播绿，构建完备的城市森林生态系统，打造便利的森林服务设施，建设繁荣的生态文化，传播先进的生态理念，助力新疆生态文明建设，使得新疆人居环境普遍改善，阿克苏建成西北首个森林城市，哈密等城市依托城中河流兴建城市湿地公园，使广大市民得享树荫水绿，乡村振兴战略先行投入 3250 万元用于 48 个村的绿化美化，建设生态宜居的美丽乡村。

五是生态增收作用突出。新疆林草资金和项目继续向贫困地区倾斜，投资占比高于 35%。同时，面向建档立卡贫困户推出相关扶贫政策，从贫困户中选聘 38200 名生态护林员、5000 名草原管护员，仅此一项便带动 17.2 万人精准脱贫。此外，各项林草工程的实施，带动了更多的贫困人口就地务工脱贫。退耕还林工程中，特色林果富民作用逐步显现。目前，特色林果收入占农民收入 25% 以上，一些林果重点县占比已超过 50%，特色林果主产区农民人均林果业纯收入突破 3000 元，占农民人均年纯收入的 1/3。

六是灾害防治扎实有效。2012 年，新疆维吾尔自治区政府印发《关于成立自治区林业有害生物防控工作领导小组的通知》，自治区林业厅与各市（州）政府签订目标责任书，明确行政首长负责人，坚持"属地管理，政府主导"原则。同时，一批规范化、数字化、智能化、可视化的监测监控设备陆续配置到位，对区域内主要有害生物多发区进行 100% 覆盖，测报准确率在 90% 以上。

6.2.3 基本经验

"十三五"期间，新疆的生态建设取得了良好成效，这主要得益于以下几点经验。

一是坚持服务大局，确保生态治理正确方向。重点生态工程实施坚持服务区域可持续发展的大局，坚持服务中华民族永续发展千年大计的大局，坚持服务习近平总书记对新疆"经济繁荣、民族团结、环境优美、人民富裕"要求的大局，将重点生态工程实施与生态文明建设相结合，与生态惠民相结合，与区域绿色发展相结合，正确处理保护与发展、生态与经济、短期利益与长期取舍的关系，努力克服技术、资金、人员等各项困难，推进重点生态工程稳步实施。坚定大局意识，保证了新疆生态建设、城乡绿化、生态系统治理的正确方向，使工程实施的各项工作不断取得新的突破，绿化造林有效推进，草原资源逐渐恢复，沙漠治理成绩显著，生物多样性保护不断加强，人居环境改善明显，生态增收作用突出，灾害防治扎实有效。

二是加强组织领导，统筹各项工作安排部署。"十三五"期间，新疆各级党委、政府及各有关部门从可持续发展的战略高度出发，增强林草重大工程实施的紧迫感、责任感，不断加强对林草重大工程建设的组织领导工作。按照中央"党政同责""一岗双责"的要求，解决"一把手"少数关键问题，实行党政领导林业生态建设目标责任制，明确各级地方政府实施规划的主体责任，通过层层签订责任状，将责任落实到人，将建设任务纳入党政领导干部政绩考核。强化对规划实施的监管，建立系统科学、准确快捷的生态建设监测办法，完善生态环境保护考核办法和责任追究制度，实行生态环境损害责任终身追究制度，健全生态环境监管制度和政绩考核制度，加大督查力度，确保生态环境安全。有力的组织领导，使得新疆能够站在全局高度了解自身实际、认识自身发展需要的基础上，制定核心目标，统筹调配各项资源，优化相关工作流程，积极稳妥推进重点生态建设。

三是强化法制建设，健全工程实施管理规范。新疆各级党委、政府坚持依法治国、依法治林的科学理念，以法制手段保障林草重大工程顺利实施。第一，完善法律制度，加快推进新疆维吾尔自治区森林公园、湿地保护、天然林资源保护、退耕还林（草）等方面的立法工作，出台了《新疆维吾尔自治区湿地保护条例》《新疆维吾尔自治区新一轮退耕还林还草工程管理办法（暂行）》《新疆维吾尔自治区退牧还草工程管理办法（暂行）》等条例制度，完善了相关制度体系，确保了工程实施与管理有章可循、有据可依。第二，严格执法执纪，从严打击各类涉林违法犯罪活动，通过森林公安、资源林政、野生动物保护、林业工作站、自然保护区等部门间合作，形成合力，为工程实施创造良好的法律环境。第三，不断加大法律政策宣传，加强政策解读和舆论引导，充分利用电视、报纸、微博、微信等多种媒体形式，为工程实施创造良好的社会认知和舆论氛围。健全的法律制度体系，使得新疆重点工程实施各环节有章可循、有据可依，规范了工程建设，为工程管理提供了必要的基础保障。

四是加大资金投入，夯实工程建设物质基础。中央政府和新疆各级党委、政府不断加大林草重大工程资金投入力度，为林草重大工程推进提供必要物质支撑。"十三五"期间，新疆林草财政资金投入共计210.40亿元，其中中央投入184.65亿元，较"十二五"中央投入的126.8亿元，增长了57.85亿元，增幅达45.62%。国家支持新疆实施各类重点生态工程建设1075.31万亩，其中天然林资源保护工程二期25.4万亩；实施新一轮退耕还林329.8万亩；三北防护林工程550.1万亩；天山北坡谷底森林植被保护与恢复工程87.98万亩；塔里木周边防沙治沙工程82.03万亩。必要的资金投入，为工程建设提供了基本物质条件，是工程顺利开展、保护取得效果的基本条件。

五是加强科技创新，突破生态修复技术瓶颈。新疆坚持遵循林业科技规律，以"深化改革、自主创新、重点突破、加速转化、驱动发展"为指导方针，聚焦创新驱动林业发展战略，以突破核心关键技术、强化技术集成配套、改善林业科技创新条件为重点，全面提升林业科技创新能力，有效突破制约林业发展的技术瓶颈，促进林业科技成果转化和推广应用，取得一批影响力大、标志性的重大科技成果。例如在造林过程中，大力推广树盘覆膜、大苗全株浸泡和针叶树容器苗造林，并应用生根粉、保水剂、稀土抗旱剂、喷洒抑制蒸腾剂等系列抗旱造林技术，适应本土环境，在国内外取得了较大影响力。科学技术的创新，解决了制约新疆生态修复的关键技术难题，在中国乃至全世界都具有典型的示范引领作用。

6.3 "十四五"时期重点生态工程建设形势分析

"十三五"时期以来,新疆以绿色发展指标、生态文明建设目标为重点,统筹协调推进生态文明建设,坚定不移走生产发展、生活富裕、生态良好的文明发展道路,坚持绿色发展、循环发展、低碳发展,加快建设资源节约型、环境友好型社会。

6.3.1 加强重点生态工程建设的必要性分析

6.3.1.1 重点生态工程是生态文明建设的重要立足点

党的十八大以来,以习近平同志为核心的党中央把生态文明建设纳入中国特色社会主义事业"五位一体"总体布局中,先后出台了一系列重大决策部署,推动生态文明建设,并取得了重大进展和积极成效。但是,生态系统脆弱、生态承载力低下、生态系统退化,仍然是经济社会可持续发展的重大瓶颈制约,需要坚持保护优先、自然恢复为主的基本方针,继续发挥重大生态工程对重点生态功能区进行集中整治、系统治理的作用,补齐生态短板,拓展重点生态功能区。新疆有45个国家级重点生态功能区、县(市),占全自治区县(市)数量的48.9%。新疆是我国重点生态工程的集中实施区,全自治区正在实施的塔里木盆地周边防沙治沙工程、天山北坡谷地森林植被保护与修复工程、艾丁湖生态保护治理工程等一批重大生态保护和修复工程,逐渐用生态"底色"描绘出发展"绿色"。"十四五"时期新疆生态保护和治理需要继续沿用重大工程推动生态大发展的思路,发展生态资源,增加生态产品供给,提供生态价值,巩固和优化西北生态安全屏障体系。

6.3.1.2 重点生态工程是生态治理体系和治理能力的先行示范点

2019年,党的十九届四中全会通过了《中共中央关于坚持和完善中国特色社会主义制度 推进国家治理体系和治理能力现代化若干重大问题的决定》,对推进国家治理体系和治理能力现代化进行总部署和总动员。林草治理体系和治理能力现代化是国家治理体系和治理能力现代化的重要组成部分,林草重点生态工程是贯彻落实林草治理体系和治理能力现代化的重要平台。目前,国家正在实施的天然林资源保护工程、退耕还林工程、三北防护林工程等,都是从强化工程管理入手,建立了工程建设目标责任制,签订责任状,从上到下建立起完善的目标、任务、资金、责任"四到省"管理体系;强化规章制度建设,完善各项实施办法;不断强化工程资金使用、工程核查等监督,加强森林管护考核、工程信息报送及档案管理等工作,实现了各项工作有章可循,确保工程质量。林草重点生态工程建设和发展历程是建设国家生态治理体系、强化生态治理能力的历程,也是新疆林草业生态建立生态治理体系、强化生态治理能力的重要抓手。"十四五"时期,新疆继续开展重点生态工程,从实行最严格的生态环境保护制度、全面建立资源高效利用制度、健全生态保护和修复制度、严明生态环境保护责任制度等四个方面入手,完善林草治理体系的总体思路、主体框架和重点任务,让林草制度体系建设前后衔接、林草治理制度更加成熟更加定型,为我国乃至全世界荒漠化地区在生态治理体系和治理能力方面进行试点示范,对中国其他地区治理提供先进经验。

6.3.1.3 重点生态工程是建设绿色"一带一路"的重要战略保障点

2013年9月和10月,国家主席习近平在出访中亚和东南亚国家期间,先后提出共建"丝绸之路经济带"和"21世纪海上丝绸之路"("一带一路")的重大倡议,得到国际社会高度关注。"一带一路"沿线大多既是新兴经济体和发展中国家，又是世界经济较有活力但粗放发展的地区；既是自然资源集中生产区，又是集中消费区；既是生态环境类型多样性地区，又是生态环境脆弱区。现存生态环境能否支撑起"一带一路"庞大的发展规模和任务，一直是全球关注的焦点。新疆地处"一带一路"关键区，与多个国家和省份毗邻，林业和草原不仅是新疆经济社会发展的重要组成部分，是新疆各族人民安身立命之本，也是"丝绸之路经济带"核心区生态防护的重要生态保障，新疆的生态安全和生态承载力，不仅关系着自身的发展，更对"一带一路"联通有着非常重要的作用。因此，围绕"一带一路"倡议，加快重点生态工程建设，加快构建"丝绸之路经济带"核心区绿色生态屏障；深化"一带一路"林业和草原务实合作，推进中国—中东欧建立林业区域合作机制建设，着力打造"丝绸之路经济带"核心区，既能广泛传播中国的生态文明建设理念和经验，也能为全世界可持续发展提供重要的新疆借鉴。

6.3.1.4 重点生态工程是实施乡村振兴的最佳战略结合点

党的十九大报告中提出的乡村振兴战略要求，是决胜全面建成小康社会、全面建设社会主义现代化国家的重大历史任务，是新时代"三农"工作的总抓手。林业的主要领域在农村，主要从业人员是农民，林业在实施乡村振兴战略中具有明显优势和潜力，林业和草原重点生态工程实施既能抓好四旁植树、村屯绿化、庭院美化、农田林网建设等身边增绿行动，着力打造生态乡村，提升生态宜居水平，加快新疆绿色基础设施建设，又能建设一批特色经济林、花卉苗木基地，确定一批森林小镇、森林人家和生态文化村，加快发展生态旅游、森林康养等绿色产业，还能全面加强原生植被、自然景观、古树名木、小微湿地和野生动物保护，坚决制止开山毁林、填塘造地等行为，大力弘扬乡村生态文化，保持乡村原始风貌，真正留住乡情、记住乡愁，有助于实现乡村产业兴旺、生态宜居、乡风文明、治理有效、生活富裕，对于加快现代化乡村建设具有直接推动作用。

6.3.2 重点生态工程建设面临的挑战分析

6.3.2.1 保护发展矛盾突出

随着城市化、工业化进程的加速，生态空间受到严重挤压，森林资源保护与发展的矛盾日益突出，严守林业生态红线，维护国家和区域生态安全底线的压力日益加大；近些年新疆畜牧业快速发展，牧民与牲畜数量一直呈现上升的发展趋势。2004—2015年，新疆牧民数量从19.8万户快速增加到46.754万户，人口数量也由91万人逐步增加到了192.6万人，该地区牲畜数量也由1998年的2012.34万头猛增至6025.74万头，给草原资源保护造成相当大的压力。

6.3.2.2 工程管理存在短板

部分地区工程实施中片面强调植造，对管护重视不足，片面强调建设规模速度，对治理成本效益重视不足，在工程成果的可保持性、可提升性方面留有隐患：一是部分工程实施地水资源稀缺，大面积栽植高大乔木产生高昂用水成本，给工程建设带来较大经济压力；二是有些工程造林方案执行不到位，未能乔灌结合，多树种搭配，实际植造结果多为单一树种纯林，限制了森林生态系统功能发挥，且存在病虫害防治隐患；三是部分已建成林地疏于管理，森林质量不高，中幼林比重偏大，成林转化率、保存率偏低，森林整体功能效益偏低；四是部分工程招投标程序运行不够顺畅，存在行政程序延误导致错失春季造林最佳季节的问题；五是不少经济林营造不够科学，整地除草等破坏性营造方式客观存在，导致林下裸露土壤易遭风蚀起尘；六是部分林场对森林经营方案不够重视，经营、考核与之完全没有关联，导致相当一部分国有林经营计划性、可控性较差。

6.3.2.3 资金瓶颈日益凸显

经过多年的大规模造林绿化，新疆可造林地的结构和分布发生了显著变化。造林绿化的主战场开始向绿洲外围转移，向荒山、荒滩、沙漠、戈壁延伸，立地条件越来越差，水资源短缺，工程实施中的整地换土、水源保障、劳动力投入等成本不断加大，工程实施的资金负担日益加重。而目前新疆重点工程建设所需投入，主要由中央和各级地方政府承担，投资渠道单一，人工造林国家补助标准与实际投入相差甚远，而新疆属欠发达地区，资金配套困难，社会参与植树造林国土绿化的积极性不高，社会化、多元化投入机制尚未形成，林业建设投入总量严重不足、与实际需求存在较大缺口，财政资金的撬动作用和金融投入的带动作用有限，林草事业发展欠账多、包袱重，基础设施设备滞后。这种形势下，为了完成生态建设任务，大量投资负担下沉到市（州）、县，已经积累起大量隐形债务，成为生态绿化最重要的制约因素。

6.3.2.4 人才队伍建设落后

新疆属于西部地区，人才相对匮乏，缺乏高层次创新型科技人才和林业领军人物，广大林区和基层一线人才短缺。林业科技领军人物和优秀拔尖人才培育机制尚不完善。草原监理体系合并，执法体系不完整。基层林业职工接受教育培训机会不多，知识更新滞后。林业人才教育培训基础设施薄弱，林业人才服务体系建设相对不足。

6.3.2.5 科技支撑发挥不足

当前，新疆林草业科技创新能力与现代林草业发展的需求还存在较大差距，品种创新和技术研发能力不高，高新实用技术成果推广应用不足，协同创新平台和国家重点实验室严重缺乏，科技进步贡献率远低于国家水平。相关智库建设落后，为林草业发展提供决策支持和咨询服务的机制不够完善。林草业生产机械化程度低，森林草原防火、野生动植物保护、有害生物防治等设施装备落后。信息化建设滞后，林草业大数据融合度低，运用现代信息技术的主动性、融合性、创新性不够，服务林农牧民的方式相对单一落后。林草业现代化水平未能实现与国民经济发展同步增长，亟待提升，严重制约着新疆林草业高质量发展。

6.3.2.6 部分认识存在误区

目前，生态治理中的一些片面认识，干扰了重点工程的实施效果。这些认识主要包括：

一是"树大绿多就是生态好"。重点工程实施要真正树立起"尊重自然，顺应自然"的理念，尊重并保护生态系统的多样性，真正做到保护为主、修复为主，以水定绿、适地适绿，以生适态、适生适态，注重生态系统的适应性、完整性，避免工程建设单纯追求高大乔木的价值取向，加强工程建设成效的系统性、可持续性，避免过度建设、破坏性建设。

二是"生态好就是生态文明好"。文明是社会进步状态，生态文明不单指人与自然和谐的状态，亦指为实现这种和谐而形成的文化、思想、制度等体制机制。以重点工程建设推进生态文明建设，不能只片面追求森林覆盖率、保存率、蓄积量等生态指标的短期改善，还要在工程实施中加强对工程管理、认识深化等思想性、文化性、制度性等成果的发掘，以利生态文明的全面建设。

三是"生态文明下保护与利用间的矛盾冲突不可调和"。保护与利用间的冲突具有阶段性，二者在一定条件可以相互转化，需要保护时彻底保护，需要利用时规范利用，确保不同尺度范畴间生态系统的物质能量可以顺畅繁衍转化，及时交流循环，既要避免系统在封闭隔绝中功能衰退，又要避免系统在交换利用中过度损耗。因此，要走出保护和利用绝对对立的认识误区，认识到特定条件下的适度利用，可以是一种有益的保护方式，在实现人类社会持续发展的同时，帮助原生态系统演化更新。

6.3.3 加强重点工程建设的可行性分析

6.3.3.1 深化改革为工程建设提供创新机遇

改革创新既是推进生态治理的动力源泉，又是破解林草保育的有力武器。2018 年，国务院机构改革中，组建了国家林业和草原局，不再保留国家林业局。国家林业和草原局加挂国家公园管理局牌子，负责监督管理森林、草原、湿地、荒漠和陆生野生动植物资源开发利用和保护，组织生态保护和修复，开展造林绿化工作，管理国家公园等各类自然保护地等。2018 年 11 月，新疆维吾尔自治区林业和草原局挂牌成立，草原划归林业和草原局管理，管理机构的调整有助于更加高效地推进新疆生态保护事业。在这一历史性机遇下，要直面问题，破除一切不合时宜的思想观念和体制机制弊端，突破思维固化的藩篱，激发社会全体成员的热情和智慧形成更高水平的系统合力，使重点生态工程建设效能发挥出前所未有的作用。

6.3.3.2 生态共识为工程建设强化思想认识

党的十八大以来，习近平总书记从生态文明建设的宏观视野提出山水林田湖草是一个生命共同体的理念。中共中央、国务院印发的《生态文明体制改革总体方案》，把"山水林田湖是一个生命共同体"作为六大生态文明理念之一；2017 年 8 月，中央全面深化改革领导小组第三十七次会议又将"草"纳入山水林田湖同一个生命共同体。随着实践深入，全国各族人民的生态共识不断凝聚不断强化。这种背景将有利于"生态方法论"更加坚决、更加高效地贯穿重点工程建设始终，将使"生态价值论"为重点工程建设成效评价发挥更好的作用，促进强大的生态合力形成，使各种资源得以统筹集中，优化各类要素配置，促使各项行动同频共振，促使工程实施实现新突破。

6.3.3.3 经济发展为工程建设充实物质基础

当前，中国经济持续稳中向好的发展态势，且经济具有韧性强、回旋空间大的特点，具备保持稳定增长的巨大潜力和坚实基础。近年来，新疆经济发展水平持续增长；新疆地区交通、水利等基础设施不断完善；经济结构进一步调整完善，科技创新在经济发展、产业进步中的作用进一步提高，高质量、高效益发展势头良好；住户存款总额和城乡居民可支配收入继续增加；绿色金融、互联网金融的不断发展。这为在更大时空范围内调集资源开展林草重点生态工程建设创造了更加有利的条件。

6.3.3.4 历史经验为工程建设提供有效借鉴

从 1979 年启动三北防护林工程建设开始，新疆便开始组织重点工程建设，迄今历时 40 多年，在水土保持、防沙治沙、植树造林、工程管理、灾害防治等方面积累了丰富经验和历史资料。这些经验和资料是国家政策和新疆实际相结合的产物，是理论指引和具体实践相结合的产物，对新疆"十四五"时期林草重点工程建设乃至生态文明建设，具有十分重要的实践参考价值，将为工程实施提供必要的经验借鉴。

6.3.3.5 科学技术为工程建设准备强大武器

近年来，我国生态治理相关的理论所取得新进展、新突破，不断提升着人们对开展重点工程建设的认识水平，综合治理、系统治理、林草融合等科学思维正越来越多地应用于工程实践当中，工程实施效能日益提高。可以确信，我国生态文明建设思想的不断丰富充实，必然给重点工程建设提供更多动力。同时，节水滴灌、荒漠化防治、湿地保护等领域的专利、设备、技术体系的不断完善，应用水平的持续提高，都将使得未来重点工程的实施更加便捷、优质、高效。

6.3.3.6 创新优化为资源利用发掘可能空间

加强水资源节约利用、高效利用的模式创新，加强林地、草地、耕地三权分置背景下的配置创新，强化顶层设计，从气候地理条件的宏观尺度，区域流域特征的中观尺度，山头地块土壤地力、水循环特点的微观尺度3个层次，结合城乡布局优化、美丽乡村建设、森林城市建设等政策，综合考虑重点工程的实施强度和建设模式，构建健康、综合效应最佳的生态系统，形成能最大限度体现人与自然和谐共生、相互促进的完整系统。将重点工程建设放在新疆山水林田湖草系统治理中统筹考虑，将新疆生态治理放在西部大开发、"一带一路"发展倡议的大背景下审视布局，从不同的维度创新优化人、财、物、水、空间等各种资源的配置模式，在不同尺度发掘可相关资源的利用空间，可以为解决重点工程建设面临的资源瓶颈提供新的思路。

6.4 强化统筹协调

6.4.1 处理好十大关系

林草业重点生态工程是一项复杂的系统工程，也是一项长期的战略任务，是人类改造自然的社会实践，应遵循自然规律和经济规律搞建设，辩证地处理多种关系，科学地确立指导方针，实现经济效益、社会效益和生态效益的协调统一。

一是处理好保护和治理的关系。长期以来，新疆在生态建设的许多方面创造和积累了大量的成功经验，许多地区采取人工促进天然更新和恢复的方式，取得了明显成效。但是在某些方面也存在过度建设的问题，重人工干预轻自然恢复，重人工造林轻封育飞播，甚至用次生植被替代原生植被，人工纯林比重过大，造成造林保存率低，森林覆盖率增长缓慢，林木病虫害发生严重。因此，生态建设必须从生态治理区域的实际出发，发挥自然力量，尊重自然选择，通过适当的人工干预，促进形成新疆特定的自然生态系统。

二是处理好乔木和灌草荒的关系。新疆属西北干旱内陆地区，大部分无灌溉条件，生态建设要结合国土"三调"，根据"山沙川"分类指导的方针，针对不同的区域特点，因地制宜，综合治理，宜乔则乔、宜灌则灌、宜草则草、宜荒则荒，多样结合，分清主次，适地适绿，防止重乔木轻灌草，加快实现由单纯营造乔木林向乔灌草相结合治理转变。

三是处理好绿和水的关系。新疆水资源短缺，水土匹配条件差是生态保护和修复的主要瓶颈。重点生态工程建设，水是命脉，应遵循自然规律，充分考虑水资源承载力，用水要适量、适度、适地、适时。针对不同的区域特点，量水而行，以水定绿、因地制宜，加快实现由过去的从粗放式建设逐步走向精细化建设转变。

四是处理好传统治理和现代科技的关系。新疆荒漠化面积大，立地条件差，严重影响着全自治区生态面貌和生态安全，制约了当地经济社会可持续发展和脱贫攻坚进程。荒漠化地区生态修复既需要采用传统的治理手段，也要多采用乡土树种草种、先锋树种草种治理，更要加强顶层设计和统筹规划，主动依靠科技，加强抗逆新品种选育和治理模式创新，真正将科技成果应用到工程建设中，维护生物多样性和生态系统的稳定性，加快实现生态治理由全面修复向精准修复转变。

五是处理好绿景和美景的关系。当前，新疆各地结合生态建设地区特色，开展全域化、精准化、特色化生态旅游，提升旅游产品供给水平，满足市民城郊游、乡村游、温泉游、生态游、养生游、避暑游等旅游休闲需求。按照生态建设产业化的发展要求，新疆生态建设需要在按照"生态+旅游"的模式，在树种选择、基础设施建设等方面，为生态旅游、森林康养等事业发展留出空间，让绿色做底色，美景做彩色，产业添成色，绿景美景一个都不能少。

六是处理好建设和管理的关系。新疆生态建设，既要注重生态建设，进一步扩大森林、草原、湿地面积，系统增加绿量、绿质、绿景。同时，要坚持造管并举，重视生态资源管理，巩固生态建设成果。生态植被修复"三分造七分管"，管护跟不上，成果难巩固。特别是新疆生态条件较差，造林的难度越来越大，每一分绿色都来之不易、弥足珍贵，必须像保护眼睛一样保护生态环境、像对待生命一样对待生态环境。

七是处理好保护和发展的关系。森林、湿地、荒漠等生态资源，既是生态要素，也是生产要素。绿水青山就是金山银山，生态保护与修复是可持续发展的根本。生态保护是为了发展，不能因为保护就不发展。生态建设要考虑生态资源的有效利用、高效利用、多样化利用的问题，树立"科学利用是最好的保护"的理念，统筹生态体系与产业体系建设，更加重视林草业产业的发展，以林草业产业的发展促进和保障生态体系的建立与巩固。

八是处理好生态建设时间和空间的关系。新疆干旱少雨、缺林少绿，优质生态产品供给不足。生态系统的脆弱性决定了新疆生态建设不能搞"大跃进"，不能以植树造林数量的多少衡量政绩，不能一味求快、求绿，不能过多追求当年植树，当年成林，当年成景，用"政绩工程"替代"生态工程"。不搞"大跃进"，而是以小步快跑搞生态，绵绵用力，久久为功，以时间换空间，缓解、稀释要素约束和资源承载压力。

九是处理好部门办林草业和全社会办林草业的关系。生态建设是全社会的事，实现环境优美、生态良好的目标，光靠林业部门的力量是不够的，必须靠全社会的共同关心、支持和参与。要依靠政府的强力推进，把全社会的积极性、主动性充分调动起来，把各方面的力量凝聚起来，实现林业建设主体的多元化，促进林业的持续快速发展。

十是处理好中央事权和地方积极性的关系。党的十九届四中全会把"健全充分发挥中央和地方两个积极性机制体制"作为推进国家治理体系和治理能力现代化的重要内容做出了部署，提出"建立权责清晰、财力协调、区域均衡的中央和地方财政关系"。鉴于重点生态工程建设的社会公益属性，对于国家级重点生态工程中央财政的资金要保障到位，对于新疆维吾尔自治区的重点生态工程重要财政要给予合理的补助支持。在生态工程建设的方案设计、技术规程要求等方面，要支持地方围绕中央顶层设计进行差别化探索，争取形成富有新疆特色的重点生态工程建设模式。

6.4.2 实现六大转变

(1)生态建设的目标要从总量扩张向量质并重转变。近年来，新疆大力推广抗旱造林系列技术。在造林过程中，大力推广树盘覆膜、大苗全株浸泡和针叶树容器苗造林，并应用生根粉、保水剂、稀土抗旱剂、喷洒抑制蒸腾剂等系列抗旱造林技术；在工程建设上，顺应自然规律，挖大坑、栽小苗、冬天聚雪、夏天积雨，坚持适地适树的原则，科学调整树种结构，实现了从注重造林面积向注重造林质量转变。

(2)生态建设的内容要从以林为主向林灌草荒并重转变。新疆属西北干旱内陆地区，大部分地区无灌溉条件，森林植被只能以灌草型为主。特别在南部山区，如果一味追求营造乔木林，则会因立地条件差、气候干旱，影响树木成活率，极易形成"小老头树"，造林成本大，成效不明显，而且森林系统的稳定性也较差。而灌草型生态植被，经过多年的自然选择，作为优势种植被在新疆特定的气候条件中生息、繁衍，适应性和生命力较强，具有天然更新能力，即使在干旱年份，也能较好地生长，其形成的林分生态稳定性强、保水固土的效果好。因此，应把灌草作为新疆南部山区生态系统的主体，把封山育林育草作为恢复植被、培育资源的多快好省的途径。

（3）生态建设的方向要从绿量向绿景、美景转变。造林区规划设计过程中，通过不同植物的搭配，突显地域文化，营造文化氛围，但新疆造林区的这一特点却不明显。树木种植过程中仅仅模仿了植物生长的原生态环境，植物景观不够优美，文化氛围的营造得不够明显。在造林过程中，可以根据造林区的环境特点，将多种树木进行混合在中，提高植物的多样性。

（4）生态建设的模式要从补助造林植草向工程造林转变。当前国家对林草业建设主要采取造林补助政策，造林补助低，苗木草种质量、造林植草工程标准都大打折扣，部分区域出现造林不见林的现象，林草业建设的质量和效果很难保证。为了提高造林成效，需要参考工程造林植草的市场成本重新核算造林补助标准，以便于林业部门能够采购高质量苗木、提高造林质量标准，从而从根本上提高造林的成活率和保存率。

（5）生态建设的方式要从造林植草为主向营造并重转变。从林木草植抚育、病虫害防治、林木草植补植、护林防火等方面入手，提升林地管理的水平和质量，确保现有林地能够健康、稳定地持续发展。针对当前造林树种偏少的现实，以科研部门为主体，通过选育、驯化和引进新的造林树种，以增加造林植草苗木草种的种类，提高林木草种多样性，增加林地草原稳定性，支持林草业生态建设的可持续发展。在充分了解林木草植耗水和环境水分供应的基础上，科学规划，提出适合于不同树种的合理造林密度。对于当前造林密度过大的林地，通过间伐的方式降低密度，以保证林水平衡，实现林地稳定可持续发展。

（6）生态建设的区域从局部治理向系统治理转变。立足生态环境脆弱的实际，新疆要把山水林田湖草沙作为一个生命共同体，统筹实施一体化生态保护和修复，全面提升自然生态系统稳定性和生态服务功能。推进林草深度融合，改变"种树的只管种树、治水的只管治水、护田的单纯护田"的观念，遵循生态系统内在的机理和规律进行修复治理。坚持自然恢复为主的方针，进行统一保护和修复，形成山水林田湖草沙的共生关系。

6.5 总体思路

6.5.1 指导思想

深入贯彻落实党的十九大精神，以习近平新时代中国特色社会主义思想为指导，认真践行绿水青山就是金山银山的理念，深入贯彻落实习近平总书记在全国生态环保大会上的重要指示，牢固树立创新协调绿色开放共享理念，坚定生态立区战略，围绕"一带两环三屏四区"的生态安全格局，以山水林田湖草沙生态空间一体化保护和系统治理为重要内容，加快实现重点生态工程高质量发展，加快构筑结构稳定、布局有序、功能完备的绿洲生态屏障，大幅提升自治区绿量绿效绿质，加快建设西部绿色生态高地，为打造西部地区生态文明建设先行区奠定坚实的生态基础。

6.5.2 基本原则

（1）坚持生态修复，林草融合。按照生态系统的原真性、完整性、系统性及其内在规律，统筹生态要素，系统配置森林、湿地、沙区植被、野生生物栖息地等生态空间，抓好"护山、治水、造林、蓄湖、育草、固沙"协同治理工作，加大人工治理和自然修复相融合。

（2）坚持量质并重，质量优先。注重数量增长、质量提升，扩大湿地、森林面积，保护生物多样性，推进沙漠化、水土流失治理，系统增加绿量、绿质、绿景，努力提升生态系统服务功能。

（3）坚持因地制宜，量力而行。遵循自然规律，以水定地、以水定绿、以水定型、以水定需，量水而行，宜乔则乔、宜灌则灌、宜草则草、宜荒则荒，实行乔灌草荒结合、封飞造护并举。

（4）坚持保护优先，协调发展。妥善处理经济发展与生态保护建设的关系，以不影响生态系统功能为前提，结合生态保护与修复，进行产业发展布局，严格实行重点生态功能区产业准入负面清单制度，实现发展与保护的内在统一、相互促进。

（5）坚持政府引导，社会参与。建立起政府主导、公众参与、社会协调的造林绿化新机制，调动全社会积极性，部门联动，市场推动，多层次多形式推进生态保护与修复。

（6）坚持依法治绿、制度保障。完善生态治理法规体系，加大执法力度，强化执法监督。健全完善生态治理治理制度，完善配套政策措施，保障重点生态工程建设持续开展。

6.5.3 工程目标

"十四五"期间，建立以林业和草原总体规划为统领，以重点生态功能区为主体、以专项工程为支撑的"一总多项"的重点生态工程体系，国土生态空间进一步优化，生态体系日趋完备，重点生态功能区生态功能得到提升，生态资源质量不断提升，生态产品供给能力不断提高，国土生态安全骨架更加完善，生态环境持续改善，重点生态工程在国土生态安全建设中作出重大贡献。

（1）国土生态安全格局更趋完善。"丝绸之路经济带"核心区林草植被持续增加，各生态区的生态功能得到恢复和提高，阿尔泰山、天山和昆仑山山地生态植被得到有效保护和恢复，以塔里木盆地周边和准噶尔盆地南缘为重点的沙化土地治理取得显著成效，沙化土地扩大趋势明显减缓。自治区生态屏障更加巩固，生态系统稳定性明显增强，生态服务功能显著提高。

（2）人居环境"增绿工程"取得重大成效。以伊犁河流域人口聚集区和重点城镇等为重点，以"森林小镇、森林村庄、森林人家、绿色企业、绿色校园"等为载体，加强城乡人居环境保护建设，提升人居环境质量。高标准绿色廊道骨架景观初步形成。

（3）"两山"转化机制基本形成。依托优势生态资源，大力发展优势特色林产业，延长产业链条，提高附加值；通过森林湿地管护和沙化封禁补助、生态补偿等林草业补贴方式，使有劳动能力的贫困人口转化为生态管护员，实现生态保护与服务脱贫一批，绿色富民水平显著提高。

（4）建立财政投入为主的多元化资金保障机制。进一步健全完善各项生态补偿政策，将生态补偿与保护政策、保护效果相挂钩，加快建立多元化生态补偿机制，拓宽补偿资金来源渠道，推动建立生态保护的长效机制。

（5）治理体系和治理能力明显提升。以提升重大生态工程实施管理水平为重点，创新管理机制，加强监督考核，强化宣传引导，推动全社会共治局面的形成。

6.6 "十四五"时期林业和草原重点生态工程

坚持国家和地方重点生态工程建设相结合，加快推动重点生态工程高质量发展，为构筑结构稳定、布局有序、功能完备的绿洲生态屏障发挥主干支撑作用，为全面推进国土绿化工作、建设"生态高地"担当主干责任，发挥引领作用。

6.6.1 三北防护林体系建设工程

坚持建设任务不减、投入增加的目标，做好三北五期工程收尾和三北六期工程实施工作，在巩固前期建设成果的基础上，适地适树，建立防护林兼高档用材示范林，引领防护林由传统的生态型向生态经济型的转化，尽快使得新疆各绿洲的防护林林分的优化，防护林更新步入良性循环，生态功能效益显著提升，实现新疆防护林体系的升级换代、提质增效、良性循环并可持续经营。推动工程建设任务多元化，加快构筑结构稳定、布局有序、功能完备的绿洲生态屏障(专栏6-1)。

专栏6-1　三北防护林体系建设工程建设重点

(1) 防护林退化修复修复工程。依据各区域农田防护林体系建设状况，对于退化比较严重，且自然条件较好的林分，可以通过更新造林方式，营造带、片、不规则或者网格式的混交林，形成针阔、乔灌混交林；对进入成、过熟期，生长开始停滞，功能出现下降的防护林，采取皆伐更新、林(冠)下造林更新、萌芽更新、伐桩嫁接更新、渐进更新、补造修复、抚育修复等方式进行修复。

(2) 绿洲外围防风固沙基干林带建设工程。为保护北疆绿洲生态安全，阻止沙丘向绿洲推移，沿绿洲外缘，从木垒县至阿拉山口，经博乐市、精河县及阿拉山口下风区与农区接壤处，根据现有防护基干林带实际，完善、补缺，营造宽0.5~1.0千米的大型防风固沙基干林带，形成绿洲外围第一道人工降低风速、防风阻沙的生态屏障。在南疆塔里木盆地南缘和田地区已建生态工程的外围，以及和田绿洲北部和塔克拉玛干沙漠之间营造东起民丰县，西至皮山县，长700千米，宽0.3~1千米的大型防风阻沙林带，保护绿洲经济发展。

(3) 环准噶尔盆地荒漠区植被恢复重建工程。在北疆昌吉回族自治州、塔城地区、阿勒泰地区环准噶尔盆地周边和伊犁哈萨克自治州前山带和河谷适封地选择区域集中的宜封地封育，实施北疆区域封山(沙)育林育草工程。

(4) 农田林网化建设工程。依据各区域农田防护林体系建设状况，根据自然灾害的种类和特点，同时结合农业生产实际，继续坚持"窄林带、小网格"的建设模式，不断补充、更新、完善农田防护林体系。农田林网化建设工程重点在北疆区域。

6.6.2 防沙治沙工程

继续实施塔里木盆地周边防沙治沙工程，启动准噶尔盆地南缘防沙治沙工程，加快推进自治区沙化土地治理进程，绿洲内部以完善绿洲防护体系为主，绿洲外围荒漠和沙漠前沿以荒漠林保护和防沙治沙基干林带建设为主，沙漠腹地以封禁保护为主(专栏6-2)。

专栏6-2　防沙治沙工程建设重点

(1) 塔里木盆地周边防沙治沙工程。总共涉及5地州42个县(市)。在公路尤其是沙漠公路、铁路、绿洲边缘零星沙漠分布区和大风较为频繁的地区，建立不同类型的综合治理示范区，构筑抗逆景观护路林带生态屏障，形成大网格锁住流动沙漠，为沙区经济社会的可持续发展提供保障，防止沙漠面积不断扩大侵袭绿洲和河流生态系统。

(2) 准噶尔盆地南缘防沙治沙工程。涉及5地州14个县市区。加大科技支撑力度，继续推广节水治沙模式，进一步推进绿洲外围治理、沙化草原治理、小流域水土保持综合治理等措施，在绿洲外围营造大型防风阻沙基干林带，形成乔灌草、网带片防护屏障，有效遏制准噶尔盆地南缘沙丘流动、沙化土地扩散。

(3) "丝绸之路经济带"核心区生态屏障工程。开展"丝绸之路经济带"核心区、古尔班通古特沙漠植被封禁保护、塔克拉玛干沙漠综合治理等防沙治沙工程，在塔克拉玛干沙漠和古尔班通古特沙漠周边，将暂不具备治理条件的沙化土地进行封禁保护，减少人为干扰，促使沙区生态环境明显改善，"丝绸之路经济带"核心区生态屏障外围框架初步形成。

(4)新疆沙化土地综合治理工程。对沙化土地开展科学治理,开展风沙源生态修复和退化林带修复,努力增加林草植被盖度,控制和减少土地沙化趋势。将水作为综合治理的第一要素,注重推进节水技术推广,加强沙化耕地土壤侵蚀治理,加强水土资源利用效率,加强沙化土地封禁保护区和沙漠主题公园建设。

6.6.3 湿地保护与恢复工程

重点实施塔里木河、伊犁河、开都河、喀什噶尔河、额尔齐斯河等流域湿地保护与恢复工程。在额尔齐斯河湿地、乌伦古河湿地、伊犁河湿地、玛纳斯湖湿地、艾比湖湿地及赛里木湖湿地,继续实施湿地保护和恢复工程,遏制天然湿地面积萎缩和重要湿地生态功能退化的趋势,改善湿地生态系统、优化野生动植物栖息繁衍环境,保护生物多样性(专栏6-3)。

专栏6-3 湿地保护与恢复工程建设重点

(1)塔里木河等流域湿地保护与恢复工程。在塔里木河流域湿地,包括其重要一级支流叶尔羌河、和田河和阿克苏河湿地,继续实施流域治理、公益林管护、退耕还林还草等工程,加快林草植被恢复,加强沙化耕地土壤侵蚀治理,加强水土资源利用效率。实施叶尔羌河流域重点湿地综合治理工程,通过湿地保护管理、湿地恢复、科研监测、科普宣教工程建设,扩大天然湿地面积。

(2)伊犁河重点湿地综合治理工程。加大荒碱滩恢复投入,优先对重点地区实施退耕还湿,采取必要措施严格限制超载放牧,坚决制止对河谷次生植被任何形式的破坏,科学恢复湿地植被,加强湿地保护监测监督、执法执纪力度,恢复伊犁河重点湿地的生态功能和价值,促进生态保护与经济社会的协调发展。

(3)额尔齐斯河流域重点湿地综合治理工程。在额尔齐斯河流域实施湿地恢复、生态补水、科研监测和科普宣教工程建设、保护设施和保护能力建设,增加湿地面积,改善湿地生态系统、优化野生动植物栖息繁衍环境,保护生物多样性。

(4)乌鲁木齐河重点湿地综合治理工程。在乌鲁木齐河上游建立水源地保护区、主河道两岸建立封禁区。采取生态保护与恢复等综合治理工程,使乌鲁木齐河水源得到有效保护,河道得到有效整治,湿地和周边生态环境得到进一步改善。

(5)赛里木湖重点湿地综合治理工程。取缔清除对赛里木湖重点湿地的不合理、低水平旅游开发项目,清理对湿地质量影响明显的各种垃圾,积极采取措施净化重点湿地水质,加大赛里木重点湿地周边电力、环卫、给水、排水等基础设施建设;加强封禁力度,严格禁止超载过牧,适度控制西海草原等周边草场的放牧规模,科学实施轮牧,避免湿地周边植被损害恶化;加强虫害、鼠害防治力度,积极开展周边草场植被恢复力度,保护恢复自然植被;通过湿地恢复、科研监测、科普宣教工程建设,扩大天然湿地面积,保护湖泊生态系统稳定性,巩固已有建设成果。

(6)玛纳斯湖重点湿地综合治理工程。采取措施限制人为活动对湿地动植物物种结构的不合理干扰,最大程度保持原生湿地特征;加强排入湿地水体的水质净化,遏制湿地水质富氧化趋势;禁止并清退湿地内任何形式的开垦种地、过牧、采沙等不法行为;加大植被恢复投入,科学恢复湿地植被;加强湿地保护基础设施设备投入,加大保护队伍建设,构建现代化的保护体系;加强对湿地的监测,加大社会宣传;采取多种措施,扩大天然湿地面积,恢复湿地生态环境质量,维护生物多样性,巩固已有建设成果。

(7)乌伦古湖流域重点湿地综合治理工程。加大湿地植被恢复力度,加强水源涵养能力;加强湿地保护队伍建设,增加湿地恢复投入;加强科研监测,为乌伦古湖流域重点湿地保护提供科学支撑;加强科普宣教,倡导湿地保护良好风气;恢复湿地生态环境质量,开展蒙新河狸等濒危物种保护,加强蒙新河狸等野生动植物栖息地建设,维护生物多样性。

(8)布伦口湖群重点湿地综合治理工程。加强对各种类型污水违法违规排放的系统治理,进一步改善湿地水质;有效控制重点区域各项生产的规模,采用围栏限牧等措施科学划定禁闭区,限制旅游、过牧等对湿地及周边区域不合理的开发利用行为,适度开展林草植被修复与建设,加强对湿地的监测和研究,加大科普宣教力度,扩大天然湿地面积,进一步恢复湿地生态系统。

6.6.4 林草生态保护和综合治理工程

从系统性、整体性上考虑，按照"沙、荒、湿"共治，"飞、造、封"共举，"乔、灌、草"结合的系统保护修复思路，把山水林田湖草作为一个生命共同体，用系统思维谋划和推动生态修复、综合治理、整体保护等工作，按照"突出重点、打造亮点"原则，选择干旱沙漠化地区、内陆河山地—绿洲—荒漠过渡带等典型生态脆弱区，开展山水林田湖草系统治理示范工程建设，实现山青、水秀、林茂、田整、湖净、草丰(专栏6-4)。

专栏6-4　林草生态保护和综合治理工程建设重点

(1)塔里木河上游林草生态保护和综合治理工程。开展喀什地区"山水林田湖草"生态修复项目。对塔里木河上游生态进行整体保护、系统修复、综合治理的一项系统工程，对改善南疆生态环境、提高群众生活质量、助力脱贫攻坚具有重要意义。

(2)额尔齐斯河流域林草生态保护和综合治理工程。共包括9个子工程项目。实施好阿勒泰地区克兰河谷生态修复工程，实现将军山近170公顷造林绿化。加快实施中水库区域绿化项目等工程，恢复水库周边植被和裸露用地植被、形成绿色屏障防护体。实施额尔齐斯河流域生态移民工程，确保阿勒泰地区科克苏湿地保护区核心区生态移民工作顺利完成。实施好阿勒泰地区克兰河谷生态修复工程等山水林田湖草生态修复工程，将林草生态保护和综合治理工程打造成精品工程和民生工程。

6.6.5 退化草原修复治理工程

工程区域分布在新疆帕米尔东侧、天山山脉、阿尔泰山系、昆仑山区的盆地、谷地、台地和山坡的山区草原，乌伦古湖、艾比湖、赛里木湖、博斯腾湖等湖滨地带的湖区草原，额尔齐斯河、乌伦古河、伊犁河、塔里木河等河流域冲积扇周围的平原草原。立足新疆气候相对干旱、多风，降水量普遍较少而蒸发量较大、土壤瘠薄、草原生态环境比较脆弱的情况，因地制宜地实施草原生态保护修复工程。到2025年，完成草原生态保护恢复53.3万公顷，草原综合植被盖度达85%以上(专栏6-5)。

专栏6-5　退化草原修复治理工程建设重点

(1)保护天然草原。通过封育围栏、划区轮牧，促进天然草原休牧、轮牧制度的实施；严厉打击毁草开荒、滥挖、乱搂、破坏草原植被的行为；防控结合，防治鼠虫害。

(2)以建促保。继续推进牧退还草工程，通过实施牧民搬迁、围栏禁牧、草原生态奖补、水源涵养区保护等工作，改善草原生态。推行宜林则林、宜草则草、林中有草、草中有林的林草融合发展模式，在伊犁河谷、塔里木河两岸、三大山区、古尔班通古特沙漠周边人工种草补草、飞播牧草、草场改良，提高草原植被覆盖度，提升草原质量。在沙地和沙漠边缘以草治沙，大力种植旱生、超旱生牧草与灌木，提高植被覆盖度，实现草、灌结合，遏制草原沙化的势头。启动人工种草生态修复试点，加快退化草原恢复和治理，遏制草原退化趋势，摸索出一套可考核、可评价、可复制、可推广的退化草原治理工作新模式，为"丝绸之路经济带"核心区提供有利的草原生态保障。

(3)严格落实各项草原保护政策。落实草原承包、草畜平衡和基本草原保护等制度，结合草原奖补政策，实施"三山"禁牧、轮牧，解决山区林牧矛盾，确保"三山"林草再造工程实施，严格实施南疆5地(州)塔里木盆地荒漠区禁牧、北疆准噶尔盆地休牧轮牧，有效遏制草原"三化"趋势。

6.6.6 自然保护地体系建设工程

整合优化自然保护地，构建以国家公园为导向、富有新疆区域特点的自然保护地体系，建设健康稳定高效的自然生态系统，提升生态产品和生态服务供给能力(专栏6-6)。

专栏6-6　自然保护地体系建设工程建设重点

(1)阿勒泰科克苏国家级湿地自然保护区基础设施建设工程。进一步加大基础设施投入，提高保护区管理水平，有效保护湿地生态系统和珍稀动植物资源，维护生态系统平衡，探索合理利用自然资源和自然环境途径。

(2)帕米尔高原湿地自然保护区基础设施建设工程。通过实施保护与恢复工程，加强基础设施建设，改善湿地生境，保护生物多样性。

(3)甘家湖梭梭林国家级自然保护区基础建设工程。通过保护区续建项目，加大基础设施和能力建设投入，有效保护野生动植物资源和栖息环境，保护和恢复荒漠生态系统和生物多样性。

(4)西天山国家级自然保护区基础建设工程。通过保护区续建项目，加大保护区基础设施投入，提高以雪岭云杉为主的西天山森林资源保护力度，维护区域生物多样性。

(5)布尔根河狸国家级自然保护区基础设施建设工程。加大保护区基础设施投入，加强河狸种群及其栖息地保护，保持布尔根河谷林自然生态系统及自然景观的完整性和稳定性，恢复蒙新河狸栖息地，改善蒙新河狸生存环境。

(6)中亚北鲵自然保护区基础设施建设工程。加大保护区基础设施投入，提高保护管理水平，有效保护中亚北鲵野外种群，有效恢复中亚北鲵野外栖息地生境，通过人工繁育措施扩大北鲵种群数量，实现野外放归。

(7)霍城四爪陆龟国家级自然保护区基础设施建设工程。加大保护区基础设施投入，提高保护管理水平，有效恢复霍城四爪陆龟野外栖息地生境，实现保护区的可持续发展。

(8)伊犁小叶白蜡国家级自然保护区基础设施建设工程。加大保护区基础设施投入，提高保护管理水平，为保护对象的恢复与发展、合理与适度开发利用提供有效途径，实现保护区可持续发展。

6.6.7　森林质量精准提升工程

在天山、阿尔泰山和昆仑山林区，严格保护天然林，切实加强森林经营，重点培育珍贵树种、大径级优质良材，打造优美森林景观，着力培育健康稳定优质高效的森林生态系统。到2025年，完成封山育林育草33.3万公顷，人工造林26.6万公顷(专栏6-7)。

专栏6-7　森林质量精准提升工程建设重点

(1)切实加强森林经营。以自然恢复为主，人工恢复和自然修复相结合，综合采取封育、人工促进天然更新、人工造林等多种措施，优化树种组成，重点解决森林过疏、过密、过纯等问题。开展多功能近自然经营试点，培育后备资源，有效恢复和增加林草植被。

(2)积极推进退化林修复。因地制宜，分地施策，实施退化林修复。对于立地条件较差、生态极度脆弱，不具备修复和改造条件的退化林，加强封育保护。对于立地条件较好、具备修复和改造条件的，科学采取补植、抚育、封育、更替等综合措施，大力培育混交林和复层异龄林，全面提升山区自然生态系统的稳定性、整体性和功能完备性，建成涵蓄水源和保护两大盆地的绿色屏障。

(3)建立健全森林质量提升制度。建立森林经营方案制度，深化森林经营管理改革。推进区、地(州、市)、县(市)三级森林经营规划以及国有林区、国有林场等森林经营方案编制工作。

(4)创新示范森林质量提升技术。坚持产学研协同创新驱动，积极推进"一带一路"国际合作和交流，组织实施重大林草工程科技支撑项目，加强森林质量精准提升的科技支撑，按照多功能全周期经营理念，建立森林质量精准提升技术支撑体系，完善技术标准体系，建立森林质量提升管理平台。

6.6.8　特色经济林提质增效工程

围绕产业格局，着力做好种苗培育提升、示范基地建设、知名品牌建设、新型经营主体培育等项目，做大做强特色经果林产业，再造林草产业发展新优势。做精做细红枣、核桃、香梨、葡萄、苹果、种苗、花卉等产业(专栏6-8)。

> **专栏 6-8　特色经济林提质增效工程建设重点**
>
> （1）北疆小浆果产业示范基地建设项目。在伊犁哈萨克自治州、博尔塔拉蒙古自治州、阿勒泰地区、昌吉回族自治州发展枸杞、沙棘、黑加仑、葡萄、海棠果等小浆果。
>
> （2）南疆经果林质量精准提升工程。在南疆阿克苏、喀什地区、和田地区、克孜勒苏柯尔克孜自治州 4 地（州）20 个县（市）实施南疆经果林质量精准提升项目。
>
> （3）特色林果标准化生产示范基地建设项目。以核桃、巴旦木、红枣、苹果、榛子、西梅、杏李、树上干杏等树种为重点，加快特色林果业标准化生产示范基地建设。以质量提升为导向，开展包括基地品种改良、疏密改造、有机肥替代和水肥一体化、测土配方施肥、病虫害防治等措施，通过标准化绿色化生产、全程化质量监管、全产业链经营、产业融合发展，实现特色林果业提质增效。

6.6.9　林草支撑保障体系建设工程

强化森林草原火灾预防、防火应急道路、林（草）火预警监测、通信和信息指挥系统建设。完善有害生物监测预警、检疫御灾、防治减灾三大体系，加强重大有害生物以及重点生态区域有害生物防治。加强国有林场道路、饮水、供电、棚户区改造等基础设施建设，提升装备现代化水平。加强林业草原基层站所标准化建设，推进机构队伍稳定化、管理体制顺畅化、站务管理制度化、基础设施现代化、履行职责规范化、服务手段信息化、人才发展科学化、示范效益最大化。推进林业科技支撑能力建设，系统研发重大共性关键技术，加强科技成果转化应用，健全林业草原标准体系，建设林业草原智库。开展"互联网+"林草建设，构建林草立体感知体系、智慧林业草原管理体系、智慧林草服务体系。全面提升发展支撑能力，切实保障林草发展需要（专栏 6-9）。

> **专栏 6-9　林草支撑保障体系建设工程建设重点**
>
> （1）林草防火基础建设项目。加强林草消防队伍建设，组建 100 支地方专业消防队伍。推进森林草原火险预警监测体系建设，新建和改造监测站 150 个。完善森林防火通信指挥系统，建设卫星应急通信系统。建设防火道路 100 千米。
>
> （2）林业草原基层站所标准化建设项目。强化林业草原工作站所、林业草原生态定位站、基层林业草原科技推广站、林木种苗站标准化、规范化建设。
>
> （3）信息化建设项目。建设重点林区森林资源管护智拍预警系统套，重点出入卡口智能联动跟踪监控系统套，林场分控中心套，标准化生态观测管护站。
>
> （4）南疆五地州及哈密市吐鲁番市平原荒漠林区重点火险区综合治理工程。建设林草防火宣传教育、林草火预测预报、林草火瞭望监测系统、防火通信和信息指挥系统。补充林草火灾扑火机具装备。开展专业队伍营房、物资储备库建设。
>
> （5）北疆重点林草区（高火险区）林草防火综合防控工程。进一步加强储备库及配套设施建设，加强现代信息技术的应用。构建及时高效的火灾预警扑救体系；配齐配全配优防火设备，加强防火队伍建设，提高林草防火体系的应急保障能力和火灾处置能力，进一步降低林草火灾年均受害率。

6.7　主要任务

以山水林田湖草沙生态空间一体化保护和系统治理为重要内容，建立生产、生活、生态兼容、配套、协同的政策体系，切实推动林业和草原发展实现质量变革、效率变革和动力变革，加快实现经济高质量发展目标。

6.7.1　完善生态保护修复政策

按照问题导向，做好到期重大工程的政策接续，建立政策调整机制和退出机制，根据主要问题的变化不断修订调整相关政策，优化完善政策体系，以确保政策的持续效果。

6.7.2 做好天保工程的政策接续

落实《天然林保护修复制度方案》，开展天保工程二期总结评估，抓紧研究工程到期后的保护政策，编制天然林保护中长期规划，重点做好完善天然林管护制度、建立天然林用途管制制度、健全天然林修复制度、落实天然林保护修复监管制度，完善天然林保护修复支持政策五大工作。

(1)完善天然林管护制度。对自治区所有天然林实行保护，依法合理确定天然林保护重点区域，通过制定天然林保护规划、实施方案，逐级分解落实天然林保护责任和修复任务，完善天然林管护体系，加强天然林管护能力建设。重点建设保护天山、阿尔泰山和昆仑山林区的国有林场和自然保护区。进一步改扩建管护所站，加强管护站(所)建设力度，提高装备水平。

(2)建立天然林用途管制制度。继续禁止天然林商业性采伐，建立天然林修养声息促进机制。严管天然林地占用，严格控制天然林地转为其他用途，在不破坏地表植被、不影响生物多样性保护前提下，可在天然林地适度发展生态旅游、休闲康养、特色种植养殖等产业。

(3)健全天然林修复制度。对于稀疏退化的天然林，开展人工促进、天然更新等措施，加快森林正向演替；强化天然中幼林抚育；加强生态廊道建设；鼓励在废弃矿山、荒山荒地上逐步恢复天然植被。建立自治区天然林数据库。

(4)落实天然林保护修复监管制度。完善天然林保护修复监管体制，将天然林保护修复成效列入领导干部自然资源资产离任审计事项，作为地方党委和政府及领导干部综合评价的重要参考。建立和完善天然林保护行政首长负责制和目标责任考核制，积极推进县级人民政府森林资源目标责任考核制度，逐步建立区、地(州、市)、县(市)三级森林资源目标管理责任制，将重点指标纳入各级地方政府和领导考核内容，建立长效保护机制。将天然林保护修复成效列入领导干部自然资源资产离任审计事项，作为地方党委和政府及领导干部综合评价的重要依据，要建立天然林资源损害责任终身追究制。

(5)完善天然林保护修复支持政策。加强天然林保护修复基础设施建设。加大对天然林保护公益林建设和后备资源培育的支持力度。统一天然林管护与国家级公益林补偿政策。对集体和个人所有的天然商品林，中央财政继续安排停伐管护补助。逐步加大对天然林抚育的财政支持力度。鼓励社会公益组织参与天然林保护修复。继续加大天保工程区后续产业的扶持和管理力度，建立后续产业长效投资机制和管理机制，促进天保后续产业上层次上水平。

6.7.3 做好退耕工程的政策接续

以巩固退耕还林成果、解决退耕农户生活困难和长远生计问题为导向，建立巩固退耕还林的长效机制。

(1)扩大退耕还林还草规模。稳定和扩大退耕还林范围，扩大新一轮退耕还林还草规模，把生态承受力弱、不适宜耕种的地退下来，种上树和草。工程任务进一步向扶贫开发任务重、贫困人口较多的区域倾斜，优先支持南疆深度贫困地区。尽快将严重沙化耕地纳入退耕还林范围。

(2)加大补助力度。对生态地位十分重要、生态环境特别脆弱的退耕还林地区，在替代政策尚未出台前，继续实施补助；林木生长缓慢、植被恢复难而且没有发展后续产业条件、农村劳动力转移也比较困难的退耕还林地区，应继续实施政策补助。后续产业和结构调整还需要一段时间才能见效的退耕还林地，应给予适当补助。将退耕地上营造的生态公益林纳入各级政府生态效益补偿基金，并适当提高补偿标准，加大森林资源管护资金投入。

（3）扶持产业发展。将退耕还林还草作为调整农村产业结构的重要契机，多渠道对退耕还林后续产业进行资金扶持，通过小额信贷、财政贴息等方式，扶持退耕农户发展种养业；支持农林产品加工企业进行技术引进和技术改造，扩大规模，培育和壮大龙头企业，带动退耕农户的产业发展。

6.7.4　持续深入推进自然资源产权制度改革

按照建立系统完整的生态文明制度体系的要求，在不动产登记的基础上，清晰界定森林、草原、湿地等自然资源资产的产权主体，划清自然产权边界，推进确权登记法治化，推动建立归属清晰、权责明确、监管有效的自然资源资产产权制度，支撑自然资源有效监管和严格保护。

6.7.5　稳定和完善集体林地承包制度

推行集体林地所有权、承包权、经营权的三权分置运行机制，充分发挥"三权"的功能和整体效用。鼓励和支持各地制定林权流转奖补、流转履约保证保险补助、减免林权变更登记费等扶持政策，积极引导林权规范有序流转，重点推动宜林荒山荒地荒沙使用权流转。推广集体林资源变资产、资金变股金、农民变股东的"三变"模式，建立多种形式的利益联结机制。加快推进"互联网+政务服务"，加快发展林权管理服务中心，以林权权源表为核心，加快推进互联互通的林权流转市场监管服务平台建设，提高林权管理服务的精准性、有效性和及时性。探索开展对特色林果经济林确权发证。

6.7.6　巩固扩大国有林场改革成效

落实国有林场事业单位独立法人和编制，落实国有林场法人自主权。整合归并同一行政区域内规模过小、分布零散的林场，开展规模化林场建设试点。加快分离各类国有林场的社会职能，公益林日常管护要面向社会购买服务。建立"国家所有、分级管理、林场保护与经营"的国有森林资源管理制度和考核制度，对国有林场场长实行国有林场森林资源离任审计。充分利用国家生态移民工程和保障性安居工程政策，改善国有林场职工人居环境。

6.7.7　加快完成草权承包制度改革

坚持"稳定为主、长久不变"和"责权清晰、依法有序"的原则，依法赋予广大农牧民长期稳定的草原承包经营权，规范承包工作流程，完善草原承包合同，颁发草原权属证书，加强草原确权承包档案管理，健全草原承包纠纷调处机制，扎实稳妥推进承包确权登记试点，积极推进草原承包确权上图工作，实现承包地块、面积、合同、证书"四到户"。积极引导和规范草原承包经营权流转，草原流转受让方必须具有畜牧业经营能力，必须履行草原保护和建设义务，严格遵守草畜平衡制度，合理利用草原，为制定《自治区全民所有草原自然资源产权制度改革实施方案》编制奠定基础。

6.7.8　积极开展湿地产权确权工作

以不动产登记为基础，在全要素自然资源统一确权登记试点工作基础上，以湿地作为独立登记单元，摸清湿地资源的家底，查清每个湿地资源登记单元内湿地资源的类型、边界、面积、数量、质量及所有权、用益物权状况等，开展确权登记，清晰界定湿地的所有权人和行使代表主体，明确相应权利义务和保护责任，构建归属清晰、权责明确、监管有效的湿地产权制度，提升湿地生态系统服务功能。

6.7.9 加快建立产业高质量发展政策

深化林草产业供给侧结构性改革，大力培育和合理利用林草资源，充分发挥森林和草原生态系统多种功能，促进资源可持续经营和产业高质量发展，有效增加优质林草产品供给。

6.7.10 推动林业产业提质增效

推进林产品精深加工，探索建立"互联网+林业+大数据"产业信息平台，推动特色林产业全环节升级、全链条增值。大力实施特色经济林产业创新提升工程，因地制宜、适度规模发展林下经济，推进特色经济林产业发展。努力铸造融合生态旅游和文创产业于一体的产业体系。大力发展森林生态旅游，积极发展森林康养。将重点生态工程建设与"贫困地区特色产业提升工程"相结合，深化全域旅游示范区建设，推行"旅游+"模式，完善配套设施和服务，加快复合型旅游景区开发建设，开发精品线路，丰富产品供给，实施重点旅游景区升级改造工程，提升天山、阿尔泰山等景区景点档次。

6.7.11 培育壮大草产业

加大人工种草投入力度，结合水资源条件，扩大草原改良建设规模，提高牧草供应能力。一是大力支持草业良种建设。启动草业良种工程，选育优良生态草种，建设牧草良种繁育基地和科研示范基地，提升牧草良种生产和供应能力。二是扩大草原改良建设规模。积极引导草地流转，鼓励优质牧草规模化生产，启动优质牧草规模化生产基地建设项目，培育形成草产业生产基地，为草产品生产加工提供稳定的原料来源。三是启动草产业产业化建设项目，促进草产品生产加工提档升级。建设草产业示范园区项目，以园区为平台，培育形成草产业生产基地、草产品加工基地、交易集散基地、储藏基地、牧草良种繁育和科研示范基地，逐步形成草产业信息中心、质量检验监测中心和科技培训中心。四是促进草业新型经营主体建设，培育一批草产业生产加工龙头企业、专业合作组织和种草大户，带动种养大户和广大农户种草。五是加强草种质量检验监测力量和人员培训，加大对草种市场的监管力度。六是积极发展草原旅游，打造草原旅游精品路线。

6.7.12 建立健全支持支撑政策

充分发挥市场在资源配置中的决定性作用和更好发挥政府作用，立足生态建设实际，切实转变政府职能，进一步加大公共财政的支持力度，进一步拓宽生态建设投融资渠道，进一步发挥科技支撑服务功能，增强能力、释放活力、提高效率，全面支撑引领林业和草原发展现代化建设。

6.7.13 创新补偿机制

根据不同地区的地理气候和生态区位差异，研究开展不同区位造林成本核算，按照"存量不动，增量倾斜"的基本原则，建立差异化的生态建设成本补偿机制，适当提高生态修复成本高地区的财政补助标准。按照生态保护成效，探索开展森林生态效益分档补偿试点。积极争取将生态型经济林纳入森林生态效益补偿范围。以地级市为单元，通过积极争取中央财政支持、省级财政整合资金，对流域上下游建立横向生态保护补偿给予引导支持，推动建立长效机制。完善林业财政贴息政策，提高林权抵押贷款贴息率，延长贴息时间，对林权抵押贷款符合国家林业贷款贴息政策的，优先给予财政贴息补助。研究制定相关管理办法，将水土保持补偿费中每年切块一定比例用于林草业生态保护与修复。建立绿色 GDP 核算机制，为实施区际生态转移支付和交易做准备，为生态政绩考核提供依据。

6.7.14　完善投资金融政策

大力发展抵(质)押融资担保机制，完全林权抵押贷款政策，将特色林果经济林纳入政策范围，开展林木所有权证抵押贷款试点。积极探索公益林补偿收益权质押贷款，启动林地承包经营权抵押贷款，开展草场承包经营权质押贷款。推广政府和社会资本合作、信贷担保等市场化运作模式。鼓励社会资本参与林草发展政策，加大财政资金对林业种养业的扶持，增加基础设施建设投入，降低工商资本非生产性投入；完善"租赁—建设—经营—转移（LBOT）"林业生态基础设施 PPP 模式。完善森林保险政策，研究建立森林巨灾分散再保险机制和赔偿金的用途引导监督机制；建议尽快出台新疆《森林保险条例》；建议国家采取差异化补贴政策，由中央财政转移支付承担全部生态公益林森林保险费，降低生态经济林被保险人负担比例，不断提高政策性森林保险覆盖面和赔付率；建立第三方森林保险灾害评估机构。积极推进林业信用体系建设。深入推进林业投融资体制机制改革，筹建新疆林业生态建设投资有限责任公司。探索发行长期专项债券，定向投资于国家公园以及自然保护地的建设与开发。

6.7.15　强化科技支撑能力

围绕新疆草原生态保护修复关键技术攻关及其示范推广，从发展规划、政策措施、理论机制、技术创新、人才培养等方面入手，启动以草原退化分级标准与评价指标体系、草原生态修复乡土灌草种选育扩繁、典型草原生态退化区域人工种草生态修复技术、生态草牧业与生态宜居、全域旅游融合建设模式、草原生态产品(服务价值)评价及其评价指标体系等重大技术攻关专项课题，全面构建今后一个时期新疆草原生态修复关键技术与示范推广模式，为推进新疆草原生态保护建设高质量发展提供技术支撑及培养本土技术人才。继续实施新疆智慧林业建设工程进一步完善自治区林业地理信息基础数据库建设。利用"互联网+"、云计算、大数据、物联网、北斗卫星导航等新一代信息技术，加快建立林业信息化综合应用指挥平台。推进"天网"系统和应急感知系统应用，加快构建覆盖自治区的森林立体感知体系。初步建成以自治区林业局网站平台为基础，直属单位为子网的站群系统。积极开发电子政务、办公移动应用 APP。加快林业资源监管云和林业惠民云建设。注重科技人力资源的优化配置和合理使用，通过多层次、多形式开展基层生产、推广人员的技术培训，使理论和实践相结合，鼓励科技人员通过技术承包、技术转让、技术服务、创办经济实体等形式，加快科技成果转化，引导和提高重点生态工程建设中的科技含量和科技管理水平。科学编制年度造林实施方案，确定造林绿化重点区域，实施规划设计、造林小班、造林模式、造林措施、项目管理、成林转化"六精准"。生态修复尽力维护原有的生物链，尽量利用原有的耐旱耐瘠薄的植物建立多种乔、灌、草相结合的稳定的生态体系。例如，在规划时充分考虑柠条的特性，在柠条中间隔数米兼种草和其他本地的灌木，或者留足空间，使自然草本能够生长；在实施过程中严格按照规划进行，严格施工、严格监督、严格管护，以保证多样性生物链的形成，从而建立稳定的生态体系，逐渐改善生态环境。完成泥炭沼泽碳库调查，加强自治区级湿地监测能力建设，依托国家项目和资金完善软硬件，充实、配备必要的调查、监测、通信与信息处理设备，建立湿地资源监测信息管理系统。

6.7.16　加强生态资源管护

以新疆开展空间规划试点改革为契机，以自然保护地和国家公益林为重点，以林地"一张图"

数据为基础，以守红线、严审批、强监管、重考核为目标，科学划定生态保护红线，推进林业和草原资源管理法制化、规范化、制度化、常态化发展。科学划定林地和森林、湿地、荒漠植被、物种保护四条生态保护红线，把生态红线落实到山头地块。建立森林、林地、草原、湿地长效管护机制，确保生态资源有人治理、有人管。全面落实森林、草原资源保护发展目标责任制，加强自治区生态资源的管护工作。加强自然保护地基础设施建设，严厉打击破坏生态资源的违法行为，勇于担当、敢于碰硬、态度坚决地推进天山环境综合整治，打赢天山生态保卫战。健全完善森林生态效益补偿政策，探索建立草原生态效益补偿，建立森林草原资源管护长效机制，加大政府购买社会服务力度。完善草原生态管护员管理办法，建立草原管护员制度，增加草原管护员，大幅度提高管护员工资，以提高管护员积极性，在"一户一岗"的基础上，对管护面积超过户均面积80%的增加1名管护员。

6.8　保障措施

"十四五"时期重点生态工程建设要顺利推进，需要组织领导到位，资金投入到位、法治建设到位、科学监测到位，确保重点工程的重大政策落地生根、取得实效。

一是加强组织领导。地方各级政府要以高度的责任感和使命感，把重点生态保护与建设工程提上重要议事日程，放到更加突出的位置。人大、政协应加强重点生态工程建设执法检查和民主监督工作，纪检监察机关和审计部门加强重点生态工程各项政策措施贯彻落实情况的监督检查和责任审计，强化工作作风，加大执纪问责力度，各有关部门（单位）要明确职责，密切配合，推动各项工作落实到位。

二是加大资金扶持力度。各级政府要把重点生态工程建设作为公共财政支持的重点，每年列出一定比例的资金予以投入。公益林建设管理、重大林业基础设施建设投资及国家、自治区级林业重点生态工程配套资金，要纳入各级政府的财政预算。市（州）、县（盟）两级政府也要根据生态建设需要，投资启动一批林业生态工程建设项目。要落实国家已经出台的各项林业税收优惠政策，清理取消对林业生产经营者的各种不合理收费。对公益林建设用地，要按国家规定享受土地税费优惠政策。

三是加快法制化建设。建立健全重点生态工程项目建设公众参与、专家论证、风险评估、合法性审查、集体讨论决定等民主决策程序。建立完善生态建设考核评价和生态环境破坏责任追究机制，加强林业执法队伍建设，推进综合执法，实现森林资源持续增长。

四是加强统计监测。加快推进对森林、草原、湿地、沙化土地的统计监测核算能力建设，提升信息化水平以及准确性和及时性，实现信息共享。加强生态环境状况、珍稀野生动植物保护、森林草原防火及有害生物防治为重点的生态环境监测预警体系建设，提高生态环境动态监测能力，开展全方位的生态监测工作。加快监测防控装备现代化，全面提高灾害监测防控装备水平和应急处置能力。

五是加大金融支持力度。金融机构要加大对重点生态工程建设的信贷扶持，实行长期限、低利息的林业建设贷款。积极用好自治区政府绿色发展投资基金，强化政府与社会资本合作，发挥国土绿化基金带动示范作用，撬动社会资本支持重点生态工程建设和产业发展。推进国有自然资源有偿使用，鼓励开展融资担保业务，通过林权抵押、股权质押、助贷基金等多元化方式，提高信贷资金支持的广度和深度。

7 草原资源保护现状、问题及对策研究

7.1 研究概况

7.1.1 研究目标

明确新疆草原资源现状、草原资源保护监管情况、草原保护利用现状,分析新疆草原资源保护工作所面临的机遇与挑战,总结新疆草原工作存在的主要问题,结合当前形势,研究提出新疆"十四五"草原保护的发展思路和对策建议。

7.1.2 研究方法

本专题主要采用查阅相关文献、统计分析已有数据、实地调查、听取地方汇报、座谈讨论与专家咨询等方法进行研究,具体内容如下。

(1)查阅相关文献。搜集新疆草原资源与生态监测报告、新疆林业和草原局工作报告及总结材料、新疆统计年鉴、中国畜牧兽医年鉴、新疆草原相关学术论文等,整理新疆草原保护与畜牧业发展方面的关键数据,对相关资料进行系统梳理和整合。

(2)数据统计分析。通过提取相关文献中的数据,总结新疆草原保护工作现状及草原保护利用发展情况。

(3)实地考察调研。通过组织专家、学者到新疆各地进行实地考察调研,了解各州、市、县草原保护与发展现状、管理机构现状、草原保护与发展的成功经验。通过组织调研组成员与省、州、市、县从事林业和草原工作相关的人员进行深入研讨,明确当前新疆草原保护与发展面临的主要困难和相关建议。

(4)理论结合实践。通过收集整理新疆草原保护与利用的相关文献资料、座谈资料,结合新疆自然、经济、社会实际情况及当前形势,深入分析新疆草原保护与发展面临的主要问题,提出"十四五"新疆草原保护与发展的思路方向和主要对策。

7.1.3 技术路线

本研究在梳理新疆草原资源现状、草原监管情况以及草原保护利用发展现状的基础上,分析当前新疆草原保护工作面临的形势,提出新疆草原工作存在的突出问题。最后,结合当前形势提出保护新疆草原的指导思想和基本原则及对策建议,为"十四五"期间新疆草原的发展提供思路方向。技术路线如图 7-1。

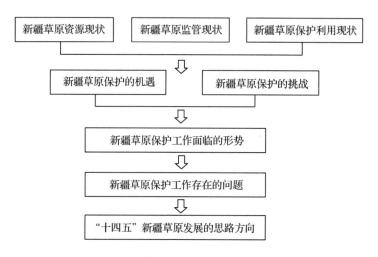

图 7-1 草原资源保护研究技术路线

7.2 草原资源现状

7.2.1 草原面积

根据 20 世纪 80 年代草地资源调查结果①,新疆天然草原面积为 5725.88 万公顷(8.6 亿亩),占新疆国土总面积的 34.4%,仅次于西藏自治区和内蒙古自治区,位居全国第三位,约占全国草地总面积的 1/6。其中,可利用草原面积为 4800.68 万公顷(7.2 亿亩),占全国可利用草原面积的 14.51%。

7.2.2 草原类型及草原植被种类

对于新疆而言,其特定的地理位置和"三山夹两盆"的特殊地貌条件孕育了复杂多样的草原类型和植被种类。据统计,在全国 18 个草地大类中,新疆共有 12 类,分别为温性草甸草原类、温

---

① 尽管草地、草原、草场的概念和含义在国内各地和学术界有不同的定义和认识,但在 20 世纪 80 年代以来,在全国草地资源调查中,对"草地"一词的内涵有了较为一致的意见。开始把草地、草原、草场视为同义词,并倾向于以草地为通用词,首次将所涉及的资源调查统一为草地资源调查。

性草原类、温性荒漠草原类、温性草原化荒漠类、温性荒漠类、高寒草原类、高寒荒漠草原类、高寒荒漠类、高寒草甸类、低地草甸类、山地草甸类、沼泽类,具有明显的水平地带性和垂直地带性分异特征(表 7-1)。根据《2017 年新疆草原资源与生态监测报告》,自治区共有草原植物 2930 种,占新疆高等植物种类的 89.6%。其中,价值较高的草原植物有 382 种,有些植物还是新疆特有种。新疆草原野生动物共有 700 余种,其中自治区重点保护动物 44 种,国家一、二级保护野生动物 116 种,约占全国保护动物总量的 1/3。自治区生物多样性十分丰富,被誉为生物自然种质资源库。

表 7-1 新疆各类草地面积分布统计

草地类型	面积类型	面积(公顷)
温性草甸草原类	毛面积	146.3
	可利用面积	132.9
温性草原类	毛面积	474.0
	可利用面积	436.9
温性荒漠草原类	毛面积	648.1
	可利用面积	583.5
温性草原化荒漠类	毛面积	285.1
	可利用面积	244.1
温性荒漠类	毛面积	2387.1
	可利用面积	1627.4
高寒草原类	毛面积	357.6
	可利用面积	326.3
高寒荒漠草原类	毛面积	88.7
	可利用面积	75
高寒荒漠类	毛面积	68.7
	可利用面积	51.3
高寒草甸类	毛面积	151.9
	可利用面积	138.3
低地草甸类	毛面积	714.8
	可利用面积	606.9
山地草甸类	毛面积	255.1
	可利用面积	234.6
沼泽类	毛面积	20.2
	可利用面积	18.4
合计	毛面积	5597.6
	可利用面积	4475.6

注:数据来源于《中国草地资源现状与区域分析》,此表显示新疆共有草原类型 12 类,由于数据来源不同,草原毛面积和可利用面积与 20 世纪 80 年代草地资源调查结果略有出入,仅做参考。

7.2.3 草原生产力状况

根据《2019 年全国草原监测报告》,自治区 2019 年鲜草产量为 10503.6 万吨,较"十二五"

(2011—2015年)期间平均鲜草总产量的9591.44万吨，增加9.51%。2019年，干草产量为3323.9万吨，较"十二五"期间平均干草总产量的3035.26万吨增加了9.51%(表7-2)。根据《2017年新疆草原资源与生态监测报告》，2017年自治区草原综合植被盖度为41.48%，综合植被高度为27.9厘米；比近5年(2012—2016年)增加了1.71个百分点和2.42厘米，草原生产力明显提高。

表7-2 新疆2010—2019年干鲜草产量

年份	鲜草产量(万吨)	干草产量(万吨)
2010	9926.1	3142.7
2011	9313.1	2947.2
2012	9784.3	3096.3
2013	10163.8	3216.4
2014	8899.9	2816.4
2015	9796.1	3100
2016	10542.1	3336.1
2017	10596.8	3353.4
2018	10339.3	3271.9
2019	10503.6	3323.9

注：数据来源于《2019年全国草原监测报告》。

7.2.4 草原产业发展现状

新疆地域辽阔，广袤的草原和绿洲为新疆草原利用提供了丰富的物质基础和有利的自然条件。畜牧业是新疆最具特色的传统基础产业之一，作为农村经济的重要组成部分，畜牧业上联种植业，下撑加工业，是新疆农业的中轴，对于调整农村经济结构，发展现代农业具有导向作用。草原旅游业方兴未艾，为新疆草原绿色发展提供了更多选择。草原经济对于维护自治区社会稳定具有重要的意义。

7.2.5 草原畜牧业利用现状

新疆天然草原在经营利用上具有鲜明的季节性特点，逐水而居季节转场放牧是新疆天然草原最基本的利用方式，也是新疆草原畜牧业有别于我国其他牧区的显著特色之一。由于新疆草原面积大，自然条件差异明显，各地在草原利用上形成不同的、适应自然规律的、各具特色的季节轮牧利用方式和放牧体系。依照草原放牧季节分异，可以将新疆天然草原利用季节归纳为夏牧场[①]、夏秋牧场、春秋牧场、冬牧场、冬春牧场、冬春秋牧场和全年牧场等7种类型。其中，北疆多实行从沙漠到高山的四季三处转场利用的夏牧场、春秋牧场和冬牧场；南疆山区实行夏秋牧场与冬春牧场转场利用，平原区多为四季在同一处放牧利用的全年牧场；南北疆均存在一处草原三季放牧的冬春秋牧场。

---

① 指用于放牧的草场，是牧地的俗称。

7.2.6 畜牧业发展现状

牧草是指供饲养的牲畜食用的草或其他草本植物①。新疆牧草种质资源十分丰富，可作为家畜饲用的牧草中饲用价值较高的有382种，国内独有的野生牧草种质资源约有226种。

新疆共有县(市)87个，其中，牧业县22个，半农半牧县16个，农业县49个，因此新疆畜牧业分为牧区、农区、半农半牧区等多样化的发展方式。截至2017年，新疆从事牧业人口共174.1874万人，占农业人口的14%。

据统计，2017年新疆畜牧业产值为6852939万元，同比增长5.2%，较2000年增长了4.98倍，发展速度较为迅速。从新疆畜牧业相对于农、林、渔产业在过去18年的发展情况，以及畜牧业占整个大农业产值的比重变化情况(图7-2)，可以看出在新疆四大农业行业中畜牧业产值仅次于农业(种植业)，约占大农业比值的25%，在新疆农业发展中占据重要地位。

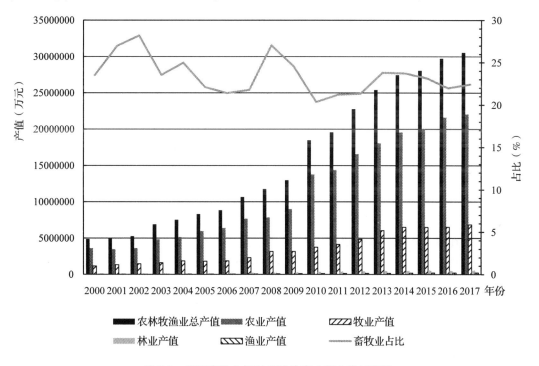

图7-2 新疆畜牧业相对于其他农业行业发展趋势

7.2.7 新疆草原旅游业发展现状

目前，新疆主要的草原旅游景区(点)集中分布于新疆北部的阿尔泰山、天山山脉；新疆南部有巴黎布鲁克草原和玉其塔什夏牧场；天山西段南麓分布着广阔的伊犁河谷草原以及位于西天山向伊犁河谷过渡段的喀拉峻草原。作为古丝绸之路的必经之地，新疆发展草原旅游具备以下优势：一是草原景观多样。从景观生态学角度来划分，新疆草原景观主要分为草甸草原景观、山地草原景观、荒漠草原景观、沙地草原景观、河谷草甸景观、高山草甸景观六大类型。二是野生动植物

---

① 牧草指供饲养的牲畜食用的草或其他草本植物。牧地是指以生长各类饲用植物为主，可为植食性动物提供食物的土地类型，其内涵为牲畜提供饲用植物的全部土地。牧地不仅包含草原、草甸、沼泽、草丛在内的草本植物群落，且包含荒漠、饲用灌丛和森林等木本植物群落。草原作为植物地理学中的分类单位，其上生长饲用植物(牧草)、环境植物以及经济植物。

资源丰富。新疆草原上野生动植物资源十分丰富,很多珍稀动植物也已被列为国家重点保护对象,并建立了自然保护区。如以保护植物为主的野核桃林自然保护区、雪岭云杉自然保护区等;以保护动物为主的卡拉麦里自然保护区(保护蒙古野驴)、巴音布鲁克自然保护区(保护天鹅等野生鸟类)等。三是草原民俗文化多种多样。新疆草原上居住的民族主要有哈萨克族、蒙古族、维吾尔族、锡伯族、柯尔克孜族、俄罗斯族、塔吉克族等。在历史发展过程中,各民族之间独特的民俗文化相互碰撞,相互影响,从而形成了新疆草原上丰富多元的民俗文化。以新疆最具代表性的那拉提风景区为例,该风景区属于5A级风景区,所开发的旅游产品涵盖生态观光旅游、休闲度假旅游、民俗文化旅游、农牧业旅游等。

7.3 草原资源保护监管情况

7.3.1 管理机构情况

机构改革前,原新疆畜牧厅是草原工作的主管部门,下设"一处三站"。"一处"是指草原处,共有行政编制4名。三站分别是指参公事业单位——自治区草原监理站(加挂"自治区草原防火办公室"牌子);事业单位——自治区草原总站、自治区蝗虫鼠害预测预报防治中心站(加挂"自治区治蝗灭鼠指挥办公室"牌子)。自治区共有草原监理机构103个,其中自治区级草原监理机构1个,编制43人;地州级草原监理机构14个;县级草原监理机构88个,新疆草原监理机构实际在编121人。新疆在草原监理站的基础上,成立草原防火办公室40个,其中地(州)级10个,县(市)级30个,共有防火技术人员238名。自治区共有草原站103个,其中自治区级草原总站1个,编制141人,实际在编134人;地州级草原站14个;县级草原站88个,新疆草原站实际在编1568人,其中技术人员为809名。自治区各级测报防治站共有15个,其中自治区级蝗虫鼠害预测预报防治中心站(自治区治蝗灭鼠指挥办公室)1个,编制55人,实际在编53人;地(州)级测报站14个,新疆从事此项工作的技术人员200余人(表7-3)。

随着机构改革的不断深入,自治区畜牧厅草原处和草原监理站转隶至自治区林业和草原局,草原总站和蝗虫鼠害预测预报防治中心站由于事业单位改革尚未转隶到位。此次机构改革撤销了自治区的草原监理机构,草原监理职能被合并至各级草原行政部门,草原监管能力薄弱凸显。巴音郭楞蒙古自治州林草局设置了草原和荒漠化科,仅有1名草原专业人员。焉耆县280万亩草原,原有编制2人,现仅有1名人员从事草原监理工作。据自治区草原部门提供数据,机构改革前草原工作人员有4000余人,机构改革后仅剩2000余人。

表7-3 机构改革前草原管理机构情况

项目	名称	级别	数量	编制数	实际在编(合计)
一处	草原处	自治区级	1	4	无数据
三站	草原监理机构	自治区级	1	43	121
		地州级	14	无数据	
		县级	88	无数据	

(续)

项目	名称	级别	数量	编制数	实际在编(合计)
三站	草原站	自治区级	1	141	1568
		地州级	14	无数据	
		县级	88	无数据	
	蝗虫鼠害预测预报防治中心站	自治区级	1	55	200余人
		地州级	14	无数据	
		县级	0	无数据	

7.3.2 草原法律法规情况

新疆维吾尔自治区在国家、部委有关草原法律、法规、规章、制度的基础上，因地制宜地制定了一系列相关地方法规规章，初步形成了一定的草原法律法规体系(表7-4)。目前，自治区已经出台《新疆维吾尔自治区实施草原法办法》《关于印发〈新疆维吾尔自治区草原生态保护补助奖励机制绩效考核暂行办法〉的通知》《新疆维吾尔自治区草原植被恢复费征收使用管理办法》等条例和规章。除自治区人大和政府制定了一系列法规规章外，一些民族自治地方也结合实际制定了相应的配套地方法规。如博尔塔拉蒙古自治州制定了《博尔塔拉蒙古自治州人民政府办公室关于印发博尔塔拉蒙古自治州草原火灾应急预案的通知》等，伊犁哈萨克自治州制定了《伊犁哈萨克自治州人民政府办公厅转发州畜牧局关于伊犁州直草原蝗灾防治应急预案和伊犁州直草原鼠害防治应急预案的通知》等，巴音郭楞蒙古自治州制定了《巴音郭楞蒙古自治州巴音布鲁克草原生态保护条例》等。目前，自治区关于草原的地方性法规有3条，地方政府规章有7条，地方政府(部门)文件有15条。这些法规、规章、规范性文件夯实了草原管理法制基础，为依法治草提供了重要的法律依据。

表7-4 新疆维吾尔自治区有关草原法规、规范性文件

名称	制定机构	所属类别	颁布时间
《新疆维吾尔自治区实施〈草原法〉细则》	自治区人民代表大会常务委员会	地方性法规	1989年
《关于国家建设征拨用地补偿安置标准的若干规定》	自治区人民政府	地方政府规章	1992年
《新疆维吾尔自治区草原管理费征收管理办法》	自治区人民政府	地方政府规章	1997年11月20日
《新疆维吾尔自治区草原防火实施办法》	自治区人民政府	地方政府规章	1995年10月9日
《新疆维吾尔自治区草场承包管理办法》	自治区畜牧厅	地方性法规	1996年7月17日(已于2008年4月10日失效)
《新疆维吾尔自治区实施〈中华人民共和国野生植物保护条例〉办法》	自治区人民政府	地方政府规章	2003年7月3日
《关于对城市周边草原实行禁牧的通告》	乌鲁木齐市人民政府	地方政府规章	2003年7月10日
《关于批转乌鲁木齐市城市周边草原禁牧实施方案的通知》	乌鲁木齐市人民政府	地方政府规章	2003年12月29日
《关于征用使用草原审核审批管理工作有关问题的通知》	新疆维吾尔自治区畜牧厅	地方政府(部门)文件	2006年9月18日

(续)

名称	制定机构	所属类别	颁布时间
《伊犁哈萨克自治州人民政府办公厅转发州畜牧局关于伊犁州直草原蝗灾防治应急预案和伊犁州直草原鼠害防治应急预案的通知》	伊犁哈萨克自治州人民政府办公厅	地方政府（部门）文件	2007年3月09日
《新疆维吾尔自治区人民政府办公厅关于切实加强森林草原防火工作的紧急通知》	新疆维吾尔自治区人民政府办公厅	地方政府（部门）文件	2008年6月10日
《博尔塔拉蒙古自治州人民政府办公室关于将自治州护林防火指挥部更名为自治州森林草原防火指挥部的通知》	博尔塔拉蒙古自治州人民政府办公室	地方政府（部门）文件	2008年10月15日
《博尔塔拉蒙古自治州人民政府办公室关于印发博尔塔拉蒙古自治州草原火灾应急预案的通知》	博尔塔拉蒙古自治州人民政府办公室	地方政府（部门）文件	2008年12月17日
《关于调整草原补偿费和安置补助费收费标准的通知》	新疆维吾尔自治区发展和改革委员会	地方政府（部门）文件	2010年10月21日
《关于成立乌鲁木齐市草原生态保护补助奖励机制工作领导小组的通知》	乌鲁木齐市人民政府办公厅	地方政府（部门）文件	2011年5月09日
《新疆维吾尔自治区实施草原法办法》	自治区人民代表大会常务委员会	地方性法规	2011年7月29日
《关于印发〈自治区落实草原生态保护补助奖励机制草原资源与生态动态监测与评价工作方案〉的通知》	自治区畜牧厅	地方政府（部门）文件	2012年1月12日
《关于印发〈新疆维吾尔自治区草原禁牧和草畜平衡监督管理办法〉的通知》	自治区人民政府办公厅	地方政府（部门）文件	2012年2月2日
《新疆维吾尔自治区草原生态保护补助奖励资金管理暂行办法》	新疆维吾尔自治区财政厅	地方政府（部门）文件	2012年3月15日
《关于印发〈新疆维吾尔自治区草原生态保护补助奖励资金管理暂行办法〉的通知》	自治区财政厅	地方政府（部门）文件	2012年3月19日
《关于印发〈新疆维吾尔自治区草原生态保护补助奖励机制绩效考核暂行办法〉的通知》	自治区草原生态保护补助奖励机制及定居兴牧工程建设领导小组	地方政府（部门）文件	2012年4月28日
《关于印发乌鲁木齐市落实草原生态保护补助奖励机制实施方案的通知》	乌鲁木齐市人民政府办公厅	地方政府（部门）文件	2012年7月25日
《新疆维吾尔自治区草原植被恢复费征收使用管理办法》	自治区财政厅、发改委、畜牧厅	地方政府（部门）文件	2012年9月4日
《转发〈自治区推进草原确权承包和开展基本草原划定工作实施意见〉的通知》	自治区人民政府	地方政府规章	2012年9月15日
《最高人民法院关于审理破坏草原资源刑事案件应用法律若干问题的解释》	自治区最高人民法院	地方政府（部门）文件	2012年11月2日

7.3.3 草原执法监督情况

自治区高度重视草原法制建设，不断加强草原执法力度。一是完善草原规章制度。自治区积极配合国家林业和草原局草原管理司的调研工作，参与《关于加强草原保护修复意见》《国有草原有偿使用制度改革方案》起草工作。二是打击草原违法行为。2017年至今，共接待来信来访案件

16起、上访群众50多人次,转办案件16起;解决重大草原纠纷4起,信访案件9起。涉及牧民承包草场占用、开垦、补偿费较低或至今未得到补偿等多项问题。同时,新疆对非法开垦林地草原、非法占用使用林地草原、非法采集草原野生植物、滥砍盗伐林木等违法破坏森林草原资源的行为进行了重点打击。2017年至今,共查处草原违法案件182起,涉及草原面积1.1万亩。三是加强草原征占用管理工作。一方面加强草原征占用现场勘查。自治区草原部门联合畜牧部门对自治区范围内未履行草原征占用审核审批情况开展了排查;根据国家林业和草原局专员办提供的疑似图斑占用草原情况、违建别墅、"住宅式墓地"进行了摸底。另一方面强化草原征占用审核审批工作,严格程序。2017年至今,共办理草原征占用手续105件,涉及占用草原面积3.43万亩,落实草原补偿费、安置补助费合计3500余万元,自治区征收植被恢复费2200余万元。四是加强草原法律宣传教育培训工作。自治区积极开展草原普法宣传活动。针对近年来自治区草原违法案件发生的形势与特点,制作印刷《图说草原保护》12万册,发放自治区主要牧区,大力营造保护草原的良好氛围。同时,自治区注重提升草原执法人员的业务能力,2017年以来举办草原监理执法培训班2期。新疆14个地州、85个县(市、区)250余人参加了培训,进一步提升了草原执法监督工作水平。

7.3.4 草原生态保护政策和工程实施情况

一是草原生态补奖政策落实情况。2011年,国家启动了草原生态保护补助奖励政策,核定新疆禁牧和草畜平衡总面积6.9亿亩(按照80年代全国草地资源调查数据,不含新疆生产建设兵团)。"十二五"期间,每年实施草原禁牧面积为1.515亿亩(其中,水源涵养区禁牧150万亩),草畜平衡面积5.385亿亩,牧草良种补贴面积578万亩,发放牧民生产资料综合补贴涉及农户31.45万户,每年投入资金19.07亿元。2016年,国家启动了新一轮(2016—2020年)草原生态保护补助奖励政策,对6.91亿亩草原实施禁牧和草畜平衡奖励。其中,禁牧面积为1.50亿亩,草畜平衡面积为5.4亿亩,每年投入资金24.77亿元。2012—2017年,这一政策带动社会投资近20亿元,建设畜牧养殖专业合作社360余家,入社社员1800余户。通过落实草原生态补奖政策,新疆天然草原禁牧区鲜草产量比实施草原生态补奖机制前的2010年提高32.66%;天然草原草畜平衡区2017年鲜草产量比2010年提高了26.53%[1]。生态效益、经济效益和社会效益显著。

二是退牧还草工程实施情况。2003—2018年,国家累计下达新疆退牧还草工程建设任务包括围栏23320万亩、退化草原改良5995万亩、人工饲草地建设233万亩、棚圈补助13万余户、毒害草治理125万。自治区共有49县(市)先后纳入至退牧还草工程实施范围,中央累计投资54.14亿元(不含前期费)。2019年,新疆退牧还草任务包括围栏50万亩、退化草原改良150万亩、人工种草修复治理75万亩、毒害草治理65万亩,中央预算内投资35040万元[2]。目前,各地州正在根据县市申报需求进行任务分解。根据2019全国畜牧总站和新疆草原总站2018年监测,退牧还草生态保护工程围栏封育工程内植被高度、盖度、产量较工程区外均有所提高。工程区内植被盖度为51.25%,较工程区外的43.71%高7.54个百分点;植被高度为18.77厘米,较工程区外高38.42%;每公顷鲜草产量为2251.17千克,较工程区外高59.89%,草原生态趋势整体向好[3]。退牧还草工程的实施促进了新疆草原畜牧业生产方式向冷季舍饲、暖季放牧的转变,为牧民提供了

---

[1] 数据来源于新疆林业和草原局《新疆退化草原人工种草生态修复工作情况汇报》。
[2] 同上。
[3] 同上。

基本保障和增收渠道，生态效益和社会效益显著。

三是退耕还草工程实施情况。2015—2018 年，国家向自治区下达退耕还草任务 91.8 万亩，项目总投资 91800 万元，其中，中央预算内投资 13470 万元，中央财政资金 78330 万元。

四是已垦草原治理试点项目落实情况。2016—2017 年，国家下达自治已实施已垦草原治理 123 万亩，中央到位资金 19680 万元，涉及县市 22 个[①]。

7.3.5 草原科技支撑情况

目前，自治区草原科研工作主要由新疆维吾尔自治区草原总站、自治区蝗虫鼠害预测预报防治中心站、畜牧科学院草业研究所和新疆农业大学草业与环境科学学院承担。从人员构成方面看，草业研究所现有专业技术人员 52 人，含高级专业技术职务人员 30 人，博士后 1 人，博士 5 人，硕士 20 人。从科研平台方面看，草原总站拥有 1 个农业农村部牧草种子检验中心、2 个牧草种质资源圃、3 个国家级草品种区域试验站、8 个省级草品种区域试验站、24 个国家级草原固定监测点、800 多个固定草原动态监测点。草业研究所拥有生物技术实验室、旱生牧草研究中心、新疆驼绒藜等旱生牧草原种基地(呼图壁)等多个实验室和实验基地。其中，新疆驼绒藜等旱生牧草原种基地是国家批准的第一批 5 个全国原种基地之一，也是新疆承担的第一个国家级牧草原种生产工程。新疆农业大学草业与环境科学学院建有独立的草业研究所，并拥有 1 个教育部省部共建实验室、1 个自治区级重点实验室、1 个自治区级实验教学示范中心、3 个校级重点实验室以及 3 个教学、科研与生产示范基地，形成了较为全面的科技创新与技术研发相结合的研究体系。从研究成果方面看，近 5 年来，草原总站共主持承担农业农村部项目 17 项、合作项目 3 项，农办项目 1 项。出版专著 2 部，在国内及省内期刊发表专业论文 80 余篇。自治区蝗虫鼠害预测预报防治中心站出版专著 2 部，在国内外学术刊物上发表专业论文 175 篇。并针对边境地区蝗灾的预警监测和防治技术的研究与哈萨克斯坦国家建立了长期的、有效的合作机制。近 10 年来，草业研究所共承担各类草畜科研项目 40 余项，制定国家标准 2 项、地方标准 8 项，培育出 6 个优良牧草品种。获得国家科技进步奖 2 项、自治区科技进步一等奖 2 项、二等奖 3 项、三等奖 4 项等 11 项奖励。新疆大学草业与环境科学学院承担国家级、自治区级科研项目约 120 余项。获国家部委、自治区科技进步奖等奖项 20 余项；培育出牧草及草坪草新品种 21 个，形成了一大批新技术新成果[②]。

7.3.6 草原防火情况

近年来，新疆维吾尔自治区按照党委部署和要求，草原防火工作不断加强。一是健全工作机制。新疆大部分地区、防火重点地县均成立了防火指挥部和办公室，并由政府一把手或主管领导担任指挥长，明确了指挥部、各指挥成员单位的工作职责。初步形成了统一领导、分级负责、条块结合、属地为主的草原火灾应急管理体制。各级人民政府及草原防火部门积极开展应急预案编制工作，基本形成了覆盖自治区、地区、市县四级草原火灾应急预案体系。二是夯实基础建设。"十三五"期间，国家累计投入自治区草原防火资金 1.21 亿元，主要用于草原防火基础设施项目和边境草原防火隔离带工程建设。其中，草原防火基础设施项目总投资 8442 万元(中央投资 7505 万元，地方配套 937 万元)，边境草原防火隔离带工程总投资 3685 万元(全部为中央投资)。共建设

---

① 数据来源于新疆草原生态保护工作情况。
② 数据来源于草原监理工作情况及《关于报送新疆维吾尔自治区草原科技有关情况的函》。

草原防火物资库(站)项目 22 个,完成边境草原防火隔离带工程建设 4030 公里,有效提升了自治区草原火灾的防控能力以及应急保障能力。

在各方的积极努力下,近 5 年来,每年因火灾受害的草原面积一直处于历史较低水平,火灾发生的概率明显降低,有效保护了草原生态。

7.4 草原资源保护工作面临的形势分析

7.4.1 草原资源保护工作面临的机遇

7.4.1.1 新时代为草原发展提出了新要求

"山水林田湖草是一个生命共同体"理念肯定了"草"的重要地位和作用,对推进草原生态文明建设具有十分重要的意义。草原是我国面积最大的陆地生态系统,全国共有草原面积约 60 亿亩,超过耕地和森林面积的总和,占国土总面积的 41.7%。草原兼具生态、经济等多重功能,既是我国最重要的绿色生态屏障,又是农牧民赖以生存的基本生产资料,对于经济、生态、社会都具有十分重要的战略意义。因此,草原无论是从面积规模角度,还是从其承担的多种功能角度,都应引起全社会足够的重视。新时代,应结合生态文明建设的新形势、新要求,利用好习近平新时代生态文明思想这一法宝,坚持走生态优先、绿色发展之路,促进草原地区生态、经济、社会协调发展,为建设生态文明和美丽新疆添砖加瓦。

7.4.1.2 机构改革为草原发展带来了新的历史机遇

2018 年 3 月,中共中央印发了《深化党和国家机构改革方案》,做出了组建国家林业和草原局的决定。将草原监督管理职能由原农业部划转至国家林业和草原局。国家林业和草原局内设草原管理司,其主要职能为指导草原保护工作,负责草原禁牧、草畜平衡和草原生态修复治理工作,组织实施草原重点生态保护修复工程,监督管理草原的开发利用。这一决定意味着国家把草原保护和发展的战略地位提升至前所未有的高度,改变了过去过多强调草原生产功能而忽视草原生态功能的思想,直接强化了草原生态保护力度。这一举措是我国草原工作发展史上具有里程碑意义的重大事件,是草原工作管理体制的一次重大变革,彻底改变了过去"九龙治水,多头管理"的局面,使统筹山水林田湖草系统治理成为现实可能,标志着草原工作进入了新时代,为草原保护建设带来了全新的历史机遇。

7.4.1.3 草原生态系统保护的工程、政策逐步完善

近年来,随着对草原认识的进一步加强,国务院以草原保护与生态建设为目标,制定了一系列草原生态系统保护的方针政策,提出了"退耕还草""退牧还草""生态移民"等多项有效举措来保障草原生态安全。近年来的重要文件也都对草原生态保护与建设提出的不同要求或赋予了不同任务。特别是国家从 2011 年开始实施"草原生态保护补助奖励"政策,内容包括实施禁牧补助、草畜平衡奖励以及牧民生产性补贴。这一系列的政策和工程为我国草原生态系统的恢复与保护提供了有力保障。

7.4.1.4 自治区党委、政府对生态环境的高度重视为草原发展提供了有利契机

新疆维吾尔自治区党委、政府高度重视生态环境保护工作,高位谋划、高位推动各项规划、政策落地,把林草发展放在实现新疆跨越式发展和长治久安的战略高度来部署和推动。

"十三五"期间，新疆以建设生态文明和美丽新疆为总目标，紧紧围绕"绿色发展"主题，服务国家"一带一路"倡议和"丝绸之路经济带"核心区建设，加快打造"一带两环三屏四区"的生态发展格局，着力构建丝绸之路经济核心区绿色屏障，形成以林果业及特色产业为主的绿色产业，新疆生态文明建设取得了新的进步。其重要的生态战略地位和巨大的生态潜力为新疆草原发展提供了发展机遇与方向。

2012年，新疆发布实施了《新疆维吾尔自治区主体功能区规划》，通过主体功能科学布局，着力构建"三屏两环"为主体的生态安全战略格局，确定了新疆维吾尔自治区重点开发区、限制开发区和禁止开发区。在全国范围内，率先编制完成了《新疆生态环境功能区划》，依据生态环境的自然属性和不同地域的主要生态环境功能，以"抚育山区、优化绿洲、稳定荒漠"为主线，将新疆划分为六大类生态环境功能区，确定了新疆维吾尔自治区生态环境保护红线。2019年，新疆出台新《全面加强生态环境保护坚决打好污染防治攻坚战实施方案》，提出加快构建生态文明体系，确保到2020年主体功能区布局基本形成、国土空间开发格局进一步优化，为草原事业发展提供了有利契机。

7.4.1.5 新疆草原保护工作面临的挑战

（1）山水林田湖草系统治理理念尚未彻底落实。近年来，尽管对草原工作的重视程度日趋提高，但受传统习俗和思维惯性影响，人们对草原生态系统的重要性认识仍然不到位，与草原承担的多种功能不相适应。与林业工作相比，草原工作基础薄弱，在职能机构、管理队伍方面仍处于弱势地位，项目资金和项目规划方面仍重视不足，落实山水林田湖草系统治理理念仍需要时间。

（2）草原保护政策制度不完善。目前，我国仍处在工业化和城镇化快速发展的阶段，生态环境保护的压力会持续存在。基本草原保护制度、草原征占用审核审批制度、草原生态红线保护、草原资源资产产权和用途管制、草原资源资产离任审计、草原资源损害责任追究、草原生态环境损害赔偿、草原生态补偿等制度等草原资源和生态保护相关制度和政策仍不完善，为草原保护和修复带来了巨大的挑战。此外，草原保护存在重投入轻管护的现象，草原生态工程的后期管理和维护工作的不到位，导致一些草原工程未能充分发挥效益，随着工业化、城镇化的推进，草原资源和环境承受的压力将越来越大，巩固保护草原生态建设成果任务依然艰巨。

（3）提升草原资源管理利用水平任务艰巨。据《2017年新疆草原资源与生态监测报告》，2017年新疆天然草原高峰期每羊单位平均需草原面积26.4亩，和田地区策勒县昆仑北坡每羊单位平均需草原面积10~15亩。除去草原资源禀赋因素的影响，新疆草原在利用方式、承载力水平、管理方式等方面距其他省份存在较大差距。

（4）推动草原畜牧业转型升级任务艰巨。新疆牧区大部分地区缺水严重，种植饲草料很难保证产量，只依靠本地饲草料无法满足牲畜舍饲圈养的需要。加之牧区牲畜暖棚、青贮窖池、储草棚库等畜牧业生产设施建设投入严重不足，导致草原畜牧业产业转型缓慢，生产效率低下。草原畜牧业经济面临着饲草料短缺和集约养殖水平低下两大挑战。从新疆范围看，草原牧区传统游牧的生产生活方式没有得到有效转变，依赖天然草原放牧仍然是牧民增收的主要途径，推动传统畜牧业向现代畜牧业转型升级存在困难。

（5）草原退化的趋势尚未有根本性改变。草原退化是指由于人为活动或不利自然因素所引起的草原（包括植物及土壤）质量衰退，生产力、经济潜力及服务功能降低，环境变劣以及生物多样性或复杂程度降低，恢复功能减弱或失去恢复功能。有研究表明，天山各类草地20世纪80年代与60年代相比，牧草产量下降35.4%~73.8%，准噶尔西部山地冬季草场下降46.5%，平原冬季草场下降32.38%。夏季草场下降30%~44%，春秋草场下降43.5%。据1981年调查结果，著名的尤尔都斯高寒草原，植被覆盖度由60年代的89.4%下降至30%~50%，每公顷鲜草产量由1470千克下降至600千克。博尔塔拉蒙古自治州草原一些退化严重的地区，植被覆盖度由20世纪60年代的80%下降至50%，草层高度由50~80厘米下降到10~25厘米。根据20世纪80年代草地普查和2000年全国草地资源速查初步成果数据，两次调查间新疆成片草地总面积净减少6164232公顷，减幅为10.77%，大于全国平均水平7.15%。草原退化不仅影响农牧民的生产、生活和农牧区的社会经济发展，而且还会造成水土流失、沙尘暴迭起、江河泥沙淤积等严重的生态环境问题，严重威胁新疆乃至国家的生态安全。

根据《2019年草原监测报告》，新疆平均超载率为9%。草原的超载过牧会加速草原退化，超载过牧与草原退化二者互为因果最终走向恶性循环。同时，社会经济发展对草原保护存在持续压力。新疆重工业比重大，对水、土等资源环境需求强烈，发展过程中不平衡、不协调、不可持续问题突出。在坚守生态保护红线的前提下，经济发展与草原保护之间的矛盾愈加凸显。此外，新时期林草自身转型、大力发展旅游业的现实需要也对新疆草原生态保护提出了新的挑战。

7.5 草原资源保护工作存在的问题

新疆干旱少雨，自然条件严峻。近年来，虽然草原生态保护力度不断加大，但由于受自然因素、人为因素等多重因素的影响，目前新疆草原生态系统仍较为脆弱，处在不进则退的爬坡过坎阶段，新疆草原保护工作仍然面临着一系列困难和难题。

7.5.1 草原生态环境脆弱，退化沙化治理任务繁重

新疆维吾尔自治区长期以来受自然条件、超载过牧、生物灾害等因素的影响，草原生态保护历史欠账较多，基础设施建设投入不足，草原退化情况仍然较为严重。20世纪90年代，自治区草原部门将当时的草原生产力状况与全国80年代草地资源普查情况进行对比，发现自治区80%的草原存在不同程度的退化，严重退化面积占草原总面积的30%[①]。根据全国草原监测报告，2010—2017年，草原虫害年均发生264.3万公顷（3964.69万亩），鼠害年均发生535.26万公顷（8028.94万亩），若不及时治理，有可能演变成新的沙化草原。据调研发现，由于过度放牧，巴音郭楞蒙古自治州巴音布鲁克草原腹地已有50万亩草原退化成沙地；和田地区策勒县已有161.96万亩发生退化，占策勒县现有草原总面积的24.9%，草原退化形势非常严峻。目前，新疆维吾尔自治区对各类退化草原修复治理的模式、标准、技术规程缺乏系统的研究，也为退化草原的治理带来了难度。根据《新疆荒漠化和沙化状况公报2015》，截至2014年，新疆荒漠化土地总面积为107.06万平方千米，占新疆国土总面积的64.31%；沙化土地面积为74.71万平方千米，占国土总面积44.87%；具有明显沙化趋势的土地面积为4.71万平方千米，占国土总面积的2.83%，自治区荒漠化和沙化形势依然严峻。

7.5.2 草原资源调查等基础工作薄弱

新疆草原资源基础数据缺乏科学规范。一是草原底数较为陈旧。目前新疆维吾尔自治区沿用

---

① 数据来源于新疆林业和草原局《新疆退化草原人工种草生态修复工作情况汇报》。

的草原资源数据仍来自20世纪80年代，距今已有30余年，这一时期是我国经济社会发展最快的时期，也是草原受人为影响最大的时期，草原资源状况客观上已经发生了巨大的变化，过去的数据显然已经不适应现阶段草原生产发展的需要。二是草原行业调查标准与国土部门调查标准不一致。根据20世纪80年代草地资源调查结果，新疆天然草原面积为5725.88万公顷，而根据《2018年新疆统计年鉴》，新疆草原面积为5111.38万公顷，二者相差614.5万公顷。若国土"三调"结果与原草地资源调查结果相差较大，将会严重影响草原生态补奖政策的延续性。三是草原承包数据尚未上图。目前新疆部分地区草原承包数据仅仅是一个数字的概念，没有以图的形式落实边界，更没有落实到具体的地块上，为草原承包确权工作带来很大的不确定性。四是退化草原分级标准缺乏科学规范。目前，自治区退化草原专项调查工作仍在进行之中，由于退化草原分级缺乏科学规范，草原退化调查统计工作尚未能建立完善起来。

7.5.3 草原法律法规体系不完善，草原执法不到位

新疆维吾尔自治区虽然形成了一系列的草原法律法规体系，但仍然不够细致，存在着一定的疏漏。一是法律法规不完善。从国家层面看，《中华人民共和国草原法》仍在修订之中。与之相对应地，新疆相关的草原法律法规也尚在完善之中。二是草原执法基础设施薄弱，技术手段落后。自治区内草原监测任务主要由草原站承担，目前，虽然部分地州草原站人员已经完成转隶，但一些执法车辆、设备仍留在原畜牧部门，由于缺少必要的执法装备、交通设施，草原执法人员开展工作力不从心，导致一些草原违法案件难以得到及时有效的查处。

7.5.4 草原监管体系不健全，力量薄弱

新疆草原监管体系建设仍不完善，与其他自然资源监管体系相比，草原面积最大但管理机构队伍较弱，与承担的管护任务不相适应。一是机构管理队伍弱，人员流失严重。机构改革前，自治区共有各级草原监理机构103个，机构改革后，仅保留了草原监理的职能，但无机构和人员，尤其是县市级草原监理队伍已不复存在。如哈密市草原监理中心在机构改革后被合并到各市林草局科室，直接削弱了草原监管队伍的力量。同时，自治区牧区经济条件落后，生活条件辛苦，专业技能型人才较少，信息化监管技术利用水平有限。二是草原管护员人员偏少、补助标准偏低。新疆维吾尔自治区草原面积辽阔，按照可利用草原面积6.9亿亩，每成立1个管护站(点)可以管护草原面积50万亩、每个管护站(点)平均需要4人计算，理论上新疆需要建设管护站(点)1380个、草管员5520人。2012年，自治区建立起2400多人的草管员队伍，不足理论人数的一半；草管员补助由各级财政负担，由于地方政府财力不足，管护人员待遇较低。例如生态公益性岗位的草管员补助仅约1200元/月，原本数量不多的草管员队伍面临流失的风险。在调研过程中，巴音郭楞蒙古自治州反映全州草原管护人员不足200人，平均每人需管护草原80余万亩，工资标准不到护林员工资的60%，队伍及其不稳定。伊犁哈萨克自治州反映巩留县禁牧面积40万亩，但草原管护人员仅有25人，管护人员工资由各乡镇自行解决，后因维稳任务，各乡镇财政难以为继。受工资待遇影响，草原管护员工作责任心和积极性下降。

7.5.5 林草、林牧、草畜矛盾突出

新疆维吾尔自治区降雨量少，生态系统脆弱，可利用土地面积不足，农、林、草争地现象严重，用地矛盾较为突出。一是林草矛盾较为突出。人们在生态保护修复过程中对森林、草原功能

认识不清晰。林业部门为确保森林覆盖率需要增加造林面积，在现有条件下，能够造林的地块已经全部造林，为扩大森林面积，存在草原上种树的现象。二是林牧矛盾较为突出。牧民放牧也常常会引起森林资源的破坏。在森林中缺少围栏的地方放牧，一方面会使幼林遭到破坏，难以自然更新，另一方面会造成人工造林10多年以后，树木长不高仍是小老头树的现象。三是草畜矛盾较为突出。在实行禁牧和草畜平衡制度之后，可利用饲草饲料是牲畜的重要食物来源之一①。在调研中我们发现，随着和田地区农业种植结构的调整，秸秆农作物的种植面积逐年减少，苜蓿等饲草的种植主要集中在田间地头、林带间，缺乏大面积的饲草料生产基地，导致秸秆等农副产品总量在不断减少，并存在饲草利用率不高的现象。根据和田地区2018年上半年畜牧业统计数字测算，2018年上半年全地区实际载畜量为653.65万羊单位，而理论载畜量为616.93万头只羊单位，存在36.72万羊单位的缺口，即全地区有36.72万羊单位的牲畜缺少饲草料，缺草20.2万吨②。

7.5.6 草原权属不清

自治区林草地块存在边界不清、交叉重叠的现象，草原上"一地两证"的问题较为突出。据统计，新疆"一地两证"发放重叠面积约1.73亿亩，占新疆林地面积2.06亿亩的84.1%，占新疆草原面积7.2亿亩的24.1%。历史上，新疆森林分布区大多有农牧民定居。在长期的生存发展过程中，农牧民形成了在林地内放牧的传统习惯。在同一地块上，既开展林业生产经营活动，又发展农牧业生产，土地的多重利用长期并存；近年来，各部门根据工作管理需要，先后独立组织开展了国土资源调查、林地资源调查和草地资源调查工作，由于国土、林业、草原部门对地类的认定标准、调查标准、技术标准不一致，加之地方性法规对林地、草原的定义存在交叉重叠的部分，导致在林地及草原确权过程中，同一地块，既核发林权证又核发草原证的现象时有发生。在调研过程中，发现伊犁州就存在部分农牧民和农村集体经济组织承包使用的草场同时被确定为国家重点公益林的现象。此外，地州之间、兵地之间草原权属不明晰，也存在矛盾纠纷。

7.5.7 草原承包确权工作滞后

自治区草原虽然实行了草原承包到户经营责任制，但仍存在草原承包四至不清、边界不明、合同不完善等问题。加之草原承包确权工作需要重新核实草原面积，由于技术力量不足、工作经费落实困难，导致草原承包经营面积落实到户难度较大，基础性工作不扎实，严重影响草原承包确权工作的推进。

7.5.8 草原科技创新和支撑力量不足

目前，新疆维吾尔自治区草原存在科研力量缺乏合理布局、经费投入不足等问题。一是草原基础性研究不足。目前自治区草原人口承载能力、草原灾害爆发规律和预测机制、草原保护与利用的平衡机制、草原退化恢复机理等基础性研究工作仍然较为滞后。伊犁哈萨克自治州反映，林草有害生物爆发年限间隔时间越来越短，原因和机理尚不明确，治理难度很大。二是技术支撑能力、成果转化能力不足。天然草原修复治理缺乏标准规程，人工草原建植技术、优质牧草栽培技术等技术研究较为薄弱，基础设备不足。同时，由于缺乏科技与企业合作对接，产学研相结合的

---

① 根据《草畜平衡管理办法（2005）》，草畜平衡是指"为了保持草原生态系统良性循环，在一定时间内，草原使用者或者承包经营者通过草原和其他途径获取的可利用饲草饲料总量与其饲养的牲畜所需的饲草饲料总量保持动态平衡"。

② 数据来源于和田地区林草"十四五"相关材料。

相关配套政策、机制和保障资金，导致研究成果转化率不高。三是草原科研力量不足。自治区草原科研队伍专业技术水平参差不齐，存在知识结构不合理、更新速度慢等问题。人才积累的数量和质量跟不上当前草原科技发展的步伐。从数量上看，畜牧科学院草业研究所和新疆农业大学草业与环境科学学院从事草原研究工作的科研人员仅有百余人，与新疆草原的规模和在全国的地位严重不符。从质量上看，自治区缺少草原学科领军人物和高水平研究人员、技术人员，两头缺现象严重。同时，自治区现有专业技术人员队伍年龄结构不合理、人才队伍严重断层。例如，伊犁哈萨克自治州林业科学研究院反映，目前院里科研人员人才引进及其困难。科研人员往往身兼数职，难以将精力完全集中在研究工作上。

7.5.9 草原生态保护补助奖励政策有待完善

草原生态保护补助奖励政策，是目前国家在草原牧区投入规模最大、实施范围最广、受益农牧民最多的一项政策，也是我国目前最重要的草原生态补偿机制。新疆维吾尔自治区自2011年实施该项政策以来，对促进草原生态保护、农牧民增收发挥了重要作用。但在政策的实施过程中，仍存在一些突出的问题。一是补奖资金的发放与监管脱节。机构改革后，农业农村部将草原补奖资金改为农牧民补助资金，资金的发放工作仍留在农业农村部，而草原的监督管理工作却划给了林草部门，权、责部门不统一，政策不协调，体制机制不顺畅，导致草原监管责任落实困难，难以形成草原保护长效机制，草原部门监管工作失去抓手。二是补奖资金的发放与禁牧和减畜任务落实脱节。理论上，补奖资金的拨付流程为先向牧民拨付一定量的补奖资金，待年底核实牧民落实禁牧和减畜任务后，再发放剩余资金。由于财政部门要求加快补奖资金拨付进度，新疆存在一次性向牧民拨付补奖资金的现象。这一举措虽然保障了农牧民的利益，但却难以保障政策是否落实到位，生态保护责任是否落实到位，农牧民是否履行了禁牧和减畜任务，存在补奖资金的发放与禁牧减畜任务脱节的现象。三是补奖标准偏低。新疆实施差别化的草原补助奖励标准，水源涵养区的禁牧补助标准为50元/亩，其他地区禁牧标准为7.5元/亩，草畜平衡标准为2.5元/亩。伊犁哈萨克自治州反映在一些地区，牧民得到的补偿难以弥补禁牧和减畜造成的损失，影响到牧民落实禁牧和减畜任务的积极性，导致偷牧、过牧的现象屡禁不止。

7.5.10 草原生态建设投入不足，治理难度大

一是草原生态建设难度不断增大。目前，新疆防沙治沙形势严峻，多年来，随着草原生态建设项目的实施，下一步需要重点治理的地区自然条件更差，水资源供需矛盾突出，治理难度越来越大。二是投资标准较低。如巴音郭楞蒙古自治州退耕还草项目实施中存在投资标准低，水费成本高，缺少节水灌溉等水资源保障配套投入等问题，导致种草成本升高。现有的投资标准远不能满足实际需求，达不到预期的治理效果。三是草原工程实施存在重治理、轻管护的现象。草原工程实施后，刚刚恢复生态条件的区域往往稳定性较差，常常因为缺乏足够的管护经费或有效的管护工作而前功尽弃，草原生态建设成果巩固难度大。巴音郭楞蒙古自治州反映退耕还草项目实施后往往因缺乏后续管护资金，导致项目区经过3~5年后又退化至治理前。

7.5.11 地方财政资金支持不足

新疆属于我国西部欠发达地区，地方财政紧张。自治区财政在保证工资量、重大民生支出、维稳工作的前提下，对林草事业发展的投入有限。根据自治区财政厅，截至目前，在"十三五"期

间，国家和地方对林草事业投入的资金总量约210亿元，其中中央投入184亿元，约占资金总量的87%，地方财政投入26亿元，约占资金总量的13%[①]。由于地方财政资金配套能力有限，影响了草原相关工程项目的实施效果。以退牧还草项目为例，在项目执行前期，地方配套资金落实困难，影响项目设计和实施方案的编制进度。在项目执行过程中，项目招投标、设计、监理费用等支出远远超过国家前期费，为项目的合规运行造成困难。在项目实施后，也存在缺乏项目管理经费的问题。同时，本应拨付给草原工作的经费也渺无踪迹。例如每年收取的植被恢复费，本应用于草原修复治理上。然而，在"收支两条线"的现实下，植被恢复费在上缴财政后，基本不会再回流至草原。

7.6 "十四五"期间新疆草原发展的对策建议

草原是新疆维吾尔自治区重要的生态保护屏障，也是自治区生态文明建设的主战场，保护好新疆草原对于整个自治区乃至全国都有十分重要的意义。当前，新疆面临着经济社会发展不充分和生态环境脆弱的双重挑战，草原发展既要补齐生态服务方面的短板，也要加快创新发展方式。针对新疆草原现状，结合草原保护发展面临的形势，对自治区"十四五"草原工作开展提出以下建议。要坚持绿水青山就是金山银山的理念，坚决守住生态保护红线，统筹开展治沙治水和森林草原保护工作，让大美新疆天更蓝、山更绿、水更清。

7.6.1 指导思想

根据当前草原改革发展面临的形势任务，"十四五"期间新疆草原工作必须以习近平新时代中国特色社会主义思想为指导，深入贯彻习近平生态文明思想，围绕社会稳定和长治久安这个总体目标，坚定不移实施生态立区战略，按照"一带两环三屏四区"的发展格局，持续推进林草工作稳步发展。认真践行新发展理念，坚持生态优先、综合治理、科学利用，创新发展思路，完善政策措施，增强支撑保障能力，以"守住存量、扩大增量、提高质量"为主攻方向，切实加强草原保护修复，着力改善草原生态状况，持续提升草原多种功能，为建设生态文明和维护国土生态安全提供有力支撑。

7.6.2 基本原则

（1）坚持生态优先。"十四五"期间，新疆各级林草部门要把发挥草原生态功能放在更加突出的位置，将生态保护修复作为草原工作的核心任务，彻底扭转"重视草原生产功能，轻视草原生态功能"的陈旧观念，推动建立草原保护修复长效机制。草原工作的出发点和落脚点都要有利于改善草原生态状况，有利于提升草原生态功能，有利于促进草原休养生息。

（2）坚持综合治理。山水林田湖草是一个生命共同体，要用山水林田湖草系统治理的理念指导草原生态保护修复。"十四五"期间，新疆应从自然生态系统整体性的角度出发，准确把握草原生态系统的特点，树立尊重自然、顺应自然的理念，坚持自然修复为主、自然修复与人工治理相结合，统筹生物措施与工程措施，增强草原生态保护修复的针对性和有效性，推动新疆草原生态系

---

① 数据来源于新疆财政厅汇报的数据。

统稳定健康发展。

（3）坚持因地制宜。遵循自然规律，树立以水定绿的发展原则，宜林则林、宜灌则灌、宜草则草、宜荒则荒，推进林草融合发展。

（4）坚持科学利用。在生态优先的前提下，要支持草原资源科学利用。树立"在保护中发展、在发展中保护"的科学理念，实施草原分类经营制度，严格落实草畜平衡和禁牧休牧制度，在不破草原生态环境的基础上利用草原资源。

（5）坚持牧民主体。要"坚持发展为了人民、发展依靠人民、发展成果由人民共享"的理念，充分尊重牧民意愿，保护好牧民合法权益，注重调动牧民保护修复草原的积极性。要完善落实草原生态补奖政策，不断提升牧民的获得感和幸福感，促进草原牧区经济平稳健康发展。

（6）坚持多方联动。加强草原生态保护修复需要各方面的积极参与和大力支持。"十四五"期间，新疆各级林草部门要加强与发展改革、财政、金融、农业农村等部门的协调沟通，注重增强政策的协同性和有效性，做到同向发力、同频共振，形成合力。要通过建立联合工作机制、联合开展专项行动等方式，构建草原保护管理的良好工作格局。在发挥政府主导作用的同时，注重运用市场机制，调动社会力量参与，多层次多形式推进草原生态保护与修复。

7.6.3 草原保护发展对策建议

7.6.3.1 继续深化草原重大制度改革

改革创新是事业发展的永恒动力，对于新时代新疆草原工作来说更显得尤为重要。"十四五"期间，自治区林草部门应深入贯彻落实山水林田湖草系统治理理念，加快草原生态保护修复，深化草原重大制度体系改革，推进草原治理体系和治理能力现代化。一是完善草原承包经营制度，因地制宜鼓励多种模式的草原确权承包方式，加强草原经营权流转管理；二是建立基本草原保护制度，科学划定基本草原，对具有重要生态功能的天然草原划入自然保护地体系加以严格保护；三是建立草原分类经营制度体系，划定严格保护区（草原生态保护红线区域）和生态利用区（兼有保护与利用功能），配套草原生态保护补偿政策，提高严格保护区生态补偿标准，加强对生态利用区监管，严格落实以草定畜、草畜平衡制度；四是加快建立全民所有草原资源有偿使用制度和分级行使全民所有草原资源所有权制度；五是加快建立林（草）长制，全面落实新疆各级党委政府保护修复草原的主体责任，继续完善草原生态保护红线、草原生态损害赔偿和责任追究等制度。

7.6.3.2 加快完善草原资源调查监测体系

准确掌握草原资源状况，对于科学制定草原政策、编制规划、实施工程项目具有奠基作用。一是彻底查清草原底数。结合第三次全国国土调查，依据出台的《自然资源统一确权登记暂行办法》，全面摸清新疆草原面积、类型、生态状况等基本情况，对以往确权登记情况进行复核，推动建立权属清晰、权责明确、保护严格、流转顺畅、监管有效的自然资源产权制度，协议解决一地多证、边界不清的问题，定期开展草原资源普查，提升草原精细化管理水平。二是加强草原资源动态监测。"十四五"期间，要加强草原资源监测评价体系和监测网络建设，采取遥感监测与地面调查相结合的方式，强化草原监测，利用信息网络技术开发禁牧、草畜平衡监测平台，提高草原监督管理的信息化水平。定期开展草原资源专项调查和生态监测，加强草原经济和社会效益监测，全方位掌握产草量、草原植被盖度、鼠虫害面积、退化草原生态状况、草原工程效果效益等基本情况，为科学制定草原保护政策、开展草原保护修复和合理利用提供科学依据。

7.6.3.3 加快完善草原法治建设

一是加快草原相关法律的制定修订工作。自治区林草部门积极配合有关部门完善草原相关的地方性法律法规的制定和修订,为完善草原相关法律提供"新疆方案",贡献"新疆智慧",明确法律实施主体、法律责任、监管职责,夯实自治区草原法制基础,加快完善草原法律法规体系。二是完善草原制度体系建设。加快形成基本草原保护、草原生态保护红线管理、禁牧和草畜平衡等制度体系。加强草原征占用审核审批规范管理力度,尤其要加强对南疆草原征占用状况的监管,严格审核审批流程,建立负面清单,实行审核审批终身责任追究制度,坚持用严格的法律制度保护管理草原。三是加大草原执法监督力度。保障基层巡查、办案的工作经费和取证、交通、着装等相应的执法设备和工具,加强草原违法案件的曝光力度,严厉查处非法开垦草原、非法占用草原、非法采挖草原野生植物等违法行为,提升草原执法震慑力。

7.6.3.4 加强草原监管体系建设

一是加强草原基层监管机构。切实把草原与森林监管放在同等重要的地位,鉴于当前新疆县市级已经没有草原监理机构和人员的具体情况,建议将草原行政执法纳入县级林草综合执法大队职责;二是强化草原管理队伍能力建设。加快提升基层草原部门公共服务管理能力。加强管护区和林草工作站的基础设施建设,配备现代办公设备、交通工具、通信设备,提高林业和草原管护能力和水平。建议将草原管护员与林业管护员一样纳入公益性岗位管理,将草管员补助经费纳入中央财政预算,提高草管员劳务补贴,保障待遇,激发草管员的工作积极性和主动性。

7.6.3.5 全面推行草长制

与森林保护修复一样,草原生态保护修复在新疆生态保护格局中处于优先位置。借鉴其他省区开展的林长制经验,在新疆地区探索开展草长制试点。建立自治区、市(州)、县、乡(镇)、村5级草长制组织体系,建立健全以党政领导负责制为核心的责任体系,协调各方力量,确保林草资源专人专管、责任到人,构建责任明确、协调有序、监管严格、运行高效的林草生态保护发展机制。各级党委、政府是推行草长制的责任主体,自治区、市(州)、县草长负责组织对下一级草长进行考核,将考核结果作为党政领导班子综合考核评价和干部选拔任用的重要依据。

7.6.3.6 坚持林草融合发展

牢固树立山水林田湖草是一个生命共同体的理念,在具体工作中坚持"林草一盘棋"的思路,全面推动林草融合发展,切实履行林草部门职责。加快构建职能科学合理、权责一致,运行高效的林草管理体制,完善林草监管和公共服务体系,完善基层林草治理体系,加快推进林草治理体系和治理能力现代化。一是牢固树立山水林田湖草系统治理理念。树立以水定林、以水定草的发展理念,提出林草天花板概念,从造林种草的实际需要和水资源承载力相适应的角度出发,以自治区自然降水为依据,因地制宜发展雨养林草植被,宜荒则荒、宜林则林、宜草则草,加强工程统一规划设计,加快补齐草原生态保护修复短板。二是加快落实林草融合发展试点工作。从管理体制、项目规划、项目审批、资金整合、林草监管、林草执法、林草防火、林草有害生物防治等多个层面推动林草深度融合发展,尽快实现从"物理整合"到"化学反应"的转变,实现林草事业高质量发展。三是积极推动林草产业融合。推动林草种业融合,森林旅游和草原旅游结合。积极探索"互联网+林草产业发展"模式,提升绿色发展方式。

7.6.3.7 加强草原生态修复保护工程建设

"十四五"期间,建议建立项目库,按照国家投资的规模,开展草原修复治理具体任务的落实。一是实施草原生态修复保护重大工程。在退化草原治理措施中,整合退耕还草、退牧还草和草原鼠虫害治理等已有工程措施，按照草原退化类型实施不同的生态修复保护措施。综合运用林草生物治理措施，对沙化草原等退化草原进行治理。在天山、阿尔泰山、塔里木河流域综合生态治理工程规划中，重点加强草原生态修复保护内容，促进林草资源保护修复项目融合。二是强化草原防火工作。加强草原防火基础设施和防火隔离带建设，积极推广使用先进防火技术，配备专业防火设备，提升防火物资储备和保障能力。加强县市级防火队伍建设，加快组建新的防火队伍，提升防火人员综合素质，实现防火队伍专业化。建立森林草原防火统一部署、统一预防、统一扑救机制，全面提升森林草原火灾防控、扑救能力。三是加强草原生物灾害防控。认真组织开展草原生物灾害的预警监测工作，切实加强草原鼠虫病害和毒害草防治，做好年度草原灾害趋势分析，制定年度草原灾害防预案，综合采取多种防治措施，努力实现草原灾害"治早、治小、治了"，完善草原有害生物灾害应急指挥体系，提升突发灾害应急处置能力。建立草原有害生物本底数据库和预测预报体系，强化短中长期预报工作；加强外来物种入侵预警监测防控工作。四是推动草原自然公园、国有草场试点建设。紧跟新时期草原保护建设机遇，主动对接试点草原保护建设新思路新模式，加强国家草原自然公园建设，在防沙治沙封禁保护区试点国有草场建设。

7.6.3.8 加强草原科技支撑

贯彻落实创新发展理念，坚持科技创新和制度创新"双轮驱动"，发挥科技在草原生态保护修复和草原经济中的支撑作用，构建新型草原科技服务体系，支撑草原生态和草产业高质量发展。一是强化草原基础性研究工作。自治区应积极争取国家设立草原重大科技研发计划，加强草原退化机理、草原生态修复治理技术、草原保护与利用的平衡机制、草原保护和改良系统理论、草原生态系统健康评价、生态草种繁育、遥感监测体系等基础性研究和技术推广，提高草原科技成果转化率。积极探索高产优质牧草种植，加强草品种选育、草种生产、扩大人工饲草地建设，增加本地饲草供给能力，促进草原畜牧业由数量型向质量型、效益型转变。二是实施草原科学利用试点示范。选择适宜地区开展草原科学利用试点示范，实施禁牧、休牧和划区轮牧利用示范，综合围栏封育、草原人工改良、人工种草、鼠虫害和毒害草治理等多种措施，不断提高草原生产力，为退化草原修复积累技术经验。三是提升草原科技服务水平。推动新疆涉草科研院所联合攻关，推动草原重点实验室、长期科研基地、定位观测站、工程技术研究中心、创新联盟等平台建设。实施科技人才支撑计划。出台优惠政策大力引进高水平科研人员、技术人员，促进草原科技队伍年龄、学科、职称结构的科学化和合理化，着力提升草原科技人员综合素质，支持其开展草原重大理论课题和实用技术研究，推进科技成果、实用技术转化。

7.6.3.9 积极推进草原资源科学利用

科学利用草原资源，充分发挥草原多种功能，是将绿水青山切实转化为金山银山的有效途径，也是草原草业发达国家的成功经验。一是发展草种业。"十四五"期间，新疆林草部门应积极开展草种资源收集保存和开发利用，推动草种质资源保护工作，加大优质草种特别是乡土草种繁育基地建设力度，培育草原生态修复乡土草种，提高草种自给率，加强种质资源监督管理；建立合理布局、科学配置的专业化优良草种基地；建立完善的草种质量检验体系，保障草种质量和使用价值，建立健全种子管理机构，强化监管力度，加强对假冒伪劣种子的打击力度。多种方式促进草种业标准化、产业化、规模化发展。二是积极推动草原旅游业。在"推进'丝绸之路经济带'核心区建设"的大背景下，发展旅游业已成为促进新疆经济高质量发展的战略抉择和必要之路。新疆草原资源丰富，发展草原旅游业具有得天独厚的优势。"十四五"期间，新疆应在科学保护草原的基础上，合理有效地进行草原旅游开发，充分挖掘草原生态景观资源和文化功能，打造一批精品草原旅游线路，加快发展以草原文化、草原风光、民族风情为特色的草原文化产业和旅游休闲业，使新疆的草原旅游资源优势尽快转化为产品优势、经济优势，实现草原生态旅游的可持续发展。三是积极监管生态畜牧业发展。"十四五"期间，新疆林草部门应加强对畜牧业利用草原情况的监管，监管草畜平衡制度落实情况，促进畜牧业的生态效益、经济效益、社会效益有机结合，达到草原保护与畜牧利用的动态平衡。

7.6.3.10 多渠道增加林草业投入

随着人们对优美生态环境需求的日益增长和经济发展对自然环境压力的不断凸显，新疆要保持优美的生态环境就需要扩大自然资本存量，提高生态环境质量和容量。因此，"十四五"期间，新疆维吾尔自治区要积极完善草原保护修复财政支持政策，争取各级财政加大草原保护资金投入力度。一是深化草原投融资改革。探索多元化的资金投入方式，以中央直接投入带动地方和个人投入，鼓励开发性政策性金融机构研发适合草原特点的信贷产品，引入绿色债券、保险等多种金融工具，加强草原保护修复金融支撑。完善相关政策，吸引社会资本参与草原保护修复。二是规范和提高草原生态建设投资标准。根据自治区实际，完善草原保护修复工程投资标准，增加节水灌溉等水资源保障配套投入和政策扶持，将规划设计管理、后期管护等费用纳入投资范畴。

7.6.3.11 加强宣传教育

采用多种形式开展草原普法宣传活动，积极引导草原生态保护宣传教育进村庄、进社区、进企业、进课堂，加强草原保护宣传力度。在草原牧区加强村规民约建设，把保护和修复草原、保护草原野生动物、落实禁牧、休牧和草畜平衡制度作为村规民约的重要内容。

8 荒漠化及其防治研究

8.1 研究概况

8.1.1 研究目标

明确新疆荒漠化及沙化土地现状及动态,辨析荒漠化和沙化主要成因,梳理荒漠化和沙化防治的经验和技术措施,总结荒漠化和沙化防治的主要经验和存在的问题,根据全自治区荒漠化和沙化特征,结合当前该项工作的发展趋势,提出针对性的政策和技术建议。

8.1.2 研究方法

专题主要采用查阅相关文献、收集并分析已有数据、实地调查、访谈和专家咨询等方法进行研究,具体如下:

(1)文献资料和本底数据收集。收集5次《中国荒漠化和沙化状况公报》、5次新疆荒漠化和沙化监测和资料、新疆林业和草原局工作报告及总结材料、新疆荒漠化和沙化相关的学术论文、新疆卫星影像及土地利用数据、新疆山川秀美科技行动战略研究报告;通过国家和新疆维吾尔自治区统计局和林业和草原局数据共享平台查阅相关数据,整理荒漠化和沙化方面关键数据,确定数据统计学方法和手段,整合资料,搭建方法学框架。

(2)数据统计与分析。通过提取荒漠化和沙化调查报告中数据,结合遥感影像图像分析,解析新疆荒漠化和沙化历史演变和现状,对不同地区荒漠化和沙化类型、程度、土地演变等信息进行深入分析,结合文献研究,进而确定新疆荒漠化和沙化形成原因和未来发展趋势;通过参阅全国生态功能区划和全国防沙治沙规划等,结合新疆整体宏观区划,明确新疆荒漠化防治和防沙治沙总体战略目标。

（3）实地考察与调研。通过组织专家到新疆各地进行实地考察，了解各市、县荒漠化和沙化分布基本情况、防治措施、生态工程建设治理成效等；通过组织研究人员与省、市、县从事森林和草原管理保护的决策者、管理者和经营者进行访谈研讨，明确当前荒漠化和沙化防治核心技术、困难和未来规划等，为最终制定荒漠化和沙化防治总体目标，提出荒漠化防治的相关建议。

（4）理论分析与实践相结合。通过收集整理荒漠化和沙化防治的相关文献资料，结合新疆自然、社会和经济实际情况，深入分析新疆荒漠化和沙化成因，评估生态工程建设成效，提出防治措施、手段、产业发展和科技创新等方面的建议。

8.1.3 技术路线

本研究在充分了解分析全自治区荒漠化和沙化面积分布、区域划分、类型特征和程度分级的基础上，分析荒漠化和沙化成因、动态变化及影响因素，解析荒漠化防治和防沙治沙相关生态建设工程成效和原因，提出目前存在的关键问题，结合国家防沙治沙总体规划，提出新疆沙漠化和沙化防治未来战略目标。最后，提出荒漠化区域规划和科学管理、防治关键技术手段、沙漠公园建设和科技创新等相关建议(图 8-1)。

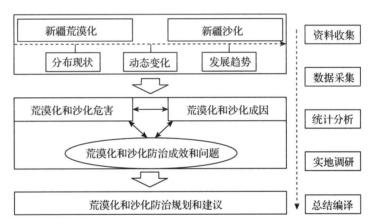

图 8-1　荒漠化及其防治研究技术路线

8.2　荒漠化和沙化土地现状

8.2.1　荒漠化现状

新疆有三大沙漠：塔克拉玛干沙漠位于塔里木盆地中部，是中国最大、世界第二大沙漠；古尔班通古特位于准噶尔盆地，是我国最大的固定和半固定沙漠；库木塔格沙漠位于塔里木板块东部的阿尔金山北麓地带，东临甘肃敦煌，北抵天山山脉东段。

新疆荒漠化的主要类型为风蚀、水蚀、冻融、盐渍化 4 种形式。除了天山、阿尔泰山、塔尔巴哈台山、巴尔鲁克山、玛依勒山的中高山带和昆仑山的高山、极高山带，以及两大盆地边缘的部分绿洲地区，其他区域均有不同程度的荒漠化土地分布，具体分布于乌鲁木齐市、克拉玛依市、吐鲁番市、哈密市、昌吉回族自治州、伊犁哈萨克自治州、塔城地区、阿勒泰地区、博尔塔拉蒙古自治州、巴音郭楞蒙古自治州、阿克苏地区、克孜勒苏柯尔克孜自治州、喀什地区、和田地区等14个市(州)及5个自治区直辖县级市中的全部100个县(市)(含兵团)。

据第五次荒漠化和沙化监测结果,自治区荒漠化土地总面积107.06万平方千米,占全自治区总面积的64.31%,是我国荒漠化土地面积最大的省份。从气候类型来看,干旱区荒漠化土地面积为76.14万平方千米,占荒漠化土地总面积的71.12%;半干旱区荒漠化土地面积为28.97万平方千米,占荒漠化土地总面积的27.06%;亚湿润干旱区荒漠化土地面积为1.95万平方千米,占荒漠化土地总面积的1.82%(图8-2)。

从荒漠化类型看,风蚀荒漠化土地面积81.22万平方千米,占荒漠化土地总面积的75.86%;水蚀荒漠化土地面积11.57万平方千米,占荒漠化土地总面积的10.81%;盐渍化土地面积9.25万平方千米,占荒漠化土地总面积8.64%;冻融荒漠化土地面积5.02万平方千米,占荒漠化土地总面积4.69%(图8-3)。

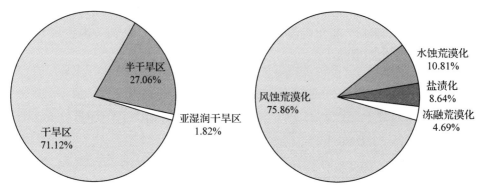

图8-2 新疆3种气候类型的荒漠化土地分布　　图8-3 新疆4种类型荒漠化土地分布

从荒漠化土地利用类型看,主要是草地荒漠化和未利用地荒漠化,分别为46.90万平方千米和44.10万平方千米,占全部荒漠化面积的84.99%,其余耕地荒漠化为5.06万平方千米、林地荒漠化为11.00万平方千米,合计占全部荒漠化面积的10.8%(图8-4)。

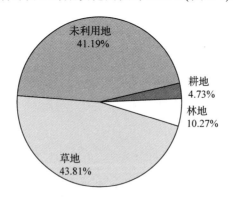

图8-4 新疆不同土地利用类型的荒漠化土地分布

从荒漠化程度来看,危害程度以中度、重度、极重度荒漠化土地居多。其中,轻度荒漠化土地面积为15.07万平方千米,占荒漠化土地总面积的14.08%;中度荒漠化34.25万平方千米,占32.00%;重度荒漠化24.94万平方千米,占23.29%;极重度荒漠化32.79万平方千米,占30.63%(图8-5)。

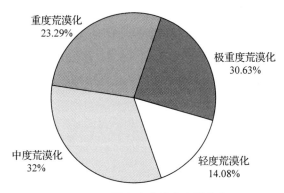

图 8-5　不同程度荒漠化土地分布

8.2.2　沙化现状

根据第五次全国荒漠化和沙化监测公报，截至 2014 年，新疆沙化土地总面积 74.71 万平方千米，占全自治区总面积的 45.01%。主要分布于乌鲁木齐市、克拉玛依市、吐鲁番市、哈密市、昌吉回族自治州、伊犁哈萨克自治州、塔城地区、阿勒泰地区、博尔塔拉蒙古自治州、巴音郭楞蒙古自治州、阿克苏地区、克孜勒苏柯尔克孜自治州、喀什地区、和田地区等 14 个市(州)及 5 个自治区直辖县级市中的 89 个县(市)(含兵团)。其中，巴音郭楞自治州、和田地区、哈密市、阿克苏地区、吐鲁番市、阿勒泰地区、喀什地区等 7 个市(州)沙化土地面积占全自治区沙化土地总面积的 89.32%(66.73 万平方千米)。乌鲁木齐市的新市区、头屯河区、水磨沟区，伊犁哈萨克自治州伊宁县、伊宁市、巩留县、新源县、昭苏县、特克斯县、尼勒克县和塔城地区的塔城市等 11 县(市)没有沙化土地分布。

新疆沙化土地类型包括流动沙地(丘)、半固定沙地(丘)、固定沙地(丘)、沙化耕地、风蚀残丘、风蚀劣地、戈壁、非生物治沙沙地。其中，戈壁 30.62 万平方千米，占 40.99%；流动沙地(丘)28.64 万平方千米，占沙化土地总面积的 38.34%；半固定沙地(丘)7.78 万平方千米，占 10.41%；固定沙地(丘)6.56 万平方千米，占 8.78%；沙化耕地 0.41 万平方千米，占 0.56%；非生物工程治沙面积为 0.0055 万平方千米，占沙化土地总面积的 0.01%；风蚀残丘为 0.14 万平方千米，占沙化土地总面积的 0.18%；风蚀劣地为 0.55 万平方千米，占沙化土地总面积的 0.73%(图 8-6)。

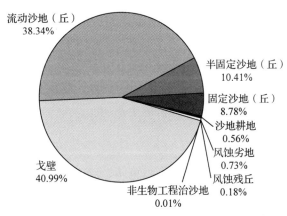

图 8-6　新疆不同类型沙化土地分布

新疆沙化土地主要分布在巴音郭楞蒙古自治州、和田地区、哈密市、阿克苏地区、吐鲁番市、阿勒泰地区及喀什地区等7个市(州)，面积分别为24.61万平方千米、13.24万平方千米、9.47万平方千米、6.17万平方千米、4.72万平方千米、4.47万平方千米、4.05万平方千米，7个市(州)沙化面积占全自治区沙化土地总面积的89.32%；其余地(州)7.98平方千米，占10.68%(图8-7)。

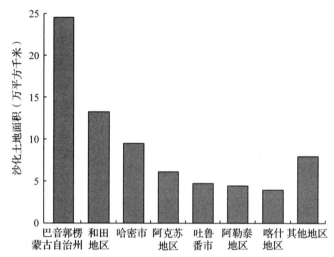

图8-7　新疆主要地级市(州)沙化土地面积

8.2.3　有明显沙化趋势土地现状

有明显沙化趋势的土地，是指由于过度放牧或水资源匮乏等因素导致的植被严重退化，生产力下降，地表偶见流沙点或风蚀斑，但尚无明显流沙堆积形态的土地，介于沙化土地和非沙化土地之间，在沙化监测区的耕地、林地、草地和未利用地中都有发生，面积较大，土地生产力逐步下降，对居民的生产生活造成的危害逐渐加剧。如果能够限制放牧强度、加强植被保育或增加降水量，将逆转为非沙化土地，若气候恶化或继续超载过牧，将向沙化土地发展，生态环境将进一步恶化。

新疆有明显沙化趋势的土地总面积4.71万平方千米，占新疆总面积的2.84%，主要分布在喀什地区、阿克苏地区、巴音郭楞蒙古自治州和阿勒泰地区，面积分别为1.26万平方千米、0.97万平方千米、0.75万平方千米和0.42万平方千米，其面积占全自治区具有明显沙化趋势的土地面积的72.45%。

在有明显沙化趋势的土地中，草地占到80%以上，由于长期超载过牧，草场不断退化，生产力不断下降，水土流失日趋严重，进一步向沙化土地发展，可通过减畜封禁或减少牲畜承载量，并采取人为措施恢复植被，将逐步恢复土地原有的生态功能。

8.2.4　荒漠化和沙化土地动态

1994—2015年，新疆已进行了5次荒漠化和沙化监测(由于第1次荒漠化和沙化监测标准有偏差，故不做分析使用)。从第2次荒漠化和沙化监测开始，自治区荒漠化土地面积持续下降，年均减少0.11万平方千米，主要体现在治理荒漠化的面积远大于由非荒漠化土地向荒漠化土地的转变，以及荒漠化土地向耕地的转变。

21世纪以来,荒漠化土地程度呈现出总体好转、沙化土地扩展速度持续减弱。荒漠化土地面积特别是1999—2004年,减少幅度最大,截至2014年,风蚀荒漠化土地面积减少了0.85万平方千米;水蚀荒漠化面积减少了0.50万平方千米;盐渍荒漠化面积减少0.15万平方千米;冻融荒漠化面积减少了0.03万平方千米(图8-8)。

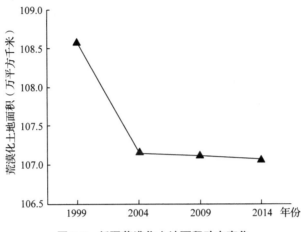

图8-8 新疆荒漠化土地面积动态变化

新疆沙漠、沙化土地面积大,环境恶劣,长期以来呈现沙化土地增加,沙漠扩张的总体趋势。与20世纪初相比,新疆沙化土地面积增加了11.7万平方千米。塔克拉玛干沙漠在过去2000年中向南蔓延约100千米。塔里木河下游绿色走廊的宽度由新中国成立初的3~5千米,现收缩为约1千米。新疆沙化土地面积持续增加,表现为地质时期缓慢增加,历史时期迅速增加,现代过程急剧发展。

2000年以后,新疆沙化土地面积总体仍在增加,只是扩展速度有所减缓(图8-9)。

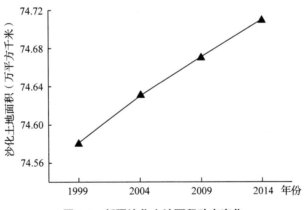

图8-9 新疆沙化土地面积动态变化

截至第5次沙化监测,沙化土地面积增加了0.13万平方千米,主要表现在流动沙地(丘)、固定沙地(丘)、沙化耕地、非生物工程治沙沙地、风蚀残丘(劣地)分别增加了0.36万平方千米、1.79万平方千米、0.41万平方千米、0.006万平方千米、0.02万平方千米,同时半固定沙地(丘)和戈壁减少了2.40万平方千米和0.08万平方千米(表8-1)。

表 8-1　5 次沙化监测不同类型沙化土地面积

监测年份	沙化土地类型(万平方千米)							
	合计	流动沙地	半固定沙地	固定沙地	沙化耕地	非生物治沙工程地	风蚀残丘（劣地）	戈壁
1999	74.576	28.283	10.179	4.773	0.002	0	0.639	30.701
2004	74.628	28.492	8.076	6.692	0.031	0.006	0.686	30.643
2009	74.670	28.486	8.103	6.567	0.185	0.002	0.686	30.639
2014	74.706	28.640	7.779	6.562	0.414	0.005	0.683	30.623

同时，潜在荒漠化土地植被修复效果显著加强，重度和极重度荒漠化土地向轻度和中度荒漠化土地转化。截至目前，大部分重度和极重度荒漠化土地得到治理。除此之外，从 2004 年开始，新疆有明显沙化趋势的土地面积呈现持续下降，截至 2014 年年底，相较于 2004 年，下降了 994.14 平方千米。因气候和人类活动影响，新疆潜在荒漠化和沙化土地面积较大，生态脆弱，荒漠化和沙化风险极高，严重威胁着荒漠化防治成果(图 8-10)。

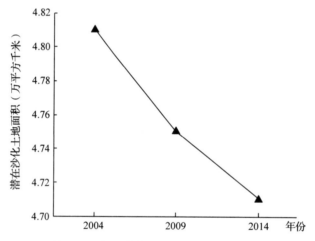

图 8-10　新疆潜在沙化土地面积动态变化

8.3　荒漠化和沙漠化的危害及成因分析

8.3.1　荒漠化和沙化的主要危害

新疆位于欧亚大陆腹地，当地降水量低，蒸发量高，生态、经济环境极为脆弱，是我国荒漠化和沙漠化危害最为严重的省份。广袤的沙漠和沙地严重威胁着绿洲和城市安全，严重制约着新疆人民的生活和生产条件，制约经济和社会可持续发展。土地沙化给农、林、牧业造成的损失巨大。据不完全统计，全自治区风沙危害每年造成的农牧业直接经济损失达 30 亿元以上。土地沙化压缩了群众的生存空间，全自治区 89 个县(市)、175 个农垦团场中，有 81 个县(市)、120 多个农垦团场有沙化土地分布。土地沙化影响了城乡居民生产生活环境，新疆全自治区有 1800 万人口直接遭受风沙危害。具体体现在以下几个方面。

8.3.1.1 风沙作用强烈，灾害频发，严重影响生产生活

新疆是我国北方乃至全国重点沙尘源区，是沙尘暴路径重点区。塔克拉玛干沙漠和古尔班通古特沙漠都是沙尘暴沙尘源区，我国其中一路沙尘暴从哈密或芒崖开始，经河西走廊、银川或西安、大同或太原等地，到达北京、天津，这一路沙尘暴甚至可以到达长江中下游地区。干旱及风沙环境，造成了荒漠化的发生与发展，水盐动态的失调以及风因子的胁迫作用在荒漠化地区居于重要地位，它们的综合作用，造就了新疆生态环境的严酷性及生态系统的脆弱性，严重地破坏了区域生态环境的稳定性。沙尘暴天气频发，发生多次较大沙尘暴危害，造成大量人员伤亡、牲畜死亡、耕地和草地沙埋，工厂停产、学校停课；近年来，随着生态建设的深入，沙尘暴天气频率减少，但是沙尘天气时有发生，影响空气质量，威胁人居环境。同时，随着荒漠化和沙化程度增加，还会引发一系列其他灾害，比如干旱、霜冻、冰雹和大风等，严重影响全自治区人民生产安全和生活质量。

8.3.1.2 蚕食绿洲土地，侵占生存空间

新中国成立后，新疆开垦荒地约5000万亩，由于缺水、盐碱化等不得不大量弃耕，因为过度开垦，流动沙丘不断蚕食农地和草地等可利用土地，沙区大风吹蚀表层土壤，可利用耕地减少，大量土地盐渍化和沙化，土地质量急速下降。盐渍化不断加剧导致耕地质量下降，平原地势低洼，排水不畅，土壤盐渍化不断加重。如北疆的莫索湾和下野地垦区，受沙漠化威胁的农田约30万亩，其中不同程度沙化面积6.5万亩；南疆塔里木河上中游垦荒大量耗水，使地处下游的尉犁、若羌两县原有163万亩胡杨林丧失了50万亩，原建的5个农场因缺水已弃耕近20万亩，塔河中下游草场也丧失了约274万亩。这些放弃了的耕地和草场都已沙化，现在塔河东部的库鲁克库姆和西部的塔克拉玛干两大沙漠，即将在塔河下游相接。

由于绿洲以外的生态环境不断恶化，致使绿洲与沙漠间的过渡带不断缩小。古尔班通古特沙漠由于近20年的荒漠化治理，流动沙丘面积明显减少，绿洲受风沙危害程度显著降低，但是，塔克拉玛干沙漠的情况仍很严重，流动沙丘向南扩展的速度平均每年5~10米，快的达100米，个别地方竟达300米。据塔里木环境科考组调查，一场大风可使局部沙漠推进2~3千米，许多地方沙丘已入侵到绿洲的防护林内，使农田和一些城镇岌岌可危。绿洲和沙漠间的过渡带实际上已不存在。

8.3.1.3 危害交通运输线路，破坏湖泊和河流生态

风沙严重影响着公路和铁路的运行，主要表现在路基风蚀、风沙淤埋、大风对铁路上部建筑和车辆的危害三个方面。北疆铁路沙害主要在精河站向西约7千米地段上、乌伊公路387千米附近及蘑菇潭附近3个地段。风沙给铁路和公路运输安全以及人民群众的生产和生活造成了灾难性的影响。

新疆在20世纪60年代以前存在的一些湖泊、河床积水和水洼地，到目前已荡然无存，并出现了风蚀及积沙的荒漠景观。风沙不断侵蚀导致艾比湖、乌伦古湖、巴里坤湖面缩小，台特马湖消失，玛纳斯湖完全干涸，乌鲁木齐河流断流造成东道海子干涸。

8.3.1.4 破坏草地和林地，降低生物多样性

新疆草场资源相当丰富，有效利用面积达7亿多亩，近几十年来滥垦、滥牧、滥挖极为严重，使草场遭受极大的破坏，目前已有1亿亩以上不能利用。过去40年开垦的草场5000多万亩有近一半荒废。新疆许多草场因缺水而退化，载畜量明显下降，但又片面追求牲畜存栏数，对草场只

取不养，加重超载，结果导致大片草场沙化。新疆的党参、贝母、甘草等中药资源丰富，长期以来对其挖取失控，造成大面积破坏。除此之外，北疆天然灌木林、南疆胡杨林、梭梭林等也遭到大肆破坏。过去60年新疆生态破坏严重，通过垦荒，河流湖泊的变化和天然植被的破坏，生物多样性显著降低，一些生物已经灭绝。

8.3.1.5 毁坏古迹，湮灭古文明

中国西北的广大沙漠里，掩藏着大量古代人类活动的遗迹，如古城废墟等，都是古代人类活动的重要遗址，风沙肆虐已经将这些遗址淹没在漫漫黄沙之中。塔克拉玛干沙漠一直在向南部扩展湮灭了塔里木盆地南部古"丝绸之路"南道和古城。罗布泊以西的楼兰、尼雅古城、喀拉墩古城、安迪尔等古城，在汉唐时期都曾是丝绸之路南线上的繁华据点，如今都淹没于沙漠腹地。精绝国故址现已深入沙漠达150千米。米兰古城出土的《坎曼尔诗签》中抄有唐代诗人杜甫和白居易诗句的残迹，表明米兰古城的废弃是在9世纪以后。大量古遗址都在塔克拉玛干沙漠向南部扩展过程中遭到毁灭性破坏。

8.3.2 荒漠化和沙化成因

新疆地处欧亚大陆中心，是世界上离海洋最远的陆地，北有阿尔泰山，南部有昆仑山，中部的天山将新疆分割为两部分，"三山夹两盆"的地形特点导致海洋暖湿气流很难到达，降水较少，气候干旱。新疆荒漠化和沙化的形成过程，可分为地质过程、历史过程、现代过程。第三次和第四次造山运动，阿尔泰山、天山、昆仑山断块上升，准噶尔和塔里木台块陷落，早更新世晚期，随着气候越来越干旱，准噶尔盆地和塔里木盆地形成沙漠，全新世以来，盆地沙漠不断扩大。在自然因素的基础上，人类活动加剧了荒漠化的发展。总之，新疆荒漠化现象的主要驱动力是自然因素和人为因素的综合结果。

8.3.2.1 地理地质条件、气候和植被是新疆荒漠化和沙化发生发展的根本原因

新疆位于中国西北部的亚洲内陆腹地，四面距海均超过2000千米，海陆距离大。气候上常年受到西风带的控制，冬季受到蒙古—西伯利亚高压带的影响，大陆性干旱气候明显。南疆、东疆大部分为暖温带气候，北疆大部分为温带气候。

干旱的气候是产生风力侵蚀的基本条件，干旱、少雨、多风、蒸发强烈是新疆沙区气候的基本特点。新疆地区年平均降水量100~250毫米，年平均干燥度在3.0以上。这种严重的干旱条件，加上风大频繁，为风蚀荒漠化和盐渍荒漠化的发展创造了有利的条件。这些恶劣的生境条件是荒漠化和沙化形成和发展的根本原因。

新疆沙漠位于北半球中纬地区，其高空气流终年受北半球西风带而不是副热带高压影响，近地面气流在冬、春季节主要受东亚冬季风影响，是典型的非地带性沙漠或"温带沙漠"。全球第四纪冰期—间冰期气候交替所导致的地表水热条件的变迁，直接影响了中国北方沙漠的生、消、扩、缩，并在沙漠的边缘地带反映得最为明显。中国西北部晚新生代的气候状况逐渐由湿变干，主要归因于青藏高原隆升等构造活动引起的大气环流改变。研究显示，500万~700万年以来，是中亚造山带发生构造复活的重要时期，塔里木、准噶尔盆地同期开始了类似现今的干旱环境，在圈层耦合的角度上响应了新生代岩石圈构造变动的环境效应。青藏高原的平均海拔高度在海平面4000米以上，使源于印度洋和太平洋的水汽难以到达亚洲中部的内陆盆地。

(1)塔克拉玛干沙漠的形成。由于地处西风带的塔里木盆地在中新世还是北支地中海(古特提

斯海)的一部分,因此西风气候控制下的盆地干旱演化与古海洋、古行星风系、古东亚季风变迁、青藏高原隆升、古河流地貌变化等关系密切。长期以来,基于以上研究获得对于塔克拉玛干沙漠形成时代的认识分歧较大,导致对其干旱成因、初始形成、演化过程的认识也有所不同。尽管在塔克拉玛干沙漠的形成年代(年龄)上,目前就有众多看法。如来自风成沉积的研究结果,就有如 700 万年前的中新世晚期,530 万年前的上新世初期,360 万年前的上新世中期、早更新世(百万年)、中更新世(数十万年)等,而腹地或局部沙丘地甚至形成于晚更新世(数万年)和全新世(数千年)。但是,结果一致显示,塔克拉玛干沙漠形成是在地质时期,发展是在人类社会时期。有来自沙漠边缘河流地貌的研究则认为,塔克拉玛干沙漠的广泛形成和发育是第四纪中更新世以来的地质事件,发现昆仑山河流于中更新世才开始下切,昆仑山北坡 4000 米高度以下黄土状亚砂土沉积为中更新世时的风成沉积。此外,来自沙漠东缘罗布泊古湖相沉积证据的研究则认为,塔里木盆地的干旱是在中新世—上新世边界(510 万~560 万年)开始的,预示此时沙漠的出现。

(2)古尔班通古特沙漠形成。准噶尔盆地中部在早更新世时气候已经变得相当干旱,并形成了古尔班通古特沙漠。中更新世,准噶尔盆地平原上冲积和风积两种作用交替进行,晚更新世的准噶尔盆地,冬季受蒙古高压的影响,以东北风为主,在平原上以南北向排列的纵向沙垄占优势;而在沙漠南缘,偏北风气流受阻于天山,发展为横向类型沙丘。全新世以来,天山北麓河流变化的趋势也是流程缩短,平原地区河流改道频繁,湖泊面积也趋于缩小,而沙漠面积则相应扩大。全新世大西洋期雨量略多,大部分沙丘上盛长灌丛和草本植物,并逐渐趋向固定。自全新世早期以来,天山北麓东段沙漠不断向南扩展,并迫近潜水溢出带。至全新世中期的后期,满营湖、旱台子以北也沙漠化,全新世晚期沙漠继续南扩。古风成沉积和冲洪积及其年代学证据,都指示了古尔班通古特沙漠至少在中更新世以来就已存在。

(3)库姆塔格沙漠的形成。在地质构造上,库姆塔格与塔克拉玛干沙漠有许多相似之处。第三纪末青藏高原的隆升奠定了库姆塔格沙漠地区现今的构造地貌景观。古地理环境资料显示,库姆塔格沙漠应在塔里木盆地干旱气候形成以后的一段时间形成,也就是在早更新世以后。库姆塔格沙漠在第四纪演化过程中至少经历了 19 个沙漠正逆过程旋回,新构造运动对沙漠的形成演化和地貌的形成发育具有重要作用,构造性山间断陷活动使库姆塔格地区逐渐向封闭的干旱盆地演化,形成沙漠。巨厚的湖相沉积物为库姆塔格沙漠的形成提供了丰富的沙源,沙漠在中更新世以后开始出现,晚更新世以后进一步发展扩大,形成今天的规模。它的发展过程最初在南部,然后在北部,由南向北逐渐向阿奇克谷地扩展。

气候是沙漠形成的动力条件,因此沙漠的演化模式通常受控于区域气候的演化模式并与之对应。第四纪以来,新疆地区的气候变化特征可大致概括为在中亚内陆持续干旱的宏观背景下,叠加着局域尺度的气候不稳定性,水热条件的配置有别于中国东部季风区。以北疆地区为主,包括昆仑山北缘的部分地区,晚更新世以来气候演变的模式是冷—湿、暖—干为主的西风主控型模式(水热不同期),它与中国东部暖—湿(夏季风)、冷—干(冬季风)的东亚季风主控型模式(水热同期)相区别。中国内陆干旱区最大淡水湖博斯腾湖的钻孔岩芯的高分辨率记录表明,南疆地区近千年来在百年尺度上的气候变化组合以暖干和冷湿为主,是西风影响区湿润小冰期气候的典型代表。不仅如此,亚洲内陆冰芯、湖泊、河流、沙漠等沉积地层,均记录了西风环流显著影响区较为湿润的小冰期气候,出现明显的冷湿气候组合。

西风主控型的气候演化模式导致新疆沙漠的演变有别于中国北方中东部的沙漠。东北部沙漠受到东亚冬、夏季风的显著影响，中部受西风型气候的影响，同时受到东亚冬季风的强烈影响和东亚夏季风的次级影响，而中国西部新疆地处中亚内陆，其构造地貌特征使两大盆地区域受行星系西风、海陆季风或地形山谷风等的焚风效应的影响，第四纪以来的气候环境格局总体表现为持续的干旱化过程并伴随次级小规模的波动过程；因此新疆沙漠的演化模式主要表现为流沙不断扩大的直线式发展过程，是"荒漠型""雨影型"或"焚风型"沙漠。

8.3.2.2　不合理的人为经济活动是造成土地沙漠化的直接因素

历史时期(1949年前)新疆经历了快速的沙漠化过程，人为造成的沙漠面积8.63万平方千米。在这一时期新疆沙漠的扩展是由人为因素造成的。全新世以来的地质记录显示，千年尺度的气候变化在塔克拉玛干沙漠地区是较为温暖的，而现在的气候条件表明，自然因素是不会促进沙漠如此快速的发展。历朝历代迫于人口压力，一方面滥垦、滥伐式的掠夺生存资源，具有重要生态意义和固沙作用的沙丘植被大量破坏，致使绿洲边缘流沙蔓延，沙漠扩展，形成"沙进人退"格局，如新疆北部精河、艾比湖一带及其附近区域，南疆洛浦、莎车、喀什绿洲等；另一方面，人口压力的增加使人为绿洲被迫向河流上游扩展，灌溉作业等人为用水量的加剧使得流向下游的水量逐渐减少，河流下游断流或河流改道，遗留的沙质干河床受风力吹扬作用，就地起沙形成沙丘，并逐渐成片，形成流动沙丘群。

历史时期新疆南、北部沙漠经历了并不相同的沙漠化过程。2000多年来，准噶尔盆地中的古尔班通古特沙漠环境基本稳定，但在东南缘及西南缘存在着固定、半固定沙丘向流动沙丘转化的沙丘活化现象。历史时期的塔克拉玛干沙漠，在沿沙漠河流下游干三角洲分布的一些古代绿洲，由于水系变迁、战争等原因沦为沙漠化土地；河流中上游及洪积、冲积平原虽然也有风沙化的古城废墟分布，但在其附近又出现了新的绿洲和城镇。全新世特别是全新世中、晚期以来，原来庞大、统一的塔里木河水系存在着瓦解的趋势，曾经流入沙漠地区的河流频繁改道，或由于进入下游的水量减少，使流程缩短，天然湖泊萎缩、干涸，导致近、现代沙漠化土地面积扩大。初步估算，历史时期塔克拉玛干沙漠扩大了近3万平方千米。近2000年来，沙漠边缘即绿洲内部的沙地，有些则是人类历史时期以来逐渐形成的，人为因素的影响非常明显。

人口压力造成生态环境的恶化。根据新疆最新人口统计数据显示，自治区人口为2486.8万，人口密度从1949年的2人/平方千米骤增到15人/平方千米。自治区人口密度超过联合国1970年建议的人口承载极限指标(干旱区人口每平方千米不超过7人)。土地人口承载力的超载是新疆荒漠化和沙化土地形成和发展的主要因素，现代时期人为形成的沙漠0.38万平方千米。

近年来，大量开垦荒地、过度放牧、滥砍滥伐滥挖等人类不合理的活动，是诱发土地沙漠化的原因之一。近百年来特别是近50年来，克里雅河下游牧业绿洲的严重退化，沙漠侵入绿洲，是中游地区集中发展农业绿洲而增加引水量及下游地区过度砍伐所造成的。自1950年以后，由于塔里木河上游耕垦面积不断扩大，致使塔里木河下游生态环境急剧恶化。塔里木河流域大规模毁林开荒，使胡杨林资源遭到严重破坏。在塔里木河流域，滥挖甘草、罗布麻、多枝柽柳等资源植物，植被破坏，沙丘活化。大规模石油开发，植被破坏在一定程度上也造成土地荒漠化。

综上所述，土地沙漠化的成因是各种自然、生物、政治、文化和经济等复杂因素相互作用的结果，归根结底是人为和自然两类因素。可以认为土地沙漠化乃是人为强度活动和脆弱生态环境相互影响、相互作用而引发的土地退化过程，是人类与土地资源关系矛盾的结果。

8.4 荒漠化和沙化防治措施、成效及存在的问题

8.4.1 荒漠化和沙化防治措施

为了遏制荒漠化土地面积的扩大，新疆先后实施了三北防护林体系建设工程、退耕还林工程、国家公益林保护工程等，使得荒漠化趋势得到有效遏制，局部区域荒漠化程度减轻，沙化危害持续减少。

8.4.1.1 防沙治沙，水利先行

新疆农业属于灌溉农业，水是绿洲的命脉，治沙的法宝。当前新疆水资源的利用原则应该是既要有利于经济建设的发展，又要有利于绿洲生态系统的良性循环和稳定。在水源保护上，山区要保护森林植被，防止水土流失，减少河流渠道的泥沙含量；平原要修建防渗、防蒸发渠道，努力提高水资源的利用率。在水资源分配上，上、中、下游要统筹兼顾，既要考虑上、中游的开发，又要顾及下游的生态环境用水；既要注意农业用水，又要保证林业用水。当前最迫切的是保证塔里木河下游输送一定量的水，挽救绿色走廊。在地下水开发上，要注意适度开发，计划取水，防止过量开采使地下水位大幅度下降，造成荒漠植被衰退枯萎。要合理用水，积极开辟水源。北疆地区要充分利用冬春雪水、秋冬农闲水，南疆地区利用夏季洪水进行固沙造林，减少与农业生产争水的矛盾。

8.4.1.2 因地制宜，构建不同的综合防护体系

塔克拉玛干沙漠南缘属暖温带极端干旱荒漠区，仅仅依靠农田林网化来保护绿洲是不够的，必须采取层层设防的措施。首先，在绿洲外围沙漠边缘地带和河流沿岸，采取封禁保护、引洪灌溉的办法，大力恢复和发展以胡杨为主的各种天然荒漠植被，植被带宽度应在 50~100 米以上。其次，在绿洲边缘地带，充分利用夏季洪水，引洪冲沙，营造乔灌草、带片网、多树种、多带式相结合的大型防风阻沙基干林带，选择胡杨、沙枣或旱生灌木沙拐枣、柽柳等树种，采用带宽 6~10 米，带数 4~5 条的紧密结构林带，带间距离 15~20 米，带间空地引洪种草。最后，在绿洲内部建立以"窄林带，小网格"为主要形式的农田防护林网；对零星沙丘采用引洪冲沙、人工平沙的办法，营造沙拐枣、柽柳、沙枣等耐旱树种，固定流沙，控制沙源。

古尔班通古特沙漠南缘属温带干旱荒漠区，沙丘多为固定或半固定，荒漠植被盖度一般为 25%~40%，但绵延 500 千米的沙漠南缘地带的天然植被已遭到不同程度的破坏，沙丘活化严重，因此，应采取营造农田防护林网，积极恢复沙生植被的防治措施。首先，利用年降水 100~200 毫米的自然条件，在绿洲外围封沙育林育草，保护梭梭地天然更新，恢复沙生植被的覆盖度，保护带宽度在 1~3 千米范围。其次，在一些天然植被遭到严重破坏，已形成流沙危害的绿洲外围地段，应在封禁保护的前提下，采取人工恢复措施，建立人工植被带。不同的立地条件，可分别采用秋灌造林、集水造林、人工积雪造林、客沙造林等技术方法，促进植被发展。最后，在绿洲内部完善农田防护林网，从而达到防止流沙侵入绿洲危害农田的目的。

此外，新疆还有一些绿洲内部或绿洲边缘零星的沙漠分布区和大风较为频繁的地区，如伊犁霍城沙区、艾比湖地区、布尔津—哈巴河—吉木乃沙区、哈密市和吐鲁番盆地等，要根据不同的条件采取相应的措施。在保护好现有荒漠植被的基础上，在那些已形成流沙危害的绿洲边缘地段，

应采用梭梭、沙拐枣、柽柳等旱生树种，营造窄林带多带式固沙林带；绿洲内部和绿洲间小片零星沙地营造固沙片林，控制沙源；农区营造防护林网，形成绿洲灌溉农业防护体系。

8.4.1.3 建立自然保护地（区），保护天然植被

为了有效地保护天然植被，应在重点地区建立荒漠林保护区，划定保护区范围，制定保护措施，实行目标管理责任制，做到分片包干，责任到人，定期检查，兑现奖罚，保证封育地点、面积、类型、起止年限、措施、成林标准、资金管理、人员配备、项目负责人和承包责任制形式等十落实。有条件的地方还应采取人工抚育措施，促进天然荒漠植被恢复。在牧区，可根据当地具体情况，采取轮封、半封、全封的办法。全封地段，在一定年限禁止樵采、放牧，待植被得到初步恢复以后才允许有节制的开放。轮封和半封区域，应由管理部门制定合理的放牧时间、地段、畜群数量和结构，发放补贴，促进沙漠化治理和植被恢复。

8.4.1.4 建立综合治理示范区

首先，搞好现有科学治沙成果的总结、整理、筛选和推广应用工作，尽快使科技成果转化为生产力。其次，从各地实际出发，建立不同类型的综合治理示范区。抓好典型，树立样板，以点带面，发挥其示范、带头和辐射作用。最后，有针对性地安排治沙科研和攻关项目，解决干旱区大力发展林草植被的关键性技术问题，努力提高科学治沙水平。

8.4.1.5 合理开发沙区资源，保护与开发并行

新疆荒漠资源十分丰富，据统计，准噶尔盆地有植物206种，分属26科105属，主要鸟兽39种。塔里木盆地有132种野生植物，隶属35科，常见鸟兽133种。除了梭梭林和胡杨林，沙区还有丰富的柽柳、沙棘、甘草、苁蓉、麻黄等药用植物和罗布麻等纤维植物，分布范围较广。开发沙区资源必须本着生态、经济和社会效益的统一，建立既防治土地沙化，又促进生产发展的环境保护型开发应用体系，以开发促治理、保证沙漠化治理持续稳定地发展。当前应以沙区现有资源优势，积极发展乡镇企业，实现农林牧副渔产品的生产、加工、销售一条龙，为治理沙漠化土地提供必要而急需的财力、物力。同时，发展高科技综合加工型的沙产业，开发苁蓉、甘草、沙棘、野蔷薇、罗布麻等植物的综合系列产品。

8.4.2 荒漠化和沙化防治主要成效

为了遏制荒漠化发展势头，过去几十年，新疆各级政府和各族人民致力于进行荒漠化防治，特别是"十二五"和"十三五"期间完成了全国最大的荒漠化治理面积和最大封禁保护面积，取得了一定的生态、社会和经济成效，具体表现如下。

8.4.2.1 生态效益

从2000年开始，新疆实施了退耕还林、封育禁牧等一系列生态建设工程，这些工程的实施标志着新疆的荒漠化治理进入了一个全新的阶段。随着荒漠化防治的不断深入，新疆森林面积下降趋势得到逆转，通过兴修水利、围栏封育、恢复植被，有效地保持水土、涵养了水源。如塔里木盆地胡杨林面积不断增长，梭梭林和红柳林面积也开始逐渐回升，绿洲人工林面积已占全自治区森林面积的1/3。荒漠化面积得到有效控制，绿洲风沙危害明显减轻，人居环境显著改善。

截至2019年，新疆已累计治理沙化土地164.44万公顷，为新疆生态安全保障、北方防沙带巩固，作出了巨大贡献。随着荒漠化防治的持续推进，当地气候得到了调节，空气得到了净化，水源涵养能力增加，植物固碳量大大提升，风沙日数（包括沙尘暴日数、扬沙日数、浮尘日数的天气）大幅度减少。新疆是世界十大沙尘暴源区之一，中国四大沙尘源，两个在新疆。如今，两个沙

尘暴源区生态都有明显好转，塔里木河中下游源区，台特马湖在干涸30年后又重新蓄水，最大面积达200余平方千米，植被状况也大为改善。艾比湖盆源区，湖面从500余平方千米增至1000余平方千米，达到历史时期原有最大面积，大面积裸露湖滨重新进入水下，起沙条件消失。两个沙尘源区的变化，受益的不仅仅是新疆，还惠及中国中东部地区和整个东亚地区。

生物防治措施防风效果明显，降低70%风速，减少的输沙量幅度达到90%，提高了空气相对湿度、减少蒸发、改良土质。通过荒漠化和沙化防治，实现了荒漠化面积的持续减少和荒漠化程度稳定改善，改善了人居环境和农牧业生产条件，提高了抵御自然的能力，保障了农牧业生产安全，带动了区域经济发展，促进了社会稳定。

8.4.2.2 社会效益

新疆在防沙治沙中取得了显著的成就，几十年的治沙历史中涌现了一批防沙治沙能手，他们与沙漠抗争的胡杨精神，激励着一代又一代的人们顽强地护佑家园，同时也强化了沙区干部群众的生态意识。

新疆的治沙技术和成效得到了国际社会的重视与认可，新疆策勒的防沙治沙经验，在全国乃至全球具有借鉴和推广价值。1995联合国环境规划署授予中国科学院新疆生态与地理研究所"策勒县流沙治理试验研究"和"流沙地、盐碱地引洪灌溉面积恢复柽柳造林技术"两项"全球土地退化与荒漠化防治成功业绩奖"；1996年，柯柯牙绿化工程获得"全球500佳境"之一的"绿色长城"奖项；2008年，塔克拉玛干沙漠公路绿化工程被授予环境保护的政府最高奖项——"国家环境友好工程"。这些重要奖项的获得，对新疆甚至全国人民科学开展荒漠化及沙化防治工作起到了巨大的鼓舞作用。

8.4.2.3 经济效益

新疆沙化土地年扩展速度由104.2平方千米下降到目前的73.0平方千米，142万亩沙区特色经济植物种植也带来丰富的沙产业产品，每年沙产业总产值近41.7亿元。新疆在沙区大力发展沙产业，规模化种植苹果、葡萄、香梨、沙枣等林果产品，新疆沙区特色经济植物肉苁蓉、酿酒葡萄、沙棘、枸杞、沙漠玫瑰、甘草、黑加仑等种植面积不断扩大，扶持库尔勒香梨、阿克苏苹果、吐鲁番葡萄等龙头品牌。除了特色经济作物种植和深加工外，沙物质建材等新兴产业异军突起，年产值4亿多元。同时，由沙产业带动发展的后续产业，如与沙产业相关的资源深加工、沙漠旅游带动的服务业、生态环境修复后土地生产力提高带动的知识密集型农业产业等，不断延伸治沙的产业链条。从生态经济效益角度分析，沙产业生态效益主要体现在节能节水，减少土地压力，保护生物多样性，提高农民环保意识和增加植被覆盖率。经济效益主要体现在增加农民收入和GDP，为当地居民摆脱贫困提供了动力。相对于传统沙产业，沙产业的生态修复能实现双赢，投入产出效益更大。新疆是我国沙漠分布面积最大的省份，也是沙漠景观资源极为丰富的省份，新疆分布有大小十大沙漠，这些沙漠都是新疆旅游资源的重要组成部分。目前全自治区沙区特色旅游企业61家，年总产值超过1亿元，沙漠观光旅游已成为新疆沙区经济新的增长点。新疆地区的沙产业发展不仅促进了当地经济发展，而且改善了当地的生态环境，实现了生态修复。

8.4.3 荒漠化和沙化防治的主要经验

随着新疆防沙治沙工作的不断推进，荒漠化土地整体扩展趋势初步得到遏制，沙化土地扩张势头不断减弱，经过长期的荒漠化和沙化防治的实践探索，新疆积累了丰富的经验，走出了一条适合区情和区域实际的防治道路，建成了一批有较高专业素质的生态建设队伍。阿克苏柯柯牙绿化工程建设过程中，孕育形成的"自力更生、团结奋进、艰苦创业、无私奉献"的柯柯牙精神，成为鼓舞新疆乃至全国人民进一步加强荒漠化和沙化防治的宝贵经验和伟大精神。

8.4.3.1 以强化生态意识为重要基础

防沙治沙在新疆生态环境建设中的重要地位和作用认识的飞跃，对各项工作的开展起到了推动作用。"环保优先、生态立区"的理念深入人心，"山水林田湖草沙生态体系建设以防沙治沙为主"的观点已广为接受，防沙治沙更加贴近新疆经济社会发展的要求，更加贴近各族群众改善生态环境、提高生活质量的迫切愿望。

新疆各级政府把荒漠化防治工作当作国民经济发展中的一件大事来做。自治区政府与各市、县政府也不断加大对各族人民生态建设和保护的宣传力度，不断深化防沙治沙的战略地位，将生态文明建设作为全自治区人民的一项至关重要的福祉事业来做。

8.4.3.2 以健全相关法律法规为基本方略

新疆不断完善相关配套规章制度，在防沙治沙、建设项目环境管理、水资源管理及沙化草原治理等方面制定和发布了《新疆维吾尔自治区实施〈中华人民共和国防沙治沙法〉办法》《新疆维吾尔自治区平原天然林管理条例》《新疆维吾尔自治区草畜平衡管理规定》《新疆维吾尔自治区地下水资源管理条例》《新疆维吾尔自治区征占用林地审核审批管理办法》《新疆维吾尔自治区严格执行占用耕地补偿制度管理办法》等几十项地方性法规、行政规章和部门规范性文件。不断加大执法力度，严格禁止滥开垦、滥放牧、滥樵采的行为，有效保护了天然林草植被。

严格执行《中华人民共和国防沙治沙法》等法律法规，加大执法监督力度，继续推行禁止滥樵采、禁止滥放牧、禁止滥开垦的"三禁"制度，依法推进沙化土地封禁保护区建设，完善水资源调配制度，保证生态用水，进一步规范沙区各类开发建设活动，促进荒漠植被自然修复，保护好沙区林草植被。

同时，利用多种传播媒介，大力开展宣传教育，增强了人民群众防治沙化的意识；实行优惠政策，在资金、技术等方面大力支持，对防治沙化工程发放政府贴息贷款，对治理开发荒山、荒地的收入在一定期限内减免税收。

8.4.3.3 全面开展综合治理是根本途径

从 20 世纪以来，新疆全自治区陆续开展三北防护林、退耕还林、退牧还草、草原建设与保护、水土保持小流域治理、实施防沙治沙综合示范区建设等一批以防沙治沙为主要内容的重点生态工程，大力开展植树造林、林草植被恢复和水土流失治理，这一系列工程对改善新疆区域生态环境起到了关键作用。深入推进防沙治沙重点工程建设，进一步完善工程布局，加大沙尘源区综合治理力度。坚持因地制宜、因害设防、适地适树、乔灌草相结合，大力开展林草植被建设，努力增加沙区植被覆盖度。

8.4.3.4 多渠道投入和全社会参与是根本动力

在用足用好现有政策的基础上，积极探索建立荒漠生态补偿政策和防沙治沙奖励补助政策，建立稳定的防沙治沙投入机制；完善税收减免政策和金融扶持等相关政策，引导各方面资金投入防沙治沙。

新疆在贯彻落实国家关于全面推进集体林权制度改革、关于加强防沙治沙工作的一系列决策，不断创新机制，广泛调动社会各界参与防沙治沙的积极性。在抵御风沙危害拓展生存空间方面探索的新机制，激发了各类社会主体，特别是非公有制经济成分参与生态建设和防沙治沙工作的热情，实现了建设主体的多元化。

8.4.3.5 宣传鼓舞是重要推手

防沙治沙重在示范引领。在新疆荒漠化和沙化防治历史中，涌现和树立了一大批防沙治沙带头人和全国防沙治沙先进单位，组建了新疆防治荒漠化纪念馆等生态文明教育基地，形成了一种以和田地区为代表的"矢志不移，艰苦奋斗，防沙治沙，播绿惠民"的新疆防沙治沙精神。这些生态文化建设成果带动鼓舞了广大群众，向全社会展示了新疆防沙治沙技术和模式，激发了全民生态建设和保护意识。

各相关部门应各司其职，各负其责，密切配合，通力合作，形成合力；加大对防沙治沙重要性、紧迫性和严峻性以及防沙治沙先进典型、模范人物和治理好典型、好案例的宣传，增强全民的防沙治沙意识，提高生态文明水平，推进防沙治沙工作迈上新台阶。

8.4.4 荒漠化和沙化防治存在的主要问题

新疆的荒漠化防治建设经过几十年的努力，虽然取得了显著的成效，在区域生态保护和建设、社会经济发展方面，发挥了重要的作用，但由于荒漠、戈壁和沙漠幅员辽阔，分布广泛，自然条件严苛，植被恢复难度大，生态极其脆弱，荒漠化治理过程中仍存在许多困难与问题。

8.4.4.1 生态保护意识仍需加强，防沙治沙模式创新需求紧迫

尽管从自治区、市、县各级政府到农牧民对荒漠化防治的重要性和生态保护意识已有了长足的进步，群众也从荒漠化和沙化治理成果中，享受到实实在在的生态和经济效益，但由于沙区经济发展较为落后，群众生态保护意识依然较为淡薄，人为破坏的现象还很严重，特别是对戈壁肆意的破坏尤为严重，对荒漠化防治的科学认识还有待于进一步加强，应加大科学治理荒漠化和沙化科普知识宣传，强化植被保护和生态自我修复是防治荒漠化和沙化的重要措施。

新疆的荒漠化防治和防沙治沙关乎区域生态安全，对区域社会稳定和发展起到至关重要的作用。然而，由于生态保护意识薄弱、经济发展相对滞后、防沙治沙认识不够等原因，导致在"两屏三带"生态安全建设过程中，除柯柯牙绿化工程之外，鲜有新疆声音。"三山夹两盆"的地貌造就了新疆特有的自然条件，尚未形成具有新疆特色的防沙治沙技术路线。

8.4.4.2 重工程，轻保护，重灾害治理，轻退化地治理

自 20 世纪 70 年代以来，新疆相继开展先后实施了三北防护林体系建设、天然林资源保护和退耕还林等重大生态建设工程，荒漠化防治和防沙治沙取得了显著成效；然而，在生态建设过程中，重视重大工程的前期治理投入和灾害防治，而对治理区域和退化地缺乏有效的保护。戈壁面积占新疆沙化土地总面积的 2/5，面积分布广泛，植被稀疏，一旦破坏表层砾石，就形成新的沙源，但是，在防沙治沙过程中对戈壁的保护并没有得到重视，局部地区戈壁被严重干扰和破坏。

防沙治沙任务愈发艰巨复杂。由于新疆荒漠化土地范围分布广泛，自然环境恶劣，气候干旱，降水量少，有效降水更少，土壤贫瘠，植物生长困难，植被结构简单，灾害频发，治理恢复区域如果保护不得当，极容易再次沙化，已经治理的区域生态系统依然十分脆弱，成果巩固压力很大。生态恢复良好的地区可持续管理和利用不合理，也极易造成生态系统严重破坏，全自治区范围急需荒漠生态系统经营管理方面的技术支持。随着新疆沙化土地治理工程的深入推进，宜林地逐渐减少，生态水资源缺乏问题更为突出，下一步需要重点治理的沙化土地，沙化程度更重，自然条件更差，治理难度更大。同时，一些已治理地区，植被刚开始恢复，稳定性较差，如得不到有效巩固，土地沙化极易反弹；一些地方退耕还林、退牧还草后，后续产业未得到充分发展，治理难以实现可持续，甚至造成二次土地沙化。这些问题，都决定了今后的防沙治沙工作或将进入"啃硬

骨头"的僵持阶段。但目前的投入机制、科研机制都没有做好准备。

8.4.4.3　管理相对落后，科学防治技术有待进一步加强

新疆的荒漠化和沙化防治还缺乏科学化、规范化的管理体制，科技管理人才缺乏，急需培养或引进一批高素质高水平的科学管理人才和技术推广队伍。尽管新疆高校和中科院等科研单位常年进行防沙治沙科学研究，产出了丰硕的科研成果，但是，其科技成果转化率较低，对新疆沙漠演化趋势、荒漠化生态过程等认识并不深刻。"宜乔则乔、宜灌则灌、宜草则草、宜荒则荒"的因地制宜防沙治沙科学技术并没有得到有效的实施，生态建设过程中，一些地方重林（灌）轻草（荒），盲目大面积营造乔木林和灌木林，甚至在困难立地上营造需要终生浇水的乔木林，这些防沙治沙措施已严重超出当地水资源承载力。同时，由于新疆水资源极度匮乏，工业、农业、生活和生态用水竞争激烈，农业和生态节水灌溉技术需要革新。受新疆降水量稀少和水资源分布不均匀的制约，以大规模国土绿化为主的防沙治沙工程推进难度越来越大。近年来，各地州开展的治沙造林因受水的制约进度明显放慢，有些地方原来规划治理的沙化土地治理规模不断缩减，有的甚至停止实施。在新的形势下，治沙造林立地条件越来越恶劣，制约因素也越来越大，防沙治沙急需生态用水的相关政策，自治区政府出台了明确规定，要对生态用水给予优惠，但目前还没有落实到位，生态用水跟农业用水是一样的价格，有些地方在用电方面，生态治理用电比农业用电费用还高。

沙化土地封禁保护区和国家沙漠公园后续管护工作开展困难。目前，新疆沙化土地封禁保护区和国家沙漠公园普遍没有成立专门的管理机构，没有专门的管护经费，管护人员均为通过临时聘用人员来解决，没有执法权限，导致管护人员素质不高，流动性大，保护工作难以全面、持续、依法、有效开展。

8.4.4.4　荒漠化和沙化防治相关政策相对滞后，运作机制不够完善

新疆荒漠化和沙化防治模式仍然以"国家拿钱，农民治沙，政府包办"传统运作机制为主。在防沙治沙初期，这一模式能够快速有效地遏制风沙危害，缩减沙化土地面积。随着荒漠化和沙化防治的不断深入，这一模式严重制约着荒漠化和沙化成效的进一步提高。同时，防沙治沙投入不足，也制约着防沙治沙进程。尽管政府提出了一些利用沙产业激励社会资金投入到防沙治沙中，但是整个产业链的建设并不完整，且也只是在局部自然条件较好地区零星发展，社会各方面参与防沙治沙的积极性仍然没有充分调动起来。

防沙治沙投入机制、税收减免机制、金融扶持机制、补偿机制尚不完善，沙区面临经济发展任务紧迫和生态环境恶化双重压力，新疆维吾尔自治区政府财政困难，《中华人民共和国防沙治沙法》中的许多优惠政策、措施难以落地，基层沙区对政策和制度的迫切需求，但这些制度的出台又面临诸多难题。防沙治沙面临投入不足、机制不活、无序开发等问题，极易出现"一管就死、一放就乱"的局面，社会资本参与防沙治沙的意愿不足。近些年来，新疆大力发展林果产业，也实施了一系列支农惠农政策，对于推进防沙治沙起到较好的作用；但是，在防沙治沙的投入、税收减免、金融扶持、补助补偿以及权益保护等方面尚没有专门的优惠政策，特别是荒漠生态补偿机制、防沙治沙的稳定投入机制和征（占）用沙地补偿机制亟待建立或完善，社会各方面参与防沙治沙的积极性还没有得到有效调动和保护。

8.4.4.5　各地（州）建设国家沙化土地封禁保护区和国家沙漠公园的积极性不高

国家沙化土地封禁保护区是国家在新形势推行的新的防沙治沙试点工程，也是新形势下极为重要的治沙手段，均为2013年年底启动试点，相应制度和管理体制尚不完善，也没有成熟的治理

模式，需要根据自身情况探索总结，各地在操作的过程中存在政策把握不准的问题，出现了与本地发展规划相冲突、与其他保护地重叠、土地权属有争议等问题，相应问题难以解决。同时各地道路工程、能源工程、输电线路、通信光缆、输水工程等其他民生设施建设占用国家沙化土地封禁保护区和国家沙漠公园土地较少，但又难以避免，须征求国家林业和草原局意见，相关报批程序对工程的级别和类别有明确的限制，其中部分内容还没有申报入口，这些工程占用土地较少，对荒漠生态影响很小，但却对当地民生建设和经济发展有巨大影响。沙化土地封禁保护区在封禁一定期限以后，部分区域具备治理条件以后，也不能进行治理。导致各地申报国家沙化土地封禁保护区和国家沙漠公园的积极性不高。

8.4.4.6 对科学防治荒漠化和沙化的认识相对不足，防沙治沙科技支撑不够

在过去几十年，新疆进行了一批生态建设工程，荒漠化和沙化土地得到有效治理，遏制了荒漠化趋势，但是，生态工程项目往往仅有建设资金，而缺乏后期的管护资金，植被恢复初期抵抗力较弱，如不加以管护，就会造成成活率较低，恢复面积越多，相应的后期需要的资金越多，负担也越重。除此之外，往往工程建设验收完成后缺乏后续维护，导致荒漠化防治成果极易遭受毁灭性破坏，荒漠化和沙化存在潜在扩大的威胁。

同时，防沙治沙的整体质量还相对较低，防沙治沙科技支撑不够，技术推广体系薄弱，在沙化土地治理中，对新疆沙漠形成和荒漠生态的认识不足，导致防治技术不合理，不能真正按照生态适应性规律和地域分布规律确定植被的恢复方式和配置方式，现有的适用技术也有待进一步组装、配套、推广。特别是对节水灌溉技术的研发和推广，需要加大科技攻关的力度和投入。

8.5 荒漠化和沙化防治的建议

从20世纪50年代以来，特别是70年代以来，通过重大生态建设工程的投入，新疆荒漠化发展趋势总体上得到逆转，从2000年开始，荒漠化程度呈现减弱势头，但由于新疆处于内陆腹地，自然条件异常严酷，荒漠化土地面积分布广泛，沙漠面积幅员辽阔，受沙区人为活动的增加、水资源的不合理利用以及极端气象灾害等综合因素的共同影响，新疆沙化土地处于扩展状况，但自治区整体扩展速度持续减缓，已治理的区域对全球气候变化和人为活动干扰非常敏感，土地荒漠化、沙化的严峻形势尚未根本改变，土地沙化仍然是当前新疆最为严重的生态问题。土地荒漠化、沙化仍是新疆各族人民的心腹之患，严重威胁祖国西部生态屏障的安全，影响到全面建成小康社会，加大力度防治土地荒漠化、沙化刻不容缓。因此，新疆的荒漠化防治任重而道远，仍然需要长期坚持不懈地持续下去。此外，尽管通过几十年的努力，新疆荒漠化防治取得了显著成效，但在荒漠化防治中依然存在一定的问题，在新的形势下，不断探索总结防沙治沙的新机制、新政策、新技术、新模式，探索总结不同地区防沙治沙的有效途径，加快推进全国防沙治沙进程。新疆荒漠化防治的总体情况，荒漠化治理成果显著，荒漠区开发前景光明，但荒漠化形势依然严峻。荒漠化防治和生态保护必将是新疆未来很长一段时间内生态建设的核心内容之一。

8.5.1 科学制定荒漠化和沙化防治目标

新疆经过多年的生态建设，荒漠化土地面积已经得到有效控制，沙区环境得到显著改善。未来新疆荒漠化和沙化防治的总体目标是避免"四个误区"，采用"四种模式"，不断提质防沙治沙成

效,防止土地沙化,严控风沙危害。

8.5.2 科学防治

避免"大面积植树造林治沙、肆意破坏戈壁、以绿定水和征服沙漠"四个误区,调整用水结构,降低农业用水比例,合理提升生态用水比例。

我国尽管在初期的防沙治沙工作中,大面积植树造林在控制沙漠入侵、治理流沙等方面,取得了显著的成绩,但随着植被规模和盖度的持续提升,植树造林与水资源的矛盾、林地与其他用地的矛盾日益突出和尖锐,加之新疆地处干旱地区,大规模的水资源开发利用会导致地表水资源可用量减少、地下水位大幅度下降,不仅大面积的人工植树造林治沙难以为继,还会殃及国民经济其他部门的发展,极有可能对区域生态建设和国民经济的可持续发展带来难以逆转的负面影响。因此,应避免大面积营造乔木林、大量抽取地下水灌溉造林、大面积破坏原生植被造林、引进外来树种大面积造林、在原本并不适宜造林的林地上造林、在原本的草地上造林、在自然条件极其恶劣的流沙上造林。

戈壁是荒漠地区重要的生态系统,是一个巨大的天然集水场,表层砾石一旦受到干扰,立即成为丰富的沙源,因此,不仅要保护戈壁上的零星植被,还需要严禁破坏无植被的区域。沙区生态条件恶劣,坚持生态优先的发展方针,是区域经济社会可持续发展的重要保证,但并不能一味地"以绿定水",无限制增加生态用水比例,而忽视了当地国民经济其他部门发展的需要,要处理好生态优先与国民经济其他部门发展的关系,从而实现生态建设对国民经济可持续发展和居民生活水平提高的长久护佑。

沙漠是地质时期气候变化的产物,是地球陆地生态系统的重要组成部分,如果气候不发生大的暖湿化变化,人类彻底征服沙漠是不现实的。但一段时间以来,不顾自然规律,"向沙漠进军""征服沙漠""消灭沙漠"等人定胜天的思想甚嚣尘上,在某种程度上已将我国防沙治沙工作带入误区。应树立借助于现有生产力水平和科学技术力量,合理的改造和利用沙漠,提高土地承载力,改善沙区生产生活条件,为沙区经济社会的可持续发展提供保障的防沙治沙思想,防止沙漠面积不断扩大侵袭绿洲和河流生态系统,对因人类不合理活动造成的沙漠化采用封育保护和人工促进自然修复的方式进行治理,对潜在沙化的土地采取科学合理的保护和利用措施,避免土地生产力下降,并依托科学技术不断提高土地生产力。

8.5.3 防沙治沙模式

结合新疆的实际情况,可参考以下4种模式,用于未来新疆的防沙治沙工作(图8-11)。

8.5.4 因害而治,因需而治,创新防沙治沙机制和政策

明确荒漠化和沙化防治目标,坚定防沙治沙在建立生态屏障中的重要性和持续性,坚持保护优先、重点区域综合治理的方针,协调荒漠化防治与经济发展的关系。因害而治,因需而治,突出重点进行综合治理,对已治理的区域加强防火预警、生物灾害防治,继续执行严格的封育、禁樵等防止破坏植被的政策。在充分保护生态效益的基础上,合理利用资源环境,创造经济效益。在项目设置上,应向生态管护、森林和草场退化地修复上倾斜,加大对荒漠化区域的管理经营方面的资金投入;在荒漠化防治机制上,应将政府主导、政府参与和市场导向3种管理方式有机结合,形成一套适合区情的管理模式。

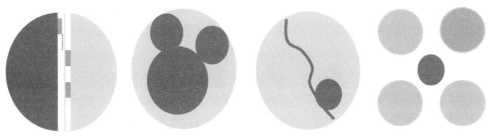

A: 防治沙漠侵袭型　　B: 绿洲拓展型　　C: 河流湖泊生态重建型　　D: 大保护集约利用型

图 8-11　4 种防沙治沙模式

注：A. 防治沙漠侵袭型，主要用于塔克拉玛干和古尔班通古特沙漠，在绿洲外围和沙漠边缘间建立工程与生物固沙的防护体系，防止沙漠进一步扩张和入侵；B. 绿洲拓展型，在新疆沙漠边缘或者戈壁腹地，为了减轻老绿洲人口承载压力，发展地方经济，在条件许可（尤其水资源条件）的情况下，拓展或建设新的绿洲；C. 河流湖泊生态重建型，新疆河流湖泊众多，保护河流湖泊生态是未来防沙治沙的重要工作，对现有的河流和湖泊生态加以重点保护，对已退化的生态系统进行重建修复；D. 大保护集约利用型，亦可称为压力转移型，即在原有农田、林地、草地等生态系统大面积退化的地区，采取大面积保护、人工促进自然修复等措施，恢复自然生态系统基底；同时，在局部条件较好的地方，充分利用自然资源和科技手段，在小片土地上采取高投入、集约化经营、高产出的方式发展经济。

以落实联产承包责任制，实行企业承包、大户承包的机制，采取项目扶贫、科技扶贫、争取广泛的国际合作和基金支持等政策及将治理环境与脱贫致富、促进当地经济发展紧密结合在一起，调动群众治理环境积极性，进而提高贫困地区自我发展能力和综合发展能力，促进经济发展的同时，改善生态环境。为了鼓励农民积极进行荒漠化治理，应该坚持"土地谁使用、谁建设、谁受益"的原则，完善有关土地承包、租赁、"四荒"地拍卖的制度。为了使荒漠化治理效果能够得到长期保障，可以允许承包、继承、转让和抵押沙化土地，并且适当延长这类土地的使用年限，进一步完善现有的土地使用和管理制度。

明确治理目标，依法进行治理。认真贯彻国家和自治区一系列法律法规，做到有法必依，执法必严，违法必究。通过整合荒漠化治理相关行政主管部门的监测监督机构，建立健全荒漠化治理相关的资源状况监测、资源利用监督体系、法规执行监测体系，加强荒漠化防治执法力度，加大土地沙漠化基本知识与防治措施的宣传力度，动员社会各界人士关心土地沙漠化防治工作，提高全民防治沙漠化意识。

同时，采取项目扶贫、科技扶贫，争取国家政策倾斜，申请国家防沙治沙重点工程支持，采取广泛的国际合作机制，将治理环境与脱贫致富、促进当地经济发展紧密结合在一起，调动群众治理环境积极性。按照资源有偿使用原则，尽快研究制定统一的水、土、生物、矿产等自然资源开发利用的补偿收费政策和环境税收政策。

8.5.5　因地制宜，集约利用，健全荒漠化和沙化防治技术体系

在防沙治沙过程中，针对沙区不同类型，因地制宜地采取不同治理模式。遵循沙区自然规律，坚持"宜乔则乔、宜灌则灌、宜草则草、宜荒则荒"的治理方针，并进行分类指导，重点区域实行治理和防护相结合的策略，沙化敏感区（如具有明显沙化趋势的草场）建立重点保护区，已治理的区域加强植被恢复和保护。

（1）塔克拉玛干沙漠周边及绿洲治理区。该区气候温暖干旱，降水稀少，年平均降水量不足

100毫米，是我国最干旱的地区之一。沙化土地仍呈扩展趋势。未来的防治重点是通过严格禁止过度破坏戈壁、过度放牧樵采、毁林毁草开荒、滥采地下水资源等行为，实施封禁保护、封沙育林育草、引洪灌溉、合理分配农业和生态用水、集约化利用有限土地、提高节水技术等措施，拯救和保护荒漠植被；通过封沙育林育草、人工种草、农田林网更新改造以及具备条件的地区开展植树造林等措施，增加林草植被，遏制沙化土地扩展态势。规划发展高品质葡萄、香梨、枣、苹果等经济林果，增加农民收入。

（2）古尔班通古特沙漠及周边保护治理区。该区海拔300~500米，年平均降水量100~200毫米，冬季有积雪，沙漠内部植物生长良好，是当地的优良牧场。未来的防治重点是对尚不具备治理条件及保护生态需要不宜开发利用的连片沙化土地实施严格封禁保护，封育天然荒漠植被，提高区域植被盖度；建立准噶尔盆地南缘大型综合防护林体系，改善天山北坡经济带的生态状况，遏制沙化土地扩展；依托国家和地方防沙治沙工程建设，运用高效节水灌溉等现代科学技术，大力发展特色中草药种植和中药材精深加工业；合理开展人工饲料基地建设，发展饲料加工业，促进畜牧业及畜产品加工业的发展。

建立较为完善的沙化土地封禁保护修复制度体系。坚持问题导向、需求导向和改革导向，力求解决防沙治沙工作中存在的实际问题，力求满足基层沙区对政策和制度的迫切需求，力求明确相关法律和规定不明确但工作实践中又亟须明确的事项。通过建立完善沙化土地封禁保护修复制度体系，着力解决投入不足、机制不活、无序开发等问题。

完善荒漠生态补偿机制。对荒漠生态系统脆弱、植被稀少、群落稳定性较差、抗逆能力弱、生态区位十分重要、荒漠植被易遭到破坏的区域，建议建立荒漠生态补偿机制。现阶段国家沙化土地封禁保护区的建设内容主要包括：封禁设施建设、管护队伍建设、固沙压沙等生态修复与治理、成效监测、宣传教育、档案建设与管理等。涉及的建设内容仍然是工程建设治理内容，而沙化土地封禁保护区绝大部分是不具备治理条件的，短期内难以取得效果，而长期的管护费用没有落实，当地农牧民没有获益，部分工作难以开展，这也应该通过荒漠生态补偿的方式予以解决，设立公益性岗位，解决当地农牧民就业。

沙化草地和有明显沙化趋势的草地转变畜牧业发展方式，优化畜牧业生产经营模式，推行以草定畜、草畜平衡制度和草原生态保护补助奖励机制，加强草场改良和人工种草，实行围封禁牧、划区轮牧、季节性休牧、舍饲圈养等，保护和恢复草原植被。

总之，优化产业结构，依据新疆自然资源的天然禀赋，引导种植业结构"多采光、少用水、新技术、高效益"的发展方向。

8.5.6 加强科技平台建设，提升防沙治沙工作的科技贡献率

新疆的防沙治沙技术获得过国际认可，然而并没有形成国内国际通用的模式。因此，应该建立一套完善的应用技术体系，提高科技含量，提高科研成果的应用率、转化率和贡献率。致力于研发一套防沙治沙的"新疆范式"。加强与新疆范围内的科研机构、高等院校、研发企业和科研平台的深度合作，建立政府委托或购买科技服务的机制。

加强对关键性技术问题的研究和开发，重点开展适合新疆地区的退化草场修复、治沙新技术新材料、沙地节水灌溉技术、绿洲土地集约化利用技术、天然植被保护技术、土壤改良技术、林果草混作技术、荒漠化治理景观建设技术、"3S"与荒漠化治理集成应用技术等工程建设中亟须的

关键技术。按照生态适应性规律和地域分布性规律研发植被的恢复方式和配置方式，并进一步组装、配套、推广综合治理技术。同时，加强对沙漠演替规律、戈壁风沙物理学机制、人工修复的荒漠生态系统在自然状况下的演替规律和发展、荒漠化地区植被承载力、天然植被退化演替规律、荒漠化地区生物多样性、脆弱生态系统优化和管理经营、生物灾害防治、野生动物保护、荒漠化地区社会经济可持续发展等方面进行深入研究。

9 林草融合发展研究

9.1 研究概况

9.1.1 研究背景

2018年，国务院机构改革，组建国家林业和草原局，形成了对森林、草原、湿地、荒漠生态系统和野生动植物的全面监管局面，职能完整的体制架构是落实山水林田湖草系统治理理念的重要组织保障。林业和草原是新疆重要的生态资源，构建了新疆和我国西北地区绿色生态屏障。2019年新疆维吾尔自治区林草机构改革基本完成。在新的治理体系下，加快推动新疆林草资源整合、功能优化，促进林草部门融合，发挥整体效能，落实生态立区战略，推动新疆加快绿色发展具有重要意义。

"十四五"时期是政府机构改革后的第一个五年，是国家治理体系和治理能力逐步完善的关键五年。对于林草行业而言是全面落实山水林田湖草系统治理理念和"两山"理念的关键时期。"十四五"时期必须加快推动林业和草原融合发展，以林草管理机构融合带动各方面制度政策融合和体制机制融合，不断推动各项规划措施融合，统筹各项林草公共服务和人才队伍建设，创新发展动力，不断增强改革系统性、整体性和协同性，促进机构改革释放更大效能。

政府机构改革前，林业和草原工作分别由原国家林业局和原农业部管理，自上而下各自形成了一套行政、监管、科研等行业管理体系和基层治理体系。林业和草原尽管都强调生态保护，但在实际工作中，对草原生产功能的重视高于生态保护，草原保护和发展的矛盾更加突出。政府机构改革后，省级及以下的林业和草原工作，特别是基层林草工作面临着监管、建设、公共服务、人力资源不足问题更加凸显，需要加快补齐短板。一些过去可以不去触碰，而现在再也绕不过去的林草矛盾冲突需要加快解决。林业和草原行业原来具有的生态资源、社会资源、文化资源融合后可以发挥出"1+1>2"系统效能。"十四五"时期所有这些工作亟须通过体制机制创新解决。

新疆林草融合发展专题研究是在重点分析新疆林草资源保护、林草资源管理现状基础上，对林草融合发展背景下存在的突出矛盾问题进行分析，结合"十四五"发展机遇挑战，提出新疆"十四五"林草融合发展的思路和对策建议。

9.1.2 研究目标

本专题研究目标包括：重点梳理新疆林业和草原资源保护和资源监管方面的现状，查找出存在的不足和短板；重点分析林业和草原融合发展背景下存在的突出矛盾；分析"十四五"时期新疆林业和草原发展面临的机遇和挑战；研究提出"十四五"新疆林草融合发展的主要对策建议，为新疆林草"十四五"时期发展战略提供林草融合发展的思路。

9.1.3 研究方法

专题研究采用的方法主要包括资料收集、数据分析、现场考察、访谈研讨等，理论与实际分析相结合、定性与定量分析相结合。

（1）资料收集与数据分析。收集全国草原监测报告、新疆草原监测报告、新疆林业和草原局工作报告及总结材料等，查阅新疆林草资源保护利用研究相关学术论文等文献材料。通过系统分析，全面反映新疆林草资源现状，为后续研究打好数据及理论基础。

（2）现场考察与座谈研讨。专题研究人员深入到新疆各地市进行实地调研，通过座谈会、实地考察了解当地林草具体工作，重点分析林草融合发展的问题。了解新疆林草资源"十三五"中实施的工程项目、项目实施成效和存在主要困难；进一步与自治区、市、县从事林草资源管理保护的管理者开展座谈研讨，分析政策落地情况及政策需求，讨论林草资源的关键技术手段、新的经营模式及未来融合发展思路。

9.1.4 研究内容

根据研究目标，具体展开以下研究内容：一是从整体上分析"十三五"时期新疆林业和草原资源基本情况、林草机构改革基本情况；二是重点分析"十三五"时期新疆林草资源管理情况和成效；三是着重分析当前新疆林草融合发展中存在的突出短板和主要矛盾；四是结合当前形势，研究新疆林草工作所面临的机遇与挑战；五是研究提出新时期新疆林草融合发展的基本思路和对策建议。

9.2 "十三五"时期林草资源保护基本情况

新疆林草资源丰富，地域广阔、分布广泛、类型多样，森林、草原面积分别位于全国第9位和第3位。新疆林草资源主要分布在山地、盆地边缘和绿洲平原，林草资源对于维护当地、西北地区全国生态安全，发展新疆绿洲经济具有重要作用。自治区各级林草部门行政管理机构改革已经完成，但从总体上看，草原管理机构弱化明显。

9.2.1 森林资源基本情况

新疆国土面积166万平方千米，占我国国土总面积的1/6。森林资源主要由山区天然林、平原河谷次生林和荒漠灌木林、平原人工林构成。根据新疆第九次森林资源清查数据，新疆林地面积 2.06 亿亩，占新疆国土总面积的 8.36%；其中：乔木林 3220 万亩、灌木林地 8900 万亩、疏林地 620 万亩、其他林地 7830 万亩。新疆森林面积 1.20 亿亩，森林覆盖率 4.87%，绿洲森林覆盖率 28%；活立木总蓄积量 4.65 亿立方米[①]。人工林保存面积约为 3700 万亩，其中：林果种植面积 1800 万亩、农田防护林 500 万亩、其他各类防护林 1400 万亩。

利用新疆植被遥感影像，并结合自治区土地利用数据，分析和提取 2018 年各地州市森林分布面积。新疆森林面积较大的为阿勒泰地区(1823.25 万亩)、巴音郭楞蒙古自治州(1578 万亩)、阿克苏地区(1197.75 万亩)、伊犁哈萨克自治州(1150.65 万亩)和昌吉回族自治州(767.25 万亩)，其次为塔城地区(704.25 万亩)、喀什地区(633.75 万亩)、克孜勒苏柯尔克孜自治州(532.8 万亩)、和田地区(379.65 万亩)、博尔塔拉蒙古自治州(327.3 万亩)和哈密市(316.8 万亩)，较小的为吐鲁番市(188.4 万亩)、乌鲁木齐市(157.5 万亩)和克拉玛依市(51 万亩)，见表 9-1。

表 9-1 新疆各地州市森林面积及覆盖率

行政单位	土地面积(万亩)	森林面积(万亩)	森林覆盖率(%)
新疆维吾尔自治区	244712.85	9808.35	4.01
巴音郭楞蒙古自治州	70549.95	1578	2.24
和田地区	37370.7	379.65	1.02
哈密市	20564.7	316.8	1.54
阿克苏地区	19766.1	1197.75	6.06
阿勒泰地区	17657.85	1823.25	10.33
喀什地区	16828.65	633.75	3.77
塔城地区	14352.3	704.25	4.91
昌吉回族自治州	11167.8	767.25	6.87
克孜勒苏柯尔克孜自治州	10491.15	532.8	5.08
吐鲁番市	10443.75	188.4	1.80
伊犁哈萨克自治州	8486.1	1150.65	13.56
博尔塔拉蒙古自治州	3751.35	327.3	8.72
乌鲁木齐市	2129.7	157.5	7.40
克拉玛依市	1152.75	51	4.42

根据对新疆植被遥感影像进行分析，森林覆盖率较高的为伊犁哈萨克自治州(13.56%)、阿勒泰地区(10.33%)、博尔塔拉蒙古自治州(8.72%)、乌鲁木齐市(7.40%)、昌吉回族自治州(6.87%)，其次为阿克苏地区(6.06%)、克孜勒苏柯尔克孜自治州(5.08%)、塔城地区(4.91%)、克拉玛依市(4.42%)、喀什地区(3.77%)，较低的为巴音郭楞蒙古自治州(2.24%)、吐鲁番市(1.80%)、哈密市(1.54%)和和田地区(1.02%)。

---

① 数据来源于《新疆林地和草地交叉重叠问题调研报告》。

9.2.2 草原资源基本情况

9.2.2.1 草原面积、类型

20世纪80年代草地资源调查结果显示，新疆草原面积8.6亿亩，居全国第3位，约占全国草地总面积的1/6，占新疆国土总面积的34.4%[①]。新疆草原主要分布在三山（阿尔泰山、天山和昆仑山）以及两个盆地（准噶尔盆地和塔里木盆地）边缘地带。

新疆天然草原面积辽阔，分布广泛，类型多样，有11个草原大类：沼泽类、低地草甸类、山地草甸类、温性草甸草原类、温性草原类、温性荒漠草原类、温性荒漠类、温性草原化荒漠类、高寒草甸类、高寒荒漠类、高寒草原类。温性草原化荒漠类、温性荒漠类和高寒荒漠类草地构成了荒漠草地类组，面积40301.85万亩；温性草甸草原类、温性草原类、温性荒漠草原类、高寒草原类草地构成了草原草地类组，面积24906.3万亩；温性低地草甸类、温性山地草甸类和高寒草甸类草地构成了草甸草地类组，面积20280.15万亩[②]。

9.2.2.2 草原分布情况

根据新疆植被遥感影像分析结果显示，新疆各市地州中，巴音郭楞蒙古自治州草原面积最大（17002.5万亩），其余由多到少依次为和田地区（8130.45万亩）、塔城地区（6882.45万亩）、阿勒泰地区（6478.95万亩）、克孜勒苏柯尔克孜自治州（5542.65万亩）、伊犁哈萨克自治州（5175.45万亩）、喀什地区（5143.95万亩）、阿克苏地区（4195.65万亩）、哈密市（4128万亩）、昌吉回族自治州（3693.75万亩）、博尔塔拉蒙古自治州（1816.05万亩）、吐鲁番市（1578.15万亩）、乌鲁木齐市（1158.6万亩）和克拉玛依市（384.75万亩）。

9.2.2.3 草原生态与生产力情况

根据《2017年新疆草原资源与生态监测报告》，2017年自治区草原综合植被盖度为41.48%，综合植被高度为27.9厘米；比近五年（2012—2016年）增加了1.71个百分点和2.42厘米，草原生产力进一步提高。根据2017年全国草原监测报告，新疆2017年鲜草产量为10596.8万吨，与上年相比增加0.52%。2021年末牛羊猪存栏5621.97万头（只），比上年增长10.8%；牛羊猪出栏4502.11万头（只），增长5.2%。全年猪牛羊禽肉产量183.08万吨，比上年增长16.1%。其中，羊肉产量60.44万吨，增长6.1%；牛肉产量48.50万吨，增长10.3%；牛奶产量211.53万吨，增长5.7%[③]。

尽管草原生态得到恢复，但同时，也不能忽视草原地区的荒漠化问题。《新疆荒漠化和沙化状况公报2015》结果显示，截至2014年，新疆荒漠化土地总面积为107.06万平方千米，占新疆国土总面积的64.31%，荒漠化土地中的草地面积46.89万平方千米，占荒漠化土地面积的43.58%。

9.2.2.4 林草机构改革及设置情况

自治区机构改革后，虽然各级林草部门职能职责增加，但是从自治区到地州市到县三级林草机构队伍逐级弱化明显。特别是草原管理机构弱化，承担草原保护修复监督管理等方面的工作短板非常明显。机构改革前，自治区级草原机构具备完整的行政、监管及技术推广部门，分别由草原处、草原监理站、草原总站、治蝗办承担。机构改革后，草原监理体系被合并。在地州市、县、乡级草原机构编制削弱，事业单位转隶尚未完成，人才队伍流失严重。

[①] 数据来源于《草原知识读本》。
[②] 数据来源于新疆草原资源概况。
[③] 数据来源于《新疆维吾尔自治区2021年国民经济和社会发展统计公报》。

9.2.3 草原管理机构情况

9.2.3.1 机构改革前情况

机构组成情况。机构改革前,在原新疆畜牧厅内设草原处,下属有参公事业单位——自治区草原监理站(自治区草原防火办公室),事业单位——自治区草原总站和自治区蝗虫鼠害预测预报防治中心站(自治区治蝗灭鼠指挥部办公室)。

人员编制情况。草原处,行政编制4名。草原监理站,自治区编制43人,新疆各级草原监理机构共有103个(自治区级草原监理机构1个、地州级14个、县级88个)。新疆实际在编草原监理人员1213名。草原总站,编制141人,在编人员134名(转隶到林业和草原局101人)。新疆各级草原站共有103个(自治区级草原站1个、地州级14个、县级88个),新疆草原站实际在编人员1568人,其中技术人员达809人。蝗虫鼠害预测预报防治中心站,编制55人,在编人员53名。新疆各级测报防治站共有地州级测报站14个,自治区从事此项工作的专业技术人员200余人[①]。

9.2.3.2 机构改革后情况

2018年11月,自治区林业和草原局成立,原畜牧厅草原处和监理站相继转隶至林业和草原局(由于事业单位改革自治区草原总站和治蝗办暂未转隶到位)。成立草原管理处,负责自治区草原资源管理、自治区草原行政执法监督工作,指导自治区草原生态保护工作,负责自治区草原生态修复治理工作,负责自治区草原鼠虫病等生物灾害的监测、预警和防治工作,监督管理草原开发利用。机构转隶后,监理体系合并,区地、县、乡级监理队伍大部分流失,由于事业单位转隶尚未完成,据不完全统计,草原机构人员现有1500余人。

9.2.3.3 林业管理机构情况

从整体上看,林草系统职能是增加的,但由于森林公安等部分职能调出后,林业机构原有人员力量减弱。基层林草管理机构在行政执法力量方面更加弱化。在和田地区墨玉县调查显示,2018年年底,墨玉县林业局现有干部职工105人。根据职责分工,下设局办公室、林政股、业务股、推广站、森防站、胡杨管理站、森林派出所、绿化办、苗圃及16个乡镇林业站等职能部门。机构改革后,县林业局和草原站合并,成立林业和草原局,森林派出所人、财、物划归县公安局统一管理,县护林防火指挥部职能划归应急管理局,森林、湿地、草原确权登记发证职能划归自然资源局管理。墨玉县林业和草原局下设局办公室、林政股、业务股、推广站、森防站、胡杨管理站、草原站(草原监理所)国有苗圃及16个乡镇林业站等职能部门。县林业和草原局行政编核减3个,由改革前的12个编制变为改革后的9个编制。原墨玉县林业局有编制22名,其中:局机关行政编制12名,森林派出所行政编制10名。机构改革后,局机关行政编制核减了3名,森林派出所划归公安局管理,没有一名行政执法编制。

9.3 "十三五"时期林草资源保护监管情况

"十三五"时期,新疆林草系统坚持绿色建疆、绿色惠民,把生态文明建设贯穿经济社会发展全过程。新疆林草系统严格履行资源保护和监管职责,在执法监督、生态保护修复工程建设、科

---

① 数据来源于新疆草原保护管理工作情况。

研和技术推广、防火减灾等方面都做了大量工作。同时，林草业发展仍很不充分，尤其是草业发展明显滞后。监管和公共服务滞后状况导致林草业服务绿色建疆、绿色惠民的大局还有较大差距。

9.3.1 执法监管情况

草原执法监管。此次机构改革中，林草部门保留草原监理职能，但是自治区、地州市、县三级没有设置监理机构和专门工作人员。机构改革前后草原部门依然开展了大量工作，加大对禁牧区，重点是水源涵养区草原禁牧的检查。2017—2018年来对自治区1.5亿亩禁牧区、510万亩水源涵养区进行了督导检查，未发现违反规定情况。认真落实原农业部《草原征占用审核审批管理办法》，规范草原征占用审核审批程序，2017年至今共审核征占用草原手续105起，办理征占用草原面积3.43万亩。落实草原补偿费、安置补助费合计3500余万元，全自治区征收草原植被恢复费2200余万元。

9.3.2 生态保护修复工程建设情况

新疆林草生态保护修复工程中，"十三五"至今投入共计214亿元，中央投入184.65亿元。林业类工程以国土绿化工程、三北防护林工程、退耕还林工程为主，草原类工程政策包括草原生态保护补奖、退牧还草、退耕还草、已垦草原治理等，林业工程重点是人工造林和植被恢复项目，草原工程重点是维持草畜平衡。

9.3.2.1 林业生态保护修复工程

(1) 国土绿化情况。2016—2018年，实际完成造林952万亩(含退化林修复和人工更新)，年均完成317万亩，其中：新增造林904万亩，年均新增造林面积301万亩[①]。"十三五"期间新疆国家级公益林总面积保持在11419.21万亩，其中中央财政森林生态效益补偿8710.44万亩，天保工程补助2708.77万亩。在补助标准方面，国有的国家级公益林补助标准逐年提高，由2015年6元/亩，提高到现在每年10元/亩；集体的国家级公益林每年15元/亩。2018年森林生态效益补偿补助资金由2015年的52342.29万元提高到87149万元[②]。

(2) 三北防护林工程。2016—2018年，国家拨付新疆维吾尔自治区中央预算内重点防护林工程建设资金11.3亿元，下达建设任务423.2万亩，其中：人工造林175万亩、封山(沙)育林232.2万亩、经果林质量提升16万亩。三年实际完成造林564.6万亩，其中：人工造林228.4万亩、封山(沙)育林318.6万亩、飞播造林1.6万亩、经果林质量提升16万亩，超额完成国家下达的计划任务。

(3) 退耕还林工程。新一轮退耕还林"十三五"规划建设总规模613万亩，总体布局以环塔里木盆地防风固沙区、准噶尔盆地绿洲防护区、伊犁河谷风沙治理区、吐鲁番—哈密盆地防风固沙区、山区丘陵25°以上坡耕地水土保持区和重要江河湖泊水源涵养区六大区域布局。国家已下达2016—2018年度退耕还林计划任务329.8万亩，涉及新疆14个地州市82个县市区。已实际完成造林任务297.27万亩，占下达计划任务的91%。"十三五"期间，退耕还林工程预计总投资96.73亿元，其中：中央预算内投资23.17亿元，中央财政资金73.56亿元[③]。

---

① 数据来源于生态保护与修复工程"十三五"发展现状及"十四五"工作思路。
② 数据来源于"十三五"以来国家级公益林保护管理情况。
③ 数据来源于退耕还林"十三五"材料。

9.3.2.2 草原生态保护修复工程

(1)草原生态保护补奖政策。2016年，国家启动了新一轮草原生态保护补助奖励政策。每年拨付新疆政策资金24.77亿元，对6.91亿亩草原实施草原禁牧补助和草畜平衡奖励，其中草原禁牧总面积1.501亿亩，草畜平衡面积5.409亿亩。

(2)退牧还草工程。2003年国家开始启动退牧还草工程项目，到2018年，国家累计下达新疆退牧还草工程建设任务：围栏22270万亩，退化草原改良5726万亩，人工饲草(料)地146万亩，棚圈补助9万户，毒害草治理10万亩。中央累计投资44.163亿元(不含前期费)。先后有49县(市)纳入了退牧还草工程实施范围。

(3)退耕还草项目和已垦草原治理试点项目。2015—2018年国家实施退耕还草91.8万亩，到位资金91800万元，其中中央预算内投资13470万元，中央财政资金78330万元。2016—2017年国家下达新疆已实施已垦草原治理123万亩。涉及22县市，2016—2017年中央到位资金19680万元。

(4)退化草原人工种草修复治理试点项目。2019年，通过"三上三下"和组织专家初步论证，确定塔城地区、伊犁哈萨克自治州纳入国家级试点项目，其他地州市纳入自治区试点项目，目前正已完成自治区实施方案编制上报国家林草局，并按财政要求及时下达投资任务和下发通知提出工作要求。配合完成了5000名精准扶贫草原管护员资金落实。

9.3.3 科研和技术推广情况

(1)林业科技基本情况。新疆已建成国家级生态定位观测研究站4个，正在建设和即将投入建设的国家级生态定位观测研究站3个；国家林草局重大实验室1个；国家林草局林业工程研究中心1个；国家林业生物产业基地1个；国家长期科研试验基地1个；国家林业和草原科技创新联盟1个[①]。组织完成了国家、自治区各类重大林草科研、技术推广项目260个，资金总量达1.457亿元，取得各类涉林科技成果12项，其中获自治区科技进步一等奖4项，二等奖4项，三等奖4项。获得发明专利55项，实用新型专利81项，良种审定40项。建立林果科技示范基地112个，面积达71万余亩，辐射带动林果标准化生产园160万亩[②]。

(2)草原科技基本情况。目前，自治区草原科技工作主要由新疆维吾尔自治区草原总站、自治区蝗虫鼠害预测预报防治中心站、畜牧科学院草业研究所和新疆农业大学草业与环境科学学院承担。从人员构成方面看，草业研究所现有专业技术人员52人，含高级专业技术职务人员30人，博士后1人，博士5人，硕士20人。新疆农业大学草业与环境科学学院现有教职工80名，其中，教授11人，副教授18人，讲师29人。从科研平台方面看，草原总站拥有1个农业农村部牧草种子检验中心、2个牧草种质资源圃、3个国家级草品种区域试验站、8个省级草品种区域试验站、24个国家级草原固定监测点、800多个固定草原动态监测点。草业研究所拥有生物技术实验室、旱生牧草研究中心、新疆驼绒藜等旱生牧草原种基地(呼图壁)等多个实验室和实验基地。其中，新疆驼绒藜等旱生牧草原种基地是国家批准的第一批5个全国原种基地之一，也是新疆承担的第一个国家级牧草原种生产工程。新疆农业大学草业与环境科学学院建有独立的草业研究所，并拥有1个教育部省部共建实验室、1个自治区级重点实验室、1个自治区级实验教学示范中心、3个

---

① 数据来源于《"十四五"重点林草科技工程》。
② 数据来源于新疆林草行业科技方面"十三五"总结材料。

校级重点实验室以及3个教学、科研与生产示范基地，形成了较为全面的科技创新与技术研发相结合的研究体系。从研究成果方面看，近5年来，草原总站共主持承担农业农村部项目17项、合作项目3项，农办项目1项。出版专著2部，在国内及省内期刊发表专业论文80余篇。自治区蝗虫鼠害预测预报防治中心站出版专著2部，在国内外学术刊物上发表专业论文175篇。并针对边境地区蝗灾的预警监测和防治技术的研究与哈萨克斯坦国建立了长期的、有效的合作机制。近10年来，草业研究所共承担各类草畜科研项目40余项，制定国家标准2项、地方标准8项，培育出6个优良牧草品种。获得国家科技进步奖2项、自治区科技进步一等奖2项、二等奖3项、三等奖4项等11项奖励。新疆大学草业与环境科学学院承担国家级、自治区级科研项目约120余项。获国家部委、自治区科技进步奖等奖项20余项；培育出牧草及草坪草新品种21个，形成了一大批新技术新成果[①]。

9.3.4 森林和草原防火情况

（1）森林防火情况。建成自治区级森林火险预警中心1处、火险要素监测站86个、可燃物因子采集站23个。航空护林飞机巡航林地面积780万公顷，森林航空消防覆盖率达到62.2%。自治区累计建成瞭望塔40座、视频监控系统86套、检查站120处，形成了卫星遥感、飞机巡航、高山瞭望、视频监控和地面巡护有机结合的立体监测网络。森林防火队伍情况。自治区新建森林消防专业队伍4支，1500人，配备森林消防车、运兵车341辆，中小型机具16500台（套）。建成1个自治区级物资储备库、88个县（市、区）级物资储备库，物资储备库布局更加合理，物资调拨更加快捷[②]。

（2）草原防火情况。新疆自治区已建成各级草原防火物资站53座，县市建立专业防火队4个，人员110名。每年落实中央财政专项资金1025万元，开设边境草原防火隔离带1025千米。"十三五"期间，国家累计投入自治区草原防火资金1.2127亿元，主要用于草原防火基础设施项目和边境草原防火隔离带工程建设。其中，开设完成边境草原防火隔离带9888千米，有效地防范了境外火的威胁；建设草原防火基本建设项目52个，配备草原防火指挥、巡逻、消防、扑救等各类车百余辆，扑火工具32500余台（件），草原防火项目的实施，提高了对草原火灾的防控能力以及应急保障能力。近5年来，每年因火灾受害的草原面积一直处于历史较低水平，火灾发生的概率明显降低，有效保护了草原生态。

9.3.5 林草产业情况

（1）林业产业发展情况。新疆具有得天独厚的水土光热资源条件和丰富的特色林果资源。目前已形成以环塔里木盆地红枣、核桃、杏、香梨、苹果、巴旦木、葡萄等为主的南疆特色林果主产区，以鲜食和制干葡萄、红枣为主的吐哈盆地优质高效林果产业带，以鲜食和酿酒葡萄、枸杞、小浆果等为主的伊犁河谷林果产业带和天山北坡特色林果产业带。"十三五"以来，新疆林草产业得到了快速发展，已成为新疆农业农村经济的支柱产业之一。2018年年末，新疆林果种植面积2167.74万亩（其中新疆生产建设兵团322.18万亩），总产量1165.83万吨（其中兵团396.58万吨），年产值近500亿元，农民人均林果收入达到2200元/年，林果业收入已占农民人均收入的

---

① 数据来源于草原监理工作情况及《关于报送新疆维吾尔自治区草原科技有关情况的函》。
② 数据来源于《新疆维吾尔自治区森林防火规划》。

25%以上，主产区达40%以上。

从产业结构看，新疆林果业以种植、销售初级产品为主，林果业一产占比过重，加工制造及林果服务产值比重低，尤其是与旅游、文化产业结合非常不足。林果产品精深加工比重低，龙头企业更少。2018年，自治区果品精深加工量仅有12万吨左右，占加工果品量的7%，占自治区（不含兵团）果品总量的1.5%。

（2）森林旅游业方兴未艾。新疆通过建立各级森林公园，发展森林旅游产业，不仅有效保护了森林景观资源，而且与地质、水文、人文景观资源有机结合形成了多样化的森林风景资源，有力地促进了生态建设、自然保护事业和旅游事业的发展。以森林公园为主体，森林公园、湿地公园、自然保护区、狩猎场等类型的森林旅游发展体系基本形成，森林旅游已成为新疆旅游的重要热点区域。自治区依托森林资源开展的旅游收入占自治区旅游收入的60%以上。

（3）草产业发展情况。草产业整体发展较为滞后，处于起步阶段。新疆牧草种质资源十分丰富，可作为家畜饲用的牧草中饲用价值较高的有382种，国内独有的野生牧草种质资源约有226种。以此为基础的畜牧业较为发达。2021年，新疆主要牲畜猪、牛、羊出栏量分别为665.31万头（只）、289.23万头（只）、3547.57万头（只），年末存栏量分别为436.1万头（只）、616.30万头（只）和4569.56万头（只）。

9.4 林草融合发展存在的问题

新疆各级林草行政机构改革已经到位，初步实现了林草管理上的融合。但是原来林业和草原部门分别独立管理产生的矛盾如产权冲突、多头管理等在融合发展过程中亟待解决。新疆事业单位改革还未完全到位，林草系统在监管和公共服务方面的短板依然存在，这些因素制约着林草融合发展大局。面临着日益严峻的生态保护和发展形势，林草系统加强资源整合、优势互补，制度政策融合，补短板，强弱项，加快融合发展的任务更重。

9.4.1 林草融合发展思想认识不到位，缺乏顶层设计

由于历史原因，林草资源定位不同，过去草原归属农业农村部门，草原主要是作为畜牧业发展的生产资料，机构改革后归属林草部门，职能由生产功能向生态功能转变。林业作为独立完整的生态、生产融合体系，地位、受重视程度远远高于草原，目前重林轻草到林草融合发展的思想尚未完全转变。另外草原面积大，但草原的机构设置、人员编制明显不足，成为融合发展的短板。

林草融合一盘棋发展思想进展缓慢，缺乏适宜当地的林草融合发展顶层设计、可持续发展规划，没有统一林草资源保护修复计划，融合发展目标不明确，对林草融合发展实践指导不足。

9.4.2 林草资源产权界定不清，交叉管理

一是原林业和草原管理部门对"草地"地类定义标准不统一，导致"一地两证"现象亟待解决。根据新疆草原80年代的矢量数据和新疆林业2016年林地变更矢量数据，应用ARCGIS软件空间分析功能，进行空间叠加分析，新疆"一地两证"发放重叠面积约1.73亿亩，占新疆林地面积2.06

亿亩的84.1%，占新疆草原面积7.2亿亩的24.1%①。

二是"一地两证"造成林草管理上多头管理和重复投资等问题。新疆山区林草相依，林地和草地犬牙交错，历史上新疆农牧民普遍存在林地内放牧的传统习惯。草原上种树等林草矛盾和林下放牧等林牧矛盾比较常见。由于存在"一地两证"，原林业部门和草原部门可能同时对一地块发放公益林补偿资金和草原生态补奖资金。如果林草面积发生变化，将直接影响农牧民收入，增加了国家惠民政策落实难度。同一地块可能既有林业的人工造林项目，也可能被划入草原的项目区。过去由于多头管理造成的重复投资不可避免，宜林则林、宜草则草的原则未能得到很好落实，造成了投资浪费。

9.4.3 林草融合发展实践不足

一是林业和草原生态系统保护修复工程统筹规划还未破局。林业和草原部门原来的工程规划缺乏统筹，退耕还林与退耕还草工程单列，单独实施。在一些林草过渡带，退耕还林和还草的技术措施不能合理布局，人工造林措施与草原退化治理工程交叉。天然林林缘和天然草原过渡地带，选择人工造林技术模式多。在荒山荒地适宜种草的地方，选择人工造林技术模式多。宜林则林、宜草则草的原则落实不到位。野生动植物保护管理、病虫害防治、防火等方面缺乏统筹管理。当前这种局面是机构改革未完全到位造成的，"十四五"时期必须通过改革，解决此类问题。

二是林草生态系统保护修复工程共同面临着资金、基础设施建设等投入不足、财政补助标准低等难题，与人民群众期待提供更多优质生态产品还有较大差距。

国家对新一轮退耕还林投入标准要比上一轮低，新疆配套资金和工作经费难落实，致使一些工程县市区退耕还林积极性不高。伊犁哈萨克自治州造林绿化任务重，许多县市出台诸多优惠政策激励社会造林，国家造林补助下达时间晚或者补助额度低，多数县市财力难以及时拿出资金兑现，影响了造林积极性。同样，草原项目也遇到类似问题。由于自治区财力紧张，退牧还草项目配套资金落实困难，一直是影响项目设计和实施方案编制等主要问题。由于项目执行时，仅项目招投标、设计、监理费用等支出就远远超出国家前期费用(2%)，也给项目的合规运行造成困难。林草生态修复工程项目的补助标准低偏。新疆常规树种每亩造林成本在1800元以上，而国家下达的乔木造林补贴标准为500元/亩，灌木造林补贴标准为240元/亩，与实际成本差距巨大。

国有林区和草原地区基础设施建设投入不足，与满足基层林草生产实际和职工生活保障需要还有差距。天保工程区道路、交通、电力、通信等基础设施建设虽已纳入当地社会经济发展规划，但建设迟缓，难以满足需要。监测、给排水、管护用房等设施、设备长期投入不足，职工后勤保障、机动能力不能满足新时期资源保护、培育的要求。县级草原管理机构缺少必备的交通工具和野外通信设备，很难适应新时期草原保护和建设、管理及服务工作的需要。

9.4.4 基层林草管理体系和管理能力短板凸显

一是机构改革后，基层林草系统管理机构弱化趋势明显，草原工作更加突出。虽然自治区一级机构改革中草原工作被加强，但地州市、县一级草原机构整体上弱化，导致草原管理队伍由以前的"上细下粗"变为"上粗下细"。机构改革前，新疆共有各级草原监理机构103个，机构改革后，仅保留了草原监理的职能，但无机构和人员，尤其是县市级草原监理队伍已不复存在。自治

---

① 数据来源于《新疆林地和草地交叉重叠问题调研报告》。

区草原工作人才队伍流失严重,由 4000 多人减少至 2000 多人。

草原工作点多面广,"上面千条线,下面一根针"这造成草原基层工作落实面临较多困难。如哈密市草原监理中心在机构改革后被分散到市林草局各科室,直接削弱了草原监管队伍的力量。巴音郭楞蒙古自治州林草局设置了草原和荒漠化科,仅有 1 名草原专业人员。焉耆县 280 万亩草原,原有编制 2 人,现仅有 1 名人员从事草原监理工作。林草管理机构弱化容易造成基层监管工作出现超负荷运转或者空转,而目前林草管理部门独立运作,系统治理合力尚未形成,林草管理部门内部职责优化调整融合亟须解决。

二是林草系统基层管护力量不足,机制不活,造成基层生态治理工作比较薄弱。新疆天保工程区一线管护人数少,管护面积大,在国有林场改革过程中多年未增加人员,现有职工年龄老化情况严重,很多人健康状况欠佳,难以适应管护工作,学习能力差,掌握新知识、新技术有很大困难,人力资源困境明显成为林业事业发展的短板[①]。同样,草原基层管护力量更为薄弱。2012 年自治区建立起 2400 多人的草原管护队伍,但由于工资低,且地方政府财力不足,无固定资金来源,管护员队伍流失严重。目前,林业草原基层管护力量主要依托基层国有林管理局、国有林场机构和公益林管护员、草管员。草原资源管护依靠在基层聘用的草管员,他们同时也是牧民。如何发挥林区、草原上的农牧民在保护林草资源方面的积极性尚未充分挖掘。在基层生态治理中统筹发挥正式组织和群众等非正式组织力量亟须破题。

三是保护和发展的矛盾日益突出,林草生态空间被挤占的压力越来越大。近年来,新疆进入大开发大建设的快速发展阶段,建设项目用地需求量日益增大,公益林保护与利用的矛盾日趋突出,公益林的保护压力加大。一些地方过度依赖森林资源、挤占生态空间,损害森林资源的违法行为仍不同程度存在,突出表现在建设项目未批先占、少批多占林地等问题。草原违规征占用问题也比较突出。2012 年以来自治区占用草原未批先建工程 204 起,其中矿藏开采 39 起,基础设施建设 165 起,占用草原面积 32 万亩,基础设施建设项目不办手续的占多数。尤其南疆等贫困地(州)多数县长期不办理草原征占用手续,对征占用草原情况也不报告,林草部门对具体情况不能及时掌握,对不履职的地(县)草原监理所也没有处理依据和办法,使不办理草原征占用手续的情况在部分地(县)较长时间存在。

9.4.5 林草公共服务体系不足

一是草原资源调查和监测工作薄弱,导致草原重大决策欠缺宏观数据支撑。与林业系统固定的森林资源清查体系、湿地资源调查体系、荒漠化和沙化土地监测体系相比,草原只完成一次全国普查。经过多年社会经济发展,草面面积已经发生较大变化,尚缺乏最新的权威统计数据。目前,多套草原数据同时应用的情况普遍,十分不利于科学决策。机构改革后,自治区草原监测的专业人员整批划转自治区自然资源厅,造成学科领域培养多年领军人才严重不足,削弱了草原监测、基础研究的优秀团队力量,很难快速补充力量,发挥原有草原科技支撑水平和作用。

二是林草科技力量分散,体系不健全,科技人才不足现象严重。在自治区层面,林业系统设置有新疆林业科学院,而草原科技方面,有自治区草原总站、自治区蝗虫鼠害预测预报防治中心站、畜牧科学院草业研究所和新疆农业大学草业与环境科学学院 4 家单位。森林病虫害防治与草原生物灾害防治工作同样独立运行,分属不同的单位管理,对有害生物联防联控的工作机制还未

---

① 数据来源于《新疆天然林保护工作汇报》。

建立。

三是草原科技推广体系极不完善。缺少机构、人员短缺、设备缺失在各级技术推广机构尤其县乡极为普遍，导致项目落地不扎实，实验数据采集不规范，项目建设质量逐年下降，直接影响了草原产业和生态体系建设的科技含量。科技创新机制和体制不够完善，缺乏科技创新、科技与企业合作对接、科技团队建设、产学研相结合的相关政策、机制和保障资金。天然草地修复治理、人工草地建植技术、生态草种育种和优质牧草栽培技术等方面的技术研究尚待重新布局和加大科研攻关。新疆林草科技人才的"两头缺"现象严重，即草原各学科科技领军人才和基层高技术素质的人员缺乏。现有专业技术人才队伍出现年龄结构严重不合理、人才队伍严重断层的状况。

四是森林草原防火体系不健全。新疆森林防火预警响应机制不完善、林火监测的精度和时效性不高、瞭望存在盲区；森林防火通信网络覆盖不全、存在盲区和森林防火信息化程度不高、基础数据不完善、信息共享能力不强、网络信息安全形势严峻。自治区建有森林消防专业队伍4支1500人，森林公安机构执法场所不规范，缺乏火案勘察设备。和田地区反应森林管护员人员少，任务重，5个人管9万亩，管护面积大。目前，自治区县市草原专业防火队伍仅有4支，各级草原防火物资站共有53座，县草原防火基本建设项目共有52个，防火车辆仅约有百余辆。

五是野生动物保护管理工作存在薄弱环节。原林业部门承担着陆生野生动物保护管理的职责，但工作侧重点是对重点保护野生动物的救护、野生动物疫源疫病监测防控工作。在野生动物栖息地保护和野生动物迁徙方面的工作比较滞后。同样，草原工作在原农业部管理下，草原管理部门工作重心是服务畜牧业生产，重视草原植被生态状况，对野生动物保护重视不足。特别是随着生态保护工作力度加强，野生动物大量繁殖将面临盗猎等危险，同时野生动物种群对社区和农牧民生产也产生了负面影响。因此，野生动物保护工作的科研基础及与当地社区农牧民的生产生活联系亟须加强。

9.4.6 林草产业发展还需加强联合

一是林草旅游业发展潜力巨大，但缺乏统筹管理。旅游业是林业和草原利用的新兴产业、朝阳产业，但是目前发展尚未形成合力。森林资源为主的森林旅游主要依托国有林管理局、国有林场，草原资源为主的旅游主要依托各风景名胜区或者社会企业经营管理。森林和草原优势资源缺乏主动整合利用，联合开发利用的局面尚未形成，不利于统筹林草资源保护利用。

二是林草产业特别是第一产业发展不平衡，草产业发展相对滞后。以和田地区为例，林果产业是当地的重要经济来源，2018年产值达到71.27亿元，成为带动农户脱贫攻坚的关键。而草业产业化仍然处在一个低水平的发展阶段，远远不能满足畜牧业生产和草原生态保护和建设的要求。饲草料产量与牧区牧民对饲草料需求量的差距极大，冬春舍饲圈养的物质条件差，饲草料严重不足，仍然处于依靠天然草场放牧的传统生产方式。和田地区牧草种子生产，由于长期疏于管理，建设起来的种子基地现已转产种植其他作物。草产品加工和牧草加工方面几乎处于空白状态。

9.5 林草发展面临的形势

"十四五"时期是实现第一个百年奋斗目标后的第一个五年规划期，是国家治理体系和治理能力现代化建设的关键时期，是国家重大规划和战略实施的关键期。新疆林草事业面临重大机遇，同时林草发展也面临着许多挑战。新疆林草工作迎来融合发展的新时代。

9.5.1 面临机遇

一是习近平生态文明思想指导下，坚持山水林田湖草系统治理的大格局指引新疆林草融合发展。"山水林田湖草生命共同体"的提出，肯定"草"的地位，突出草原在生态文明建设中的作用。机构改革中组建国家林业和草原局，增加草原监管职能，进入以保障国家生态安全、推进国土绿化、加强生态系统保护修复为主的林草新时代。过去由不同部门按管理对象多头管理的局面被打破，逐步过渡到系统化、整体化的生态系统管理模式。在规划制定、系统修护、综合治理过程中要统筹考虑各个自然生态要素，尊重自然、顺应自然和保护自然的理念得到贯彻落实。森林和草原作为我国面积最大的绿色生态屏障和陆地生态系统，构成了我国绿色生态空间的主体，林草都是我国生态文明建设的主战场、主阵地。这是时代赋予林草系统的新职责、新任务。

二是国家重大宏观政策战略持续出台，为新疆林草融合发展带来了政策红利支持。2015年，国家发展改革委、外交部、商务部联合发布《推动共建丝绸之路经济带和21世纪海上丝绸之路的愿景与行动》，明确了新疆"丝绸之路经济带"核心区战略定位，为新疆发展带来了重大历史机遇。《新疆维吾尔自治区主体功能区规划》构建了"三屏两环"为主体的生态安全战略格局。2018年，国务院办公厅印发《关于促进全域旅游发展的指导意见》，提出创新产品供给。以"旅游+"，推动旅游与其他行业、产业的融合发展。2019年7月，第七次全国对口支援新疆工作会议在新疆和田地区召开，党中央对新时代对口援疆工作作出新的决策部署，人才援疆、产业援疆、文化教育援疆为新疆发展带来更多机遇。在国家重大政策落地的同时，林草行业积极发挥自身资源优势，在维护生态安全，发展生态产业，促进绿色发展具备独特作用。

9.5.2 面临挑战

一是地方财政支撑能力不足。2018年自治区一般财政收入1531亿元，一般财政支出4985亿元，财政自给率仅为30.7%，并优先用于保障社会稳定、基本民生支出等。"十三五"以来，林草事业投入资金约210亿元；其中，中央投入资金184亿元，占比为87%，主要依靠国家资金扶持。整体而言，地方财政对林草事业支持能力有限，主要依靠国家扶持。

二是生态环境整体脆弱。新疆生态系统脆弱，土地沙化与盐渍化是生态系统受损的主要表现。工农业发展所依赖的绿洲分布于沙漠边缘，沙化土地不断吞噬着周边的宜开发利用土地。不合理灌排和耕作等行为使土地盐渍化问题也日益严重。

三是林草业生态用水数量有限。新疆水资源时空分布不均，且利用效率低下；新疆多为季节性河流，具有春旱、夏洪、秋缺、冬枯的特性，形成季节性或区域性水资源短缺问题。水资源区域分布过于集中，新疆西北部占国土面积的50%，水资源却占新疆水资源总量的93%。农业灌溉、工业用水效率低，水资源浪费现象比较严重，生活、生产、生态用水都面临很大压力。2018年用水量为548亿立方米，其中农业用水490.85亿立方米，占比约为89%；生态补水30.5亿立方米，占比约为5.56%。

四是牧区牧民生计困难。牧区人口增加迅速，从1996年牧户17.44万户92.59万人，增加到2016年的多51.77万户195.71多万人，人均占有草地面积不断减少。随着国家加大对自然保护区严格管理，保护区内禁牧措施执行严格，仅卡拉麦里自然保护区有蹄类野生动物保护就涉及40万头牲畜4万牧户的禁牧问题①。

9.6 林草融合发展对策建议

新疆依托丰富的林草资源，重要的生态区位优势，在"十四五"时期必须加快林草融合发展，坚持走山水林田湖草系统治理的路径，坚决守住林草生态保护红线，统筹开展防沙治沙和森林草原保护工作，让大美新疆天更蓝、山更绿、水更清。加快构建职能科学合理、权责一致，运行高效的林草管理体制，完善林草监管和公共服务体系，完善基层林草治理体系，加快推进林草治理体系和治理能力现代化。积极推动林草生态资源和产业资源科学配置、优化整合和融合发展，不断提高林草生态产品、物质产品、文化产品供给能力，不断满足人民日益增长的对优美生态环境的需要。

9.6.1 发展思路目标与基本原则

9.6.1.1 发展思路与目标

林草融合发展要立足基本区情，以新时期人民群众的生态需求及林草部门的生态供需能力差距为导向，树立林草"一盘棋"大局观，系统谋划、综合施策，构建林草生态保护修复一体化格局与体系。坚持新发展、"两山"理念及"山水林田湖草系统治理"思想，通过体制机制创新、政策制度完善、工程项目优化、公共服务能力提升等，促进资源整合、优势互补，构建好"一带一路"经济核心区生态屏障，逐步推进林草生态治理体系和治理能力现代化建设，推动新疆林草事业高质量发展、人与自然和谐共生。

(1) 林草管理职责优化整合。加快林草机构内部职能职责优化配置，充分利用资源监管、防火、有害生物防治、科技支撑等林草现有的管理工作平台，加快林长制建设，实现林草优势互补，补齐草原工作短板。

(2) 林草基层治理体系融合。加强基层林草系统队伍能力建设，加强联合行政执法、防火、有害生物防治等体系建设，完善林草管护员队伍建设，提升农牧民保护生态意识。

(3) 林草重大政策体系融合。完善林草分类经营制度体系，完善森林草原生态效益补偿政策。完善财政金融支持政策，完善重点生态功能区转移支付政策，提高重大生态保护修复工程建设投入标准，提供绿色金融支持。

(4) 林草生态保护修复融合。加强生态保护修复工程统一规划，坚持科学治理、综合施策，防沙治沙工程和沙化草原治理结合，退耕还林与退耕还草结合。

(5) 林草公共服务体系融合。加快林草资源调查和监测体系建设，提高服务宏观决策能力。加强林草科研攻关、科技推广体系和能力建设。

(6) 林草产业发展融合。积极推动林草产业之间的融合，林草种业融合，森林旅游和草原旅游结合。积极探索互联网+林草产业发展模式，提升绿色发展方式。

9.6.1.2 基本原则

统筹规划、系统治理。紧抓生态保护修复主要任务，树立"山水林田湖草生命共同体"理念，

---

① 数据来源于《新疆退化草原人工种草生态修复工作情况汇报》。

坚持"统筹山水林田湖草系统治理"，统筹规划，整体布局，系统实施林草生态保护修复项目，提高林草生态系统功能。

保护优先、科学利用。充分发挥林草资源特色优势，吸引社会资本参与，鼓励多种经营模式发展，逐步实现科学规划布局、规模生产和现代化经营，保障自治区生态安全与社会经济发展。

因地制宜、分区施策。尊重自然，顺应自然，坚持"宜林则林、宜草则草、宜荒则荒"的原则，分区治理，分类经营，重点保护，形成布局科学的林草保护体系。

完善政策、提升能力。理顺各级林草管理体制机制，提高林草公共服务能力，创新林草资源保护修复制度政策，推进治理体系和治理能力现代化建设，推进林草资源融合发展。

9.6.2 主要内容

9.6.2.1 统一林草融合思想认识

森林是陆地生态系统的主体，草原是我国面积最大的陆地生态系统，二者都具有重要的生态功能、经济功能和社会功能，具有同等重要的战略地位。新疆林草资源十分丰富，空间分布上共生共存，共同构筑了国家西北地区生态安全屏障。

在林草融合发展工作中，必须牢固树立林草"一盘棋"大局观，坚持统筹兼顾的工作方法。把"山水林田湖草系统治理"作为一切工作的出发点和落脚点。科学制定林草保护发展目标，构建统一的林草保护指标，统一规划布局、科学保护治理、综合施策、合理利用，加快生态保护修复融合和产业发展融合，不断提升林草生态系统在新疆生态保护和绿洲经济发展中的关键性作用。把体制机制创新作为林草融合发展的突破口。加快各级林草部门职责优化布局，加快行政资源整合共享，加强政策制度融合，加快提升科技、监测等公共服务能力，加强林草基层治理能力建设。

9.6.2.2 加快林草管理体制机制融合

加快各级林草部门管理体制机制融合。面临林草机构队伍弱化的形势，必须创新工作机制，梳理业务流程，改进工作方式，加强人员队伍培训，发挥林草系统的整体效能。一是资源监管方面。构建林地、草原、湿地和荒漠化沙化土地统一监管平台，实现资源征占用审核审批统一管理。自治区级按职责监管，基层林草部门统一监管。二是有害生物防控方面。整合林业病虫害防治和草原病虫鼠害防治工作体系，构建林草有害生物防治体系，加快林草有害生物防治应急处置能力。三是加快建立林长制。加强林草工作融合的领导力量，贯彻落实地方政府森林资源发展目标责任制。

9.6.2.3 加强基层林草治理体系融合

高度重视基层林草系统机构队伍建设，推进基层生态治理创新。一是加强基层林草工作力量整合。发挥基层林业站、森林管护所、木材检查站等机构人员优势，结合林草事业单位改革，成立统一林草综合执法队伍、林草综合防火队伍、有害生物防治、林草技术推广队伍。统一林草行政执法证件、统一装备，落实基层执法权限，加强与司法、公安部门衔接，开展联合执法，提高执法力度；系统规划设置综合执法站、综合工作站，统一管理林、草、湿地、荒漠等资源，构建自治区域、全方位、全覆盖的一体化管护格局。二是加强基层林草管护员队伍建设。通过整合或者联合方式在县级建设一支专职林草管护员队伍，将草原管护员与护林员一样纳入公益性岗位管理，提高管护员工作待遇和荣誉感。三是提高农牧民保护生态意识和积极性。加强对农牧区生态保护教育宣传，积极发挥村规民约、传统习俗、民族文化在保护生态中的作用。

9.6.2.4 加快林草重大政策体系融合

加快林草重大政策制度体系融合。一是统一林草生态保护补偿政策，加快建立多元、市场化的生态补偿制度，加快构建流域横向生态补偿。建立健全林草分类经营制度体系，开展草原分类经营试点。对草原生态保护红线内的草原实施严格保护和相应的生态效益补偿制度，提高这部分草原生态保护补偿标准，并开展严格的生态监测制度。其他草原实施一般保护和可持续利用的草畜平衡制度。二是建立健全国有林草资源有偿使用制度。进一步明晰国有林草资源产权，维护资源所有者和使用权人、承包权人权益。严格森林、草原流转程序和监管。完善工商企业等社会资本流转经营林草资源的准入机制和管理办法。三是完善公共财政投入政策，加快绿色金融支撑。增加财政支持林草生态建设的投入强度，提高生态保护修复工程补助标准，切实增加林（草）业贴息贷款等政策覆盖面。积极引导金融机构参与林草相关产业转型升级，鼓励以林草资源、产品和衍生品（林草生态文化服务）作为抵押质押产品，开发绿色债券等金融产品。四是推进林草生态红线划定，完善生态保护红线监管制度。加强用途管控，守住自然生态安全边界。

9.6.2.5 加快林草生态系统保护修复融合

落实山水林田湖草系统治理理念，加快林草生态系统保护修复工程建设融合。推行草原森林等生态系统休养生息，以国家双重工程为主线，加强自治区内部系统治理工程规划。一是加快林草生态建设工程规划融合。在"十四五"林草生态建设规划中，坚持统一规划，统筹协调林业项目和草原项目布局，避免交叉重叠。重点开展以重点流域、重点生态功能区为单元的山水林田湖综合治理工程。在国家级重点生态功能区——阿尔金草原荒漠化防治生态功能区、阿尔泰山地森林草原生态功能区、塔里木河荒漠化防治生态功能区，系统实施重点保护工程项目。草种业建设特别是草种基地建设与林业苗圃、种子园建设统一规划。二是统筹生态保护修复措施推进国土绿化。根据水土环境要素特点，结合产业发展需求，统筹退耕还林、退耕还草措施，退耕地可以还林与种草相结合。试点山水林田湖草系统治理，将沙化草原治理项目纳入防沙治沙工程，综合封沙育草、人工种草、禁牧舍饲、生态移民等措施，提高沙化草原治理力度。三是开展野生动植物保护联合行动，统筹推进林业、草原、国家公园三位一体建设。

9.6.2.6 加强林草公共服务体系融合

一是加快林草资源统一调查监测体系建设。结合国土"三调"成果，服务于林草业务实际，加快建设林草资源一体化监测体系，建设"智慧林草综合应用指挥平台"、林草资源基础数据库体系，实现林草资源可视化管理，实现国家、自治区、市、县四级数据的统一整合、访问与共享。定期开展林草资源调查和生态状况监测，掌握资源动态变化情况，及时进行资源承载力预警。二是加强林草联合科研攻关，联合技术推广。加快林业科学院和草原研究所的融合，利用林草重大科研项目资源聚集自治区的知名专家学者联合投入到林草科学研究中来，重点围绕天然林、草原保护修复技术方面的关键技术，生态保护修复工程的抗逆技术、生态草种选育推广、草原征占用查验技术开展攻关；加强林草重点实验室、生态定位站、区域试验站点、工程中心、科技资源共享服务平台、野外科学观测站等创新基地建设，提升科技创新的基础条件。完善林草科技推广体系，统一开展林草有害生物预警监测及防治工作。

9.6.2.7 积极推动林草产业体系融合

积极推动林草产业生态化和生态产业化发展。一是统筹发展林果业、草种业和生态畜牧业，大力发展绿色经济、循环经济和低碳经济。推进林草种苗产业融合。完善林草良种选育、审定、示范、推广体系，林草良种选育和基地建设水平不断提升。二是促进林草生态旅游业发展。推动林草生态景观资源优势互补，发展旅游、教育、文化、体育于一体的森林、草原生态服务业，推动建立康养小镇等建设，打造精品旅游项目。三是积极探索互联网+林草产业模式，促进林草产业融合，提高生产效率和经营效率。鼓励市场信息、种植技术等林草社会化服务在互联网上与林草生产者对接，提高生产效率。鼓励发展林草新型经营主体、林草产品服务电商，通过互联网解决林草产品销售难等经营难题。

9.6.2.8 开展林草融合发展试点示范

林业和草原是国土绿化、生态文明建设的主战场，必须抓住机构改革的历史机遇，充分解决林草系统内部矛盾，以林带草，补齐短板，协同一致在生态保护上发力。优先选择林草矛盾多，林草资源丰富的地、州、市进行林草融合发展试点建设。例如，哈密市在机构设置、管理工作机制、工作流程环节、队伍建设等方面先行先试、积极创新，探索林草融合发展。根据新疆自然资源和生态环境特点，合理设定林草资源发展目标，制定林草融合发展的工程规划，确定林草监督管理融合的管理体制机制，充分发挥林草系统已有的管理优势，坚持按客观规律办事，协调解决林草保护发展中面临的矛盾和体制机制问题，实现"1+1>2"的系统效果。给予专项资金支持，保障试点项目顺利运行。

9.6.2.9 加大宣传推进林草融合速度

整合林草宣传力量，加强对内对外宣传。通过内部宣传，加强林草工作彼此了解，促进工作交流，加快林草工作融合速度。加大对外宣传力度，强化全社会对林草功能的认识，将生态文化融入社会公众的思想与意识，逐步建立崇尚自然的精神文化追求与道德标准，引领与规范公众行为，促进全社会主动参与植树种草等生态保护行动，营造全民参与生态建设的良好氛围。强化各级领导对林草工作的重视，加强全党对林草工作的支持力度。

10 政策研究

10.1 研究概况

10.1.1 政策背景

新疆是实施西部大开发战略的重点地区、我国向西开放的重要门户、全国重要能源基地、运输通道、"丝绸之路经济带"核心区、我国反恐维稳的前沿阵地和主战场。新疆是三北防护林的最西北区域，是我国最重要的生态安全屏障和全国沙尘天气的主要物源区，事关我国大部分地区的生态安全。新疆是我国的西北重要生态屏障，四周高山环抱，境内冰峰耸立，沙漠浩瀚，草原辽阔，绿洲点布，自然资源丰富。"十三五"期间提出并实施了一系列符合新疆实际的理念和举措，坚持稳中求进、改革创新工作总基调，转变发展方式，破解发展难题，提高发展质量，各项事业取得显著成绩。特色林果业如今已经成为全自治区农民增收、农村经济发展和农业结构调整的重要支柱产业。

国家林业和草原局和自治区共同签署《新疆构建丝绸之路经济带核心区生态屏障战略合作协议》，协议将围绕加快推进新疆构建"丝绸之路经济带"核心区生态屏障，在实施重点生态建设工程、加大森林草原资源监督管理力度、加强自然保护地体系建设、实施林果业提质增效工程等11个方面开展合作共建。国家林业和草原局将进一步加大对新疆的支持力度，助力新疆脱贫攻坚，为建设美丽新疆贡献力量。构建"丝绸之路经济带"核心区生态屏障，实施以天然林保护修复为重点，着力构建阿尔泰山山地森林、天山山地森林和帕米尔—昆仑山—阿尔金山荒漠草原森林生态屏障。实施以三北防护林、退耕还林还草、退化草原生态修复、防沙治沙等生态保护修复工程，构建环塔里木和准噶尔两大盆地边缘绿洲区生态屏障。加强以保护区、湿地为重点的自然保护地体系建设，稳固生态基础，丰富生态内涵，扩展生态空间，做强生态产业，为"丝绸之路经济带"

核心区建设提供生态安全保障。加大森林草原资源监督管理，推动生态资源质量精准提升。加强自然保护地体系建设，构建新疆高质量的生态空间。实施林果业提质增效工程，推进产业结构升级。持续推进林业草原改革，增添林业草业发展新活力。着力推进美丽新疆建设，强化生态扶贫助力脱贫攻坚。实施科技引领创新行动，提高林业草原发展科技水平。完善投融资体系，保障林业草原事业长期稳定发展。加强林草系统基础建设，全面提升生态风险防控能力。加强人才培养，增强林业草原智力保障。

新疆维吾尔自治区政府2019年提出坚持以习近平新时代中国特色社会主义思想为指引，按照自治区党委提出的"牢固树立绿水青山就是金山银山的理念，宁可发展慢一点、也绝不以牺牲生态环境为代价，推动乡村自然资本加快增值，让良好生态环境成为人民生活质量的增长点、乡村振兴的支撑点"的要求，把生态文明建设放在重要战略位置，把坚持人与自然和谐共生作为中国特色社会主义的基本方略，把建设美丽新疆作为建设社会主义现代化强国的奋斗目标，把提供更多优质生态产品作为现代化建设的重要任务，把"绿水青山就是金山银山"作为生态文明建设的核心理念，努力推动形成人与自然和谐发展现代化建设新格局，为实施乡村振兴战略、建设美丽新疆作出更大贡献。坚决守住生态功能保障基线、环境质量安全底线、自然资源利用上线"三大红线"。加强生态建设。深入实施山水林田湖草沙一体化生态保护和修复，稳步推进国土绿化行动，持续推进天然林保护、防护林体系建设、水土流失和土地沙化治理及湿地保护恢复等重大生态工程建设，加快推进沙棘生态经济林基地建设，加强塔里木河流域胡杨林生态保护，因地制宜推进退牧还草、退耕还林。重点发展林果业、种苗花卉业、驯养繁殖业、沙生产业、生态旅游业、森林康养业等林业特色产业，保障就业，繁荣经济。

10.1.2　研究目标

林业和草原事业是一项生态、经济、社会效益"三效统一"，农村生产、生活与生态改善"三结合"的系统工程。研究林业和草原发展政策需要按照系统思维方法，根据社会经济发展需求，以及林业和草原发展需要，明确政策总体目标、基本内容、重点任务，确保政策研究结论有事实为依据。

一是梳理政策体系。梳理目前新疆正在实施的林业财政、金融、改革、产业、人才、科技等政策体系，查漏补缺，确保政策体系的完整性和有效性。

二是评价政策成效。林业和草原政策的实施具有生态扶贫、增加就业、扩大内需、提供生态服务等多重功能，并且对推进国家全面深化改革、生态文明制度建设、供给侧结构性改革等都具有重大作用。本项研究拟采用定性分析方法，系统全面、多类多样、恰如其分地反映"十三五"时期林业和草原政策实施所产生的成效。

三是总结政策经验。"十三五"时期，新疆各级党委、政府和相关部门，采取一系列措施，推动林业和草原政策落地实施，在培育地区新的经济增长点、促进农民就业创业、发展新型林业经营主体、产权模式创新、促进精准脱贫等方面形成一系列典型经验。研究和总结这些典型经验，对于研究"十四五"时期林业和草原政策具有重要的参考价值。

四是发现政策问题。发现新疆林草业政策存在哪些矛盾、冲突、不协调、不一致。对于这些较为突出的问题，特别是涉及利益群体多的问题，分析这些问题的成因，为决策部门解决问题提供依据。

五是提出政策建议。政策研究的最终指向都是为了对策建议。林业和草原政策研究是为新疆更好更有效地发展林业和草原事业，产生更大社会经济效益，为"策"而"谋"，解决策之所需，提出有用、可用、管用的对策建议，完善政策。

10.1.3 研究方法

（1）文献调查法。项目组系统地搜集、整理、汇编了党的十八大以来国家、新疆的林业和草原改革与发展政策，集中围绕重要规划、重要文件、重要讲话、重要活动，研究新疆林业和草原发展的政策机遇与挑战。

（2）实地调查法。到新疆和田、伊犁、阿克苏、吐鲁番、哈密、巴音郭楞等地进行实地调研，通过实地勘察，了解调查地区生态区位、生态资源保护管理现状、产业发展情况，以及林业和草原发展在地区社会经济发展中所处的地位及发挥的作用。

（3）访谈调查法。与新疆林业和草原局各处室负责人、实地调查地区行业主管部门管理人员、农民等相关利益群体，进行详细、深入地交流。

（4）会议调查法。与新疆林业和草原局、发展改革委、财政局等部门进行会议交流，充分听取政策诉求和政策建议；在实地调查地区与州、县行业主管部门与省林业和草原局、发改委、财政局等部门进行座谈交流。

（5）专家调查法。邀请国家林业和草原局生态修复司、国家林业和草原局管理干部学院、北京林业大学等单位的专家，对研究思路、方法、结果等提出修改意见，并结合专家意见进行反复修改完善。

10.2 政策现状

10.2.1 政策内容

10.2.1.1 生态保护与修复政策

（1）红线管理政策。《新疆维吾尔自治区生态保护红线划定方案》正在编制和报审当中。乌鲁木齐市划定土地生态保护"红线"面积15.67万公顷，其中一级管控区面积13.78万公顷，二级管控区面积1.88万公顷。在生态保护红线内实行差别化管控，一级管控区域纳入规划禁止建设区，严格禁止各类建设与开发活动，不得擅自改变区内土地用途或扩大使用面积，禁止任何单位和个人破坏、侵占管控区内土地，区内原有居民及生产单位要逐步迁出。二级管控区域纳入规划限制建设区，限制与生态保护功能不一致的开发建设活动，控制旅游及相关基础设施过度建设，土地开发要符合生态保护规划并与环境保护整治活动相结合，强化生态保护功能。《兵团生态保护红线划定工作方案》明确新疆建设兵团生态保护红线划定工作的时间表和路线图。提出兵团将以改善生态环境质量为核心，以保障和维护生态功能为主线，按照山水林田湖草系统保护的要求，统筹考虑兵团在国家生态安全格局中的区位特征，按生态功能重要性、生态环境敏感性与脆弱性划定生态保护红线，确保生态功能不降低、面积不减少、性质不改变。2020年年底前，基本完成兵团生态保护红线勘界定标，到2030年，生态保护红线布局进一步优化，生态功能显著提升，生态安全得到保障。

（2）野生动物保护政策。出台了《新疆维吾尔自治区卡拉麦里山有蹄类野生动物自然保护区管理条例》，为在自治区境内从事野生动物保护、驯养繁殖、开发利用活动提供了法律依据，初步形成了以《野生动物保护法》为核心比较完善的野生动物保护管理的法律法规体系。建立和完善了野生动植物保护管理机构，执法力度有所加强。广泛开展宣传教育活动，提高全民保护意识。开展专项打击行动，依法保护野生动植物资源。应适度加强野生动植物人工专业养殖培植，更好地保护野生动植物。

（3）湿地保护政策。为加强新疆维吾尔自治区湿地公园建设和管理，促进新疆湿地公园健康发展，有效保护湿地资源，根据《国家湿地保护管理规定》《湿地保护修复制度方案》，自治区制定了《新疆维吾尔自治区湿地保护条例》和《关于印发新疆维吾尔自治区湿地保护与修复工作实施方案的通知》《新疆维吾尔自治区湿地公园管理办法》《新疆维吾尔自治区重要湿地确认办法》等条例和文件。对湿地规划、保护、利用和管理活动等内容进行规范。理顺了管理体制，建立健全湿地保护管理的组织体系。实施了湿地保护与恢复示范工程，湿地确权工作有序进行。国家要尽快将《中华人民共和国土地管理法》中将湿地的定性更改为"生态用地"。对湿地生态补偿、社会公众参与、多渠道投资等方面制定具体的实施细则。

10.2.1.2　草原保护修复政策

草原管理方面有《新疆维吾尔自治区实施〈中华人民共和国草原法〉办法》《新疆维吾尔自治区实施农牧民补助奖励政策实施方案（2019年）》等法规加强了对草原征占用、规划、保护、建设、利用和管理活动的监督管理，规范了草原征占用的审核审批，保持了草原生态系统良性循环，调动了单位、集体和牧民保护、建设和合理利用草原的积极性。在伊宁县等地启动了草原确权承包登记试点。《新疆维吾尔自治区草原生态保护补助奖励资金管理暂行办法》对1.45亿亩严重退化区草原禁牧实施6元/亩补助标准，对510万亩水源涵养区山地草甸高品质草原实施50元/亩补助标准，对5.409亿亩草原实施草畜平衡，奖励标准为2.5元/亩。在南疆22个深度贫困县挑选5000名建档立卡的贫困人员组建草原补奖政策管护员队伍，每名管护人员年补贴工资1万元。应借鉴青海省关于草原承包、原承包经营权流转的办法全面推广草原承包确权，规范草原承包经营权流转行为，维护草原流转双方的合法权益。尽快将《草种管理办法》《草畜平衡管理办法》等法规细化为具有地方特色的地方法规。应积极探索草产业产业化、现代化的政策工具和政策路径，创新草原产权融资，实现草原保护与发展双赢。

10.2.1.3　防沙治沙保护修复政策

根据《中华人民共和国防沙治沙法》和原国家林业局关于印发《国家沙漠公园试点建设管理办法》的通知，自治区制定《新疆维吾尔自治区实施〈中华人民共和国防沙治沙法〉办法》。新疆治沙防沙走出了一条适合区情和区域实际的防治道路，《新疆维吾尔自治区防沙治沙若干规定》《新疆维吾尔自治区实施〈中华人民共和国防沙治沙法〉办法》《新疆维吾尔自治区人民政府办公厅转发关于进一步贯彻落实国务院关于禁止采集和销售发菜制止滥挖甘草麻黄草有关问题的通知的意见的通知》规定自治区、设区的市、县（市、区）林业主管部门及县级以上人民政府农牧、水利、国土资源、环境保护、科技等部门和气象主管机构应当按照各自职责，做好防沙治沙工作。对防沙治沙规划与管理、土地沙化预防与监督、沙化土地治理与利用的行为进行规范。坚决禁止采集发菜，彻底取缔发菜及其制品的收购、加工、销售和出口。严格管理、制止滥挖甘草、麻黄草。为防沙治沙提供了政策保障。

10.2.1.4　自然保护地管理政策

《新疆维吾尔自治区自然保护区管理条例》明确了自然保护区的保护、建设和管理的主体和责任，为自然保护区建设和管理、防止生态环境破坏、生态功能退化、保护自然环境和自然资源提供了有力保障。依据《国家林业和草原局办公室关于开展全国自然保护地大检查的通知》，制定新疆自然保护地大检查实施方案，按照属地管理和部门职能职责，开展调研摸底。2009年自治区编办出台了《新疆维吾尔自治区自然保护区机构编制管理办法》，将自治区自然保护区机构设置和人员配备按照超大型、大型、中型、小型进行划分，也为自治区自然保护区机构设置、人员编制的落实提供了依据。

《新疆维吾尔自治区关于贯彻落实〈建立国家公园体制总体方案〉的实施意见》提出资源摸底、资源评价、做好资源确权登记的准备工作、划分国家公园面积、编制新疆申报国家公园建立工作规划5项建立国家公园体制的基础性工作，启动国家公园申报工作。

应尽快编制自治区自然保护地体系规划，合理确定国家公园空间布局，自上而下地根据保护需要有计划、有步骤地推进工作。针对保护地土地权属问题和保护区与开发经营区的矛盾，应进一步进行土地确权登记，明晰管理权、经营权和收益权，有效衔接自然地生态保护与经济发展。

10.2.2 改革政策

10.2.2.1 集体林权制度改革

林权制度改革。截至2018年，全自治区各市(州)上报纳入集体林改面积1250.62万亩，确权1163.75万亩，确权率93.06%。集体林权制度改革在完善政策、健全服务、规范管理等关键领域进行了积极探索，取得了一定成效。已经出台了《新疆维吾尔自治区人民政府关于开展集体林权制度改革工作的意见》《新疆维吾尔自治区关于完善集体林权制度的实施意见》《新疆维吾尔自治区集体林权流转管理暂行办法》《新疆维吾尔自治区集体林权制度主体改革检查验收办法》，为集体林权制度主体改革和配套改革提供了完善的政策支撑。通过严格流转行为监管、加强林权评估工作为规范集体林权流转行为，加强流转管理，维护当事人的合法权益发挥了积极作用。新疆维吾尔自治区人民政府办公厅印发的《关于自治区重点项目建设征占用林地有关事项的通知》和《新疆维吾尔自治区征占用林地审核审批管理办法》明确了林地的占用、征用、保护的责任和权力。应加大鼓励林权抵押贷款、鼓励家庭林场和林草业专业合作社等新型经营主体、发展林下经济、发展森林保险等配套改革政策制定和执行的力度，以利于深化集体林权制度改革。

三权分置与三变改革。通过印发《完善集体林权制度实施方案的通知》和设立新一轮集体林业综合改革试验区开展集体林地所有权、承包权、经营权"三权分置"试点，探索农民集体和承包农户在承包林地上、承包农户和经营主体在林地流转中的权利边界及相互权利关系。鼓励发展多种形式的股份合作，建立股份合作经营机制，推行资源变资产、资金变股金、农民变股民的"三变"改革。三权分置和农村三变在农业领域才开始试点和探索，在林业领域的改革和发展相对滞后。

10.2.2.2 国有林场改革

主要依据中共中央国务院印发的《国有林场改革方案》和《国有林区改革指导意见》，已出台《新疆维吾尔自治区国有林场改革实施方案》和《新疆维吾尔自治区集体林权制度改革档案管理办法》，围绕保护生态、保障职工生活两大目标，明确国有林场保护培育森林资源、维护国家生态安全的职责，推动政事分开，实现管护方式创新和监管体制创新，推动国有林场健康持续发展，建立有利于保护和发展森林资源、有利于改善生态和民生、有利于增强林业发展活力的国有林场管理体制机制。资源保护与培育、资源监督管理、基础设施建设得到全面加强，确保森林资源持续增长、确保民生持续改善、确保社会和谐稳定。

10.2.2.3 产业政策

新疆维吾尔自治区党委、自治区人民政府出台的《关于进一步加快林业发展的意见》提出在巴音郭楞蒙古自治州、阿克苏地区建设以香梨、红枣、核桃、苹果、杏为主的产业带；在喀什地区、克孜勒苏柯尔克孜自治州、和田地区建设以杏、核桃、石榴、葡萄为主的产业带；在吐鲁番市、哈密市建设以葡萄、红枣为主的产业带。积极发展酸梅、巴旦木、阿月浑子等特色林果业。以林果业为重点，加快林业产业体系建设，走高起点、高标准、高投入、高产出、高效益的道路，向品种特色化、产品规模化、经营集约化、管理规范化的方向发展。加快构筑起龙头企业带动、标准化生产、品牌支撑、产加销结合的高效林果产品产业体系，推进林果业建设由注重数量型扩张向提高品质和效益转变，由分散的基地建设向形成优势特色林果产品产业带转变，由主要生产初级产品向以加工转化带动、开拓产品市场转变。《新疆特色林果标准化生产示范基地建设项目管理办法》提出要做强新疆现代林果业，加强新疆特色林果标准化生产示范基地建设项目的规范化、制度化和科学化管理，规范项目的申报、立项、实施及监督管理程序，提高项目建设质量和投资效益，以提高林果业质量效益和竞争力为核心，以推进一、二、三产业融合为手段，推进优质原料基地建设，培育壮大龙头加工企业，推进林果产品加工业聚集发展和精深加工，健全完善市场流通网络，深化新疆外市场的开拓，实现林果业规模化、标准化、产业化、品牌化发展。

10.2.3 支持保障政策

10.2.3.1 财政政策

"十三五"期间，新疆已经实施了生态公益林效益补偿、林木良种、造林、森林抚育、退耕还湿、湿地生态效益补偿、沙化土地封禁保护、草原生态奖补、湿地保护、林业防灾减灾等补贴政策。提高了天然林保护工程、国家级公益林、造林投资等补助标准，新增了退化防护林改造投资。《新疆维吾尔自治区中央财政森林生态效益补偿基金管理使用实施细则》对森林生态效益补偿基金的补偿范围、补偿对象、补偿标准进行规范，加强森林生态效益补偿基金管理，提高资金使用效益。《关于健全生态保护补偿机制的实施意见》提出到2020年，新疆要实现森林、草原、湿地、荒漠、水流、耕地、冰川等重点领域和禁止开发区域、重点生态功能区等重要区域生态保护补偿全覆盖，努力实现补偿水平与经济社会发展状况相适应，跨地区、跨流域补偿试点示范取得明显进展，多元化补偿机制初步建立，基本建立符合自治区实际的生态保护补偿制度体系，促进形成绿色生产方式和生活方式。国有林区（林场）道路、电网升级改造等基础设施建设纳入相关行业投资计划。天然林保护工程、退耕还林还草工程、风沙源治理工程、三北防护林工程等国家重点工程的财政投入长期稳定，加强了森林资源保护与建设。在个人所得税、企业所得税、增值税等方面对林业产业实行了减征、免征等税收优惠政策，取消了育林基金，增加了育林基金减收财政转移支付额度，激发了林业产业发展活力。

10.2.3.2 金融政策

呼图壁县率先在全自治区探索开展林权抵押贷款业务，林业部门核发林木所有权证作为抵押，由第三方进行资产评估，地方政府设立担保基金进行财政兜底，银行金融机构开展贷款业务。自2014年以来累计为全县72家苗木种植农民专业合作社、两家公司发放抵押贷款4.2亿元，有效推动了呼图壁县苗木产业的加快发展。建立了林业贴息贷款制度，林业贴息贷款规模大幅增加，推出了长周期、低利率、开发性优惠贷款。新疆林果业主产区阿克苏市启动了政策性林果业保险试点，把苹果、红枣和香梨纳入保险范围，保险金额为每亩1000元，费率9%。保费由自治区财政补贴65%，地、市(县)财政及场站补贴共计12.78%，果农自负22.22%。新疆维吾尔自治区林业和草原局应出台"关于加快推进非公有制林业发展的实施意见"，引导和鼓励非公有制经济参与生态林业和民生林业建设，加快非公有制林业发展。

10.2.3.3 科技政策

《新疆南疆林果业发展科技支撑行动方案》坚持"控制面积，调优结构，提质增效，转型升级"发展战略，以需求为导向，以创新为引领，统筹科技资源，搭建服务平台，实施共性关键技术研发、先进实用技术推广、科技示范基地建设、全产业链标准化生产、特色林果品牌培育、科技精准帮扶服务等六大行动，为南疆林果业发展提供强有力的科技支撑，为推动区域经济发展、促进林农增收和贫困人口脱贫致富、保障新疆社会稳定和长治久安作出积极贡献。新疆维吾尔自治区原林业厅印发的《关于加快林业科技创新驱动促进现代林业绿色发展的实施意见》提出增强科技创新有效供给，加快科技成果转化推广，提升林业标准化水平，加强科技人才队伍建设，完善林业科技体制机制，加强科技条件能力建设，强化科技创新保障措施，进一步提高林业科技创新能力、释放创新活力、提高创新效率，全面支撑引领新疆林业现代化建设。《新疆维吾尔自治区林业科学技术奖励办法(试行)》对林业科技奖的评审、奖励进行规范，为培养科技人才、鼓励林业科技创新、促进林业事业持续健康快速发展提供法规保障。

10.2.4 政策成效

10.2.4.1 政策体系初步建立

初步建成了由财政、金融、产业、科技、改革、自然保护地组成的比较完善的林草业政策体系(表10-1)。

表10-1 新疆林业政策体系

政策类型	名称
财政政策	《中央财政森林生态效益补偿基金管理使用实施细则》
	《新疆维吾尔自治区国家级公益林管护办法》
	《新疆维吾尔自治区林木良种补贴检查验收办法》
	《新疆维吾尔自治区森林抚育补贴试点资金管理》
	《新疆维吾尔自治区林业改革发展资金管理实施细则》
	《新疆维吾尔自治区新一轮退耕还林还草工程管理办法》
	《新疆维吾尔自治区退耕还林工程管理办法》
	《新疆维吾尔自治区巩固退耕还林成果专项规划建设项目检查验收办法(林业部分)(试行)》
	《新疆维吾尔自治区草原生态保护补助奖励资金管理暂行办法》
	《新疆维吾尔自治区实施农牧民补助奖励政策实施方案》
金融政策	《新疆维吾尔自治区集体林权抵押贷款管理办法》
	《新疆维吾尔自治区林业贷款新中央财政贴息资金管理实施细则》
	《新疆维吾尔自治区林业贷款和财政贴息资金管理规程》
	《新疆维吾尔自治区林业厅关于加快推进非公有制林业发展的实施意见(试行)》

(续)

政策类型	名称
林业政策	《新疆维吾尔自治区人民政府办公厅关于健全生态保护补偿机制的实施意见》
	《新疆维吾尔自治区实施〈中华人民共和国森林法〉办法》
	《新疆维吾尔自治区实施〈城市绿化条例〉若干规定》
	《新疆维吾尔自治区林业基金管理办法》
	《新疆巴音郭楞蒙古自治州农田防护林管理条例》
	《新疆维吾尔自治区湿地保护条例》
	《新疆维吾尔自治区湿地公园管理办法》
	《新疆维吾尔自治区征占用林地审核审批管理办法》
	《新疆维吾尔自治区平原天然林保护条例》
	《新疆维吾尔自治区草畜平衡管理规定》
	《新疆维吾尔自治区草场承包管理办法》
	《新疆维吾尔自治区草原承包经营权流转管理办法(草案)》
	《新疆维吾尔自治区实施〈中华人民共和国防沙治沙法〉办法》
	《新疆沙化土地封禁保护区工程管理办法(试行)》
	《新疆沙化土地封禁保护区工程检查验收办法(试行)》
产业政策	《新疆维吾尔自治区党委自治区人民政府关于进一步加快林业发展的意见》
	《伊犁州直"十一五"林果业发展规划》
	《新疆维吾尔自治区党委、自治区人民政府关于加快特色林果业发展的意见》
	《伊犁州直"十一五"特色林果业带动者培训规划》
	《关于进一步加快伊犁州直林业发展的实施意见》
	《新疆特色林果标准化生产示范基地建设项目管理办法》
科技政策	《新疆南疆林果业发展科技支撑行动方案》
	《新疆维吾尔自治区林业厅关于加快林业科技创新驱动 促进现代林业绿色发展的实施意见》
	《新疆维吾尔自治区科学技术进步奖励办法》
改革政策	《新疆维吾尔自治区集体林权流转管理暂行办法》
	《新疆维吾尔自治区人民政府关于开展集体林权制度改革工作的意见》
	《新疆维吾尔自治区关于完善集体林权制度的实施意见》
	《新疆维吾尔自治区集体林权制度主体改革检查验收办法》
	《新疆维吾尔自治区集体林权制度改革档案管理办法》
	《关于自治区重点项目建设征占用林地有关事项的通知》
	《新疆维吾尔自治区征占用林地审核审批管理办法》
	《新疆维吾尔自治区集体林权制度改革档案管理办法》
	《新疆维吾尔自治区国有林场改革实施方案》
	《新疆维吾尔自治区国有林场改革工作推进方案》
	《新疆维吾尔自治区国有林场危旧房改造工作指导意见》
	《新疆维吾尔自治区各县市完成的〈国有林场改革实施方案〉》
自然保护地	《新疆维吾尔自治区自然保护区管理条例》
	《新疆维吾尔自治区自然保护区机构编制管理办法》
	《新疆维吾尔自治区区级自然保护区调整管理规定》

10.2.5 政策取得较为明显的效果

"十三五"期间,在自治区党委、人民政府正确领导下,在国家林业和草原局大力支持和对口援疆省市帮助下,全自治区林业系统牢牢把握生态文明建设的总目标,抓住"丝绸之路经济带"建设的重大历史机遇,牢固树立保护生态环境就是保护生产力、改善生态环境就是发展生产力的理念,坚持生态保护第一的林业可持续发展道路,建设林业三大体系,实施林业重点工程,着力深化林业改革,全面推进依法治林,大力发展生态林业和民生林业,各项工作成效显著。

(1)生态建设取得显著成效。重大林业生态保护与修复工程稳步实施,生态环境明显改善。"十三五"期间,全自治区新增造林面积1274万亩,森林抚育面积775万亩,林地面积达到1.65亿亩,森林面积达到1.16亿亩,森林覆盖率达到4.7%,绿洲森林覆盖率达到28.0%,森林蓄积达到3.67亿立方米,森林资源实现面积、蓄积双增长的良好发展态势。全自治区湿地保护率达到53.52%。共建立各类型自然保护区52处,占新疆总面积的7.01‰。治理沙化土地面积4200万亩,沙化土地封禁保护区面积达363万亩,土地沙化趋势明显减缓。

(2)绿色产业建设实现重大突破。林业产业生产规模与质量效益成绩显著,特色林果业快速发展。特色林果种植面积增加到2200万亩,年产值近500亿元,农民人均林果收入达到2200元,林果业收入已占农民人均收入的25%以上,主产区达到40%以上。生态健康果园等标准化林果基地达到250万亩。林果加工贮藏保鲜企业380多家,农民林果业合作经济组织1300多个,年贮藏保鲜与加工处理能力突破300万吨。林果产品品牌建设取得突破性进展,全自治区获得国家级和自治区级的各类知名品牌名牌林果产品134个。在全国建立林果产品专卖、代理、加盟店1000多家,初步建成新疆林果销售网络,特色林果业已成为自治区农民增收致富的支柱产业。森林旅游、种苗花卉、沙产业、林下经济等特色林产业不断壮大。

(3)林业重点工程扎实推进。天然林保护二期工程顺利进行,纳入补偿面积达到4918万亩。完成退耕还林荒山荒地造林任务128万亩。完成三北防护林工程798.85万亩。完成天山北坡谷地森林植被保护与恢复工程造林37.57万亩。完成塔里木盆地周边防沙治沙工程造林78.19万亩。完成伊犁百万亩生态经济林工程造林40.2万亩。

(4)林业改革和依法治林稳步推进。全自治区集体林权主体改革基本完成。国有林场和国有林区改革走在全国前列,全自治区107个国有林场已有83个转为全额预算管理事业单位,并纳入国有林场改革补助范围,落实中央补助资金3.2亿元。林业行政审批制度改革不断深化,取消、下放和调整行政审批项目27项。认真开展立法工作,林业法律法规体系逐步健全。出台了《新疆维吾尔自治区湿地保护条例》、修订了《新疆维吾尔自治区实施〈森林防火条例〉办法》,制定了《自治区林业行政处罚自由裁量权基准》和《林业行政执法案卷评查标准》,进一步规范了林业行政执法行为,强化了林业行政执法监督,增强了林业普法宣传教育力度,提升了全自治区依法治林和依法行政水平。

(5)支撑保障能力显著加强。科技兴林成效显著,完成国家、自治区各类林业科技项目347项,较"十二五"增长了64.8%。在林木良种繁育、特色林果栽培、生态服务功能评估、防沙治沙、灾害防控、林业资源保护与利用等方面取得国家级、自治区级和地州级科技进步奖36项。新建红枣、核桃等国家级和自治区级林业标准化示范区11个,示范面积达30余万亩。举办特色林果、林业有害生物防控、退耕还林、天保工程、林木种苗等林业重点工程专业技术培训班10期,提高了从业人员履职能力。完成了101个标准化乡镇林业工作站和33个标准化木材检查站建设。林业种苗建设不断加强。加大了地县级林木种苗质量检验能力建设力度，顺利开展呼图壁林场、温泉县林木良种繁育基地、伊犁哈萨克自治州杨树种质资源保存库等种苗工程，启动了新疆国家林木种质资源保存库分库项目。

10.3 政策问题

总体上看，新疆林业系统政策法规较为完善，草原和湿地的政策法规比较缺乏，需要进行补充。管理类和保护类的政策法规较多，经济发展的较少。专项类的政策较多，综合类的政策较少。大多政策执行到位，少数存在问题，应根据实际情况在一定的范围内对政策进行调整，使其能够更好地执行和服务于当地的发展。

10.3.1 政策体系不够健全

主要存在问题：一是林草政策整体构架不完善，主要缺少监管类政策和考核类政策；二是各类政策相互矛盾点较多，没有很好地融合统一；三是单一专业政策多，没有林草湿等自然资源整体管理政策等。

(1) 没有建立起社会资本广泛参与的投融资体系。林权抵押贷款规模总量小，抵押贷款受林权证持有者数量限制，抵押物处置变现困难，林权评估机构评估过程不规范，林权抵押贷款机构市场化程度低，贷款期限较短，贷款成本较高，贷款风险较大。没有开展公益林补偿收益权质押贷款、林地承包经营权抵押贷款、草原保险、特色林果保险等业务。没有出台鼓励社会资本参与林草发展的专门政策。没有建立产业投资基金、绿色碳汇基金、发行长期专项债券等新型融资模式。

(2) 没有建立起林草现代产业体系。林草业分散经营对林业规模化程度的影响没有得到有效的解决。一、二产业中仍然存在相当大比例的粗放式经营和手工作坊式企业，对系统资源的整合存在较大难度。第三产业中存在不少分散经营的森林旅游式农家乐，没有实现统一有效的管理，不仅对森林环境造成了一定程度上的破坏，而且产业效率也较为低下；相比于林业发达国家，新疆目前还没有形成合理的林业产业可持续发展机制，缺乏完善的林农增收机制。

(3) 没有建立起完整的林草业生态补偿的横向、长效机制。现行补偿与因放弃发展经济的机会成本相比，差距很大，与生态系统服务功能价值相比更不成比例。具有生态功能的经济林没有纳入生态补偿范围，野生动物损害补偿还是空白，新一轮退耕还林后续补偿政策没有建立，草原生态管护员补助设置依据不够科学。财政投入支持林草建设的力度偏低，"一刀切"的生态建设投入机制无法体现区域差异和建设成本补偿，生态保护建设的财政资金投入来源比较单一，投入比例不稳定。保护地基础设施、胡杨林拯救工程、湿地保护和修复工程、林草提质增效工程、草原退化治理等一批财政专项亟须建设。

(4) 没有建立起多元参与的湿地保护机制。在国家《湿地保护管理规定》的基础上出台了《新疆湿地保护条例》《新疆湿地公园管理办法》等，对湿地保护、监督管理、法律责任、湿地公园建设与规划等内容进行了规范，但对湿地生态补偿、社会公众参与、多渠道投资等方面还缺少具体的实施细则。国家要尽快将《中华人民共和国土地管理法》中将湿地的定性更改为"生态用地"，尽快推出专项保护条例相应的建设指南，确保当前的项目建设与资源保护需求相符，加强湿地资源的保护，促进湿地资源可持续利用。湿地未划定湿地保护"红线"，导致当前的项目建设与资源保护需求不匹配。此外，尚未建立建档立卡户湿地生态公益管护员的聘用及常态化管理办法。《省级重要湿地认定办法》《占用征收重要湿地审核管理办法》等文件亟须研究出台。

(5)野生动物保护政策不健全。近年来，各类野生动物种群数量的恢复对农牧民的正常生产生活造成了一定的影响，草食性动物啃食农作物、与牲畜争食牧草。对于食草动物啃食农牧民草场的情况，新疆还没有颁布野生动物造成人身财产损失补偿办法的政策。因广大牧区草原既是牧民群众赖以发展畜牧业的基地，同时也是野生动物的生存分布空间，没有针对野生动物生存空间与人类生存空间相互重叠的专门政策，缺少野生动物造成草场损失等情形给予补偿的政策。在这种状况下，亟须通过立法途径和经济补偿手段调整这类野生动物与牧民群众牲畜草场的利益关系。

10.3.2 政策供给不足

(1)土地政策供给不足。土地类型中没有细化生态用地类型。在国家的土地规划中既没有野生动物栖息地用地，也没有自然保护区用地一项，野生动物栖息地还没有单独作为一种土地使用类型。《中华人民共和国土地管理法》并没有规定，既是草场又是野生动物的栖息地，如何在开发和保护之间做选择。因此，必须在《中华人民共和国土地管理法》中明确野生动物栖息地作为土地用途的一个类型，才可能真正保证国家重点保护野生动物关键栖息地得到切实的保护和管理。

(2)产权制度改革的政策供给不足。新疆集体林权制度改革基础改革的政策文件比较完善，但深化集体林权制度改革的政策文件较少。林权制度改革的基础改革已经完成，但配套改革、综合改革等深化改革还没到位，林权抵押贷款覆盖面窄，林业新型经营主体发展迟缓。草权承包制度已经实施，但配套措施没有跟上。国有林场改革后续政策尚未建立，规模化林场建设需要扩大。三权分置和农村三变已经在新疆许多地方的农业领域全面推开，但在林业领域的改革和发展相对滞后。三权分置改革有待进一步放活经营权。农村"三变"改革尚未在林草业更大范围内开展。

(3)金融政策供给不足。新疆林草抵押贷款业务尚属起步阶段，林权抵押贷款规模总量小，覆盖面窄，抵押物处置变现困难，林权评估机构评估过程不规范，林权抵押贷款机构市场化程度低，贷款期限较短，贷款成本较高，贷款风险较大。林草地经营权抵押贷款、公益林收益权质押贷款等新型融资模式尚未建立。

(4)保险政策供给不足。新疆没有开展森林保险，农民参保积极性不高，险种供给不足，开发的森林保险种类单一、赔付率低，森林巨灾风险分散机制较弱。缺乏科学、规范、成熟、权威的灾害认定操作程序和第三方认定、评估机构。林果业保险没有纳入农业政策性保险范畴，没有将生态经济林纳入政策性保险范围，没有开展草原保险。

(5)投资政策供给不足。新疆林草建设投资主要依靠政府投入，林业投资主体单一，投资主体多元化体系还未建立起来。产业投资基金处于起步阶段。没有出台林草业吸引社会资本参与林草生态建设的专门政策。碳汇融资、债券融资等新型社会资本融资模式有待开发。

(6)科技政策供给不足。新疆林业和草原的科技创新水平有待进一步提升，科技创新政策不够完善，林草科技推广载体有限、推广模式尚未形成，林草业科技推广体系不健全，林草业科技人员编制少，生态建设与保护的科技含量不高，科技支撑能力有待加强。没有建立立足新疆区情和绿色发展需要的林草科技发展专项规划。需要建立吸引人才、留住人才、用好人才的人才建设制度。林草科技人员培训工程亟须开展。

(7)产业政策供给不足。新疆林草业整体发展水平不高，产业结构单一，规模化、产业化、集约化水平较低，产业链条短、产品层次低。产业发展与生态保护的矛盾十分突出。林草产业发展能力不足，没有将资源优势转化成产业优势，没有形成主导产业和优势产业。新型经营主体发展缓慢。特色林果产业品牌保护乏力，发展后劲不足，产业凝聚力和融合力不强。林草业良种基地、产业园区、加工基地等项目建设滞后。支持绿色生态产业发展的科技创新、财税政策、绿色金融、资金支持、人才支撑等方面保障能力明显不足。草产业化、草种业产业链、饲草料种植业产业链和草产品加工业产业链处于较低发展水平。优质饲草料供应不足，草畜矛盾依然突出。

10.3.3 政策精度不够

有些政策"宽而不细、普而不专"，针对性、操作性不强；有些政策比较宏观，缺乏刚性制约；有些政策"接天线多、接地气少"，成色不足、中看不中用；有些政策延续性不够，执行中"停电""打折"等。在政策"执行侧"：一些惠企政策宣传的力度、广度和深度不够，企业知晓率不高，还有的搞选择性、象征性执行等。

（1）流域上下游横向生态保护补偿机制没有具体可操作性的实施方案和细则，没有落实到国家、流域各省、省内各地市如何进行生态补偿，没有建立依据水环境质量、森林生态保护效益、用水总量控制等因素考核的横向生态补偿的科学依据。

（2）公益林生态补偿制度没有建立起补偿标准动态调整机制，没有建立按照地域、生态区位重要性、公益林保护质量进行分档补偿的实施细则。没有将经济林纳入生态效益补偿范围，大大影响了农民在生态脆弱地区增加植被的积极性。

（3）禁牧政策由于没有按照草地生长量、地方经济发展、载畜量科学合理划分草地类型，导致一些地方已经出现由于长期禁牧，草量过大又不能放牧，冬季干草的火灾风险很大。

（4）退耕还林政策由于没有考虑大量撂荒地和弃耕地的现实，致使有的地方出现将一些基本农田、平地、水浇地也进行了退耕还林。

（5）草原生态管护员实行"一户一岗"，没有考虑家庭人口及草场面积，引起家庭人口多、草场面积大的牧户的不公平感。

（6）生态移民迁出区的弃耕荒地和坡地，由于受到基本农田的限制，不能转为林业用地，不能进行统一造林和绿化，严重影响了土地利用效率。

（7）林地生态空间受到挤压。多年来，新疆在耕地利用和保护方面做了大量有益的尝试，开展了旱作节水农业、测土配方施肥、复种绿肥、秸秆还田、秋季深翻施肥、春季免耕、农作物轮作倒茬、休耕晒垡，推广滴灌、微灌、全地面地膜覆盖等用地养地技术措施，使部分耕地地力得到恢复。但随着城镇化、工业化的加快推进，征占水浇地的现象不断增加，耕地非农化现象时有发生，稳定农作物种植面积的压力增大，发展空间受到限制，优质耕地数量下降，迫使部分基本农田"上山进沟"

（8）为保护生态，新疆地方经济产业发展受限，地方财政收入能力低。按照地方税收返还机制的财政转移支付无法体现新疆的生态建设成本，用于生态方面的财政支出能力与东部发达地区的差距较大。另外，新疆位于中国西北部，气候以高寒干旱为特征，在一定程度上增加了生态建设成本，"一刀切"的生态建设投入机制无法体现区域差异和建设成本补偿。

10.3.4 政策支持力度不强

（1）生态保护和建设投入明显不足，制约着生态建设工程的进度和质量。国家营造乔木林补助为7500元/公顷，灌木林为4500元/公顷，而实际工程造林成本5倍于造林补助标准，实际造林费用与国家投资差距很大，苗木质量和工程造林标准大打折扣，部分地方出现造林不见林的现象，林业建设的质量和效果难以保证。

(2) 大部分草原实施每亩 7~10 元的禁牧补助标准与当前草原流转租赁每亩 30~50 元的价格相比严重偏低，导致禁牧区群众收入明显低于非禁牧区群众收入，牧民自觉执行政策的积极性不高，减畜指标落实难度大，偷牧现象时有发生。调查发现农牧民普遍反映草畜平衡奖励每亩 2.5 元比较少，希望适当提高标准。

(3) 很难获得林权抵押贷款。根据中国银保监会、国家林业和草原局《关于林权抵押贷款的实施意见》(简称《意见》)规定，可抵押林权具体包括"用材林、经济林、薪炭林的林木所有权和使用权及林地使用权；用材林、经济林、薪炭林的采伐迹地、火烧地的林地使用权；国家规定的其他森林、林木所有权、使用权和林地使用权"。虽然全自治区确权集体林地 1163.75 万亩，其中，农田防护林、防风固沙林等公益林面积 625.7 万亩，按照《意见》规定公益林暂时不能进行抵押贷款，符合抵押贷款的林地面积不足 5%，这给林权抵押贷款带来很大局限。《森林资源资产抵押登记办法（试行）》中规定，不得将未经办理林权登记而取得林权证的林地使用权用于抵押。然而实际上目前新疆森林或林木的所有权大部分都为集体所有，林农或企业单位通常只具有使用权。而林业专业合作社这类新型的森林经营组织由于注册门槛低、财务制度不健全等原因，难以得到金融机构的充分信任，加之缺少林权主体资格，受到相关法律法规的约束，无法利用林权抵押融资，无法有效开展抵押贷款活动，对林农脱贫致富非常不利。新疆维吾尔自治区林草抵押贷款业务尚属起步阶段，仍存在一些实际问题，林权抵押贷款规模总量小；抵押贷款受林权证持有者数量限制；抵押物处置变现困难；林权评估机构评估过程不规范；林权抵押贷款机构市场化程度低；贷款期限较短，贷款成本较高，贷款风险较大等问题突出。

(4) 新疆林草建设投资主要依靠政府投入，林业投资主体单一，投资主体多元化欠缺，林业产业投资数额不足。产业投资基金处于起步阶段，可借鉴的同业案例历史经验匮乏，相关政策、法律均很不完善，扶持力度有待加强。因此，需要出台政策鼓励吸引社会资本参与林草建设。

10.3.5 政策执行

(1) 生态管理体制不健全。长期以来，林业机构人员数量严重不足，林业干部都是身兼数职，工作庞杂，疲于应付，现有内设机构和人员职数不能满足新疆林业发展的需要。

(2) 自治区仅发布了《关于健全生态保护补偿机制的实施意见》，没有出台自治区的实施方案，没有规定实施主体、任务目标、实施期限，没有在实际中积极与甘肃、内蒙古、陕西共同探索开展跨省流域开展生态保护补偿试点的实质工作，没有签订省级横向补偿协议。

(3) "一地多证"问题。随着造林速度加快，森林面积不断扩大，生态保护的工作重点将向森林资源管护转变，同时由于畜牧业在全自治区经济发展中占有较大比重，传统的畜牧业生产方式导致林牧矛盾普遍存在，"一地多证"现象比较严重，由于林牧争地矛盾难以协调，不仅影响整体造林封育速度的推进，并且因放牧对已经造林和封育的地区产生很大破坏，造成造林保存率低，封山育林成林率低，已成为阻碍生态建设的主要限制因素。

(4) 退耕还林政策执行偏差。有的地方搞形式主义，象征性执行，为了追求整齐划一，上规模，将有灌溉条件和土壤条件较好的缓坡地纳入了退耕范围。为了搞平衡，实现利益均沾，将退耕范围平均分配到各乡、村和农户，导致该退的退不下来，不该退的基本农田却退了出去。配套保障措施落实不够，或缺少执行，多数地方缺乏退耕还林配套保障措施的规划和计划。一些农户轻信干部许诺,提前退耕,草率执行,最终没有得到退耕补偿。有些地区只注重争取眼前的退耕还林指标和补助政策,而忽视后续产业发展,没有把退耕还林与基本农田建设、农村能源建设、生态移民、封山禁牧、发展后续产业紧密结合。个别地方弄虚作假,以次充好,欺骗执行,冒领退耕补助。退耕还林政策在执行中出现了许多政策偏差。

(5)林业发展方式转变的力度还不够大,重栽轻管、重数量轻质量、重人工治理轻自然恢复、重争取项目轻项目管理的现象还不同程度地存在,统筹发展、协调推进的合力远没有形成。

10.4 政策机遇与挑战

10.4.1 政策机遇

(1)建设全国生态文明先行示范区要求林业和草原政策发挥先行示范作用。生态文明建设是党中央做出的重大战略决策,是关系到人民福祉、国家命运、民族未来的长远根本大计。中共中央国务院印发的《关于加快推进生态文明建设的意见》明确指出,坚持以人为本、依法推进,坚持节约资源和保护环境的基本国策,把生态文明建设放在更加突出的战略位置,全方位融入中国特色社会主义事业"五位一体"总体布局,协同推进新型工业化、信息化、城镇化、农业现代化和绿色化,以健全生态文明制度体系为重点,优化国土空间开发格局,全面促进资源节约利用,加大自然生态系统和环境保护力度,推动形成人与自然和谐发展的现代化建设新格局,为林业发展带来了重大机遇。

(2)"丝绸之路经济带"建设重大战略带来的机遇。围绕"一带一路"倡议,中央提出加快新疆对外开放步伐,着力打造"丝绸之路经济带"核心区,为新疆发展带来了重大历史机遇。林业是经济社会发展的重要组成部分,是新疆各族人民安身立命之本,加快构建"丝绸之路经济带"核心区绿色生态屏障,是落实中央战略的具体要求,为新疆实施林业重大生态保护与修复工程创造了历史性机遇。

(3)贯彻绿色发展理念带来的机遇。"绿色发展"是十八届五中全会提出的五大发展理念之一。树立绿色发展理念,坚持绿色发展,是推动和实现经济社会持续健康发展的必然选择。发展绿色经济为新疆特色林果业、森林旅游业、种苗花卉业、林下经济、木本粮油等绿色产业发展带来了新机遇,将为稳增长、调结构、保就业、惠民生及新疆社会稳定和长治久安作出更大的贡献。

(4)重大生态工程政策带来的机遇。习近平总书记明确提出要把天保工程范围扩大到全国,争取把所有的天然林都保护起来。天保工程补助标准进一步提高。同时,国家重启新一轮退耕还林工程。国家重大生态工程实施必将对新疆林业发展产生重大而深远的影响。

(5)林业援疆新举措带来的机遇。林业援疆工作座谈会和全国林业对口援疆工作座谈会,出台了《关于进一步加强林业援疆工作的意见》,全国对口援疆省市提出了在林业项目、资金、人才、科技等方面的支持措施,开创了林业对口援疆新局面,把林业援疆工作提升到了新高度,推向了新阶段。

10.4.2 政策挑战

(1)受水、地资源约束生态修复难度增大。经过多年的大规模造林绿化,可造林地的结构和分布发生了显著变化。造林绿化的主战场开始向绿洲外围转移，向荒山、荒滩、沙漠、戈壁延伸，立地条件越来越差，水资源短缺，生态用水被大量挤占，造林难度大、成本高，人工造林国家补助标准与实际投入相差甚远，而新疆属欠发达地区，资金配套困难。沙化土地逐年扩大，吞噬着绿洲的生存与发展空间。

（2）资源保护压力加大。随着多年来大规模植树造林和绿化美化建设的快速推进，森林资源总量持续增长，林地面积达到 1.65 亿亩，森林面积达到 1.16 亿亩，国家级公益林总面积达 1.14 亿亩，森林资源保护管理的任务艰巨。随着城市化、工业化进程的加速，生态空间受到严重挤压，森林资源保护与利用的矛盾日益突出，严守林业生态红线，维护国家和区域生态安全底线的压力日益加大。

（3）绿色产业提质增效、转型升级形势迫切。大力发展绿色产业是实现生态与产业协调、创新绿色经济发展的有效途径。目前，新疆特色林果业低质低效果园面积大、结构不合理、加工转化能力差、效益不高、市场发育不全，森林旅游业基础设施薄弱，沙产业、林下经济起步晚、发展慢等问题，与经济社会发展和人们对绿色产品的需求还有差距，绿色产业提质增效、转型升级、供给侧结构性改革迫在眉睫。

（4）人才队伍建设相对落后。新疆属于西部地区，人才相对匮乏，缺乏高层次创新型科技人才和林业引军人物，广大林区和基层一线人才队伍薄弱。科技领军人物和优秀拔尖人才培育机制尚不完善。基层林业职工接受教育培训机会不多，知识更新滞后。林业人才教育培训基础设施薄弱，人才服务体系建设相对滞后。

（5）林业现代化发展水平较低。当前，新疆林业科技创新能力与现代林业发展的需求还存在较大差距，品种创新和技术研发能力不高，高新实用技术成果推广应用不足，协同创新平台和国家重点实验室严重缺乏，科技进步贡献率远低于国家水平。智库建设落后，为林业提供公共决策和咨询服务机制亟须完善。林业生产机械化程度低，森林防火、野生动植物保护、有害生物防治等现代装备手段落后。信息化建设滞后，林业大数据融合度低，运用现代信息技术的主动性、融合性、创新性不够，服务林农群众的手段落后。这些问题都制约着新疆林业发展，未能实现与国民经济发展同步增长，林业现代化水平亟待提升。

10.5 政策建议

10.5.1 政策思路

10.5.1.1 指导思想

全面贯彻党的十九大精神，以习近平新时代中国特色社会主义思想为行动指南，坚持以社会稳定和长治久安这个总目标统领林业各项工作。认真贯彻落实全国林业援疆会议精神，围绕建设生态文明和美丽新疆总目标，强化生态环保理念，加强顶层设计，严守生态保护底线，加快转变林业发展方式。按照"一带两环三屏四区"的发展布局，推进"工程林业""林业大资源"和"特色林果业转型升级"发展战略，着力深化林业改革，推进现代林业建设，构建"丝绸之路经济带"核心区绿色屏障，打造以特色林果为主的绿色产业。

10.5.1.2 基本原则

（1）坚持保护优先，持续发展。树立尊重自然、顺应自然、保护自然的理念，把生态保护放在政策建设的首要地位，融入生态修复、产权改革、产业发展政策的各方面和全过程。节约和高效利用资源，促进资源永续利用、生产生态协调发展，构建林业和草原发展长效机制。

（2）坚持统筹规划，合理布局。林业和草原政策建设是一项系统工程，需要综合考虑区域自然资源、经济社会发展水平、林业和草原发展现状、农水环境发展等条件，统一规划设计，合理布局，突出重点，注重政策协同，协调推进，确保建设成效。

（3）坚持因地制宜，分类施策。根据新疆林草资源禀赋和生态区位重要性实施差别化政策和项目标准，因地制宜、多措并举、分类指导、分区施策，正确处理生态保护与资源利用的关系，转变资源利用方式，推进生态系统自我修复能力持续提升，生态系统压力不断减少，为经济的友好、绿色、低碳、循环发展奠定基础。

（4）坚持以人为本，惠民利民。构建生态产品生产体系，创造更加丰富的生态产品，挖掘林地、物种资源、林产品市场的巨大潜力，发展绿色富民产业，改善人居环境，全面提高林业生态产品生产供应能力。要充分尊重农民意愿，发挥其主观能动性，不搞强迫命令。通过强化政策扶持、建立利益补偿机制，充分调动农牧民的积极性，确保农牧民收入不降低。并鼓励农牧民以市场为导向，调整优化种植结构，拓宽就业增收渠道。

（5）坚持综合治理，整体推进。根据林地及其空间环境条件，宜封则封、宜种则种、宜养则养，合理配置生产要素，合理选择经营策略，从单一治理对策转变为系统保护修复，寻求系统性解决方案，打破行政区划、部门管理、行业管理和生态要素界限，综合治理、系统修复，整体推进，长效管理，整合资源，合力推进，确保生态产品供给和生态服务价值持续增长。充分发挥林业、国土资源、环境保护、水利、农牧等湿地保护管理相关部门的职能作用，协同推进湿地保护与修复。综合协调、分工负责。将湿地保护修复成效纳入各级政府领导干部的考评体系，严明奖惩制度。注重成效、严格考核。

（6）坚持试点先行，有序推进。按照生态区域、人口条件、资源环境与农牧业生产协调发展的要求，"耕地草原河湖休养生息规划"将通过试点、示范项目先行，着力解决制约生态保护和农牧业资源的政策瓶颈和技术难题，着力构建有利于促进农业资源与生态保护的运行机制，探索总结可复制、可推广的成功模式，因地制宜、循序渐进地扩大示范推广范围，稳步推进全自治区耕地草原河湖休养生息工作。

10.5.1.3 政策目标

一是整合各类专项政策为综合政策，形成以综合为主体，专项为补充的政策体系；二是构建纵向到底、横向到边的林草政策架构，即建立法制类（法律、法规、条例）、管理类（办法、制度、标准）、监督类（执法、管理）、考核类（监督、检查）、问责处罚类的完善体系。以政策类型为横、以专业体系为纵形成政策体系框架。

10.5.2 政策任务

10.5.2.1 完善政策体系

（1）改革政策。

①稳定和完善集体林地承包制度。稳定和完善集体林地家庭承包经营关系的同时，积极深化所有权、承包权、经营权三权分置，着力放活经营机制，引导集体林权依法自愿有偿流转，促进

适度规模经营，扶持林业专业大户、家庭林场、林业合作社、龙头企业的发展壮大。进一步明晰集体林权产权关系，加强林权保护，放活生产经营自主权，引导集体林适度规模经营。鼓励和支持各地制定林权流转奖补、流转履约保证保险补助、减免林权变更登记费等扶持政策，积极引导林权规范有序流转。积极将生态公益林补助、特色经济林扶持、退耕还林等惠农政策与发展林下经济有机结合，引导鼓励各种社会主体投资发展林下经济和特色林产业，研究制定家庭林场登记办法，开展林业产业化龙头企业评定。

②深入推进林业投融资体制机制改革。发挥财政资金"撬动"作用，筹建新疆林业生态建设投资有限责任公司，将其打造为重大生态建设工程的投资主体、承接平台和经营实体。规划实施林业PPP项目，积极推进林业碳汇造林试点，建立起政府主导、公众参与、社会协同的造林绿化投入机制。重点加强建设产权多元化的林业贷款担保机构，推动林业林权、林地承包经营权、森林公园收益权、林业机械设备、运输工具等新型抵押担保，开展以林产品订单或是林业保险保单质押，构建以政府投资为主，林业信贷担保业务为主的符合新疆林业实际情况的融资性担保机构。大力发展抵(质)押融资担保机制，积极推进林业信用体系建设。完善林业财政贴息政策，提高林权抵押贷款贴息率，推广政府和社会资本合作、信贷担保等市场化运作模式。

③巩固扩大国有林场改革成效。尽快出台"国有林场后续改革实施方案"，明确所有国有林场事业单位独立法人和编制，最大限度地减少微观管理和直接管理，落实国有林场法人自主权，实行场长负责制。将管护站点道路、饮水、供电、通信等提升改造工程纳入相关专项规划，统筹现有资金和整合涉林各类基本建设投资，配备基础设施。合并同一行政区域内规模过小、分布零散的林场，提高林场行政级别，建立多部门联合办公机制，合力推进规模化林场建设试点。落实国有林场林地确权发证及生态移民迁出区土地划归国有林场管理工作，全力保障生态移民迁出区土地划归国有林场管理得到贯彻落实。出台有利于操作执行的新疆国有林场管理办法、新疆国有林场场长森林资源离任审计办法、新疆国有林场森林资源有偿使用管理办法、新疆国有林场森林资源保护管理考核方案的配套政策。实行国有林场经营活动市场化运作，加快分离各类国有林场的社会职能，建立完善以政府购买服务为主的国有林场公益林管护机制的政策规定，保障该机制落地落实。鼓励社会资本、林场职工发展森林旅游等特色产业，合理利用森林资源。建立"国家所有、分级管理、林场保护与经营"的国有森林资源管理制度和考核制度。落实国有林场基础设施建设实行市、县财政兜底的改革要求。落实国有林场要建立以森林经营方案为核心的现代经营模式。充分利用国家生态移民工程和保障性安居工程政策，改善国有林场职工人居环境。支持发展绿色循环经济，增强林区林场发展内生动力。加快推进绿色林场、科技林场、文化林场、智慧林场建设。

④加快完成草权承包制度改革。稳定和完善草原承包经营制度，确立牧民作为草原承包经营权人的主体地位。完善草原承包合同，颁发草原权属证书，加强草原确权承包档案管理，健全草原承包纠纷调处机制，稳妥推进草权承包试点，实现承包面积、地块、合同、证书"四到户"。探索实施草原承包权和经营权分置，稳定草原承包权，放活草原经营权，保障收益权。推进国有草原资源有偿使用制度。建立草原监测预警制度，动态监测预警草原承载力，评估草原生态价值。建立草原科学利用制度，实施禁牧休牧轮牧和草畜平衡，设立草原类国家公园体制。建立草原监管制度，编制草原资源资产负债表，对领导干部管理草原自然资源资产进行离任审计，对草原生态环境损害进行评估和赔偿，对草原生态保护建设成效进行评价。

⑤"三权分置"改革。允许林地、草场承包经营权人在依法、自愿、有偿的前提下，采取多种

方式流转林草地经营权和林草所有权，流转期限不得超过承包期的剩余期限，流转后不得改变林草地用途。实现林草地经营权物权化，给经营权一个"身份证"，明确赋予林草地经营权应有的法律地位和权能。集体统一经营管理的林草地经营权和林草所有权的流转，要在本集体经济组织内提前公示，依法经本集体经济组织成员同意，收益应纳入农村集体财务管理，用于本集体经济组织内部成员分配和公益事业。依法保障林草权权利人合法权益，任何单位和个人不得禁止或限制林草权权利人依法开展经营活动，确因国家公园、自然保护区等生态保护需要的，可探索采取市场化方式对权利人给予合理补偿，着力破解生态保护与林农和牧民利益间的矛盾。

⑥"三变"改革。引导鼓励林牧民把依法获取的林草地承包权转化为长期股权，变分散的林草地资源为联合的投资股本，建立起"资源变资产、资金变股金、农民变股东"的新型集体经营制度。组建林草地产权股份合作组织，开展清产核资、成员界定、资产量化、股权设置、股权管理、建章立制、盘活资产，发展多种形式的股份合作。对资源性资产，在林草地承包经营权确权登记基础上，探索发展股份合作等多种实现形式。对经营性资产，明晰集体产权归属，将资产折股量化到集体经济组织成员。对非经营性资产，探索集体统一运营管理的有效机制，更好地为集体经济组织成员和社区居民提供公益性服务。加大迁出区林草业管护力度。对劳务移民为主的村庄，建议成立股份制集体林场，再由村集体林场将林权托管给就近的国有林场，或配置林管员进行管理。对生态移民为主的村庄，将林权就近并入国有林场，移民享受退耕还林政策，对迁出区的基本农田，建议通过国土"三调"调整为非基本农田，以便林业部门对原基本农田进行退耕还林还草。在落实退耕农户管护责任的基础上，逐步将退耕还林地纳入生态护林员统一管护范围。

（2）产业政策。

①发展林业产业。增加财政投入力度，吸引社会资本，大力发展林业生态产业。在生态安全的前提下，以市场为导向，科学合理利用森林资源，促进林业经济向集约化、规模化、标准化、产业化发展。巩固提升林下经济产业发展水平，促进林产品加工业升级，推动经济林产业提质增效，大力发展森林生态旅游，积极发展森林康养。推进林产品精深加工，三产融合，延伸产业链条，增加林产品附加值。将重点生态工程建设与"贫困地区特色产业提升工程"相结合。探索建立"互联网+林业+大数据"产业信息平台。实行森林资源资产化管理，有效盘活森林资源，促进森林资源资产与市场有机结合，为林业发展提供新的经济增长点。积极争取库尔勒香梨、阿克苏苹果、若羌红枣、和田皮亚曼石榴等多产业进入国家林业产业投资基金项目库。加快新疆特色林果质量追溯体系和质量认证体系建设，建立完善统一规范的区域性产品标准、认定和标识制度，加强区域特色品牌、区域公用品牌、国内知名品牌和国际优良品牌建设。利用援疆机制在内地建立特色林果产品外销平台。苗木产业向销售、施工、设计等产业链延伸。

②培育壮大草产业。增加财政投入，吸引社会资本，培育壮大草产业。继续实施退牧还草工程，启动草原生态修复工程，保护天然草原资源。加大人工种草投入力度，扩大草原改良建设规模，提高草原牧草供应能力。启动草业良种工程，建设牧草良种繁育基地，提升牧草良种生产和供应能力。启动优质牧草规模化生产基地建设项目，增加草产品供给。启动草产业化建设项目，促进草产品生产加工提档升级。建设草产业示范园区项目，以园区为平台，培育形成草产业生产基地、草产品加工基地、交易集散基地、储藏基地、牧草良种繁育和科研示范基地，逐步形成草产业信息中心、质量检验监测中心和科技培训中心。积极发展草原旅游，打造草原旅游精品路线。发展草原野生药用植物产业。

③大力发展森林旅游。大力发展森林旅游、草原旅游，将重点生态工程建设与"贫困地区特色

产业提升工程"相结合。推行"旅游+"模式，完善配套设施和服务，加快复合型旅游景区开发建设，开发精品线路，丰富产品供给，实施重点旅游景区升级改造工程，提升天山、阿尔泰山等景区景点档次。努力铸造融合生态旅游和文创产业于一体的产业体系。大力发展森林生态旅游，积极发展森林康养，建设森林浴场、森林氧吧、森林康复中心、森林疗养场馆、康养步道、导引系统等服务设施，大力兴办保健养生、康复疗养、健康养老等森林康养服务。积极发展草原旅游，开展大美草原精品推介活动，打造草原旅游精品路线。

④积极培育市场主体。增加财政投入，实施新型经营主体培育工程。开展龙头企业壮大、农民专业合作社升级、家庭林场认定、社会化服务组织孵育四大工程。鼓励发展林草业专业大户，重点培育规模化家庭林、牧场，大力发展乡村集体林牧场、股份制林牧场。大力发展林草业专业合作社，开展专业合作社示范社创建活动，引导发展林草业联合社。培育和壮大林草业龙头企业，推动组建林草业重点龙头企业联盟，加快推动产业园区建设，促进产业集群发展。引导发展以林草产品生产加工企业为龙头、专业合作组织为纽带、林农和种草农户为基础的"企业+合作组织+农户"的林草产业经营模式，打造现代林草业生产经营主体。建立新型林业经营主体教育培训制度，推进新型林草业经营主体带头人培育行动。

10.5.2.2 支持保障政策

(1) 优化公共财政政策。

①建立流域生态补偿长效机制。加快推进流域上下游横向生态保护补偿机制，以多方式、长效、稳定的政府财政转移方式为主，辅之阶段性的、灵活的市场补偿措施。推动开展跨省流域生态补偿机制的试点，通过中央财政、地方财政共同设立补偿基金的方式，依据水环境质量、森林生态保护效益、用水总量控制等因素考核，建立流域上下游横向的生态补偿科学依据。建立自治区内流域下游横向生态保护补偿，以地级市为单元，自治区通过积极争取中央财政支持、本级财政整合资金对流域上下游建立横向生态保护补偿给予引导支持，推动建立长效机制。

②将生态经济林纳入生态效益补偿范围。将国家林业和草原局认定的生态型经济林纳入森林生态效益补偿的范围，与集体生态公益林同等享受中央、地方和横向生态补偿。建立经济林生态补偿绩效评估与考核制度，推行经济林生态经营，实施生态化管理，减少对生态环境的干扰和破坏，增强生态服务功能，提高林地产出率和资源利用率。将生态型经济林建设列为国家森林生态标志产品建设工程重点任务，通过市场手段引导经济林"产业发展生态化"，提高生态型经济林产品的品牌效益和市场竞争力。

③对湿地型自然保护区等周边因野生动物保护而受损的耕地进行补偿。对野生动物造成的草场损失等情形给予补偿。

④完善草原生态管护员管理办法。增加草原管护员，大幅度提高管护员工资，以提高管护员积极性。建议把管护员年龄放宽，在"一户一岗"的基础上，对管护面积超过户均面积80%的增加1名管护员。建立健全草原生态管护员长效运行和管理机制，形成政府主导、村级管理、层层考核的严密考核管理体系，切实督促管护员发挥监管作用。

⑤制定退耕还林后续补偿政策。在新一轮退耕补助到期后制定新的后续补助政策，按照不低于第一轮补助标准总额对退耕户继续进行后续补助。同时，引导退耕农户发展后续产业，通过职业技能培训为农民提供新的就业手段，进一步降低农户对退耕补助的依赖性。

⑥健全相应的财政支出体制。具体包括建立完善的预算监督体系，建立绩效评估机制和建立完善的财政监督法律体系。实行差别化财政项目标准，根据不同地区的地理气候和生态区位差异，

研究开展不同区位造林成本核算，适当提高造林补助标准，建立差异化的生态建设成本补偿机制。每年将水土保持补偿费划分一定比例用于林草业生态保护与修复。公益林造林实行全预算工程造林，由国家和省级财政统筹解决资金来源。

⑦建立绿色 GDP 核算试点。为实施区际生态转移支付和交易做准备，也为生态政绩考核提供依据。

（2）投资金融政策。

①完善林草抵押贷款融资政策。提高贴息比例，延长贴息时间。给农地、林地、荒滩地上原本不是林权制度改革主要林种的特色林果经济林颁发林权证，认定家庭林场等新型林业经营主体，让家庭林场用林权证到金融部门办理林权抵押贷款，扩大林权抵押贷款范围，将整个林权制度深化改革和农村纵深改革推上新台阶。制定林地承包经营权抵押贷款管理办法，完善相关法律法规，让林、草地承包经营权抵押有法有据。大力发展林草地承包经营权抵押中介服务，鼓励"互联网+林权"的发展模式，将有助于抵押人与抵押权人之间的信息联通，增强互联网对林地承包经营权抵押的促进作用，实施"抵押豁免规则"。加大政府财政支持，在政策上对接受林草地承包经营权抵押的金融机构给予一定的税收优惠。建议选择个别地区开展草场经营权抵押贷款试点工作，制定符合新疆地方特色的草场经营权抵押贷款试点方案，完善牧民对草场占有、使用、收益、处分的权益，方便牧民运用草场经营权进行融资。选取草场经营较为完善、发展条件相对较好的地区发放贷款。赋予抵押人对被抵押的草场承包经营权享有优先承租权。开展公益林补偿收益权质押贷款。要抓住国际、国内重视生态建设的机遇，积极利用世行贷款、中德财政合作、日元贷款等外援项目，切实提高利用外资质量和水平，加快现代林业建设。

②出台政策性森林保险和特色林果保险政策。总结阿克苏市林果业政策性保险试点的成功经验，扩大林果业政策性保险覆盖范围，积极争取将林果业保险纳入农业政策性保险范畴。积极争取中央财政地方特色优势农产品保险以奖代补政策在新疆试点，完善农业保险保费补贴制度。加大全自治区森林保险宣传力度。研究建立森林巨灾分散再保险机制和赔偿金的用途引导监督机制。建议尽快出台"森林保险条例"和"特色林果保险条例"，积极争取将生态经济林纳入政策性保险范围。建议国家采取差异化补贴政策，由中央财政转移支付承担全部生态公益林森林保险费，降低森林被保险人负担比例，不断提高政策性森林保险覆盖面和赔付率。建立第三方森林保险灾害评估机构。加大对经果林的保险扶持力度，通过开展特色险种政策性保险，提高农户在防损救灾方面的能力，增强农民抗风险能力和灾后恢复能力。明确经济果林保险的实施范围、实施原则、保险责任、投保主体和补贴标准。

③鼓励社会资本参与林草建设。进一步做好政策顶层设计，出台工商资本参与林草建设的中长期指导意见，建立准入和退出机制，落实风险保障机制。吸引社会资本参与生态修复治理，共治共享。鼓励和支持林业重点龙头企业、公司、林业合作组织承包荒山荒地，开展植树造林，优先承担林业种养业、林业科技支撑、林业技术推广等项目。林草部门为工商资本进入林草种养业开展项目对接，做好政策引导和服务。加大财政资金对林业种养业的扶持，增加基础设施建设投入，降低工商资本非生产性投入，加大金融信贷服务，引导和支持工商资本更多用于种养业科研开发、技术集成。完善"租赁—建设—经营—转移（LBOT）"林业生态基础设施途径 PPP 模式，加强林业 PPP 标准化建设，加大培养林业 PPP 专业人才力度。

④发行长期专项债券。研究发行以生态保护修复建设为主的长期专项债券，以 15~20 年为发行期限，定向投资于建设国家公园以及自然保护地。

⑤制定自然资源有偿使用政策。在明晰产权基础上，推动新疆国有森林、草原、湿地、荒漠等所有权和使用权分离，完善自然资源价值核算，基于核算标准探索制定自然资源有偿使用政策和办法。严禁无偿或低价出让。推动森林、草地、湿地、荒漠进入碳汇交易市场，制定补贴政策，引导高排放企业购买林草碳信用，建立林草增加谈会的有效机制。

（3）科技创新。

①加强林草科技发展顶层设计。加快编制立足新疆区情和绿色发展需要的林草科技发展专项规划，推动林草事业和生态文明建设，促进林草健康发展。坚持问题和需求导向，发挥好林业和草原科技力量协同创新的优势，结合供给侧改革，提升林草科技成果推广转化的质量和结构。遵循草原生态系统的生物学发生规律，加强草原生态建设与保护技术的基础性研究及其实用技术推广，在生态优先、保护优先的前提下，为科学利用草原资源，实现草原生态功能与生产资料功能双赢的可持续发展目标提供技术支撑。大力支持兴办草原学科院校和科研机构，建立不同区域草原生态保护和修复技术标准体系，鼓励支持草原实验监测站（点）建设，积极开展草原生态修复专题研究和技术示范，建立草业科技联盟，发挥好草学会作用，努力提高草原生态保护和修复科技水平。切实加大对林草科技研发和创新的资金投入力度。落实好中央脱贫攻坚决策部署，创新科技扶贫开发模式。发挥好林草科技创新的支撑作用，把科技推广与科技扶贫紧密结合起来。实施林草科技平台建设工程、林果食品安全标准建设工程、林草科技扶贫工程。

②优化科技推广的组织与投入模式。不断提升推广服务水平。在现有新疆农业大学、国家级生态定位观测研究站、国家林业和草原局重大实验室、国家林业和草原局林业工程研究中、国家林业生物产业基地、国家长期科研试验基地、国家林业和草原科技创新联盟等科研机构基础上，建立健全以林草科技推广站为主，以中央财政林草科技推广示范、自治区科技兴农、科技兴新、成果转化等推广计划为载体，以林草科研院所、高校和涉林企业为辅的多元化林草科技推广体系，破解科技成果转化"最后一公里"。完善各级林草推广站的基础设施建设，加大推广人员的培训力度，提高林草科技推广服务能力。

③加大林草业技术人才培育和引进。增设草原生态保护与修复方面的课题研究和技术推广项目，建设专业技术团队。适当增加林草岗位、特别是专业技术人员编制。加快解决林草专业技术人员奇缺、技术能力培训不足等问题，推进林草科技队伍结构优化和人力资源高效配置。加强涉林涉草高级技术人才和优秀人才的引进力度，力争每年从国内外引进60~80人。争取在国内重点农林院校定向培养、定向培养一批林草专业技术人员，同时加强对林草乡土专家的培养力度。全面加强林草科技人员的业务素质，不断提升林草科技推广水平。加强林草干部队伍专业知识培训，不断提高林草干部队伍综合素质。成立林草部门人才工作领导小组，建立健全部门主要领导与高水平林草专家一对一联结和服务机制，确保人才队伍稳定和发展。每年表彰一批林草科技领域的优秀人才，树立榜样的力量。通过全面增强林草干部队伍力量，适当缩小林草队伍服务半径，为进一步做好林草工作、特别是生态保护和建设提供坚强有力的队伍保障。

④开展林草科技培训工程。坚持分级培训、分类培训和分阶段培训相结合的原则，提高培训实效。力争到"十四五"末期，实现对所有涉及从事林草科技人员的全覆盖培训。省级主要负责高级专业技术人员的培训和重大专题培训；市级主要负责中级专业技术人员的相关培训；县级主要负责职业农牧民的培训。林草专业技术人员培训突出技术性、前瞻性；职业农牧民的培训突出实用性和策略性。改革创新科技培训方式，采取理论授课、现场教学、模拟仿真、技术研讨、参与式调查等多样化方式推动科技培训水平的不断提升。

⑤促进林草科技对口援助。鼓励和支持国内重点农林高校和相关科研机构在新疆设立若干个面向基层、服务农牧民且符合绿色发展需求的区域性林草综合试验示范站或推广基地。发挥好政府部门、科研机构、高等院校和企业、生产经营主体各自的职能特点和优势特色，形成集聚合力。通过建立林草科技扶贫开发示范样板、选派林草科技特派员、培养乡土技术能人等方式，利用信息化手段和方式，让林草科技真正落地，让贫困地区农牧民始终能有"看得见、问得着、学得会、用得上"的科技成果。

（4）自然保护地政策。

①强化科学的顶层设计，构建以国家公园为主体的自然保护地体系。建议逐步推动由自然保护区向以国家公园为主体的转变。保持原有类型，建议分别在北疆阿尔泰山、南疆和田河等两处生态系统完整性、极具代表性和差异性的自然地理区域，优先建设成为国家公园。重新评估和调整现有各类型自然保护地的保护对象、资源品质和利用强度。在保护对象与资源品质方面，提出自然保护区和国家公园应共同代表我国不同类型的生态系统，国家公园与风景名胜区共同代表我国"最美"的自然山水；国家公园是综合价值最高的自然保护地类型，其他类型的自然保护地以保护单一价值为主要目标。在利用强度上，提出自然保护区和国家公园应具有最严格保护的、禁止人类活动的核心区域；对各类自然保护地在利用强度方面的分核心区和一般保护区实施"统分结合"的管控标准。

②加快理顺自然保护地管理体制机制。加快建立分级统一的管理体制，由自治区林业和草原局统筹管理全自治区范围内的各类自然保护地，行使保护地范围内各类全民所有自然资源资产所有者管理职责。各保护地根据实际整合优化后，根据不同的自然保护地类型，整合原有管理结构，分别建立二级管理机构（如管理局或管委会等），作为自治区林业和草原局的直属或派出机构，履行管理职责，明确其职能配置、内设机构和人员编制。建立完善自然保护地内自然资源产权体系，清晰界定区域内各类自然资源资产的产权主体，划清各类自然资源资产所有权、使用权的边界，逐步落实自然保护地内全民所有自然资源资产代行主体与权利内容，非全民所有自然资源资产实行协议管理。

③建立自然保护地现代化治理体系，实现多元共治。建立自然保护地现代化治理体系，构建统筹决策机制、管理执行机制、科学咨询与评估机制、社会参与协调机制"四位一体"的现代化治理体系。建立政府主导、多元参与的多种治理方式并存的保护地治理模式。在自治区和市、县林业和草原局统一监管下，根据各类保护地特点，参照国际上保护地治理经验，因地制宜，探索建立包括政府治理、社区治理、企业治理、共同治理等多种治理模式在内的政府主导、多元参与的自然保护地治理体系，以弥补和缓解单一的政府治理面临的能力不足、资金缺乏、保护地和社区矛盾突出等问题。

④建立自然保护地资金保障机制。中央与自治区按照事权划分分别出资保障自然保护地建设管理；自治区财政设立全自治区自然保护地能力建设专项资金，加大各类自然保护地基础能力建设。研究建立生态综合补偿制度，创新现有生态补偿机制落实办法，引导建立流域上下游、生态产品提供者和受益者等横向生态补偿关系。加强自然保护地特许经营和社会捐赠资金收支两条线管理，专款专用，定向用于保护地生态保护、设施维护、社区发展及日常管理等。加快构建绿色信贷、绿色基金、绿色保险、碳金融等绿色金融体系。鼓励社会资本发起设立绿色产业基金，推进绿色保险事业发展。发挥开发性、政策性金融机构作用，对符合条件的自然保护地体系建设项目提供信贷支持，发行长期专项债券。

(5)促进政策协同。

①将退耕政策与耕地轮作休耕政策相衔接。以资源约束紧、生态保护压力大的地区为重点,积极争取将退耕地,特别是农牧交错地区的退耕地纳入耕地轮作制度试点范围,将坡度15°以上、25°以下的生态严重退化地区的退耕地纳入耕地休耕制度试点范围。将生态移民迁出地的土地,统一调整纳入退耕还林规划。

②要尽快将《中华人民共和国土地管理法》中将湿地的定性更改为"生态用地"。利用国土"三调"机会,将生态移民迁出区的弃耕荒地和坡地调出基本农田,以便林业部门能进行统一造林规划,开展造林绿化。

③将林业和草原产业发展政策与乡村振兴相协同。党的十九大报告提出实施乡村振兴战略,并明确了"产业兴旺、生态宜居、乡风文明、治理有效、生活富裕"的总要求,这是新时代"三农"工作的总抓手。"产业兴旺"是乡村振兴的重点,是实现农民增收、农业发展和农村繁荣的基础。习近平总书记在海南等地考察时多次强调"乡村振兴,关键是产业要振兴"。在"促进工业化、信息化、城镇化、农业现代化同步发展"过程中,农业现代化明显是"四化"的短板。林草业现代化更是短板中的短板,如果没有林草业现代化,"四化"就是不完整的,其他"三化"建设也会受到制约和拖累。实施乡村振兴战略,要尽快补齐"四化"短板,全面实现乡村产业振兴。林草产业振兴要坚持规划先行,要坚持改革创新,深化林草地承包制度改革,推进社会化服务体系改革创新,推进财政与金融体制改革创新,深化农业供给侧结构性改革,推进一、二、三产业融合发展,发展规模经营、培育新型农业经营主体,构建林草业现代化产业体系。

④将林草产业发展政策和产业融合发展相协同。推进农村一、二、三产业融合发展,是拓宽农民增收渠道、构建现代农业产业体系的重要举措,是加快转变农业发展方式、探索中国特色农业现代化道路的必然要求。要牢固树立创新、协调、绿色、开放、共享的发展理念,主动适应经济发展新常态,以市场需求为导向,以完善利益联结机制为核心,以制度、技术和商业模式创新为动力,以新型城镇化为依托,推进农业供给侧结构性改革,着力构建农业与二、三产业交叉融合的现代产业体系,形成城乡一体化的农村发展新格局,促进农业增效、农民增收和农村繁荣,为国民经济持续健康发展和全面建成小康社会提供重要支撑。林草产业政策要能明显提升农村产业融合发展总体水平,基本形成产业链条更完整、功能更多样、业态更丰富、利益联结更紧密、产城融合更加协调的新格局,农业竞争力明显提高,农民收入持续增加,农村活力显著增强。

⑤林草部门融合以前,草畜平衡的奖补政策由草业部门(属于农业部门)核准,草业部门发放。现在林草融合之后,原属于农业部门的草业部门并入林业部门,但是畜牧部门仍属于农业部门负责,草畜平衡奖补仍然由农业部门发放,但是监管权力已经转移到了林业部门所属的草业部门。监管放牧的职能与奖补发放的职能存在不一致,事权、财权不统一问题突出。在实施草畜平衡奖补时,需要对农业、林业、畜牧、草业之间的关系进行重新梳理。建议将草畜平衡奖补的发放归口到草原部门,做到事权、财权统一,这有利于草畜平衡政策的落实。

⑥协调用地政策。鼓励社会资本参与生态修复治理,向绿洲外围扩展发展空间。运用产权置换模式,在企业生态治理范围内准许其享有20%~30%的建设用地,或在治理范围之外给予其等价值额度的建设用地,或划拨荒漠地给予企业进行长期经营,以地换绿。运用经营权置换模式,对在生态保护范围内有经营价值或有旅游开发价值的,给予企业长期的特许经营权。对社会资本参与没有经济收益的沙区治理与修复,运用政府购买模式,在企业完成生态治理恢复任务以后,按照其实际投入和正常利润等额购买,实现企业参与生态修复治理的市场交换机制。对企业在其治

理范围内用于生态治理与修复的设施用地定性为非建设用地,实行非建设用地管理。每年应预留一定建设用地指标,专项用于荒山荒地绿化建设主体的经营开发建设。

⑦协调用水政策。实施严格的水资源管理制度,明确社会用水总量红线,严格管理地下水资源。进一步创新完善林业生态用水体制机制,各地党委政府优先配置林业生态用水,制定林业生态用水定额。充分利用"秋季洪水""城市中水""农业节水",解决林业生态用水严重短缺,保证率不高,关键时无水可用的难题。加快实施退耕还林、还草、还湿、还湖,提高水资源利用效率。推进重大产业布局和各类开发区规划水资源论证,严格建设项目取水许可管理。编制实施节水规划和地下水利用与保护规划。通过修建引洪渠、简易拦洪坝等设施进行引洪灌溉,使退化胡杨林得到有效恢复。加强林业节水灌溉技术研究,推广应用新、优林业节水灌溉技术,尽快落实林业节水补贴。调整用水结构,主要河流、水库调整出20%生态用水专供生态用水。实行差别水价。对有经济效益的产业执行农业用水价格;对于有点经济效益的产业,执行农业半价用水标准;对完全没有经济效益的生态产业用水完全减免水费。研究制定出台优惠政策,保障人工造林生态用水量和生态用水价格补贴。

(6)积极争取新的政策。

①加强保护地基础设施建设。整合现有保护地体系,调整和界定各个保护地的界限,制定保护地整体保护方案。协调保护与发展的关系,在保护地非核心区投资建设生态保护为目的的湿地教育场地,开展相关自然教育主题实践活动。建设生态保护为目的的野生动物养护中心,积极引进先进的管理技术及设备,构建有地方特色、分布合理、功能齐全的野生动物养护网络体系。建设生态监测系统,统筹规划,整合资源,布局生态监测站点体系,整合全自治区的生态环境监测与评价能力,完善监测体系。试点建设生态保护及民生为目的的道路设施,科学合理开展道路规划,在保障民生的同时保障原生态不被破坏。建立和完善多元化的基础设施建设投入体系,采取各种措施,整合社会各方面的力量,形成国家、地方、社会、农民和社会各界共同参与的多渠道筹资机制,形成多元化的资金支持体系。

②实施草业现代化工程。确定一批现代草牧业发展示范县,积极争取金融机构的信贷支持,推进草牧业领域政府和社会资本合作模式。加快推动科技创新,发展现代金融,实施人才强省战略,优化向林草业集聚发力的要素配置。推动产业结构优化升级,加快林草加工业、林草服务业发展步伐。鼓励和扶持新型经营主体打造优质品牌;延伸产业链;提升附加值;推动构建种养结合,产供销一体、一、二、三产业融合的草牧业产业体系。培育草牧业现代物流、电子商务、"互联网+"等新型业态。

③加快推进胡杨林拯救工程。继续实施胡杨林拯救工程,推动胡杨林的生态修复。积极协调生态用水指标,通过引洪灌溉措施,使胡杨林生态输水常态化;治理非法开荒,加大对破坏胡杨林的惩罚力度并建立法制化治理体系;完善胡杨林的管护机制,加大对胡杨林的管护经费投入,加强对保护站基础设施和人员经费的投入,加大对胡杨林有害生物防治的力度。

④继续推进湿地保护和修复工程。全面保护与恢复湿地,把新疆所有湿地纳入保护范围,并进行系统修复,发挥中央财政专项转移支付的引导作用,在新疆范围内的重要湿地,开展湿地保护与恢复、退耕退牧还湿和湿地生态效益补偿等项目;组织实施重大工程建设,对新疆湿地生态区位重要、集中连片和迫切需要重点保护的湿地开展湿地保护与修复的工程建设;开展可持续利用示范工程建设,选取典型性和代表性不同的湿地资源合理利用成功模式开展示范工程项目建设;在加大湿地资源调查监测、科技支撑、科普宣教等建设等基础上,建立健全新疆湿地资源调查监

测系统、科普宣教体系和教育培训体系等管理信息系统。

⑤推进林草提质增效工程。加大对新造林管护投资，探索推行购买社会化服务方式，将中幼林管护工作交由企业、合作社等组织进行专业化管理，提高森林质量。科学编制森林经营方案，科学开展天然林经营和人工林近自然经营，推进中幼龄林抚育和退化林分修复，加大疏林地、未成林地封育和补植补造工作，提高林木质量。加大对森林有害生物的防治。

继续实施经果林质量精准提升工程，进一步提高标准化生产水平，积极打造精品果园，提升绿色果品供给能力。规范经果林合作社运作，通过组织化提升规模效应。通过经济林技术合作社，技术有偿服务等措施提升经果林种植技术水平。通过有机肥标准化等多措施，加大对经果林有机化改造。通过水肥一体化等措施，实现经果林高效节水。通过建设冷冻库以及实施农业用电优惠等政策，延长经济林果的产业链，提高果品附加值。积极引进龙头企业，通过优惠政策扶持企业带动农户获得林果收入整体提升。

⑥开展草原保险政策试点。建立健全草原保险管理机构，多措施加大保险公司的引进，可以采用混合所有制形式由政府、企业和个人共同出资解决资金来源问题，推动建立完善草原保险、贷款和融资担保制度。设置并推广草牧业大型机具、设施、草种制种、畜牧业和草场遭受灾害损失等保险业务，为广大种养殖散户和农民群众提供基本的风险保障。加快建立财政支持的农业巨灾风险分散机制，实现风险分散与共担。考虑在保费补贴之外建立单独预算的农业巨灾保险基金以及财政支持的巨灾再保险保障体系，形成由中央和地方财政共同支持的、保险公司参与的多层次农业巨灾风险分散机制，拓展可保风险范围，提高保险业抵御农业巨灾风险的能力。

⑦研究成立林草产业投资基金。选择资金成本较低的基金投资者作为募集资金来源。建议国家财政给予长期低成本资金一定的鼓励性补贴，提高养老、社保和保险基金等资金成本相对较低的机构对林业产业投资基金的认知度，扩大潜在投资者选择范围，建立政府参与的主要投资者沟通制度，降低长期投资者的后顾之忧。建立专门的林业基金管理公司，提高林业产业投资基金的管理专业性。

⑧研究开展绿色碳汇交易试点。与中国绿色碳基金会合作，研究构建新疆绿色碳汇机制。开创新疆碳交易市场，推动建立绿色碳汇基金。出台优惠政策促进企业和个人的自愿碳汇购买。通过碳汇项目的运作，促进退化土地的生态恢复。加大对绿色碳汇交易的监管，投建第三方评估认证标准，促进绿色碳汇交易的正常开展。

⑨设立国家级生态特区。制定生态特区发展规划，将自然保护区提升为生态特区的建设，坚持特别的定位、实施特别的举措、体现特别的支持。争取将新疆生态特区建设列入国家专项规划给予支持，大力发展生态产业，完善生态基础设施，创新治理体制机制，为全国生态文明建设创造成功经验。制定生态特区发展考核指标，将生态目标作为区域发展的第一目标，使生态特区成为干部考核的"GDP 豁免区"。

10.5.3 政策保障

10.5.3.1 加强政策协调

县级以上人民政府应当建立林业和草原发展政策协调机制，积极推进生态环境跨流域、跨行政区域的协同保护和协同发展，研究解决林业和草原建设工作中的重大问题。各地区各部门要强化工作责任，协调合作、上下联动，确保生态保护红线划定和管理各项工作落实到位。各市(州)人民政府也要成立相应的领导小组，对本辖区生态保护红线负总责，认真做好现场核查、相邻县域的衔接协调等工作，严格加强生态保护红线管理。自治区有关部门要按照职责分工，各司其职、各负其责，积极支持配合，提供所需各类资料，参与有关问题研究，做好衔接保障。

10.5.3.2　健全政绩考核和责任追究机制

建立领导干部任期生态修复责任制，落实"党政同责、一岗双责"。制定生态修复政绩考核硬性指标。健全决策绩效评估、决策过错认定等领导生态环境损害责任终身追究配套制度，对造成生态环境和资源严重破坏的实行终身追责。

10.5.3.3　建立健全政策监测预警机制

建立健全全自治区林业和草原发展政策监测预警机制，建立监测系统，制定预警方案。对生态保护与修复、重大改革、产业发展和支持保障政策的进行监测，监测结果向社会公布。

10.5.3.4　政策宣传和监督机制

政策宣传者首先要吃透政策目标、政策工具、政策内容，动员各种信息资源和信息渠道开展政策宣传，增加政策受众的理解和认知。完善政府内部监督机制，强化执行责任制度，完善规范性文件的监督责任和内容。建立政策评价的第三方监督机制。提高政策制定、执行的公开、透明程度，建立群众参与的监督机制。完善舆论监督制度，确保监督渠道畅通。

11 区划布局研究

11.1 研究概况

11.1.1 林草资源现状

根据第九次森林资源清查结果,新疆的林地面积为13.71万平方千米,占全自治区土地面积的8.26%。森林面积8.02万平方千米,森林覆盖率4.87%,低于全国平均水平(22.96%)约18个百分点。活立木蓄积4.65亿立方米,森林蓄积3.92亿立方米。在新疆分布的高等植物有3500余种,森林资源有乔、灌木等140种;共有国家重点保护动物116种,约占全国保护动物的1/3。

新疆草原面积大,草地类型多,可利用面积46.07平方千米(不含兵团),已承包的草原面积45万平方千米。自治区实施一系列草原治理模式,其中,禁牧的9.67万平方千米,纳入水源涵养地和草地类自然保护区的0.34万平方千米,实现草畜平衡的36.06万平方千米。此外,新疆草原共有草地植物2930种,其中数量较多、价值较高的有382种。

新疆的湿地总面积3.95万平方千米,位居全国第5,受保护湿地面积2.11万平方千米,湿地保护率为53.52%。新疆的湿地分为4类17型,其中,河流湿地占30.81%,湖泊湿地占19.62%,沼泽湿地占42.74%,人工湿地占6.84%。

根据第五次荒漠化和沙化监测结果(2014年),新疆的荒漠化土地面积107.06万平方千米,占新疆总面积的64.31%,占全国荒漠化面积的40.99%;新疆的沙化土地面积74.71万平方千米,占新疆总面积的44.87%,占全国沙化土地面积的43.41%,治沙任务极为繁重。

11.1.2 林草生产力现状

近年来,新疆党委、政府通过一系列措施促进林草产业生产力水平提升,实现林草产业的提质增效。2011—2018 年,新疆(含兵团)林业总产值从 436.81 亿元增长到 980.25 亿元,产业结构有所变化,三产占比同期从 5.47%上升到 9.47%。

(1)林分生产力有所下降。根据第八次和第九次全国森林资源清查数据,虽然新疆活立木蓄积和林分蓄积量均有明显增长,但新疆林分生产力有所下降,从 2011 年的 187.81 立方米/公顷下降到 2016 年的 182.60 立方米/公顷。从起源来看,天然林生产力下降明显,人工林生产力基本不变。从龄组来看,幼龄林生产力下降明显,中龄林和近熟林生产力基本不变,成熟林和过熟林生产力明显上升(表 11-1)。

表 11-1 新疆林分生产力变化情况

类别		第八次森林资源清查(立方米/公顷)	第九次森林资源清查(立方米/公顷)
林分		187.81	182.60
起源	天然林	195.34	190.18
	人工林	159.60	158.44
龄组	幼龄林	73.06	65.83
	中龄林	159.63	158.30
	近熟林	196.52	195.48
	成熟林	211.74	215.83
	过熟林	245.36	253.08

(2)草原生产力有所提升。自治区政府通过制定和出台人工种草优惠政策,充分调动农牧民和企业(合作社)的积极性,鼓励种植高产优质牧草,大力发展人工种草。根据 2018 年全国草原监测报告,新疆 2018 年鲜草产量为 10339.3 万吨,干草产量为 3271.9 万吨,较"十二五"时期平均产草量增加了 7.79%。

(3)林果及特色产业实现转型升级。新疆林业产业以特色林果业为主,在自治区党委、政府的推动下,新疆特色林果产业逐步实现转型升级,在发展规模、品种结构、培育良种、科技支撑、综合防控、加工转化和品牌推动均有显著提升。新疆经济林产品产量从 2011 年的 604.16 万吨增长到 2018 年的 1066.46 万吨,产值从 313.37 亿元增长到 669.59 亿元。2018 年年末,新疆林果种植面积 144.52 万公顷,已建成从事果品贮藏保鲜与加工企业 500 多家。自治区政府加快培育和发展种苗花卉、沙产业、林下经济和生态旅游等绿色富民产业。截至 2019 年年底,新疆苗圃数量 4990 处,育苗面积 346 平方千米,苗量总产量 11.81 亿株,年产值 49.11 亿元。花卉种植面积 1.60 万公顷,沙产业基地 8.73 万公顷,森林公园接待旅游人数 3484 万人次。

(4)科技支撑和创新应用增强。全自治区林业科技、教育投资额从 2011 年的 815 万元增长到 2018 年的 1.10 亿元,利用"互联网+"、大数据决策、云信息等服务,推进林业信息化和智慧林业建设,推广数字化、机械化、航空等现代装备的创新应用。

11.2 自然保护地概况

截至 2019 年,新疆自然保护地有自然保护区、自然遗产地、湿地公园、森林公园、地质公园、沙漠公园和风景名胜七大类型 181 处,面积 540.34 万公顷(表 11-2)。

表 11-2 新疆自然保护地类型、数量及面积情况(不含兵团)

类型	数量(处)	面积(万公顷)	备注
自然保护区	51	147.74	国家级 16 处
自然遗产地	8	102	国家级 7 处
湿地公园	50	64.6	全部为国家级
森林公园	23	132	全部为国家级
地质公园	8	35	国家级 7 处
沙漠公园	33	21	全部为国家级
风景名胜区	8	38	国家级 7 处
合计	181	540.34	

11.2.1 新疆资源环境承载力分析

围绕林草发展，以区划布局为研究方向，新疆的资源环境承载力主要针对生态功能所指向的承载能力分析。结合农业功能(农业农村部门)及城镇功能(自然资源部门)所指向的承载能力分析结果，为划定生态红线、基本农田保障线、城市发展控制线提供理论依据，从而为下一步国土空间开发的适宜性评估打下基础，最终应用到全自治区国土空间规划中。

11.2.2 水资源情况分析

新疆降水区域分布严重不平衡，水情差异性较大(表 11-3)。"三山"地区水资源丰富；"两盆"地区降水量稀少，蒸发量很大，年平均降水量维持在 100 毫米左右，甚至个别城市仅有 50 毫米左右，远不能满足造林植草、生产生活的用水需求，水资源配置不均是制约新疆林草资源发展的决定性因素。

表 11-3 新疆降水量与水资源情况

地区	项目	2015 年	2016 年	2017 年
乌鲁木齐市	年平均降水量(毫米)	408.9	387.1	309.7
克拉玛依市	年平均降水量(毫米)	111.9	207.1	79.2
石河子市	年平均降水量(毫米)	227.5	295.8	191.2
阜康市	年平均降水量(毫米)	270.8	319.5	197.9
米东区	年平均降水量(毫米)	302.4	292.9	206
伊宁市	年平均降水量(毫米)	407.6	413.6	287.2
塔城市	年平均降水量(毫米)	400.7	466.9	266.6
阿勒泰地区	年平均降水量(毫米)	267.5	253.5	229
博乐市	年平均降水量(毫米)	265.5	317.7	239.7
库尔勒市	年平均降水量(毫米)	97.7	141.1	84.8
阿克苏市	年平均降水量(毫米)	98.5	42.4	70.3
阿图什市	年平均降水量(毫米)	64.6	98.8	191.7
喀什地区	年平均降水量(毫米)	59.4	168.9	136.7
和田地区	年平均降水量(毫米)	36.5	53	83.2
高昌区	年平均降水量(毫米)	26.4	12.5	7.7

(续)

地区	项目	2015 年	2016 年	2017 年
哈密市	年平均降水量(毫米)	78.8	43.2	31.9
全自治区平均值	年平均降水量(毫米)	195.3	219.65	163.3
新疆维吾尔自治区	水资源总量(亿立方米)	930.40	1093	1013.07
	地表水资源量(亿立方米)	880.1	1038.87	963.96
	地下水资源量(亿立方米)	545	610.41	586.98

根据 2016—2018 年中国水资源公报,农业用水占新疆用水总量的九成,但有明显下降趋势(图 11-1);生活用水和工业用水量大致相当,均占用水总量的 2%～3%;随着近年来生态建设力度不断加大,生态用水量(即人工生态环境补水)呈迅快速增长趋势,从 2016 年的 6.5 亿立方米增长到 2018 年的 30.5 亿立方米,同期生态用水占比从 1.15%上升到 5.56%,表明新疆林草事业发展对水资源的需求快速上升,水资源承载力及用水配置将对"十四五"时期新疆林草事业发展产生决定性影响。

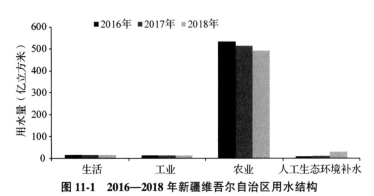

图 11-1　2016—2018 年新疆维吾尔自治区用水结构

11.2.3　土地利用资源分析

新疆是我国土地面积最大的省份,总面积 166.49 万平方千米,约占全国的 1/6。2017 年,全自治区农用地 5171.87 万公顷,占总面积的 31.06%,其中,园地 62.07 万公顷,牧草地 3571.48 万公顷。全自治区建设用地 164.11 万公顷,约占总面积的 1%。相较于第八次全国森林资源清查结果,第九次全国森林资源清查结果显示新疆的林地面积和森林面积分别增加了 271.55 万公顷和 566.08 万公顷(表 11-4),但林分面积仅增加了 35.61 万公顷,反映出林地面积增长建立于灌木林的迅速发展;活立木蓄积和森林蓄积分别增长了 7811.38 万立方米和 5567.41 万立方米。

表 11-4　新疆森林资源变化情况

资源类型	第八次	第九次	增量
林地面积(万公顷)	1099.71	1371.26	271.55
森林(有林地)面积(万公顷)	236.15	802.23	566.08
活立木蓄积(万立方米)	38679.57	46490.95	7811.38
林分面积(万公顷)	179.19	214.80	35.61
森林蓄积(万立方米)	33654.09	39221.50	5567.41

11.2.4 自然生态环境基础分析

新疆自然环境生态基础条件总体良好，随着近年来对绿洲带节水集约发展的举措，生态环境发展向好，林草生产能力发展水平持续增强，生态功能所指向的资源环境承载力有所提高。通过整体推进新疆山水林田湖草综合治理，统筹实施三北、天然林保护、新一轮退耕还林等重点工程，形成党政重视、部门合力推进的国土绿化新格局，取得了良好的效果；自治区推进以国家公园为主的自然保护地体系建设，林草资源保护不断升级，坚持最严格的生态保护制度。自治区草原生态系统对社会经济发展及生态环境稳定贡献进一步被突出，但受限于种种原因，草原发展总体情况一般，有待加强综合治理。

11.2.5 自然灾害情况分析

新疆地域辽阔，气候和生态环境差异性较大，近年来地质灾害频发，生物灾害和沙尘暴等生态环境灾害时有发生。新疆防灾避险基础设施相对落后，政府应对灾害能力比较有限，对林草发展有一定影响，新疆的自然灾害特征具体表现为地质灾害频发。新疆位于亚欧板块和印度洋板块碰撞挤压所形成的火山地震带上，新疆分布有3条火山地震带，地震频次高、强度大、分布广。林业病害、虫害、鼠害等危害发生较为严重。2018年自治区林业有害生物发生面积为133.94万公顷，占新疆森林面积的16.74%。沙尘暴情况较为严重。自治区各地均有不同程度的沙尘暴出现，其分布特点是南疆明显多于北疆，东部多于西部。多发区南疆主要集中在塔克拉玛干沙漠边缘地区，北疆沙尘天气的多发区位于准噶尔盆地南缘沿精河到奇台一带、塔城盆地等地。年沙尘暴天气平均超过30天。

11.2.6 总体评价

由于特定的地理因素、气象条件和资源环境情况所致，新疆的林草事业发展对区域资源环境承载能力的要求较高。基于综合分析认为，新疆自然环境生态基础条件总体良好，但也存在一些制约提升资源环境承载的因素。首先，新疆拥有丰富的土地资源，但可开发的土地资源，尤其是可用于林草发展的土地资源较少；其次，水资源是新疆林草发展的最大制约因素，在自治区政府出台了最严格的水资源管理制度的背景下，生态用水得到重视和保障，但也需要尽可能合理高效地利用水资源；再次，新疆的林草灾害防控力度近年来显著加大且成效显著，但林草生物灾害形势依然严峻。

11.3 总体思路

11.3.1 指导思想

坚持以习近平新时代中国特色社会主义思想为指导，深入贯彻党的十九大及十九届二中、三中、四中全会精神，牢固树立和践行新发展理念和"两山"理念，紧紧围绕社会稳定和长治久安总目标，全面落实自治区党委"1+3+3+改革开放"决策部署，坚持生态优先、绿色发展，以构建"丝绸之路经济带"核心区生态屏障为总任务，以加强自然生态系统保护修复、统筹山水林田湖草系统治理为基本要求，以国家重点林业和草原工程为依托，坚持改革创新，科学植树种草，依法管林护草，促进林草融合，实现林草事业高质量发展，为建设生态文明和美丽新疆作出新的更大贡献。

11.3.2 区划原则

11.3.2.1 可持续发展原则

坚持立足实际，协调长远利益与眼前利益、局部利益与整体利益、国家利益与地方利益的关系，为区域林草事业可持续发展提供依据。

11.3.2.2 统筹协调发展原则

坚持与国家及自治区主体功能区划、相关区划和规划相结合，统筹林草事业发展方向与国家生态安全、区域自然地理条件、区域社会经济条件、区域林草资源条件相协调。

11.3.2.3 科学发展原则

以科学的发展观为指导，以遵循自然规律、尊重科学为依据。基于区域的具体实际，在对现状的描述和分析的基础上着眼于发展。生态功能布局着重考虑生态区位和生态敏感性，生产力布局着重考虑物质产品布局、生态产品和森林文化产品等。根据林草生产潜力和市场导向，扬长避短、因势利导，合理利用资源，避免对区域生态环境造成危害。

11.3.2.4 相似性和区际的分异性原则

同一区域内的自然、社会、经济特征总体上趋于一致，在多种因素的共同作用下，同一区域内空间结构存在一定差异。应着重考虑主导因子与优先因子，双层级区划突出区域生态功能及产业功能，并对其相似性和差异性加以识别和概括，在其基础上进行区域合并和分异，确定主导因素和优先原则应主要考虑区域的主要生态威胁和区位优势。

11.3.3 区划主要任务

11.3.3.1 区域生态保护和林草发展问题分析

根据实地调研和材料收集，明确新疆各市、地区、自治州及下辖各区、县级市、县、自治县的自然资源、气候条件、生态区位、林业发展现状、发展问题及需求，采用科学的研究方法和数据处理方法进行分析；结合《中国林业发展区划大纲》《全国生态功能区划》《新疆主体功能区规划》《新疆林业发展"十三五"规划》及《全国草原保护建设利用"十三五"规划》，以新疆"三山夹两盆"大地理格局为基础，结合新疆"一带两环三屏四区"的发展格局，重点分析现有区划情况下各区域生态保护和林草发展的主要问题。

11.3.3.2 功能定位及区划

根据对区划生态保护和发展问题的分析，综合定义新疆区划系统的生态功能和产业发展定位。

（1）林草生态功能布局主要任务。保障"两屏三带"（即青藏高原生态屏障、黄土高原—川滇生态屏障、东北森林带、北方防沙带和南方丘陵山地带）战略格局生态安全。根据自治区林草生态特点确定其功能、产品及影响。

根据国家新时代林草大融合大发展思路，整合林业和草原资源。坚持生态优先，生态资源、环境可持续发展，强化山水林田湖草系统保护，调整优化林业和草原生态资源区域布局，对各级自然保护地进行统筹区划布局，确定区域主导功能。

从全自治区角度出发，整体上协调山水林田湖草生态功能，确定区域主导生态功能；对阿尔泰山、天山、昆仑山地区等主要生态屏障区的水源涵养、水土保持、生物资源保护、湿地保护等功能进行细化；对准噶尔盆地东部、塔里木盆地荒漠区域进行生态定位。

(2)林草生产力布局。构建"丝绸之路经济带"核心区绿色屏障，积极利用"一带一路"发展机遇，引领林草产业升级。

从空间分布与组合上对各类林业和草原产品进行战略性部署、安排和调整，充分发挥区域优势，解决林业和草原生产力布局的划分以及各大区域间林业和草原生产要素的配置问题。

基于社会需求、区域优势、林草资源现状和发展潜力，确定满足社会经济可持续发展的可能性，结合新疆"一带两环三屏四区"的发展格局，为新疆新时期林草事业发展区划布局提供依据。

依托公益林管护工程，持续在准噶尔盆地周边荒漠区实施荒漠河岸林、荒漠林封禁保护和修复；在农区与荒漠接壤区域营造和修复大型防护林基干林带；在绿洲内部加强防护林建设和退化林分修复，结合乡村振兴战略和城市防护林建设，在自然条件较好区域紧盯市场发展绿色生态经济林基地，大力推进林果业提质增效，进一步延长林果产品加工产业链。

11.3.4 区划目标

新疆"十四五"时期的林草区划目标在于促进自治区山水林田湖草共同发展，保障"丝绸之路经济带"核心区生态安全，推动林草生产力显著提高，各区域林草产业协同发展，对"十四五"时期实现生态改善、脱贫富民、乡村振兴共赢发挥重要作用。

11.4 研究方法

11.4.1 研究方法

11.4.1.1 主成分分析法

主成分分析也称主分量分析，该方法可以降低维度，通过统计技术把相互关联的复杂指标体系转化为简单指标体系，体系中的各项指标(即主成分)无相关性，每个主成分都能够反映原始指标的绝大部分信息，而且所含信息互不重复，进而提高评估的科学性和有效性。主成分分析应用于林草发展区划研究的技术流程如图11-2。

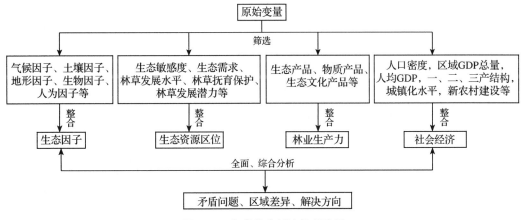

图11-2 主成分分析法技术流程

基于数据分析，筛选出的原始变量包括气候因子、土壤因子、地形因子、生态敏感度、环境承载力、生态需求、林草发展水平、林草抚育保护、林草发展潜力、人口密度、区域GDP总量、人均GDP等。

确定主成分类型，将气候因子、土壤因子、地形因子、生物因子、人为因子等多类因子合成为生态因子；将生态敏感度、生态需求、林草发展现状水平、林草抚育保护、林草发展潜力等合成为生态资源区位等级；将各类林草相关生态产品、物质产品、生态文化产品等合成为林业生产力；将人口密度、区域GDP总量、人均GDP、产业结构、城镇化水平、新农村建设等合成为社会经济现状。

基于主成分系统分析林草发展的矛盾问题、区域差异、解决方向等，为区划做基础。

11.4.1.2 德尔菲法

德尔菲法也称专家调查法，本质上是一种反馈匿名函询法。该方法是指建立一个针对专题研究的组织，其中包括若干专家和组织者，按照规定的程序，面对面或背靠背地征询专家的意见或判断，并按整理、归纳、统计等技术流程进行研究。该方法应用于林草发展区划研究的技术流程如图11-3。

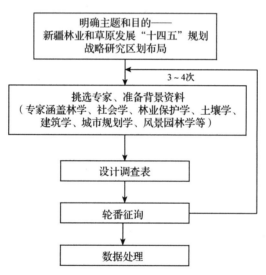

图11-3　林草发展区划研究的德尔菲法技术流程

（1）确定调查主题，即新疆林业和草原发展"十四五"规划区划研究，拟定调查提纲，准备向专家提供的资料（包括预测目的、期限、调查表以及填写方法等）。

（2）针对本次区划研究成立科研专家小组，成员涉及专业包括林学、社会学、林业保护学、林业经济学、草学、生态学、植物学、湿地生态学、自然保护区学、野生动植物保护与利用学、土壤学、地理信息系统学、水土保持学、城市规划学、建筑学、风景园林学等。

（3）通过实地调研和大量基础资料及数据分析，向所有专家明确问题及有关要求，并附上有关背景材料。专家根据材料提出预测意见，并说明所提预测意见的方法和依据。

（4）汇总所有专家的初次判断意见，列成图表并进行对比，再反馈给各位专家，让专家比较同他人的不同意见，修改自己的意见。也可以把专家的意见加以整理，请资历更深的专家加以评论，然后把这些意见再次反馈各位专家，以便参考后修改意见。

（5）再次汇总所有专家的修改意见反馈各位专家做第二次修改。逐轮收集意见反馈专家是德尔菲法的主要环节。收集意见和信息反馈一般要经过3~4轮。在向专家进行反馈的时候，只给出各种意见，并且需要匿名。这一过程重复进行，直到每一个专家不再改变自己的意见为止。

通过这个过程，充分整合各位专家的意见，集思广益，提高准确性；把各位专家意见的分歧点总结出来。经多轮统筹，以确定科学合理的分区规划。

11.4.2　数据来源与处理

（1）引用相关法定调查、监测、统计资料等基础数据。本研究所使用数据来源于各级自然资源、林草、环境保护、应急管理、财政、统计、民政、气象、农业、水利和发展改革委等部门所提供的资源、土壤、气象、水文、环境、人口、自然地理、地貌、行政界线等方面的基础资料，经严格筛选，将其分为森林草原资源、生态因子、土地利用、社会经济发展等类型加以分析。

（2）相关专业的科学研究成果。综合分析自治区内以及全国其他可参考区域已有的林业、草业、农业、水利、城市规划、新农村建设、绿地系统规划、气象、土壤、植被、地貌、地理、野生动植物、自然保护区、湿地生态系统、森林生态系统、荒漠生态系统、草地生态系统、综合区划等方面的研究成果，还需要参考自治区内已有关于生态、经济、农业、水利等不同专业的规划和自然资源状况相近省份的区划实践。

11.5　区划依据

本研究主要以《中国林业发展区划》《新疆林业发展"十三五"区划》《新疆主体功能区规划》《全国草原保护建设利用"十三五"规划》作为新疆"十四五"时期林草发展区划的重要依据。

11.5.1　林业发展区划依据

11.5.1.1　中国林业发展区划

根据中国林业发展区划规定，将新疆国土空间内的林地、湿地、荒漠化或沙化土地、林木资源以及附属的野生动植物和微生物资源进行三级区划。

（1）一级区划。一级区划为林业自然条件区划，旨在反映对我国林业发展起到宏观控制作用的水热因子的地域分异规律，同时考虑地貌格局的影响。

新疆昆仑山—阿尔金山以南属于青藏高原高寒植被与湿地重点保护区，具有高原气候特征，本区植物区系属于泛北极植物区中的青藏高原植物亚区，该区域荒原、草原分布较多，兼有部分灌丛、森林。天然植被包括高原草甸、高原草原、高原垫状植被及盐生植被，以灌木林为主，乔木林少，森林覆盖率较低，荒漠化程度较高。区内重点建设工程包括天然林保护工程、退耕还林工程、三北防护林建设工程及野生动植物保护和自然保护区建设工程等。发展格局为保护原生植被、湿地、生物多样性，加强荒漠化治理及能源林的建设，发展生态旅游等。

新疆昆仑山—阿尔金山以北广阔区域属于西北荒漠灌草恢复治理区，地域辽阔，地貌多样，具有大陆性温带荒漠气候特征，为我国内陆干旱地区。主要建群植物以荒漠灌丛和草原为主，山地区域有寒温带性针叶林分布，山区和河谷地带有少量落叶阔叶林分布，森林资源稀少，特别是乔木林匮乏，以灌木林(灌丛)为主，野生动植物种类较少，多具荒漠生态系统特色，部分种类濒临灭绝。本区以生态建设为主，区内实施的重点工程包括天然林保护工程、退耕还林、三北防护林工程等。发展格局为构建效益显著的林业生态体系、林业产业体系和森林文化体系。通过恢复和治理促进生态环境向良性循环转化，采取严格封禁保护等措施，做好防沙治沙工作，加大荒漠植被和天然林保护力度，发展林果业及特色产业、森林旅游等林业产业，促进社会经济健康有序可持续发展。

（2）二级区划。在一级区划的框架内，二级区划是基于满足区域生态需求、限制性自然条件和社会经济发展根本要求的林业主导功能区。

阿勒泰地区、塔城地区等的全部或部分区县为阿尔泰山防护用材林区，重点实施天然林保护、退耕还林、三北防护林、自然保护区建设等工程，在做好生态环境保护前提下，开展生态旅游潜力较大，发展前景十分广阔。

乌鲁木齐市、昌吉回族自治州、克拉玛依市、阿勒泰地区等的全部或部分区县为准噶尔盆地绿洲防护经济林区，重点实施三北防护林、退耕还林、野生动物保护及自然保护区建设等工程，加强林业产业发展，培植林果业及特色产业。

阿勒泰地区、塔城地区、昌吉回族自治州、乌鲁木齐市、哈密市等的全部或部分区县为准噶尔荒漠植被恢复区，重点实施三北防护林、野生动植物保护、自然保护区建设等工程，持续加强生态建设力度，着力解决林牧矛盾。

伊犁哈萨克自治州、塔城地区、乌鲁木齐市、阿克苏地区、吐鲁番市、哈密市等的全部或部分区县为天山防护特用林区，重点实施三北防护林、退耕还林、天然林保护、野生动植物保护、自然保护区建设等工程，依托独特的森林景观资源发展生态旅游具有较大的市场前景。

巴音郭楞蒙古自治州、阿克苏地区、喀什地区、和田地区、吐鲁番市等的全部或部分区县为南疆盆地绿洲防护经济林区，重点实施三北防护林、退耕还林、防沙治沙、野生动植物保护、自然保护区建设、林果业及特色产业建设等工程，应合理利用水资源，保障生态用水，建设和完善综合防护林体系。

巴音郭楞蒙古自治州、阿克苏地区、喀什地区、和田地区、吐鲁番市等的全部或部分区县为塔里木荒漠植被保护区，重点实施三北防护林、退耕还林、自然保护区建设等工程，应采取封沙育草与人工造林种草相结合的方式，营造综合型绿洲防护屏障。

喀什地区、巴音郭楞蒙古自治州、和田地区等的全部或部分区县为昆仑山阿尔金山保护恢复区，重点实施三北防护林、天然荒漠林封育、中巴公路护路林建设等工程，加强科技支撑体系建设、森林经营和治理措施等。

11.5.1.2　新疆林业发展"十三五"区划

"十三五"时期，新疆的林业发展格局为"一带两环三屏四区"。"一带"为"丝绸之路经济带"核心区生态防护带，"两环"分别为环准噶尔盆地生态治理、环塔里木盆地生态治理，"三屏"为天山生态屏障、阿尔泰山生态屏障、昆仑山生态屏障，"四区"为南疆特色林果产业发展区、塔里木河流域湿地恢复区、北疆重要湿地恢复区、北疆特色林产业发展区。

（1）"丝绸之路经济带"核心区生态防护带。该防护带范围与新欧亚大陆桥和喀什出境的中巴经济走廊的走向一致，东起哈密星星峡，西至霍尔果斯及喀什出境口，包括整个天山南北坡绿洲区，地貌多样、地形复杂、生态环境多变。该防护带主导方向是开展退化防护林修复、三北防护林、退耕还林、湿地保护、防沙治沙、林业基础设施建设、生态公共服务保障等工程，改善绿洲生态环境。

（2）环准噶尔盆地生态治理。该区范围为准噶尔盆地周边绿洲边缘、荒漠和沙漠区，干旱缺水、土壤瘠薄、次生盐渍化严重，林草覆盖率低，生态十分脆弱。该区主导方向是加强沙化土地封禁和自然修复，加强风沙源生态修复和退化林带修复，建设沙漠主题公园，增加林草植被，加强野生动物救护站和野生动物繁育驯化中心建设，保护荒漠和沙漠生态系统。

（3）环塔里木盆地生态治理。该区范围为塔里木盆地及吐鲁番盆地周边绿洲边缘、荒漠和沙漠区，气候极端干旱，降水稀少，土地沙化严重、次生盐渍化严重，林草覆盖率低，生态极度脆弱。该区主导方向是加强防沙治沙和水土流失治理，开展风沙源生态修复和退化林带修复，努力增加林草植被盖度，控制和减少土地沙化趋势。绿洲内部以完善绿洲防护体系为主，绿洲外围荒漠和沙漠前沿以荒漠林保护和防沙治沙基干林带建设为主，对一些不具备治理条件及因生态需要确需保护的沙化土地进行全面封禁，严格保护。

（4）天山生态屏障。该区范围是新疆天山山地区域，是森林、草原、河流、冰川等自然资源集中分布的区域，生物多样性丰富、地理区位独特，开发强度较高，亟须治理。该区主导方向是运用"山水林田湖草生命共同体"理论，实施重大生态修复，重点开展天山生态修复、湿地保护、生物物种保护、林业基础设施建设、生态公共服务保障等工程，有效保护水源原生地，充分发挥森林的水源涵养功能，促进生物多样性。

（5）阿尔泰山生态屏障。该区范围为新疆北部阿尔泰山，集中分布有大面积天然林，是重要江河源头的水源补给区，是新疆北部重要的生态屏障。该区主导方向是强化天然林培育和公益林建设，发展战略储备林基地，突出生态系统的自然修复功能，重点保护好多样、独特的生态系统，充分发挥森林的水源涵养功能。

（6）昆仑山生态屏障。该区范围为新疆南部昆仑山，干旱缺水，森林稀少，分布有大面积荒漠草原，保护生物多样性意义重大。该区资源条件较差，生态十分脆弱，重点以保护和自然修复为主。

（7）南疆特色林果产业发展区。该区主导方向是在发展生态前提下，大力发展特色经济林，加强低产林改造，促进特色经济林转型升级和提质增效。深入推进环塔里木盆地优势林果主产区和吐鲁番盆地林果业及特色产业带建设，突出发展红枣、核桃、葡萄等优势树种，稳步发展苹果、杏、香梨、石榴等传统树种，积极发展巴旦木、开心果、酸梅、小浆果等特色树种，努力把塔里木盆地建成以红枣、核桃、香梨、葡萄、巴旦木、酸梅、石榴、苹果、杏等为主的优质林果发展区。

（8）塔里木河流域湿地恢复区。该区范围为塔里木河流域湿地，包括其重要一级支流叶尔羌河、和田河和阿克苏河湿地，是保障南疆及西北地区生态安全的重要区域，因历史上水资源利用不合理，长期过度开发造成湿地生态系统脆弱。随着近年来实施塔里木河生态治理工程，生态已明显改善，但生态承载力低、沙化土地面积大、水资源不足、土壤侵蚀、生物多样性减少等问题依然严重，生态保护与建设处于关键阶段。

（9）北疆特色林产业发展区。该区范围为伊犁哈萨克自治州、博尔塔拉蒙古自治州、塔城地区、阿勒泰地区、昌吉回族自治州、克拉玛依市的绿洲部分区域。该区光热条件较好，是北疆特色林产业发展的重点区域。该区主导方向是在生态建设的同时，围绕伊犁河谷、天山北坡建成以酿酒和鲜食葡萄为主的产业带；在伊犁哈萨克自治州、阿勒泰地区、塔城地区建成以沙棘、黑加仑、樱桃李等小浆果为主的林果精深加工产业带；加快建设精河、乌苏、沙湾外向型枸杞商品基地，发展北疆红色产业。围绕天山北坡、伊犁河谷开展种苗花卉、生态旅游等特色林产业。

（10）北疆重要湿地生态恢复区。该区范围为额尔齐斯河湿地、乌伦古河湿地、伊犁河湿地、玛纳斯湖湿地、艾比湖湿地及赛里木湖湿地，湿地和生物多样性资源相对丰富，地处农牧交错带，生态系统脆弱，已建成一批湿地和自然保护区。该区主导方向为实施湿地保护和恢复工程，恢复湿地面积、改善湿地生态系统、优化野生动植物栖息繁衍环境，保护生物多样性。

11.5.1.3 新疆主体功能区规划

基于新疆不同区域的资源环境承载能力、现有开发强度和未来发展潜力，着力构建三大战略格局，并划分为重点开发区、限制开发区和禁止开发区 3 类主体功能区。

(1) 三大战略格局。

①构建"一核两轴多组团"为主体的城镇化战略格局。构建以乌昌为核心，以南北疆铁路和主要公路干线为发展轴，以城镇组团为支撑的城镇化战略格局。以兰新铁路西段、连霍高速公路、312 国道所组成的综合交通廊道作为北疆城镇发展主轴，积极培育石河子—玛纳斯—沙湾、克拉玛依—奎屯—乌苏、博乐—阿拉山口—精河、伊宁—霍尔果斯等城镇组团，构建天山北坡城市群。以南疆铁路和 314 国道干线作为南疆城镇发展轴，着力培育库尔勒—轮台、阿克苏—阿拉尔—库车、喀什—阿图什等各城镇组团。同时，加快培育和田、阿勒泰、塔城、吐鲁番、哈密等各具特色的区域中心城市。

②构建"天北和天南两带"为主体的农业战略格局。构建以天山北坡、天山南坡为主体，以基本农田为基础、以林牧草地为支撑的农业战略格局。天山北坡农产品主产区要建设以优质粮食、棉花、林果产品、畜产品为主的产业带；天山南坡农产品主产区要建设以林果产品、棉花、粮食、畜产品为主的产业带。

③构建"三屏两环"为主体的生态安全战略格局。构建以阿尔泰山地森林、天山山地草原森林和帕米尔—昆仑山—阿尔金山荒漠草原为屏障，以环塔里木和准噶尔两大盆地边缘绿洲区为支撑，以点状分布的省级以上自然保护区域、重点风景区、森林公园、地质公园、沙漠公园、重要水源地以及重要湿地组成的生态格局。形成以提升防御自然灾害和应对气候变化能力为目标，保障新疆经济可持续发展的生态安全战略格局。

(2) 三类主体功能区。

①重点开发区。国家层面重点开发区域主要指天山北坡城市或城区以及县市城关镇和重要工业园区，共涉及 23 个县市，总面积为 6.53 万平方千米。自治区层面重点开发区域主要指点状分布的承载绿洲经济发展的县市城关镇和重要工业园区，共涉及 36 个县市，总面积为 0.38 万平方千米。

②限制开发区(农产品主产区、重点生态功能区)。农产品主产区：新疆国家级农产品主产区包括天山北坡主产区和天山南坡主产区，共涉及 23 个县市，总面积 41.43 万平方千米；天山南坡主产区涉及 10 个县市，这些农产品主产区县市的城区或城关镇和重要工业园区是自治区级的重点开发区域。

③重点生态功能区。国家级重点生态功能区包括阿尔泰山地森林草原生态功能区、塔里木河荒漠化防治生态功能区、阿尔金山草原荒漠化防治生态功能区，共涉及 29 个县市，总面积 86.51 万平方千米；自治区级重点生态功能区包括天山西部森林草原生态功能区、天山南坡西段荒漠草原生态功能区、天山南坡中段山地草原生态功能区、夏尔西里山地森林生态功能区、塔额盆地湿地草原生态功能区、准噶尔西部荒漠草原生态功能区、准噶尔东部荒漠草原生态功能区、塔里木盆地西北部荒漠生态功能区、中昆仑山高寒荒漠草原生态功能区，共涉及 24 个县市，总面积 31.67 万平方千米。

④禁止开发区。禁止开发区域是指依法设立的各级各类自然文化资源保护区以及其他禁止进

行工业化城镇化开发、需要特殊保护的重点生态功能区。国家层面禁止开发区域共44处，面积为13.89万平方千米，涵盖国家级自然保护区、世界文化自然遗产、国家级风景名胜区、国家森林公园和国家地质公园；自治区级禁止开发区域共63处，总面积为9.48万平方千米，涵盖自然文化资源保护区域、重要水源地、重要湿地、湿地公园、水产种质资源保护区及其他自治区人民政府根据需要确定的禁止开发区域。

11.5.2 草原发展区划依据

11.5.2.1 中国草地分区

由于纬度、海拔和季风的影响，各地水热条件差异大，我国的天然草地复杂多样，从东北向西南，按水平地带分布大致划分为森林草甸、森林草原、干草原、荒漠草原、荒漠高寒草甸、高寒草原和高寒荒漠等几大类型。根据《中国自然地理图集》（第三版）中国的草地资源分布地图来看，我国草地一级分区可分为北方以草原为主的草地区和南方以草山、草坡为主的草地区。而北方的草原二级分区又可以分为东北草原区、新疆草原区、蒙宁甘草原区和青藏草原区。新疆的草原在中国草地分区中作为一个独立的二级区共计包含11种不同的小类型的草地。

结合新疆的地理格局来看，在准噶尔盆地的大部和塔里木盆地的周边主要分布的是平原荒漠、平原草甸和山地荒漠草原，其中平原荒漠占比极高；在阿尔泰山和天山一带，受地形和海拔的影响，大致可归纳为由高到低依次出现高山高寒草甸、山地草甸和山地草原；在昆仑山一带，由于山地巨大且海拔极高，主要有高山高寒荒漠和高山高寒荒漠草原分布。

11.5.2.2 新疆草原类型及分布

根据新疆植被遥感影像分析结果显示，新疆现有草原46.07平方千米（不含兵团），占全自治区土地面积的29.14%。新疆草原主要分布在三山（阿尔泰山、天山和昆仑山）以及两个盆地（准噶尔盆地和塔里木盆地）边缘地带。新疆草原类型较多，按照《中国草原类型的划分标准和中国草原类型分类系统》，新疆草原类型主要有3个类组11大类。其中，以温性荒漠类草原、低地草甸类草原、温性荒漠草原类草原的占比最大，分别占33.54%、12.57%和12.10%。新疆草原资源有水平地带和垂直分布的特征，如水平分布的荒漠草原和低地草甸草原，有垂直分布的荒漠草原、温性草原和高寒草甸等。

11.6 区划结果与分析

根据中央对新疆"一带一路"核心区的定位，以及新疆区域生态主体功能定位、林草业生产力布局、区域地貌特点和林草资源禀赋、区域气候和水土条件等基本原则和实际情况，推进形成合理的林业草原发展分区，着力形成全自治区生态平衡、广大群众共享优质生态产品的格局合理、功能适当的林草资源空间布局。依据《中国林业发展区划》《新疆林业发展"十三五"区划》《新疆主体功能区规划》《全国草原保护建设利用"十三五"规划》等发展区划内容，以全面落实自治区党委"1+3+3+改革开放"决策部署为要求，紧紧围绕社会稳定和长治久安总目标，以构建"丝绸之路经济带"核心区生态屏障为总任务，按照山水林田湖草系统治理的思路，坚持"两山"理念，坚持生态优先、绿色发展，结合新疆自然地理条件、林草业发展条件及需求变化，把水资源作为最大的刚性约束，形成新疆"十四五"时期"三屏四区多点"的林草区划发展格局。

"三屏"是指阿尔泰山生态屏障、天山生态屏障、昆仑山—阿尔金山生态屏障。以保护为主、修复为辅，推进森林质量精准提升。推进禁牧、轮牧、人工种草、补草等措施，实现草畜平衡。全面提升山区自然生态系统稳定性、整体性和功能完备性，建成涵蓄水源和保护两大盆地的绿色屏障。同时，在阿尔泰山生态屏障和天山生态屏障内划分二级分区，侧重生态保护和经济发展。"四区"是指准噶尔盆地绿洲防护经济区、古尔班通古特荒漠植被保护区、塔里木盆地绿洲防护经济区、塔克拉玛干荒漠植被保护区。其中，在准噶尔盆地绿洲防护经济区和塔里木盆地绿洲防护经济区继续加大防沙治荒力度，完善防护林体系和自然保护地体系建设，同时推动林果业特色产业和草产业向优质化发展。在古尔班通古特荒漠植被保护区和塔克拉玛干荒漠植被保护区以封禁和治理措施为主，旨在恢复荒漠植被和维持生物多样性。"多点"是指多点串联的城乡绿网。

11.6.1 阿尔泰山生态屏障

11.6.1.1 区域范围

该区域位于新疆准噶尔盆地的东北角，区域西北部、北部分别与哈萨克斯坦、俄罗斯接壤，东北部至中国与蒙古的国界，南部与准噶尔盆地绿洲防护经济区接壤。包括阿尔泰山脉在新疆界内的主体山区，面积约占新疆的2.32%。年平均降水量为200~400毫米。

11.6.1.2 综合评价

该区域干旱少雨，水资源承载力较弱，生态用水紧张。林分老龄化现象较为严重，林种结构比较单一。草原覆盖度相对较高，但草场退化、土地沙化现象较为明显。林业第一、二产规模较小，以鲜果、林产饮料为主，产业化程度低，第三产有待提升，生态旅游产业发展相对滞后。

11.6.1.3 阿尔泰山屏障保护区发展方向

进一步加大天然林保护力度，建设阿尔泰山防护林体系，强化山区森林生态系统水源涵养、水土保持和生物多样性保护功能。结合草原奖补政策推进禁牧、轮牧和实施林草再造工程，完善自然保护地梳理，加强保护地功能定位、明晰土地权属等工作，着力打造标准化示范自然保护地。着力推动森林康养、生态旅游产业，打造阿尔泰山"千里画廊"。

11.6.2 天山生态屏障

11.6.2.1 区域范围

该区域位于新疆中部，北与准噶尔盆地绿洲防护经济区相接；南塔里木盆地绿洲防护经济区相接；西至哈萨克斯坦、吉尔吉斯斯坦的国境线；东与古尔班通古特荒漠植被保护区相连。包括天山山脉在新疆界内主体山区(以阿拉套山、博罗科努山、博格达山、天山南脉为主)及伊犁河谷，面积约占新疆的11.45%。大部分地区年平均降水量为200~500毫米，北麓年平均降水量可达300~500毫米，南麓部分地区年平均降水量小于100毫米，亚高山和中山年平均降水量可达400~700毫米。

11.6.2.2 综合评价

森林较为稀疏、分散，分布不均匀，树林枯损较大，结构较为单一。农区和荒漠区交汇地带存在破坏天然林现象。草原覆盖度相对较高，部分区域存在过度放牧现象，草原退化比较严重。各级自然保护地繁多，缺乏梳理，功能定位模糊，权属不清且有区域重叠现象。自然保护地重建设、轻保护，缺乏示范性工程引领。林草产业深加工能力较弱，产品附加值较低，未形成龙头林果产业集团。林草旅游软硬件档次较低，基础设施有待提高。

11.6.2.3 天山屏障保护区发展方向

推进森林质量精准提升，强化森林抚育、低效林改造、退化林分修复。加大天然林保护力度，促进天然林更新。综合开展天山生态修复、湿地保护、生物物种保护。推进禁牧、轮牧等林草保护措施，减小放牧对林草的不利影响，实施人工种草、补草工程。完善自然保护地梳理，加强自然保护地功能定位、明晰权属等工作。

部分条件优越的区域可以加强林业基础设施建设、生态公共服务保障等。加大招商引资力度，利用社会资本建设自然保护地。有序发展以鲜食(酿酒)葡萄、枸杞、小浆果、时令水果、设施林果等为主和酿酒葡萄等林果特色产业，提质增效，推动产业链升级、强化品牌建设。进一步发展林草生态旅游产业，提高生态产品供给能力，完善配套基础设施，探索森林康养、草原文化旅游等生态旅游创新模式，在合理保护的前提下，寻求新的旅游经济增长点。

11.6.3 昆仑山—阿尔金山生态屏障

11.6.3.1 区域范围

该区域北接塔里木盆地绿洲防护经济区；西至国境线；向东至青海省省界，向南至西藏自治区界。包括昆仑山脉、阿尔金山在新疆界内主体山区，面积约占新疆的19.31%。年平均降水量为100~200毫米，其中西段降水较多，东段较少。

11.6.3.2 综合评价

该区域自然资源条件严酷，生态系统极度脆弱，以冰川和荒漠草原为主，土壤整体较为贫瘠，肥力不足。现有植被数量稀少，林草覆盖度较低，植被群落单一，林草基础设施薄弱。存在过度放牧。受自然条件和资金制约较大，林草产业规模较小，深加工环节薄弱，生态旅游发展相对滞后。

11.6.3.3 发展方向

完善自然保护地建设。以自然修复为主，减少人工干预，强化生物多样性保护，重点保护现有原生植被。严格实施草原禁牧。加大资金投入力度，优化林草经营管理和保护等措施。在局部区域完善林草基础设施。适度开发以生态旅游为主的第三产业。

11.6.4 准噶尔盆地绿洲防护经济区

11.6.4.1 区域范围

该区域位于准噶尔盆地周边地区，北邻阿尔泰山生态屏障，南接天山生态屏障，西至哈萨克斯坦国界，东与古尔班通古特荒漠植被保护区相接。面积约占新疆的9.47%，年平均降水量为100~300毫米。

11.6.4.2 综合评价

荒漠化分布较广，部分地区沙化仍有扩张的趋势，防沙治沙形势严峻。以农田防护林和防沙固沙基干林为主，林分结构比较单一，存在发生病虫害风险。草原多为沙质荒漠草原，产草能力逐年降低。湿地面积萎缩严重。草地面积下降。水资源利用不合理，利用效率较低。自然保护地建设有待提高。林业产业规模较小，特色林果产品加工业附加值低，缺少龙头企业带动，合作社模式有待全面推广；生态旅游模式单一、层次不高。

11.6.4.3 发展方向

强化山区森林生态系统水源涵养、水土保持和生物多样性保护功能。精准提升森林质量，加大低产低效林改造力度。加大防沙治沙力度，加强防风固沙基干防护林建设、沙化土地封禁保护区建设、风沙源生态修复，阻止沙化扩大趋势。继续加强人工营造林措施，完善综合防护林体系，提高混交林和生态经济型防护林比例。强化退化林带修复，恢复荒漠草原和天然河谷次生林。实施湿地综合治理；改善湿地生态系统。合理利用水资源，提升水资源利用效率。完善自然保护地体系建设，优化野生动植物栖息繁衍环境，强化保护生物多样性。发挥乌昌石城镇群优势，强化林果业及种苗花卉等特色产业培育，优化产业结构，加强合作社经验总结和成熟模式推广。推动草产业提质增效，加强商品化开发和一体化经营。促进沙漠主题公园等生态旅游项目发展。加快鲜果和林产饮料产业升级，提质增效。

11.6.5 古尔班通古特荒漠植被保护区

11.6.5.1 区域范围

该区域位于准噶尔盆地中部和东部，西北、西南为古尔班通古特沙漠的边缘，与准噶尔盆地绿洲防护经济区相接，东南至塔克拉玛干荒漠植被保护区，与天山生态屏障接壤，东至蒙古国边界。面积约占新疆的9.30%，年平均降水量为100~200毫米。

11.6.5.2 综合评价

该区域生态环境非常脆弱，生态恢复难度较大。森林资源以荒漠灌木林为主，各种资源承载力弱，新造林恢复难度大。区域内存在大型矿产开发等国家重点建设项目，存在破坏植被现象，增加了区域内野生动植物保护难度。

11.6.5.3 发展方向

以保护荒漠动植物资源为导向，加强保护现有荒漠植被和生物多样性，实施沙化土地封禁保护区建设，以自然修复为主，减少人为干扰。加大国家重点开发项目评估审查力度，加强矿区的生态环境保护与综合治理。

11.6.6 塔里木盆地绿洲防护经济区

11.6.6.1 区域范围

该区域位于塔里木盆地和吐鲁番—哈密盆地边缘绿洲以及沿孔雀河、开都河、塔里木河、渭干河、阿克苏河、喀什噶尔河、叶尔羌河、玉龙喀什河、喀拉喀什河、克里雅河、车尔臣河等内陆河沿岸绿洲，整体呈不封闭环状分布。外环北抵天山生态屏障，南部与昆仑山—阿尔金山生态屏障相连，内环至塔克拉玛干沙漠的边缘与塔克拉玛干荒漠植被保护区相接。面积约占新疆的19.82%。年平均降水量介于50~100毫米。

11.6.6.2 综合评价

荒漠生境严酷，植物区系贫乏。森林植被以灌木为主，乔木林分较少且分布不均。生态用水紧张，制约造林规模和造林质量。生态承载力低，盐碱地、荒漠化区域多，沙化土地面积大，立地条件差。胡杨林衰败严重，数量急剧下降。草原以荒漠草原为主，载畜量高，草地退化比较严重。林果业产业化水平不高、精深加工能力不足、市场营销体系有待完善，林草生态旅游特色不明显。

11.6.6.3 发展方向

完善防护林建设体系，继续推进防沙治沙，创新荒漠治理投入机制，降低企业的社会成本，推广商业治沙等模式，吸引社会资本进入荒漠治理领域。统筹塔里木河生态水源，根据各地胡杨林面积、分布、退化情况，按需制定各地区的配水计划，提高生态水源利用效率，提升胡杨林生态自然修复能力。在塔里木河两岸合理提高草原植被覆盖度，提升草原质量。加大湿地保护力度。统筹发展林果产业，大力发展特色经济林，深入推进环塔里木盆地优势林果主产区和吐鲁番盆地林果业及特色产业带建设。促进特色林果和草产业提质增效，加快引进龙头企业，开展精深加工，加强品牌建设，完善仓储与物流设施，探索运输补贴，加快饲草料基地建设，提高饲草料利用率。发展种苗花卉产业。

11.6.7 塔克拉玛干荒漠植被保护区

11.6.7.1 区域范围

该区域位于塔里木盆地、吐鲁番—哈密盆地的腹地，界线主要沿着塔克拉玛干和库木塔格沙漠的外缘线，北部、西部和南部与塔里木盆地绿洲防护经济区、昆仑山—阿尔金山生态屏障接壤，东部至新疆与甘肃交界。面积约占新疆的28.33%。年平均降水量为10~100毫米。

11.6.7.2 综合评价

该区域为我国极度干旱的地区，沙漠化和盐渍化敏感性极高，植被覆盖度极低。荒漠地区占比高，荒漠化、沙化趋势尚未得到有效控制。天然胡杨林等乔木树种、草地退化严重。维持生物多样性压力较大，珍稀特有野生动植物减少。

11.6.7.3 发展方向

以实施封禁等自然恢复为主，严格禁止毁林毁草开荒、滥采地下水资源和过度放牧等行为，在有条件的区域实施封沙育草与人工造种草相结合的模式。提高林草经营保护和治理水平，加强对现有野生动植物的保护，恢复荒漠动植物资源。

11.6.8 多点串联的城乡绿网

11.6.8.1 区域范围

以全自治区城镇、乡村、农田林网、交通干道为基准区域，突出重点开发的城镇——国家层面重点开发区域，天山北坡城市或城区以及县市城关镇和重要工业园区，涉及23个县市；自治区层面重点开发区域主要指点状分布的承载绿洲经济发展的县市城关镇和重要工业园区，涉及36个县市。重点开发城镇如表11-5所示。

表11-5 新疆重点开发区域范围

等级	区域	覆盖范围
国家级	天山北坡地区	乌鲁木齐市、克拉玛依市、石河子市、奎屯市、昌吉回族自治州、乌苏市、阜康市、五家渠市、博乐市、伊宁市、哈密市(城区)、吐鲁番市(城区)、鄯善县(鄯善镇)、托克逊县(托克逊镇)、奇台县(奇台镇)、吉木萨尔县(吉木萨尔镇)、呼图壁县(呼图壁镇)、玛纳斯县(玛纳斯镇)、沙湾县(三道河子镇)、精河县(精河镇)、伊宁县(吉里于孜镇)、察布查尔县(察布查尔镇)、霍城县(水定镇、清水河镇部分、霍尔果斯口岸)

(续)

等级	区域	覆盖范围
自治区级	点状开发城镇	库尔勒市(城区)、尉犁县(尉犁镇)、轮台县(轮台镇)、库车县(库车镇)、拜城县(拜城镇)、新和县(新和镇)、沙雅县(沙雅镇)、阿克苏市(城区)、温宿县(温宿镇)、阿拉尔市(城区)、喀什市、阿图什市(城区)、疏附县(托克扎克镇)、疏勒县(疏勒镇)、和田市、和田县(巴格其镇)、巩留县(巩留镇)、尼勒克县(尼勒克镇)、新源县(新源镇)、昭苏县(昭苏镇)、特克斯县(特克斯镇)、乌什县(乌什镇)、柯坪县(柯坪镇)、焉耆回族自治县(焉耆镇)、和静县(和静镇)、和硕县(特吾里克镇)、博湖县(博湖镇)、温泉县(博格达尔镇)、塔城市(城区)、额敏县(额敏镇)、托里县(托里镇)、裕民县(哈拉布拉镇)、和布克赛尔蒙古自治县(和布克赛尔镇)、巴里坤哈萨克自治县(巴里坤镇)、伊吾县(伊吾镇)、木垒哈萨克自治县(木垒镇)

11.6.8.2 综合评价

重点开发区域是指有一定经济基础，资源环境承载能力较强，发展潜力较大，集聚人口和经济条件较好，从而应该重点进行工业化城镇化开发的城市化地区。

11.6.8.3 发展方向

以全自治区城镇、乡村、农田林网、交通干道为重点区域，大力推进城乡人居环境绿化。加强森林廊道建设，推动森林城市建设行动，加快农田防护林网建设和乡村绿化美化工作，为推进乡村振兴打好生态基础。

12 综合覆盖度指标体系研究

12.1 研究概况

为高效开展新疆林草发展"十四五"规划，新疆林业和草原局委托国家林业和草原局发展研究中心和北京林业大学，率先开展新疆林业和草原综合覆盖度指标体系相关的战略研究，旨在探索林草资源共管背景下，森林和草原覆盖状况开展协同监测高效管理的可行方案，以及全自治区生态安全状况有效掌控和精准提升的实现路径。

12.1.1 研究目标

12.1.1.1 梳理现有森林和草原覆盖状况的指标

根据《中华人民共和国森林法》《中华人民共和国草原法》《中华人民共和国森林法实施细则》《中华人民共和国草原法释义》《"国家特别规定的灌木林地"的规定（试行）》等法律法规，相关国家标准和行业标准，以及国内外开展森林、草原及植被监测与研究的相关案例，对现有森林、草原及林草覆盖相关指标进行梳理，明确其概念、内涵、用途和测度方法。

12.1.1.2 分析现有森林和草原覆盖状况指标的特点和适用性

通过分析现有森林、草原及林草（植被）覆盖状况相关指标的指示意义、生态学和生物学属性、时间和空间适用性、不同指标之间的差异状况等，进一步明确林草覆盖状况相关指标的优缺点，并提出新疆高效开展林草覆盖工作的指标体系建议。

12.1.1.3 明确新疆林草覆盖现状

根据新疆植被遥感影像、林草资源统计资料、相关研究文献等，明确新疆森林和草原现有面积及森林、草原和林草覆盖现状（2018年），为制定近期（"十四五"时期，2021—2025年）和远期（"十五五"时期，2026—2030年）林草资源及覆盖发展规划奠定基础。

12.1.1.4 提出新疆林草覆盖潜在规划目标

根据新疆森林、草原面积及覆盖现状，按照其现有增长趋势及外部条件变化情况，确定至2025年和2030年林草资源及覆盖率状况。

（1）森林资源及覆盖率发展目标及空间布局。按照目前国家相关标准，森林被定义为林木覆盖度（郁闭度）≥20%的乔木林和灌木覆盖度≥30%的国家特别规定的灌木林。由于新疆森林资源矢量数据为涉密数据，本研究无法获得使用授权。因此本研究采用公开的植被遥感数据为基础，进行森林资源统计与规划。尽管数据精度略低，但能够在自治区尺度上较好地实现规划目标。此外，由于研究所用数据未对森林类型（乔木林和灌木林）进行定义，因此专题以5%≤林木覆盖度（郁闭度）<20%的有林地、未成林地和少量非林地面积作为潜在森林增加面积，[其中10%≤林木覆盖度<20%的有林地和未成林地等面积作为近期规划（2021—2025年）新增森林面积；5%≤林木覆盖度<10%的有林地和未成林地等面积作为远期规划（2026—2030年）新增森林面积]，其空间分布即为相应规划期内的森林空间布局。

（2）草原资源及覆盖率发展目标及空间布局。按照目前国家对草原认定的通行标准，草原植被覆盖度≥5%的土地面积即为草原面积。本研究以利用属性为草地、草原植被覆盖度<5%的土地，作为规划期内新增草原面积[其中3%≤草原植被覆盖度<5%的利用属性为草地的土地面积作为近期规划（2021—2025年）新增草原面积；草原植被覆盖度<3%的利用属性为草地的土地面积作为远期规划（2026—2030年）新增草原面积]，其空间分布即为相应规划期的草原生态建设空间布局。

新疆现存较大面积的植被盖度<20%的草原，其生产和生态功能相对较低，拟通过自然恢复和人工促进等方式促进其植被盖度提升至20%以上。因此，在未来规划中，将现有10%≤植被覆盖度<20%的草原的植被覆盖度提升至20%以上，作为新疆未来（2021—2030年）草原资源增效的规划目标。其中，2021—2025年重点考虑对现有植被盖度在15%～20%的草原进行提质增效，2026—2030年重点考虑对植被覆盖度为10%～15%的草原进行提质增效。

（3）林草资源及林草覆盖率发展目标及空间布局。根据新疆森林和草原发展规划目标，以森林和草原面积之和在全自治区土地面积的占比作为林草覆盖率。相应规划期内，林草资源综合增量及空间布局，采用森林资源和草原资源的相应情况进行体现。

12.1.2 研究思路与方法

采用资料收集、文献查阅、数据分析、模型预测、现场考察与访谈研讨等手段，并充分运用理论分析与实际相结合、定性与定量分析相结合的手段，全面梳理和分析林草覆盖相关指标，明确其概念、内涵，了解其优缺点和适用性；同时，对新疆现有林草覆盖状况进行评估，并根据发展趋势与潜力进行规划制定。

12.1.2.1 资料收集与查阅文献

根据国家林草相关法律、法规、标准和文件，系统梳理现有森林、草原和林草覆盖指标，明确其概念、内涵、用途和测度方法，并分析其优缺点和适用性，有针对性地提出补充性指标体系，使得新疆森林和草原覆盖度指标体系得到进一步优化。

收集历次国家森林和草原资源情况报告、历次新疆林草资源调查资料、新疆林业和草原局工作报告及总结材料、新疆林草监测与研究相关的学术论文、新疆林草资源卫星影像及土地利用数据；查阅相关资料与文献，整理新疆林草资源关键数据，并确定数据和资料整合方案，为全面反映收集数据和资料的相关信息,初步构建方法学框架。

12.1.2.2 数据分析与模型构建

通过解译新疆植被分布状况的卫星影像,并结合新疆林草资源和土地利用数据,综合判断当前新疆森林和草原资源存量及分布状况,并分析森林和草原的潜在分布区,进而确定新疆未来林草资源增量及空间分布状况;通过对新疆多年林草资源增长状况分析,并综合考虑林草覆盖面临的新问题,综合确定新疆近期(2021—2025年)和远期(2026—2030年)林草资源发展规划的预期目标。

森林和草原植被覆盖度来源于2018年植被生长季(7、8月)高质量、无云的Landsat 8 OLI影像,并在对数据进行几何校正和辐射校正的基础上,计算植被NDVI:

$$NDVI = \frac{NIR - R}{NIR + R} \tag{12-1}$$

式中,NIR为近红外波段的反射率;R为红光波段的反射率。

然后,采用二分法计算获得林草植被覆盖度。像元二分模型是一种实用的植被遥感估算模型,优点在于计算简便、结果可靠,其原理是,假设一个像元的NDVI值由全植被覆盖部分地表和无植被部分地表组成,且遥感传感器观测到的光谱信息也由这两种因子线性加权合成,各因子的权重即是各自的面积在像元中所占的比率。其中,全植被覆盖部分地表在像元中所占的面积百分比即为此像元的植被覆盖度,计算公式表示如下:

$$f = \frac{NDVI - NDVI_{soil}}{NDVI_{veg} + NDVI_{soil}} \tag{12-2}$$

式中,f为植被盖度;$NDVI_{veg}$为全植被像元的NDVI值;$NDVI_{soil}$为无植被像元的NDVI值,即完全裸地的部分。

12.1.2.3 现场考察与访谈研讨

通过组织研究人员到新疆6个地州(和田地区、阿克苏地区、哈密市、阿勒泰地区、巴音郭楞蒙古自治州和伊犁哈萨克自治州)、重点县(市/区)林草、保护区管理等相关部门人员,进行座谈讨论,了解在林草覆盖状况监测、统计方面的具体做法、存在的困难及希望进一步优化的方向等,为进一步完善林草覆盖指标体系,促进林草覆盖协同监测、管理与发展提供重要参考。

通过组织研究人员到实地考察,了解目前自治区内自然保护地分布与管理情况、天然林保护、人工林营建和管理、森林经营管理面临的困难、草原保护与利用、退化草原状况及治理成效等,明确新疆森林和草原植被覆盖率提升的关键手段和主要困难;通过组织研究人员与自治区市(县)从事森林和草原管理保护的决策者、管理者和经营者进行访谈研讨,明确当前进一步提升林草面积的潜在技术手段、未来林草资源的发展方式和方向、林草管理和经营模式的优化潜力、当前林草管理与经营的政策缺口等,为最终制定林草覆盖规划目标、确定林草发展技术手段、提出林草资源增长的建议及实现手段。

12.1.2.4 理论与实际相结合

通过收集整理与林草覆盖率指标体系相关的文献资料,结合新疆自然、社会和经济实际情况,对新疆林草资源发展和林草覆盖率(森林覆盖率和草原覆盖率)提升情况进行仔细梳理,明确新疆林草资源的增长潜力和预期目标,确定促进林草资源和覆盖状况增长的关键手段,提出空间布局、经营方式和政策优化等方面的建议。

12.1.2.5 系统与实证研究相结合

森林和草原生态系统具有复杂性、多样性和关联性等特点。本研究采用系统论的分析方法,系统研究新疆林草资源保护和建设历程、总结主要经验和问题，探索未来时期新疆林草覆盖增长的目标任务和方式手段。此外，还通过大量现场调查研究，了解新疆林草资源保护和建设的典型模式，存在的问题和面临的难题等，为进一步改进系统分析结果提供重要参考。

12.1.2.6 定性与定量分析相结合

森林和草原的人工建设，属于人地关系协调可持续发展的实践领域，是自然科学与人类活动相结合的实践行为。新疆林草覆盖率、林草增量空间分布等，均采用定量分析的方式予以确定；新疆林草资源和覆盖增长的实现方式和技术手段的确定，主要根据森林和草原保护、管理与经营过程中的经验与教训、技术和政策方面的优化空间等定性分析的方式进行确定。

12.1.3 技术路线

技术路线如图 12-1。首先在系统梳理和分析现有林草覆盖相关指标基础上，根据国家法律法规及相关政策、新疆自然条件与林草工作实际，提出林草覆盖指标体系优化建议。相关建议，将紧密围绕新疆在国家生态安全格局中地位和角色，针对核心生态防护需求，致力于实现林草覆盖监测融合、协同发展，全面服务新疆林草资源科学、高效发展，促进林草覆盖状况实现稳中有增，进一步巩固新疆在青藏高原生态屏障和北方防沙带中的重要作用。

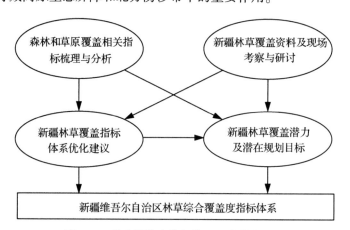

图 12-1　综合覆盖度指标体系研究技术路线

其次，根据新疆林草面积及分布状况，分析未来一段时间[近期："十四五"时期（2021—2025 年）；远期："十五五"时期（2026—2030 年）]森林和草原覆盖提升的潜力和空间分布状况，并提出新疆"十四五"及"十五五"时期林草覆盖潜在规划目标。

最后，提出促进新疆林草资源可持续增长，林草覆盖持续增加，林草资源保护和建设模式趋于优化合理的相关政策和技术建议。

12.2　国内外主要森林和草原覆盖指标

森林和草原作为重要的自然资源，在维护区域生态安全、支持经济社会发展等方面，具有不可替代的作用。通常采用森林和草原覆盖指标来反映区域森林和草原的基本状况。但是，由于目的、用途及侧重点不同，所采用的具体指标也有所不同，造成数据统计与整合困难。

在当前森林和草原管理行政职能合并的背景下，进一步优化和完善森林和草原覆盖指标体系，对于森林和草原资源的保护、利用和管理具有十分重要的意义。

基于以上目的，本研究系统梳理了国内外森林和草原覆盖相关指标，并对其优缺点和适用性进行了深入分析；在此基础上，结合我国和新疆的实际情况，提出了林草覆盖指标优化和林草覆盖增长的相关建议，为新疆"十四五"期间林草生态保护和高质量发展提供参考。

12.2.1 森林覆盖状况指标

目前，通过资料收集、文献检索与综合分析，涉及森林覆盖状况的指标，主要包括林木郁闭度、灌木覆盖度、林木绿化率和森林覆盖率。

12.2.1.1 林木郁闭度

(1) 概念。林木郁闭度(forest canopy density)指的是森林中乔木树冠投影面积与林地面积之比，可用于反映林分密度。根据《中华人民共和国森林法》(2019修订)、《中华人民共和国森林法实施条例》(2016修订)、国家标准《土地利用现状分类》(GB/T 21010—2017)的规定，郁闭度为0.2以上的乔木林被认定为森林，相应的土地认定为林地，因此林木郁闭度测定是森林资源调查与规划的重要技术指标。

(2) 内涵。林木郁闭度可以反映树冠的闭锁程度和树木利用生活空间的程度，是反映森林结构和森林环境的一个重要因子。

(3) 用途。林木郁闭度在水土保持、水源涵养、林分质量评价、森林景观建设等方面有广泛的应用；同时，在森林经营中郁闭度是小班区划、确定抚育采伐强度、判定是否为森林的重要因子；此外，林木郁闭度可反映林分光能利用程度，常作为抚育间伐和主伐更新控制采伐量的指标，也是区分有林地、疏林地、未成林造林地的主要指标。

(4) 测度方法。

①目测法。通过目测林木郁闭度是最为常用、迅速和便捷的方法，但受主观因素影响大，误差也较大，同时还受到地形、地貌、下层植被的影响。国家林业局2003年颁布的《森林资源规划设计调查主要技术规定》中指出，有林地小班，可以通过目测确定各林层的林冠对地面的覆盖程度，但强调有经验的调查人员才能够应用目测法。但是，目测法仅能满足郁闭度十分法表示的精度，更为准确的调查则需要其他方法。

②树冠投影法。将林木树冠边缘到树干的水平距离，按一定比例将树冠投影标绘在图纸上，最后从图纸上计算树冠总投影面积与林地面积的比值即为林木郁闭度。由于该种方法依旧需要靠人眼判断，存在着主观性，且难以克服林冠重叠问题，并且费工费时，不适合大范围的森林调查。

③样线法。通过在林地设立长方形样地，通过测量林木冠幅总长，除以样地两条对角线总长，即可获得林木郁闭度。样线法被认为是估计郁闭度的最可靠方法，可与通过遥感影像估测的林木郁闭度进行直接比较。

④样点法。一般采用系统抽样方法，在样地内设置样点，判断样点是否为树冠遮盖，统计被遮盖样点数，即可通过公式(林木郁闭度=被树冠遮盖的点数/样点总数)算出郁闭度。该方法应用不当可能会引起抽样偏差，但总体而言方法简便、实用，在实践中广泛应用。

⑤冠层分析仪法。冠层分析仪(如LAI-2000)利用鱼眼光学传感器进行辐射测量，通过测定冠层下可见天空比例，计算林木郁闭度。该种方法测量快速，但对天空条件要求比较严格，需要在测量时避免阳光直射，要求在均匀的阴天或早晚进行。尽管该方法客观性强，但仪器设备昂贵，应用条件约束严格，不适用于大范围森林郁闭度调查。

⑥遥感影像判读法。对大面积的郁闭度调查，可通过航空相片或高分辨率卫星图像进行判读。在航空相片上可通过树冠密度尺或微细网点板进行郁闭度判读。用卫星影像进行郁闭度调查时，是以地面调查的郁闭度为基础，利用与郁闭度相关性高的波段或变量，建立多元回归模型来估测林木郁闭度。通过卫星影像进行郁闭度估测，涉及的因素较多，波段选择也十分关键，否则会影响估测精度。

12.2.1.2　灌木覆盖度

（1）概念。灌木覆盖度（shrub coverage）指的是，灌木树冠投影面积占林地面积的百分比，可用于反映灌木林的林分密度。根据《"国家特别规定的灌木林地"的规定（试行）（2004年）》，特指分布在年平均降水量400毫米以下的干旱（含极干旱、干旱、半干旱）地区，或乔木分布（垂直分布）上限以上，或热带亚热带岩溶地区、干热（干旱）河谷等生态环境脆弱地带，专为防护用途，且覆盖度大于30%的灌木林地，以及以获取经济效益为目的进行经营的灌木经济林。新疆大部分县（市）在《"国家特别规定的灌木林地"的规定（试行）》的范围之内，而且新疆现有森林资源中国家特别规定的灌木林所占比重极大。但是根据《土地利用现状分类》（GB/T 21010—2017）的规定，灌木林地以灌木覆盖度0.4为阈值下限，造成新疆存在较大数量的国家特别规定的灌木林地因覆盖度不足未得到认定，直接导致森林资源规模的减小。

（2）内涵。灌木覆盖度具有与林木郁闭度相近似的内涵，反映灌木树冠空间锁闭程度，反映灌木林结构与环境的一个重要因子。

（3）用途。灌木覆盖度在干旱和半干旱区水土保持等方面有广泛的应用。当灌木林盖度超过特定阈值（0.2以上）后，可对立地土壤侵蚀进行有效防控。

（4）测度方法。灌木覆盖度测度方法与林木郁闭度相似，可采用目测法进行快速估算；也可采用树冠投影法，进行精确测定，但相对费时费力；而采用样线法可是在保证测定精度的前提下，做到相对省时省力。总体而言，灌木覆盖度的测定要比林木郁闭度测定更为容易，且精确度更高。

12.2.1.3　林木绿化率

（1）概念。林木绿化率（rate of woody plant cover），是指有林地面积、灌木林地面积（包括国家特别规定的灌木林地和其他灌木林地面积）、农田林网以及四旁（村旁、路旁、水旁和宅旁等）林木的覆盖面积之和，占土地总面积的百分比。国家标准《森林资源规划设计调查技术规范》（GB/T 26424—2010），给出林木绿化率的概念及计算方式。此后，根据林业行业标准《国家森林城市评价指标》（LY/T 2004—2012），林木绿化率是国家森林城市评价的重要指标，也是反映某一行政区域内林业资源和林业建设成效的重要指标。

（2）内涵。林木绿化率是衡量特定区域林木绿化状况的指标。根据林木绿化率的概念可知，由于林木绿化率计算中涵盖了其他灌木林地面积，所以一般情况下林木绿化率要比森林覆盖率更大一些。

（3）用途。林木绿化率是国家森林城市评价的重要指标，也是反映特定区域林木覆盖状况的重要指标。在林业行业标准《国家森林城市评价指标》（LY/T 2004—2012）中规定，创建国家森林城市过程中，通过四旁绿化要实现集中居住型村庄林木绿化率达到30%，分散居住型村庄达到15%；公路、铁路等道路因地制宜地开展多种形式绿化，林木绿化率要达到80%以上，形成绿色景观通道。

（4）测度方法。国家标准《森林资源规划设计调查技术规范》（GB/T 26424—2010），给出林木绿化率的计算方式，即有林地面积、灌木林面积与四旁树面积之和占土地总面积的百分比。林木绿化率的测度，主要是通过计算特定区域内有林地（乔木林地、竹林、国家特别规定的灌木林地和其他灌木林地）面积，统计四旁树木株数并折算为林地面积，然后计算二者之和占区域总土地面积的百分比，即为林木绿化率。

12.2.1.4 森林覆盖率

（1）概念。森林覆盖率（forest coverage rate）是指行政区域内森林面积占土地总面积的百分比。国家标准《森林资源规划设计调查技术规范》（GB/T 26424—2010），给出森林覆盖率的概念及计算方式，即有林地面积与国家特别规定灌木林面积之和，占土地总面积的百分比。因此，根据国家标准《森林资源规划设计调查技术规范》（GB/T 26424—2010）的规定，森林覆盖率与林木覆盖率存在两点差异：第一，仅涵盖国家特别规定灌木林面积，不包括其他灌木林面积；第二，不涵盖四旁树占地面积。然而，根据《中华人民共和国森林法》（2019 修订）、《中华人民共和国森林法实施条例》（2016 修订）及《"国家特别规定的灌木林地"的规定（试行）》等，指出计算森林覆盖率时，森林面积包括乔木林地面积和竹林地面积、国家特别规定的灌木林地（覆盖度0.3以上）面积、农田林网以及四旁林木的覆盖面积。表明，《中华人民共和国森林法》（2019 修订）、《中华人民共和国森林法实施细则》（2016 修订）制定时，对国家标准《森林资源规划设计调查技术规范》（GB/T 26424—2010）中涉及的森林覆盖率进行了修订。此外，根据国家标准《土地利用现状分类》（GB/T 21010—2017）的规定，在第三次全国国土调查过程中，灌木林地认定标准为灌木覆盖度≥40%，又形成与《中华人民共和国森林法》（2019 修订）、《中华人民共和国森林法实施条例》（2016 修订）及《"国家特别规定的灌木林地"的规定（试行）》对国家特别规定的灌木林地定位和认定标准的冲突，最终造成大量已被认定的国家特别规定的灌木林地未被认定为灌木林地。所以，由于认定国家特别规定的灌木林地的标准存在重大变化，对于森林资源以灌木林为主的新疆而言，第三次全国国土调查结果中森林面积应会出现减小现象，并导致森林覆盖率的相应变化。

（2）内涵。森林覆盖率是反映一个国家、地区森林资源和林地占有的实际水平的重要指标，也是反映森林资源的丰富程度和生态平衡状况的重要指标。但是，由于国家、地区自然条件差异极大，因此不考虑区域差异，简单地进行森林覆盖率横向比较，往往是不可取的。根据目前我国现行法律和行业规范框架之下的森林覆盖率计算方法可知，目前获得的特定区域的森林覆盖率比一般意义上的森林覆盖率略大，主要是其额外囊括了农田林网及四旁植树的折算林地面积。与林木绿化率相比，由于林木绿化面积囊括了其他灌木林地，所以森林覆盖率要比林木绿化率低一些。

（3）用途。森林覆盖率是世界范围内，反映林业资源状况和森林覆盖状况的通用指标，也是反映林业资源动态变化的最主要指标。同时，森林覆盖率也是国家和地区，森林资源保护、林业建设成效的主要考核指标之一，也是诸如生态文明示范区、国家森林城市、国家园林城市等城市荣誉认定的主要参考依据和技术指标。

（4）测度方法。森林覆盖率的测定，主要是通过计算特定区域内有林地（乔木林地、竹林、国家特别规定的灌木林地）面积，统计四旁树木株数并折算为林地面积，然后计算二者之和占区域总土地面积的百分比，即为林木绿化率。

12.2.2 草原覆盖状况指标

目前，通过对已有资料和文献进行分析，涉及草原覆盖状况的指标，主要包括草原植被覆盖度和草原综合植被覆盖度。

12.2.2.1 草原植被覆盖度

(1)概念。草原植被覆盖度(grassland vegetation coverage),指的是草原植被在单位土地面积上的垂直投影面积所占百分比。植被覆盖率作为生态学基本概念,当其运用在草原生态系统调查时,便为草原植被覆盖度。在农业行业标准《草原资源与生态监测技术规程》(NY/T 1233—2006)中的草原植被盖度,即是草原植被覆盖度。

(2)内涵。草原植被覆盖度是衡量特定区域内草原植被覆盖和生长状况的重要生态学参数和量化指标,同时也是区域水文、气象和生态等模型的重要参数。准确地获取草原植被覆盖信息,对揭示地表空间变化规律、探讨变化的驱动因子和分析评价区域生态环境具有重要意义。草原植被覆盖度反映区域草原植被覆盖程度,常用于反映草原覆盖程度的空间特征。针对某一块草原、某一类型草原植被覆盖程度的测定,可为计算区域草原平均覆盖程度提供数据支持。

(3)用途。草原植被覆盖度常用于分析气候变化、人类活动对草原植被的影响研究,是气候变化生态学、草原地理学等研究领域的重要植被参数。同时,草原植被覆盖度也是综合计算区域草原植被综合覆盖度的数据来源。

(4)测度方法。草原植被覆盖度的测量,包括地表实测和遥感估算两种方法。地表实测法,是通过在监测草原上布设样方,测定样方中草原植被面积占样方面积的百分比,具体方法以农业行业指导材料《全国草原监测技术操作手册》为准。遥感估算法,是通过解译植被遥感影像,根据监测目标草原的植被和地表反射状况,进而计算草原植被覆盖状况。目前多采用遥感估算结合地表实测数据校准的方式,在获得较为准确的草原植被覆盖度的同时,还可做到省时省力,这也是农业行业标准《草原资源与生态监测技术规程》(NY/T 1233—2006)重点推荐的方法。

12.2.2.2 草原综合植被覆盖度

(1)概念。草原综合植被覆盖度(comprehensive vegetation coverage of grasslands),指某一区域草原植被垂直投影面积占草原总面积的百分比,通常用某一区域内各种类型草原的植被盖度与其所占面积比重的加权平均值来表示。在农业行业标准《草原资源与生态监测技术规程》(NY/T 1233—2006)中,尽管草原植被覆盖度已作为重要监测技术指标予以单独列出,但未将草原综合植被覆盖度作为指标予以列出。然而,对县域(市域、省域)草原类型、草原面积、草原植被覆盖度等进行调查后,即可快速测算出草原综合植被覆盖度。草原综合植被覆盖度作为独立的草原覆盖技术指标,2011年起被《全国草原监测报告》(现为《中国林业和草原发展报告》)采纳,用于反映草原植被覆盖状况;2015年,又被《中共中央国务院关于加快推进生态文明建设的意见》采纳,作为与森林覆盖率同等重要的草原生态监测主要技术指标;2016年,被列入国家《生态文明建设考核目标体系》和《绿色发展指标体系》,作为我国生态文明建设的一个重要的考核指标;在国家标准《草原与牧草术语(征求意见稿)(2018年)》,给出草原植被综合覆盖度的标准术语解释。根据中共中央国务院印发的《关于加快推进生态文明建设的意见》,设定我国2020年草原综合植被盖度的预期目标为56%;2019年7月,国家林业和草原局在全国草原工作会议上公布,2018年全国草原综合植被覆盖度达55.7%,较2011年增加6.7%,能够确保2020年预期目标的实现。

(2)内涵。草原综合植被覆盖度是用来反映大尺度范围内草原覆盖状况的一个综合量化指标,直观来说是指比较大的区域内草原植被的疏密程度和生态状况,计算中以草原植被生长盛期地面样地实测的覆盖度作为主要数据来源。

(3)用途。草原综合植被覆盖度是当前草原行政管理绩效的最主要技术指标,同时也是《全国草原监测报告》的主要技术指标,还被应用到诸如生态文明建设、区域绿色发展等领域,并作为草原资源保护和建设绩效的核心指标。

(4)测度方法。

①县域尺度草原综合植被覆盖度计算。计算基础是该县内不同类型草原的植被覆盖度和权重，权重为各类型天然草原面积占该县天然草原面积的比例。需要注意的是，某类型草原覆盖度是该类型草原所有监测样地植被覆盖度的平均值。县级以下行政区域综合植被覆盖度的测算方法与县级行政区域综合植被盖度的计算基本相同。

②省域尺度草原综合植被覆盖度计算。省域是面积较大的行政区域，情况复杂，对省域草原综合植被覆盖度的影响因素比较复杂，计算基础是该省内不同类型草原的植被覆盖度和权重，权重为各类天然草原面积占该省天然草原面积的比例。地市级行政区草原综合植被盖度的测算方法与省级行政区测算方法相同。

③国家尺度草原综合植被覆盖度计算。全国草原类型复杂，面积巨大，对全国草原综合植被覆盖度的影响因素众多，全国草原综合植被盖度计算的基础是全国不同类型草原的植被综合覆盖度和权重，权重为各类天然草原面积占全国天然草原面积的比例。

(5)提高草原综合植被覆盖度的措施。根据调查的对象的分布特性，预先把总体分成几个层（也叫类、亚类、地段等），在各层中随机取样，然后合并成一个总体。各层的取样数是按照各层的面积占总面积的比例（权重）来确定。卫星等遥感数据相对于地面样地数据具有全覆盖的优势，在草原综合植被覆盖度计算中引入遥感等先进技术，采用野外实际调查和遥感技术相结合，对提高计算的准确度和时效性、改善计算方法、促进草原综合植被覆盖度的广泛应用具有重要意义。

12.2.3 林草综合覆盖状况指标

目前，通过对现有资料和文献进行分析，涉及林草综合覆盖状况的指标，主要包括林草覆盖率、绿化覆盖率、归一化植被指数和叶面积指数。同时，本项研究根据现有林草综合覆盖状况指标的优缺点，探索性地提出生态防护植被覆盖率指标，用于表征具有良好生态防护能力的林草植被覆盖状况。

12.2.3.1 林草覆盖率

(1)概念。林草覆盖率(percentage of the forestry and grass coverage)是指在特定土地单元或行政区域内，乔木林、灌木林与草地等林草植被面积之和占特定土地单元或行政区域土地面积的百分比。国家标准《开发建设项目水土流失防治标准》(GB50434—2008)，规定开发建设项目实施场地林草覆盖率必须达到一定标准(因工程类型和规模不同，标准在15%~25%)，并在2018年修订为《生产建设项目水土流失防治标准》(GB/T 50434—2018)予以保留，进一步说明林草措施作为水土流失防控的重要手段具有极端重要性，同时通过保证林草覆盖率可实现水土流失的基本控制。

(2)内涵。林草覆盖率作为水土保持领域的植被覆盖指标，用于规范开发建设项目水土流失治理工作。同时，林草覆盖率能够较为直观反映单位土地面积上林草覆盖的程度，可用于快速、简易地评估区域生态稳定性、水土流失控制程度。新疆作为我国土壤侵蚀最为严重的省份之一，特别是风力侵蚀分布面积极大，因此参考采用林草覆盖率进行省域尺度上的森林和草原植被状况评价，有助于进一步突出生态立区理念，协调林草资源管理与森林、草原生态防护服务之间的关系，同步开展资源保护建设、生态服务功能提升两项重要工作。

(3)用途。林草覆盖率可直观反映区域森林和草原覆盖的整体状况，还可在一定程度上指征区域土壤侵蚀的空间分布状况，对于协同开展林草资源发展与生态环境问题有效治理具有重要意义。

2017年，全国地理国情普查结果显示，当年我国林草覆盖率达到62%以上；当年，河北省和重庆市的林草覆盖率分别为46%和63%。因此，在当前和今后较长时间里，森林和草原生态优先原则将不会变化，因此采用林草覆盖率有助于反映两项重要的生态资源规模及生态防护状况。

（4）测度方法。根据林草覆盖率的概念，通过统计区域森林面积和草原面积（森林和草原不重叠）之和占区域土地面积，即可获得林草覆盖率。此外，通过植被遥感影像、土地利用现状信息，并结合地面调查验证，可以分别测算区域内森林面积、草原面积和土地面积，进而测算出区域林草覆盖率。

12.2.3.2 绿化覆盖率

（1）概念。绿化覆盖率（greening rate）指城市建成区内绿化覆盖面积与建成区土地面积的百分比。该指标由城建行业标准《风景园林基本术语标准》（CJJ/T 91—2017）》[原城建行业标准《园林基本术语标准》（CJJ/T 91—2002）]做出规定；并与国家标准《城市规划基本术语标准》（GB/T 50280—1998）、城建行业标准《城市绿地分类标准》（CJJ/T 85—2017）[原行业标准《城市绿地分类标准》（CJJ/T 85—2002）]中的绿地率相近，该指标主要用于指导城市绿化和城乡规划。同时，绿化覆盖率也作为林业行业标准《国家森林城市评价指标》（LY/T 2004—2012）的主要考核指标。

（2）内涵。绿化覆盖率反映城市建成区内绿化程度，能够基本反映城市的生态环境状况。

（3）用途。绿化覆盖率主要用于指导城乡建设规划过程中绿地（林地、草地）的规划控制规模，也可以反映建成区绿化工作的成效。林业行业标准《国家森林城市评价指标》（LY/T 2004—2012）中规定，创建国家森林城市过程中，通过开展城市绿化，要实现城区绿化覆盖率达到40%以上。

（4）测度方法。绿化覆盖率可通过统计城市中乔木、灌木和草坪等所有植被的垂直投影面积，计算其在城市土地面积中的占比，即可获得。在实施过程中，可以采用数据统计、实地调查和高分辨率遥感影像解译相结合的手段，高效测定城市植被垂直投影面积。

12.2.3.3 归一化植被指数（NDVI）

（1）概念。归一化植被指数（normalized vegetation index，NDVI）是一种基于遥感数据处理，所获得的检测植被覆盖度等和植物生长状况的指标。在农业行业标准《草原资源与生态监测技术规程》（NY/T 1233—2006）中，规定了通过遥感手段测定草原植被指数（比值植被指数，ratio vegetation index，RVI；归一化植被指数，NDVI；垂直植被指数，perpendicular vegetation index，PVI；增强植被指数，enhanced vegetation index，EVI），进行草原覆盖状况和植物长势状况的评估。随着遥感和计算机分析技术的快速发展，无论从影像精度、分析速度等多方面，都取得了突破性的进展，使得采用遥感手段进行草原、森林资源调查成为重要趋势。同时，根据相关植被指数的长期应用和研究，归一化植被指数具有更强的实用性，并在草原和森林资源调查研究中得到普遍运用。

（2）内涵。归一化植被指数主要用于反映植被覆盖和植被分布，能够较为准确反映植被覆盖度、植被物候特征和植被空间分布规律等。

（3）用途。归一化植被指数可用于快速评估中大空间尺度上，植被的空间分布状况及其年际动态等特征，并具有多种调查手段相互验证和转化，多种尺度相互转换的优点。但是，其存在无法自动剔除农作物的影响，因此在农田分布较多的区域存在较大偏差。

（4）测度方法。归一化植被指数的计算见公式（12-1）。

归一化植被指数间于-1~1，负值表示地面覆盖为云、水、雪等对可见光高反射，0表示有岩石或裸土等，正值表示有植被覆盖且随覆盖度增大而增大。归一化植被指数产品，一方面可以在美国航空航天局NASA的官方网站上直接下载成品数据，数据的分辨率分别为250米、500米、

1000米，根据应用目的的不同用户自行选择；另一方面，可以下载遥感影像，根据公式（12-1）进行波段运算，不过这对遥感影像的质量要求比较高，需要影像上的云量比较少，必要的话还需要进行去云处理。目前，多种卫星遥感数据反演的归一化植被指数产品，作为地理国情监测云平台推出的生态环境类系列数据产品，已得到广泛的应用。

12.2.3.4 叶面积指数

（1）概念。叶面积指数（leaf area index，LAI），也被称之为绿量，指的是单位土地面积上绿色植物的叶片面积之和。

（2）内涵。叶面积指数作为生态学研究过程中的重要植被指标，其与植物密度、结构、生物学特征和环境条件密切相关，能够有效表征植物光能利用状况和冠层结构的综合指标，在生态学、植被地理学等领域被广泛应用。

（3）用途。叶面积指数因其具有更为灵活的测度手段和方便的尺度拓展优势，不仅可在较小空间尺度（林地、社区尺度）通过叶面积指数仪快速测量获取，也可以通过遥感信息解译方式便捷获得中大空间尺度上的植被叶面积指数，因此在越来越多的中大尺度植被覆盖、植被承载力和植被生产力评估方面被广泛应用。特别是基于遥感方式计算叶面积指数，可极大提高估算的时间分辨率，极大克服了传统方式进行林草资源调查费时费力且精度不高等问题。但是，与其他基于遥感手段获得的植被指数相似，基于遥感手段获得了叶面积指数信息，也存在无法自动剔除农作物的影响，因此在农田分布较多的区域存在较大偏差，更适用于天然植被占绝对优势的区域。

（4）测度方法。叶面积指数的测度，可通过购置市售的叶面积指数数据产品快速提取，也可通过通用的高分辨率遥感影像进行解译加工获取，具有较好的可实现性。

12.2.3.5 生态防护植被覆盖率

（1）概念。生态防护植被覆盖率（coverage of ecological protective forest and grassland），指的是某一行政单元或特定区域内具有良好生态防护功能植被面积，占该行政单元或区域土地总面积的百分比。其中，良好生态防护植被面积指的是森林面积和植被覆盖度超过20%的草原面积之和。

（2）内涵。生态防护植被覆盖率是本项研究根据现有的森林、草原及植被覆盖相关指标，并根据这些指标在理论研究、工程规划和生产实践中的具体侧重和实际效用，综合考虑当前植被生态防护的覆盖度阈值效应研究进展的基础上提出的。森林和草原作为陆地生态系统的重要组分，在保持水土、涵养水源和维护生物多样性等方面，发挥着极其重要的作用。新疆的森林和草原是区域生态安全格局保障体系的主体，也是我国青藏高原生态安全屏障、北方防沙带的重要组成部分。对于森林和草原而言，只有适应当地自然环境的植物群落类型达到一定的覆盖度阈值，才能稳定、高效地发挥生态服务功能。

植被对地表土壤侵蚀起着明显的调控作用，这种调控作用受到植被盖度、类型、高度及空间分布的综合影响。大量研究结果显示，植被盖度对土壤侵蚀的影响最为显著。已有研究表明，当植被盖度低于20%时，会发生强烈的土壤风蚀；而当植被盖度大于20%，土壤风蚀强度将急剧下降。当沙地草原植被盖度为24%~34%时，土壤风蚀状况基本可控；防风固沙灌木盖度达到20%~30%时，防风固沙效益较为明显，基本能够控制地表土壤风蚀。植被盖度对水蚀的影响较为复杂，不同气候类型区、不同土壤类型研究结果差异较大，一般能够有效防治水土流失的植被盖度为20%~40%。植被建设除了考虑能够有效防治水土流失外，还应考虑对土壤理化性质的改善及水资源的承载力。在我国半干旱地区的研究显示，当植被盖度达到20%以上时，在防治土壤风蚀、改善土壤理化性质和水资源消耗上，即能够达到较为均衡的生态效果。

在本研究中，综合考虑植被对土壤水分、养分和土壤侵蚀的影响，将能够显著改善土壤理化性质、不超过当地水资源承载力、有效控制土壤侵蚀的基线植被覆盖度，作为生态防护植被盖度的下限阈值。此外，参考了《新疆维吾尔自治区实施〈中华人民共和国草原法〉细则》（2011版）、《青海省实施〈中华人民共和国草原法〉办法》（1989版）及（2007修订版）、《西藏自治区实施〈中华人民共和国草原法〉办法》（1994版）及（2015修订版），关于植被覆盖度不足20%的退化草原、沙化草原进行更新和建立人工草地的相关规定。由于在较大的区域范围内，气候、土壤等自然要素存在较大的空间异质性，适合于不同立地类型的生态防护植被盖度也会有较大变化，需要长期的实验观测才能科学确定，考虑到新疆自然条件严酷，立地类型多样，植被建设难度较大，将生态防护植被的基线覆盖度阈值确定为20%。

(3) 用途。生态防护植被覆盖率可用于反映高质量森林和草原资源状况，其分布状况可有效反映区域生态安全格局空间状况。同时，根据该指标还可有针对性地开展林草保护和建设，进而构建更为完善的区域植被生态安全防护体系。

(4) 测度方式。以某一行政单元或特定区域内具有良好生态防护功能植被的面积（森林面积与植被盖度超过20%草原面积之和），在本区域土地面积所占比例，作为该行政单元或区域的生态防护植被覆盖率，生态防护植被覆盖率=（森林面积+草原面积$_{植被盖度\geq 20\%}$）/土地总面积。

在进行生态防护植被覆盖率测度时，需要统计森林面积以及植被盖度超过20%草原的面积。森林面积统计较为容易，可根据林业调查数据库或遥感影像解译等手段获取。草原则需要采用遥感手段，测定草原的归一化植被指数（NDVI），并通过转换计算测定其覆盖度，通过统计覆盖度超过20%的草原面积，即可获得相应的草原面积。由于新疆草原类型多样，从低覆盖度的温性荒漠类草原和温性荒漠草原类草原，到高覆盖度的高山草甸类草原等，因此根据草原的生态防护覆盖度阈值下限确定为20%。需要指出的是，本研究确定的草原生态防护覆盖度阈值下限，是基于水土流失防控等草原覆盖相关的生态功能充分发挥前提下做出的，不过多考虑草原生产力状况。

12.3 森林和草原覆盖指标应用分析

一般而言，采用面积来反映森林和草原的绝对规模，然而，由于不同地区自然条件和国土面积差别很大，为了在不同区域间比较生态状况或生态建设成效，多采用相对的比例性指标进行衡量。

目前，我国主要采用森林覆盖率，即森林面积占国土面积的百分比，来比较不同地区森林资源规模，采用草原综合植被盖度（草原牧草生长的浓密程度）比较不同地区草原资源状况。从这两个指标的概念来看，显然，其反映的内容和测算方法均完全不同，无法融通，也无法进行对比。

此外，由于森林覆盖率、草原综合植被盖度的测度，依赖于实地调查，存在数据还原性差、过程不可追溯等问题，无法满足当前森林和草原资源保护、利用与管理的要求。因此，对现有森林和草原覆盖指标进行综合分析，在此基础上，提出优化方案，可为新时期森林和草原的管理，提供可行的解决方案。

12.3.1 森林覆盖状况指标

根据森林覆盖状况指标的概念、内涵、测度方法和可操作性等，分别对林木郁闭度、灌木覆盖度、林木绿化率和森林覆盖率进行分析和比较，为森林覆盖状况指标的优化提供参考。

12.3.1.1 林木郁闭度

林木郁闭度一般用于反映林分尺度上的林木覆盖状况，在一定程度上具有反映林木（冠层）浓密程度的作用。

(1) 优点。林木郁闭度是鉴别林分是否被认定为森林的重要指标，只有林木郁闭度超过20%时，林分才能被认定为森林。

林木郁闭度能够反映树冠的闭合程度和林地覆盖程度，能够提供更多的生态学、生物学细节，有助于在一定程度上反映森林结构、森林环境及森林的生态服务功能状况（水土保持、水源涵养等）。

(2) 缺点。林木郁闭度主要反映特定林分的冠层状况，并不适用于反映中大尺度上的森林覆盖状况表征。林木郁闭度无法有效体现完整的林地信息，也无法有效整合灌木林的相关信息，因此并不适用于作为独立的森林覆盖状况指标。

12.3.1.2 灌木覆盖度

灌木覆盖度一般用于反映林分尺度上灌丛覆盖状况，能反映树冠对地面的遮盖程度。由于灌木林是中国西北省区主要的森林类型，因此通过覆盖度认定灌木群落是否被认定为灌木林。根据《"国家特别规定的灌木林地"的规定（试行）（2004年）》，特指分布在年平均降水量400毫米以下的干旱（含极干旱、干旱、半干旱）地区，或乔木分布（垂直分布）上限以上，或热带亚热带岩溶地区、干热（干旱）河谷等生态环境脆弱地带，专为防护用途，且覆盖度大于30%的灌木林地，以及以获取经济效益为目的进行经营的灌木经济林。根据《土地利用现状分类》（GB/T 21010—2017）的规定，在全国第三次国土调查工作中，只有灌木覆盖度达到40%以上，才会被认定为灌木林。

(1) 优点。灌木覆盖度可反映灌木林冠层结构，进而在一定程度上反映其对立地的覆盖和庇护作用。灌木覆盖度能够提供更多的生态学、生物学细节，有助于在一定程度上反映灌木林结构、环境状况及其生态服务功能状况等。

(2) 缺点。灌木覆盖度主要反映特定灌木林的冠层状况和对地表的覆盖状况。灌木覆盖度无法有效体现完整的林地信息，也无法有效整合乔木林的相关信息，因此并不适用于作为独立的森林覆盖状况指标。

12.3.1.3 林木绿化率

林木绿化率指的是林地面积、灌木林地面积、农田林网以及四旁林木的覆盖面积之和，占土地总面积的百分比。林木覆盖率主要反映某一区域内木本植物的覆盖状况。

(1) 优点。林木覆盖率的测度综合考虑了有林地面积、各种灌木林面积、农田林网及四旁树占地面积，能够全面反映木本植物的覆盖状况，对已有的森林保护和林业建设工作成效予以全部认定。

林木覆盖度可在一定程度上规避在干旱半干旱地区过度营造片状乔木林的弊端，具有强化天然灌木林保护、经济林生态化经营的导向作用，也可更多地体现城乡绿化、农田林网建设、绿色通道建设过程中的造林成效。新疆自然条件恶劣，气候干旱、土壤贫瘠，沙漠及沙化土地面积巨大，森林适宜分布区相对较少，草原适宜分布区相对较大。

新疆除少量集中分布的乔木林和灌木林之外，大多数区域并不适合人工造林作业，而林业建设的主要工作主要在封山育林、灌木固沙、农田林网、四旁植树和通道绿化等，如果采用林木覆盖率对林业建设进行绩效评价考核，不仅能够充分体现建设成效，还可为根据本区自然经济社会特点因地制宜地、注重成效地发展林业起到良好的引导作用。

(2)缺点。在我国林业实践过程中,林木覆盖率的概念内涵与森林覆盖率相近,且林木覆盖率的应用范围相对较窄,不及森林覆盖率更普遍。林木绿化率的使用,容易造成诸多误导,不便于涉林工作的数据统计、国际履约和学术交流等活动的开展。

12.3.1.4 森林覆盖率

森林覆盖率是反映一个国家、地区森林资源和林地占有的实际水平的重要指标,也是反映森林资源的丰富程度和生态平衡状况的重要指标。该指标是世界各国及我国各省(直辖市、自治区),进行林业保护和建设绩效评价的核心指标。

(1)优点。森林覆盖率能够反映最主要的森林类型的综合状况,体现区域森林覆盖与土地面积的比例关系。森林覆盖率,有助于克服过度关注森林面积,而忽视区域土地面积差异,势必造成森林资源状况比较出现偏差。因此,森林覆盖率是国内外进行森林资源调查时,最主要的目标性指标之一。森林覆盖率应用最为广泛,便于长期开展林业资源统计与管理。鉴于森林覆盖率作为《中华人民共和国森林法》(2019 修订)的正文条款,该指标将长期用于我国林业建设成效评价工作,因此必将会得到持续应用。

森林覆盖率作为表征我国森林资源和林业建设的主要指标,具有操作方便、表征准确的特点,可长期作为反映森林覆盖状况的主要技术指标。由于我国幅员辽阔,省级行政单位之间及省级行政单位内部,气候特征、自然条件差异巨大,在反映特定区域森林覆盖状况时除了计算常规的森林覆盖率以外,还可计算区域扣除不适森林分布土地面积后的森林覆盖率作为补充。这样可以,一方面充分体现实事求是、尊重自然的理念,另一方面如适合森林分布土地上森林分布比例较为适宜,则可将森林资源管理与经营,由造林增量向保护增效转变。

就新疆而言,由于地形和气候的双重影响,适宜林木分布的区域十分有限。因此,仅依据森林覆盖率很难充分反映本区生态安全状况。鉴于此,新疆可在核算森林覆盖率的同时,核算扣除不适合林木分布区土地面积后的修正森林覆盖率,一方面按照符合林业行业法律和实践规范,另一方面能够真实展现本区森林覆盖的实际情况和潜在空间。

(2)缺点。森林覆盖率的测算,仅将国家特别规定的灌木林地纳入,而其他灌木林未被纳入。新疆除国家特别规定的灌木林范围县(市、镇)之外,其他县(市、镇)依旧存在相当面积的灌木林,这些灌木林在发挥水土保持、水源涵养、生物多样性维持等方面作用巨大,不将其纳入森林覆盖率的计量具有一定不合理性。森林覆盖率计量,未考虑到新疆存在不适宜林木分布土地面积巨大的实际情况。

目前,我国考量区域生态安全状况时,多以森林覆盖率作为参考技术指标,但无法全面反映新疆以草为主、以林为辅、林草结合的省域生态安全格局构建实际。

12.3.2 草原覆盖状况指标

根据草原覆盖状况指标的概念、内涵、测度方法和可操作性等,分别对草原植被覆盖度和草原综合植被覆盖度进行分析和比较,为草原覆盖状况指标的优化提供参考。

12.3.2.1 草原植被覆盖度

草原植被覆盖度,指的是草原植被在单位土地以面积上的垂直投影面积所占百分比,用于反映某一片草原的植被浓密程度。

(1)优点。草原植被覆盖度,作为草原生态学的基本参数,具有具体的生物学和生态学意义,能够直观地反映草原生态防护和牧草生产能力，是草原生态学研究和草原生态监测的重要的元指标。草原植被覆盖度的测度方法多样，可采用实地调查、无人机调查和遥感影像估算等独立或综合方法实现，也便于实现尺度转化。

(2)缺点。草原植被覆盖度，如同林木郁闭度，能够反映较小空间尺度上的草原植被的浓密程度，并不适于反映中大空间尺度草原的覆盖状况特征。草原植被覆盖度无法有效体现完整的草原的面积信息，难以直观判断特定行政单元或区域内的草原规模。

12.3.2.2 草原综合植被覆盖度

草原综合植被覆盖度，指某一区域各主要草地类型的植被覆盖度与其所占面积比重的加权平均值。

(1)优点。草原综合植被覆盖度，可在较为直观地反映了某一行政单元或特定区域内草原植被的平均浓密程度，能够反映草原植被的生态防护能力，也能反映出牧草的生产潜力。草原综合植被覆盖度，长期作为草原行政管理的核心技术指标，已得长期执行和广泛认可，并已成为生态文明建设、绿色发展等评价体系中关于草原的主要技术指标。

(2)缺点。草原综合覆盖度无法直观体现区域草原面积信息，难以根据该指标判断区域草原规模。草原综合覆盖度，由于是通过不同类型草原覆盖度及其面积比重，综合加权得到的，所以该指标也无法直观体现不同草原类型间的覆盖度差异，不便于直接指导草原管理与经营。

12.3.3 林草综合覆盖状况指标

根据林草综合覆盖状况指标的概念、内涵、测度方法和可操作性等，分别对林草覆盖率、绿化覆盖率、归一化植被指数、叶面积指数、生态防护植被覆盖率进行分析和比较，为林草综合覆盖状况指标的优化提供参考。

12.3.3.1 林草覆盖率

林草覆盖率是指在特定土地单元或行政区域内，乔木林、灌木林与草原等林草植被面积之和占土地总面积的百分比，能够较好反映森林和草原在区域生态保障中的实际效用。

(1)优点。林草覆盖率充分融合了森林和草原的覆盖状况信息，能够有效体现林草资源规模，并可为区域林草资源协同规划、管理和利用，生态安全格局有效构建创造条件。同时，林草覆盖率作为重要参数，在国土部门开展的地理国情普查中已得到试用，并且达到了预期成效。

林草覆盖率可有效规避，同一块土地由于林草重复确权，致使森林和草原面积之和与实际不相符合的问题，便于国家和行业部门进行高效的林草综合管理。

林草覆盖率能够克服，因气候变异、人为活动等所导致灌木覆盖度变化，引起的灌木林与草原面积之间的此消彼长，以及灌木林面积因气候原因而减小等问题。

林草覆盖率可采用数据统计、遥感解译等多种方法快速获取，并且不存在复杂的尺度转换问题。

采用林草覆盖率，对于气候和自然条件恶劣的新疆而言，可将更多精力放在草原保护和建设上，对于保障区域生态安全、促进畜牧业发展、规避草地植树造林等具有重要引导意义。

(2)缺点。林草覆盖率虽在一定程度上，将森林和草原覆盖状况进行了归并，但依赖于对土地权属和性质(同一块土地，只能被认定为林地或草原其一)进行全面确认。如果无法在今后的自然资源确权过程中，实现土地林权和草权的有效确认，做不到是林则非草、是草则非林，那么林草覆盖率的测算依旧难以有效开展。

新疆林草资源中，草原面积比重远大于森林，而草原(特别是覆盖度极低的荒漠类、荒漠草原类和草原化荒漠类草原)易受短期气候波动影响，势必会造成草原面积的年际波动。因此，在气候变异较大时，林草覆盖率可能会因草原面积变化较大，产生较为明显的年际差异。

如果采用林草覆盖率，可能会降低现有森林保护的积极性，使得林业管理者和经营者减少林业生产相关的经费和人力物力投入，具有不利于森林资源保护的潜在倾向。

12.3.3.2 绿化覆盖率

绿化覆盖率通常指城市建成区内绿化覆盖面积占土地面积的比例，能够直观反映城市建成区内绿化程度，并可以基本反映城市的生态环境状况。

(1)优点。绿化覆盖率能够全面反映城市建成区的绿地覆盖状况，涵盖了除森林、草原以外的各类绿地类型，囊括的植被类型更多。

(2)缺点。绿化覆盖率的主要在城乡规划、园林城市和森林城市创建中使用，应用范围相对较窄。由于城市绿地数量和规模都相对较小，并有相对清晰的统计数据，因此绿化覆盖率适用于城市建成区的绿地覆盖状况表征。但是，对于更大区域而言，绿化覆盖率的各项测算指标较难获取，可操作性不强。此外，绿化覆盖率更多表达的是城市人工绿化工作的成效，而与林草资源主体为自然植被这一特点不相符合，难以准确表征更大空间尺度上的林草综合覆盖状况。

12.3.3.3 归一化植被指数

归一化植被指数是一种基于遥感数据处理，获取的反映地表植被覆盖状况和植被长势的指标。

(1)优点。归一化植被指数，适合在较大空间尺度上应用，能够较为便捷地获得相对较大区域植被覆盖的基本情况。采用归一化植被指数反应较大区域林草覆盖状况，省时省力，工作流程标准，具有良好的可重复性和可操作性。

(2)缺点。归一化植被指数不区分森林植被、草原植被，甚至难以区分农作物，因此精度较低。尽管归一化植被指数，能够很好反映植被覆盖状况，但完全不区分森林和草原植被，无法为林草行业部门高效管理提供针对性的依据。由于归一化植被指数是通过遥感影像解译方式获取的，因此影像的时/空分辨率、季相等都会对结果产生影响。

12.3.3.4 叶面积指数

叶面积指数指的是单位土地面积上绿色植物的叶片面积之和。

(1)优点。叶面积指数并非简单地反映植被覆盖率状况，而比植被覆盖率、归一化植被指数等具有更多的生物学和生态学信息。叶面积指数能够高效反映植被覆盖的密度，在核算植被蒸腾耗水、叶片滞尘、有毒气体吸收、噪声消减等方面具有独特的优势。

(2)缺点。叶面积指数与归一化植被指数相同，其也存在无法有效区分森林、草原和人工植被(包括农作物)，同时该指标受年际气候变异影响极大。而且，叶面积指数是通过遥感影像解译方式获取的，因此影像的时/空分辨率、季相等都会对结果产生影响。同时，叶面积指数的计算方式相对复杂，需要专业的技术人才和分析设备。

12.3.3.5 生态防护植被覆盖率

生态防护植被覆盖率，指的是某一行政单元或特定区域内，森林面积和植被覆盖度超过20%的草原面积之和，占该行政单元或区域土地总面积的百分比。

(1)优点。生态防护植被覆盖率能够充分体现林草的生态防护功能属性，而非一般意义上简单呈现森林与草原面积之和占土地面积的比例。同时，该指标还包含一定的草原植被覆盖度信息，能够起到有机融合林草主要技术指标的作用。采用生态防护植被覆盖率，可发挥对森林资源和高覆盖度草原资源协同增长的双重引导作用，有助于促进林草质量并重发展。

（2）缺点。生态防护植被覆盖率依赖于对土地权属和性质进行全面确认，在未完全确权情况下，不便于该指标的准确测算。生态防护植被覆盖率测算，还需对草原植被覆盖度进行定期调查，一定程度上增加了林草管理工作量。

生态防护植被覆盖率作为本研究提出的，反映林草植被覆盖状况的指标，并根据新疆林草资源状况进行了试用。如果，该指标能够得到林草行业管理部门认可，可在一个或几个西北省区先行试点，待进一步规范后予以适度推广。

12.3.4 综合分析

12.3.4.1 森林覆盖状况指标

目前，采用森林覆盖率反映特定区域的森林覆盖状况，能够较好反映森林的规模，但部分林业建设成果（特别是其他灌木林等）无法得到充分体现，且森林的综合覆盖状况也未能体现。

今后，可尝试采用类似草原综合植被覆盖度测算方式（森林覆盖度与其所占面积比重的加权平均值），通过地面实测（森林资源连续清查）和遥感估算相结合的手段，构建森林综合植被覆盖度。

采用森林覆盖率并结合森林综合植被覆盖度，能够更加全面反映特定区域的森林规模和覆盖度状况，可以有效规避当前森林资源管理政策的死角，即出现森林面积持续增大但森林覆盖质量持续下降的不利情况。

12.3.4.2 草原覆盖状况指标

尽管，采用草原综合植被覆盖度是反映草原植被的浓密程度，可从整体上反映特定区域草原植被对所占土地的覆盖程度，但却难以反映草原的面积信息。

今后，可尝试采用类似森林覆盖率测算方式（草原面积与土地面积的比值），通过地面实测（定期的草原资源综合调查）和遥感估算相结合的手段，构建草原覆盖率。

采用草原综合植被覆盖度并结合草原覆盖率，能够更加全面反映特定区域的草原覆盖状况和规模，可以有效规避当前草原资源管理政策的死角，即草原覆盖状况持续提高但草原规模逐年缩小的不利情况。

12.3.4.3 林草综合覆盖状况指标

此前，由于森林和草原分属不同行业部门管理，林草监测评估的融合问题长期被搁置。当前，通过机构改革，森林和草原的管理职能合归一处，森林和草原资源同步监测、融合发展需要实现。但是，目前受制于森林覆盖状况采用森林覆盖率（森林的土地占比，反映森林规模状况），草原覆盖状况采用草原植被综合覆盖度（草原覆盖度与其面积占比的加权平均，反映草原植被密度状态），二者各自反映植被覆盖的一个方面，因此围绕这两项指标尝试进行指标整合是完全不现实的。

虽然，林草资源现已实现共管，但是森林资源和草原资源必将独立确权，即特定土地仅能获得林权证或草原证，而不可同时被认定为森林和草原。因此，将符合森林认定条件的土地，认定为林地；将符合草原认定条件的土地，认定为草原；既符合森林认定条件，又符合草原认定条件的土地，无特殊原因可优先认定为林地。所以，今后开展林草覆盖状况监测评价，一定是在森林覆盖状况、草原覆盖状况的测算基础上进行综合计算即可，而不存在林草之间的交集状态。

在不考虑森林和草原类型条件下，较大区域的林草覆盖状况综合监测评估可采用归一化植被指数等指标通过遥感估算手段获取，不仅可了解区域植被覆盖比率，还可了解植被覆盖度时空分布状况。但是，由于无法有效区分森林和草原，不宜区分森林覆盖状态、草原覆盖状态，难以确定森林和草原覆盖状况的动态特征(以反映资源规模和质量增减及区域差异),因此无法为森林和草原资源保护和管理提供有针对性的建议。

林草覆盖率已被长期运用于区域水土流失防治与监测,以反映特定区域水土流失防治的程度。我国西北省份面临的最主要的生态环境问题是水土流失和风沙危害,因此采用林草覆盖率评估省级行政单位范围内的植被和生态状况是合理的。因此,可以尝试采用林草覆盖率作为当前林草覆盖监测评估工作的重要指标。

12.3.4.4 研究建议

综上,结合我国目前的实际情况,建议将森林覆盖率、草原植被综合覆盖度继续作为森林和草原覆盖状况的主要监测指标,并可将森林综合植被覆盖度、草原覆盖率作为补充指标,用于反映森林植被状况和草原规模状况。同时,建议采用林草覆盖率和生态防护植被覆盖率,作为林草综合覆盖状况和生态状况的指标,在新疆等西北省份进行试点实施。

12.4 林草资源基本情况

12.4.1 森林资源概况

12.4.1.1 森林资源清查结果(2016年)

根据第九次森林资源清查结果显示,2016年新疆森林面积802万公顷,其中乔木林215万公顷,特别规定的灌木林587万公顷;森林覆盖率4.87%,较2011年(4.24%)提高0.63%;森林蓄积39222.5万立方米(表12-1)。

表12-1 新疆森林资源统计数据

年度	森林覆盖度(%)	林地面积(万公顷)	森林面积(万公顷)	天然林面积(万公顷)	人工林面积(万公顷)	经济林面积(万公顷)	森林蓄积量(万立方米)	全国森林覆盖度(%)
2008[①]	2.94	608.46	484.07	—	45.90	—	28039.68	18.21
2011[②]	4.02	1066.57	661.65	—	61.75	—	30100.54	20.36
2013[③]	4.24	1099.71	698.25	547.29	94.00	56.96	33654.09	21.63
2015[④]	4.70	—	774.00	—	—	—	36700.00	21.66[⑤]
2016[⑥]	4.87	1371.26	802.00	—	—	—	39221.50	22.96[⑦]

注:数据来源于①国家林业局2008年全国森林资源情况;②国家林业局2011年全国森林资源情况;③国家林业局《中国森林资源报告(2009—2013年)》;④新疆林业和草原局《新疆维吾尔自治区林业发展"十三五"规划》;⑤国务院新闻办公室《发展权:中国的理念、实践与贡献》;⑥国家林业局西北森林资源监测中心《新疆第九次森林资源清查——新疆维吾尔自治区森林资源清查成果》;⑦国家林业和草原局《中国森林资源报告(2014—2018年)》。

12.4.2 森林资源现状(2018年)

通过对新疆植被遥感影像进行分析,并结合全自治区土地利用数据计算,2018年新疆森林面积653.89万公顷(新疆维吾尔自治区实际土地面积16314.20万公顷),森林覆盖率为4.01%。

需要说明的是,由于林地统计时效性、林地和草原重复确权、地面调查与遥感监测精度匹配度等问题,通过统计方式获得的新疆森林面积及森林覆盖率,与遥感手段结合土地利用数据获取的相应数据存在一定差异。同时,由于过去土地测量手段有限,新疆自治区及各市均存在土地实际面积小于统计数据的问题,而采用遥感手段结合土地利用数据取得的森林面积及覆盖率,能够有效解决森林面积统计精度不高、土地面积统计存在较大误差的问题。因此,本报告以遥感影像分析结合土地利用数据,获得的2018年新疆森林面积及覆盖率为基础,进行相应规划制定。

新疆森林统计资料与采用遥感手段获得的森林面积和森林覆盖率存在较大出入,主要原因是受土地使用性质变更滞后的影响,地类统计存在较大出入;受统计手段限制及精度约束,原有统计途径的各市及全自治区土地面积、森林面积存在较大出入;退耕还林、防沙治沙工程等生态工程,形成的大规模灌木/半灌木林地,原先以特别规定的灌木林(灌木盖度≥30%)名义认定为森林,但受灌木生长周期、植被演替、气候年际变异等影响,灌木盖度降至30%以下,不被计入森林进行统计;根据第三次全国国土调查要求,提高了灌木林认定的盖度阈值,即将灌木盖度≥40%的灌木林认定为森林。

近年来,新疆森林资源得到了有效保护,并得以持续增加,为北方防沙带构建发挥重要作用,对于国家生态安全保障意义重大。新疆作为我国主要的贫困省份,自治区内贫困人口众多,但始终紧抓森林资源保护和发展工作不放,并取得诸多成绩。一方面,得益于牢牢把握生态文明建设总目标,牢固树立保护生态环境就是保护生产力、改善生态环境就是发展生产力的理念;另一方面,得益于坚持生态保护第一的林业可持续发展道路,建设林业三大体系,着重实施三北防护林体系建设工程、退耕还林工程、天然林保护工程,着力深化林业改革,全面推进依法治林,大力发展生态林业和民生林业。随着森林资源保护工作的不断深入,自治区内生态环境持续改善,为各项社会经济工作的有效开展和持续发展创造良好条件。

此外,2010年以来,《全国主体功能区规划》(2010年12月21日发布)和《新疆维吾尔自治区主体功能区规划》(2012年12月27日发布)的逐步实施,新疆作为国家生态安全战略格局—北方防沙带和青藏高原生态屏障的重要组成部分,自然保护地体系构建、生态保护、植被建设力度加大,增加了人工林规模、促进了天然林和草原恢复。

因此,综合而言,随着国家和新疆对生态保护、林草建设的重视程度和投入力度的持续增大,新疆森林面积、草原面积和林草覆盖率将稳步增加,为本区和国家提供越来越多的生态服务产品、保障本区及国家生态安全提供基础条件。

12.4.3 森林类型、分布及覆盖状况

12.4.3.1 森林类型

(1)气候类型。新疆深居内陆,远离海洋,四周高山阻隔,形成典型的温带大陆性气候。新疆气温温差大,日照充足,降水量少,气候干燥。新疆年平均降水量为150毫米左右,但各地降水量相差很大,南疆的气温高于北疆,北疆的降水量高于南疆。

新疆由昆仑山脉、天山山脉和阿尔泰山脉,塔里木盆地和准噶尔盆地相间排列,形成"三山夹两盆"的格局。新疆北部为阿尔泰山脉,南部为昆仑山脉;天山横亘于新疆中部,把新疆分为南北两半,其南部为塔里木盆地(分布有塔克拉玛干沙漠),北部是准噶尔盆地(分布有古尔班通古特沙漠)。

新疆森林以天山山脉、阿尔泰山脉及昆仑山脉等山地分布的寒温带针叶林为主,塔里木河等内陆河流域分布的温带落叶阔叶林,伊犁河等诸多河流谷地分布的次生林,以及平原地区营造的

各类人工林为主，并在各地州分布有相对较多的经济林。

目前，新疆在天山山脉和阿尔泰山山脉集中分布的山地森林，部分被纳入西天山国家级自然保护区、伊犁小叶白蜡国家级自然保护区、博格达峰国家级自然保护区、托木尔峰国家级自然保护区、巴尔鲁克山国家级自然保护区、喀纳斯国家级自然保护区等国家级自然保护地，以保证其水源涵养、水土保持、防风固沙和生物多样性维持等重要生态服务功能的可持续发挥；部分内陆河流域及沙漠中的胡杨林、梭梭林等，也陆续被纳入塔里木胡杨国家级自然保护区、甘家湖梭梭林国家级自然保护区等保护地体系，以维持其防风固沙功能的有效发挥；伊犁河等主要河流的河岸，多分布由以乔灌混生的次生林，在水土保持和生物多样性维持方面具有一定作用，已被纳入察布查尔伊犁河国家湿地公园、霍城伊犁河谷国家湿地公园等保护地体系；主要绿洲周边，分布有相当数量的农田、通道防护林及各类经济林，重点发挥防风固沙作用。

在全国生态区划中，新疆南部少部分区域属于青藏高原生态大区，其余大部属于西北干旱生态大区，具体生态分区情况为青藏高原生态大区—帕米尔—昆仑山—阿尔金山高寒荒漠草原生态区，西北干旱生态大区—阿尔泰山—准噶尔西部山地森林与草原生态区、准噶尔盆地荒漠生态区、天山山地森林与草原生态区、塔里木盆地—东疆荒漠生态区。从新疆生态区划及森林空间分布来看，森林资源主要集中在阿尔泰山—准噶尔西部山地森林与草原生态区(阿尔泰山脉一带)、天山山地森林与草原生态区(天山山脉一带)，以及内陆河流域(塔里木河沿岸等地)。

(2)组成类型。根据国家林业局公布的新疆第九次森林资源清查结果显示，截至2016年，新疆森林面积802万公顷，森林覆盖率4.87%(表12-1)。

新疆现有乔木林面积与管理面积的比值约为1∶3。这主要是由新疆的自然条件所决定，因其地处内陆，气候干旱，除阿尔泰山脉、天山山脉等山地外，其他区域生态环境恶劣，不利于乔木集中连片分布，但灌木树种则具有更强的环境适应能力。在新疆内陆河流域、绿洲边缘，灌木林作为最主要的生态防护植被类型，在防风固沙、保持水土等方面发挥着重要的生态服务功能。

新疆现有乔木林以山地针叶林、山地野果林、内陆河沿岸阔叶林、荒漠灌木林和平原人工林等组成。

天山山脉森林主要有雪岭云杉纯林或针阔混交林，以及野苹果、野杏和野核桃等阔叶林；阿尔泰山脉森林主要由新疆云杉、新疆五针松、新疆落叶松等形成的纯林或与垂枝桦等形成针阔混交林；塔里木河流域主要分布有胡杨林、灰杨林及柽柳林等；绿洲周边分布有以梭梭林、杨树林为主的各类防护林，部分沙漠还分布有数量众多的梭梭林、柽柳林、沙拐枣灌木林等；新疆各市地州均有一定规模的经济林分布，但主要分布在南疆地区。

新疆现有各类经济林123.04万公顷，种类涉及苹果、枣、核桃、杏、梨、葡萄等，主要分布在阿克苏地区等南疆地州，其他市(州)也少量分布。

12.4.3.2 起源类型

根据国家林业局公布的新疆第九次森林资源清查结果显示，截至2016年，新疆森林面积802万公顷，天然林面积681万公顷，其中乔木林164万公顷，灌木林517万公顷；人工林面积121万公顷，其中乔木林51万公顷，灌木林70万公顷。其中，天然乔木林、天然灌木林分别占全自治区森林面积的20.45%和64.46%，人工乔木林和人工灌木林分别占全自治区森林面积的6.40%和8.69%。

总体而言，新疆天然林占比达到85%左右，是主要的森林起源类型，此外人工林营造难度大、成本高，因此今后应进一步强化天然林保护，以促进其稳定存在和面积持续增加。

12.4.4 森林分布

12.4.4.1 地理分布

新疆森林分布受到地形地貌条件的强烈影响,植被地带性分异明显。除人工林之外,天然林主要分布于天山山脉、阿尔泰山脉和塔里木河等内陆河流域。

新疆的山地植被垂直分异明显,具有温带干旱区山地植被组合特点和规律。以天山博格达峰为例,其北坡自山麓由荒漠(海拔700~1100米)、山地草原(海拔1100~1650米)、山地针叶林(海拔1650~2700米)、亚高山草甸(海拔2700~2900米)、高山草甸(海拔2900~3300米)、高山垫状植被带(海拔3300~3700米)、冰雪带(海拔>3700米)。

新疆除天然森林集中分布区之外,城镇及乡村聚落、绿洲周边,经过多年人工营林,形成一些人工乔木林(树种以新疆杨为主)和灌木林(树种以梭梭、柽柳为主),成片状或带状零星分布。

12.4.4.2 行政区域分布

利用新疆植被遥感影像,并结合全自治区土地利用数据,分析和提取2018年各市森林分布面积,并计算其森林覆盖率。以2018年新疆森林资源状况为本规划基准年,分别制定新疆2020—2025年及2026—2030年森林面积及覆盖度规划目标。

新疆森林面积较大的为阿勒泰地区(121.55万公顷)、巴音郭楞蒙古自治州(105.20万公顷)、阿克苏地区(79.85万公顷)、伊犁哈萨克自治州(76.71万公顷)和昌吉回族自治州(51.15万公顷),其次为塔城地区(46.95万公顷)、喀什地区(42.25万公顷)、克孜勒苏柯尔克孜自治州(35.52万公顷)、和田地区(25.31万公顷)、博尔塔拉蒙古自治州(21.82万公顷)和哈密市(21.12万公顷),较小的为吐鲁番市(12.56万公顷)、乌鲁木齐市(10.50万公顷)和克拉玛依市(3.40万公顷),见表12-2。

表12-2 新疆各市(州)森林面积及覆盖率

行政单位	土地面积(万公顷)	森林面积(万公顷)	森林覆盖率(%)
乌鲁木齐市	141.98	10.50	7.40
克拉玛依市	76.85	3.40	4.42
吐鲁番市	696.25	12.56	1.80
哈密市	1370.98	21.12	1.54
阿克苏地区	1317.74	79.85	6.06
喀什地区	1121.91	42.25	3.77
和田地区	2491.38	25.31	1.02
昌吉回族自治州	744.52	51.15	6.87
博尔塔拉蒙古自治州	250.09	21.82	8.72
巴音郭楞蒙古自治州	4703.33	105.20	2.24
克孜勒苏柯尔克孜自治州	699.41	35.52	5.08
伊犁哈萨克自治州	565.74	76.71	13.56
塔城地区	956.82	46.95	4.91
阿勒泰地区	1177.19	121.55	10.33

(续)

行政单位	土地面积(万公顷)	森林面积(万公顷)	森林覆盖率(%)
新疆维吾尔自治区	16314.19	653.89	4.01

注：数据来源于①新疆及各市地州土地面积采用遥感手段获取的数据为准(下同)；②利用遥感影像解译方式获取的新疆2018年森林覆盖率(4.01%)，结果低于国家林业和草原局公布的同期数据(4.87%)，主要受土地面积统计、地类认定、特别用途灌木林认定等综合影响。

新疆各市(州)中，森林覆盖率较高的为伊犁哈萨克自治州(13.56%)、阿勒泰地区(10.33%)、博尔塔拉蒙古自治州(8.72%)、乌鲁木齐市(7.40%)、昌吉回族自治州(6.87%)，其次为阿克苏地区(6.06%)、克孜勒苏柯尔克孜自治州(5.08%)、塔城地区(4.91%)、克拉玛依市(4.42%)、喀什地区(3.77%)，较低的为巴音郭楞蒙古自治州(2.24%)、吐鲁番市(1.80%)、哈密市(1.54%)和和田地区(1.02%)。

伊犁哈萨克自治州、阿勒泰地区和博尔塔拉蒙古自治州森林覆盖率较高，主要得益于其受大西洋暖湿气流影响，山地降水相对较多，水分、气温和土壤条件较适宜森林植被生长；乌鲁木齐市和昌吉回族自治州得益于天山余脉创造的湿岛，加之天山冰川形成的河流提供了较为丰富的水资源供给，森林覆盖率相对较高；其他市(州)森林覆盖率相对较低，主要是因为荒漠面积占土地面积比重较大、气候干旱且水资源相对匮乏所致。

12.4.4.3 森林覆盖状况

新疆现有森林中，林木覆盖度≤70%的森林占比90.21%，林木覆盖度>70%的森林占比9.79%，表明新疆现有森林以低林木覆盖度森林为主(表12-3)。这主要是由新疆的气候和自然条件所决定的，因其地处内陆、远离海洋，气候干燥、降水较少，除了特定山地及部分内陆河流域之外，大多数区域并不适宜森林植被集中连片和大面积分布。

新疆各市(州)森林的林木覆盖度组成可分为4类，具体如下。

第一类：吐鲁番市、和田地区和克孜勒苏柯尔克孜自治州的低林木覆盖度(20%~50%)森林面积：中林木覆盖度(50%~70%)森林面积：高林木覆盖度(70%~100%)森林面积为(91.25~96.53)：(3.44~8.6)：(0~0.16)，以低林木覆盖度的森林占绝大多数，中、高林木覆盖度的森林占比极小(小于10%)。

表12-3 新疆各市(州)现有森林覆盖度状况

行政单位	森林面积	覆盖度20%~30%		覆盖度30%~50%		覆盖度50%~60%		覆盖度60%~70%		覆盖度70%~80%		覆盖度80%~100%	
		森林面积(平方千米)	比例(%)	森林面积(平方千米)	比例(%)	森林面积(平方千米)	比例(%)	森林面积(平方千米)	比例(%)	森林面积(平方千米)	比例(%)	森林面积(平方千米)	比例(%)
乌鲁木齐市	1050	402	38.29	246	23.43	109	10.38	232	22.10	61	5.81	0	0.00
克拉玛依市	340	155	45.59	128	37.65	29	8.53	20	5.88	8	2.35	0	0.00
吐鲁番市	1256	534	42.52	612	48.73	81	6.45	27	2.15	2	0.16	0	0.00
哈密市	2112	1246	59.00	520	24.62	168	7.95	144	6.82	34	1.61	0	0.00
阿克苏地区	7985	3087	38.66	3529	44.20	888	11.12	426	5.34	55	0.69	0	0.00
喀什地区	4225	2013	47.64	1581	37.42	432	10.22	185	4.38	14	0.33	0	0.00
和田地区	2531	1661	65.63	729	28.80	124	4.90	17	0.67	0	0.00	0	0.00

(续)

行政单位	森林面积	覆盖度 20%~30%		覆盖度 30%~50%		覆盖度 50%~60%		覆盖度 60%~70%		覆盖度 70%~80%		覆盖度 80%~100%	
		森林面积（平方千米）	比例（%）	森林面积（平方千米）	比例（%）	森林面积（平方千米）	比例（%）	森林面积（平方千米）	比例（%）	森林面积（平方千米）	比例（%）	森林面积（平方千米）	比例（%）
昌吉回族自治州	5115	2023	39.55	1194	23.34	397	7.76	900	17.60	562	10.99	39	0.76
博尔塔拉蒙古自治州	2182	724	33.18	733	33.59	341	15.63	258	11.82	98	4.49	28	1.28
巴音郭楞蒙古自治州	10520	4352	41.37	3678	34.96	984	9.35	1044	9.92	420	3.99	42	0.40
克孜勒苏柯尔克孜自治州	3552	2310	65.03	1119	31.50	87	2.45	35	0.99	1	0.03	0	0.00
伊犁哈萨克自治州	7671	991	12.92	1745	22.75	899	11.72	1503	19.59	2029	26.45	504	6.57
塔城地区	4695	1494	31.82	1693	36.06	603	12.84	608	12.95	284	6.05	13	0.28
阿勒泰地区	12155	2121	17.45	3421	28.14	1896	15.60	2505	20.61	1870	15.38	342	2.81
新疆维吾尔自治区	65389	23113	35.35	20928	32.01	7038	10.76	7904	12.09	5438	8.32	968	1.48

第二类：巴音郭楞蒙古自治州、阿克苏地区、克拉玛依市、哈密市和喀什地区的低林木覆盖度（20%~50%）森林面积：中林木覆盖度（50%~70%）森林面积：高林木覆盖度（70%~100%）森林面积为（76.33~85.06）：（14.41~19.27）：（0.33~4.39），以低林木覆盖度森林为大多数，中、高林木覆盖度森林占比14.93%~23.66%。

第三类：乌鲁木齐市、昌吉回族自治州、博尔塔拉蒙古自治州和塔城地区的森林的低林木覆盖度（20%~50%）森林面积：中林木覆盖度（50%~70%）森林面积：高林木覆盖度（70%~100%）森林面积为（61.72~67.88）：（25.36~32.48）：（5.77~11.75），以低林木覆盖度森林为主，中、高林木覆盖度森林面积占比1/3左右。

第四类：伊犁哈萨克自治州和阿勒泰地区的低林木覆盖度（20%~50%）森林面积：中林木覆盖度（50%~70%）森林面积：高林木覆盖度（70%~100%）森林面积为（35.67~45.59）：（31.31~36.21）：（18.19~33.02），中、高林木覆盖度森林占比超过一半以上。

新疆各市（州）的林木覆盖度组成差异主要由气候条件和森林组成所决定。伊犁哈萨克自治州和阿勒泰地区，降水、土壤和地形条件有利于高林木覆盖山地针叶林分布；其他市（州）高林木覆盖度森林多以山地针叶林为主，其余多为林木覆盖度相对较低的胡杨疏林，梭梭林和柽柳林等各类荒漠灌木林。

12.4.5 森林资源及覆盖增长面临的问题

12.4.5.1 空间分布

新疆森林空间分布主要受地形和气候条件影响较大，多分布于三大山地，区内分布极不均匀。虽然新疆土地面积广大，可利用土地资源较为丰富，但受制于气候干旱、降水较少、沙漠纵横、水资源空间分布不均、自然保护地数量众多等现实问题，林业建设的空间有限。

12.4.5.2 统计核算

由于此前森林和草原资源管理长期分属不同部门，加之新疆山地森林和草原、荒漠灌木林和草原均存在明显的重叠、镶嵌和交错分布特点，往往会造成一块土地同时被认定为森林和草原，农牧民同时获得林权证和草原证，相应的土地分别被计入森林面积和草原面积，因此造成森林面积和草原面积之和超过林草资源分布的实际面积。

今后在统计林草面积，核算区域林草覆盖率时，应依据相关标准，严格区分森林和草原，进而明确区域内森林面积和草原面积。然后，通过森林面积和草原面积的加和，确定区域内林草面积，进而有效核算区域林草植被覆盖率。

12.4.5.3 经营理念

随着全国主体功能区规划和新疆主体功能区规划的落地，新疆森林以充分发挥其生态功能为主要经营目标。新疆现有森林主要分布于我国北方防沙带西段（天山山脉和阿勒泰山脉的山地森林、塔里木盆地北缘及环准噶尔盆地的荒漠森林），重点发挥防风固沙功能，同时山地森林兼具水源涵养、保持水土、生物多样性维持等生态服务功能，对于保障自治区及国家生态安全至关重要。

新疆森林资源的增长主要以天然林生态恢复和自然扩张为主，同时兼有一定数量的防护林和经济林等人工林建设。目前，新疆人工林建设的主要问题来自宜林地资源和水资源约束，同时现行造林密度标准和林木覆盖度验收标准存在超出当地的植被承载能力的问题，加之造林时存在乔木林偏好，进而导致造林成本高昂、林木保存率不高、生态防护能力低下等问题。

同时，新疆在主要绿洲内部及周边开展的林业（生态林、经济林）建设，已过量利用内陆河河流及地下水资源，造成水资源承载力赤字现象严重，不仅危及绿洲生态防护植被稳定性，还造成内陆河下游区域生态用水严重不足。

因此，新疆应根据实际，摈弃盲目的求量不求质的做法，充分发挥森林生态恢复潜力，重点突出森林生态防护能力的维持和提升，做到因害设防、因地制宜、宜林则林，构建具有适应性强、稳定性强和生态服务功能高的人工林生态防护体系。

与此同时，作为我国社会经济发展相对落后，人民群众生活水平相对较低的省份，新疆在今后的林业建设过程中，除了重点考虑森林的生态效益之外，还应充分发挥其经济效益，进而实现区域生态环境改善、人民生活水平提升和贫困人口脱贫的多目标经营。这样，一方面有利于提振林业建设积极性和保存林业建设成果，另一方面有助于促进本区农村居民的全面发展，进而将林业做成具有最普惠特征、个人—集体—社会—国家共享建设成果的绿色产业。

12.4.5.4 相关政策

（1）林业管理科技水平较低。目前，新疆森林管理手段依旧较为落后，除现有林地数据系统化、信息化水平较高之外，其余森林指标尚未实现信息化、动态化管理。由于无法完整记录和清晰描述森林起源、经营方式、抚育状况等细节，制约了林业管理的有效性。同时，一些土地在造林后（如耕地实施退耕还林），由于地类未及时完成变更，造成林业部门与国土部门在森林统计数据上存在较大差异。

（2）集体林权改革约束集约化管理。随着全国农村集体所有制森林的确权工作的开展，将林地使用权下放到农户，一定程度上限制了集约化管理和经营，特别是在森林有害生物防治等方面的不利影响更为突出。

（3）人工造林补助额度偏低。新疆当前开展人工造林的区域多为沙地和山地，位置偏远、条件恶劣，造林成本高昂，由于国家投入造林补助严重不足，自治区财政难以有效配套，最终导致项目规模、成效缩水。

（4）部分林业建设项目缺乏科学性。受制于宜林地资源的相对不足，为实现森林面积的持续增加，一些林业建设项目在流动沙地或退化草地上实施，一方面增加了造林成本，另一方面林木存活率难以保障，即使成林其生态效益也难以发挥。因此，林业建设项目在立项时，开展科学性审查十分必要。

12.4.6 森林资源及覆盖增长潜力分析

12.4.6.1 空间潜力

（1）生态移民迁出区的利用潜力。经过广泛实践检验，通过实施生态移民，有助于同步实现人口脱贫和区域生态恢复。目前，新疆为遏制土地荒漠化、水土流失加剧等生态环境问题，开展了一定规模的生态移民。而在生态移民迁出区，实施禁牧封育等生态恢复措施的同时，可在条件适宜区域开展高效林业建设。

（2）农村闲置土地的利用潜力。随着农牧业劳动力向城镇转移数量的增加，弃耕地和撂荒地随之产生。今后，可重复利用这些长期闲置土地，参照退耕还林等政策及标准，营造用材林、经济林、景观林等，为区域生态经济协同发展创造条件。

（3）退化防护林用地的利用潜力。目前，新疆早期实施的三北防护林工程，随着林木进入成熟或过熟阶段，防护林退化现象日益突出。因此，应充分利用退化防护林的林地资源，根据当前防护目标、社会经济条件，营造兼具生态和经济效益的防护林体系。

12.4.6.2 经营潜力

（1）优化营林手段。目前，新疆森林资源持续增加的重点，在于进一步强化天然林保护，通过实施封山育林、人工促进天然修复、森林病虫害生物防治等方式，促进林木天然更新和天然林持续扩张。同时，在开展人工林建设时，应降低乔木林营造比重，重视灌木林的生态价值。逐步试点并推广生态林果业，一方面充分发挥经济林的生产功能，另一方面成为区域生态安全格局的有机组分。

（2）提升森林质量。通过科学抚育和管理手段，不断提高森林质量，促进森林生产力和蓄积量的持续增加，为生态产品的高效产出创造条件；对中幼龄林进行间伐抚育，对灌木林进行保护和复壮，对野生果树资源进行保存、开发和利用，并对林区资源进行综合开发和高效利用。

（3）降低营林成本。筛选和培育乡土树种，为林业建设提供优良苗木，同时有助于降低苗木采购、运输成本，并有助于提高林木成活率；降低造林整地强度，推广低扰动造林模式，一方面可保护原生植被，另一方面有助于降低人工成本。此外，重视发展人工灌木林、重视发展具有经济价值的人工林。总之，应采用综合措施，降低营林成本，同时提升人工林的气候适应性，保证森林生态功能的充分发挥。

12.4.6.3 政策潜力

（1）林业全过程信息化管理具备条件。随着移动通信技术的快速发展，智能手机、便携式电脑等移动终端已十分普及，林业全过程实现信息化管理已具备条件。林业管理信息化的关键环节，精准测量、准确定位、实时监测等已充分具备实现手段。根据第三次全国国土调查结果，融合森林管理相关信息，形成完备的新疆林业全过程管理信息系统，有助于实现林业管理水平的跨越式发展，进而高效服务林业建设。

（2）林业专业人才队伍建设仍需加强。当前基层林业人才队伍具备一定规模，但由于缺乏后续学习培训机会，专业技术水平略显落后。今后，在不断改善基层林业人才待遇的同时，应为基层林业人才更多的学习培训、职称晋升等机会和空间，为林业人才队伍规模壮大和技术水平提升创造条件，进而为林业建设高效开展提供人才保障。

（3）尝试开展专业化委托管理和联合经营。农牧民集体林地，可采用委托管理的方式，由地方林业局、国有林场、自然保护地管理部门等进行统一管理，以提升管理效果。也可采用专业合作社等模式，开展林地联合经营，确保森林经营管理的集约化、专业化和高效化。

（4）生态红线制度有利于森林资源保护。随着生态红线制度的确立，新疆主要的天然林分布区大部被纳入生态红线保护范围内。由于生态红线范围内永久性限制开发，并实施最为严格的保护，这为森林资源的持续增长提供了保障。

（5）加强林业建设项目的科学性审查。今后，应加强林业建设项目的科学性审查工作，应对一些不符合自然规律、科学性差的林业建设项目予以否决，避免片面地为造林而造林，以及治理性破坏等现象。这样做，一方面有助于全面提升林业建设专业水平，另一方面能够使得有限的造林资金发挥更大的效用。

12.4.7 草原类型、分布及覆盖状况

12.4.7.1 草原类型

根据新疆植被遥感影像分析结果显示，新疆现有草原4754.09万公顷，占自治区土地面积的29.14%。

新疆草原主要分布在三山（阿尔泰山、天山和昆仑山）以及两个盆地（准噶尔盆地和塔里木盆地）边缘地带。新疆草原类型较多，按照《中国草原类型的划分标准和中国草原类型分类系统》，新疆草原类型主要有3个类组11大类。其中，以温性荒漠、低地草甸、温性荒漠草原的占比最大，分别占比33.54%、12.57%和12.10%。新疆草原资源有水平地带和垂直分布的特征，如水平分布的荒漠草原和低地草甸，有垂直分布的荒漠草原、温性草原和高寒草甸等。

新疆草原按照植被型组可分为草原、荒漠和草甸3个类组，其中，草原类草原包括高寒草原、温性草甸草原、温性草原和温性荒漠草原；荒漠类草原包括高寒荒漠、温性荒漠和草原化荒漠；草甸类草原主要有高寒草甸、山地草甸、低地草甸。新疆典型草原分布区域主要有天山北坡中山带草甸草原、准噶尔盆地沙质荒漠、巴音布鲁克高寒草原和塔里木河中下游低地草甸草原。

（1）温性草甸草原。温性草甸草原占全自治区草原面积的2.26%，其多位于山地草原垂直带上部，主要分布在天山分水岭以北山地的中山带，即山地针叶林带下缘，或镶嵌于山地草甸的阳坡和山地干草原阴坡，宽约100～200米，多呈不连续带状分布。其分布高度在阿尔泰山为1400～2000米，在准噶尔西部山地为1600～2500米，在天山北坡为1800～2800米，在天山南坡仅在2600～2800米的范围内片段出现。植被组成主要是中旱生和广旱生多年生禾草。

（2）温性草原。温性草原在新疆只有山地温性草原，即山地干草原，该类在新疆山地分布极为广泛，是新疆各山地主要草原类型，占全自治区草原面积的9.21%。温性草原类草原在北疆成带状分布在各山地中低山带，在南疆分布于中山亚高山带。在阿尔泰山分布在1100～1900米，准噶尔西部山地分布在1200～2000米，天山北坡分布在1100～2700米，天山南坡分布在2600～2800米，在昆仑山北坡分布在3200～3600米区域。草原植被是由多年生旱生草本植物组成，丛生禾草是主要成分。

（3）温性荒漠草原。温性荒漠草原在新疆分布较广，占全自治区草原面积的12.10%。温性荒漠草原在北疆从山前平原分布到中低山带，在南疆则上升到中山和亚高山带，在山前平原主要分布在阿尔泰山山前倾斜平原；其在阿尔泰山分布在800～1200米的低山带，在准噶尔西部山地分布

在900~1300米，在天山北坡分布在1100~2300米，在天山南坡分布在2400~2600米，昆仑山和阿尔金山则分布在3000~3800米。植被组成主要以旱生丛生禾草和蒿类、盐柴类半灌木为主。

(4) 高寒草原。高寒草原是草原类组中耐寒的类型，分布于阿尔泰山、天山、昆仑山等巨大山地的亚高山和高山带，占全自治区草原面积的8.04%。高寒草原类草原在阿尔泰山分布于海拔2400~2800米；在天山北坡分布于3200~3400米，主要发育在中部和东部，且面积较小；在天山南坡分布于3200~3400米，发育较好，呈一条较窄的高寒草原带。高寒草原组成以寒旱生丛生禾草为主。

(5) 温性草原化荒漠。温性草原化荒漠主要分布在北疆平原，占全自治区草原面积的7.43%。全自治区山地也有零星分布，在北疆平原集中发育在准噶尔盆地沙漠北缘至阿尔泰山山前倾斜平原。天山南坡海拔2000~2600米，昆仑山2800~3000米也成带出现在山地荒漠的上部。植被主要以盐柴类、蒿类半灌木为主，并有10%~30%的旱生多年生小丛禾草。

(6) 温性荒漠。温性荒漠是新疆地带性草原类型，占全自治区草原面积的33.54%。温性荒漠类草原分属平原和山地两种地貌类型，平原荒漠草原在北疆分布在准噶尔盆地中部及山前洪积—冲积平原、伊犁谷地、博乐谷地、塔城盆地；在南疆分布于塔里木盆地边缘及山前倾斜平原上部；在山地则为山地草原垂直基带，其中在准噶尔西部山地和北塔山海拔1700米处，天山北坡分布在海拔1200米处，天山南坡分布在海拔2400米处，昆仑山分布在海拔3200米处，阿尔金山分布在海拔3600米处。植被组成在平原以梭梭、白梭梭、琵琶柴、沙拐枣、柽柳、麻黄和盐柴类灌木为主。山地荒漠草原植被以盐柴类和蒿类半灌木为主。

(7) 高寒荒漠。高寒荒漠占全自治区草原面积的1.68%。高寒荒漠类草原分布在帕米尔高原、昆仑山内部山原、库木库里盆地西部山原和阿尔金山西部高山区。草原植被是以耐高寒、干旱、抗风强的蒿类和垫状半灌木组成。

(8) 低地草甸。低地草甸占全自治区草原面积的12.57%。低地草甸类草原是在极端干旱的平原地区，依靠地下水和地表水发育而成，多分布于河漫滩、宽谷地、湖滨周围、沙丘间洼地。草原植被以中生、旱中生、湿生禾草、豆科草和杂类草为主。

(9) 山地草甸。山地草甸占全自治区草原面积的5.53%。山地草甸类草原集中分布在天山分水岭以北山地的中山和亚高山带，基本与山地森林分布在同一垂直带内。其分布海拔高度，阿尔泰山分布在1500~2600米，天山北坡分布在1600~2800米，天山南坡仅在中部海拔2600~2800米亚高山零星分布。植被主要为高大禾草和高杂类草组成高草草甸，或由苔草和较低的杂类草、禾草组成的低草草甸。

(10) 高寒草甸。高寒草甸占全自治区草原面积的7.12%，广泛分布在天山、阿尔泰山和准噶尔西部山地等高山冰雪带或高山垫状植被下部，分布高度在2500~3600米。草原植被是由寒中生小莎草、小杂类草和小丛禾草等组成。

(11) 其他。新疆还有以沼泽草地为主的其他类型草原，占全自治区草原面积的0.51%。

12.4.7.2 草原分布

新疆各市(州)中，巴音郭楞蒙古自治州草原面积最大(1133.50万公顷)，其余由多到少依次为和田地区(542.03万公顷)、塔城地区(458.83万公顷)、阿勒泰地区(431.93万公顷)、克孜勒苏柯尔克孜自治州(369.51万公顷)、伊犁哈萨克自治州(345.03万公顷)、喀什地区(342.93万公顷)、阿克苏地区(279.71万公顷)、哈密市(275.20万公顷)、昌吉回族自治州(246.25万公顷)、博尔塔拉蒙古自治州(121.07万公顷)、吐鲁番市(105.21万公顷)、乌鲁木齐市(77.24万公顷)和克拉玛依市(25.65万公顷),见表12-4。

表12-4 新疆各市(州)现有草原覆盖度状况

行政单位	草原面积(平方千米)	覆盖度 5%~30%		覆盖度 30%~40%		覆盖度 40%~50%		覆盖度 50%~60%		覆盖度 60%~70%		覆盖度 70%~100%	
		面积(平方千米)	比例(%)	面积(平方千米)	比例(%)	面积(平方千米)	比例(%)	面积(平方千米)	比例(%)	面积(平方千米)	比例(%)	面积(平方千米)	比例(%)
乌鲁木齐市	7724	3959	51.26	1336	17.30	850	11.00	756	9.79	653	8.45	170	2.20
克拉玛依市	2565	1945	75.83	207	8.07	164	6.39	117	4.56	83	3.24	49	1.91
吐鲁番市	10521	7652	72.73	1342	12.76	1039	9.88	407	3.87	80	0.76	1	0.01
哈密市	27520	19778	71.87	3793	13.78	2188	7.95	1210	4.40	476	1.73	75	0.27
阿克苏地区	27971	19134	68.41	3517	12.57	2708	9.68	1845	6.60	725	2.59	42	0.15
喀什地区	34293	26143	76.23	3745	10.92	2357	6.87	1408	4.11	597	1.74	43	0.13
和田地区	54203	49599	91.51	2933	5.41	1270	2.34	347	0.64	48	0.09	6	0.01
昌吉回族自治州	24625	11179	45.40	3260	13.24	2985	12.12	2905	11.80	2770	11.25	1526	6.20
博尔塔拉蒙古自治州	12107	4860	40.14	1996	16.49	1989	16.43	1732	14.31	1065	8.80	465	3.84
巴音郭楞蒙古自治州	113350	87262	76.98	7346	6.48	6153	5.43	5500	4.85	4343	3.83	2746	2.42
克孜勒苏柯尔克孜自治州	36951	32164	87.05	3603	9.75	1011	2.74	156	0.42	17	0.05	0	0.00
伊犁哈萨克自治州	34503	3343	9.69	2390	6.93	2835	8.22	3619	10.49	6728	19.50	15588	45.18
塔城地区	45883	22103	48.17	7542	16.44	6368	13.88	4808	10.48	3373	7.35	1689	3.68
阿勒泰地区	43193	16635	38.51	5865	13.58	5503	12.74	5793	13.41	5569	12.89	3828	8.86
新疆维吾尔自治区	475409	305756	64.31	48875	10.28	37420	7.87	30603	6.44	26527	5.58	26228	5.52

12.4.7.3 草原覆盖状况

新疆草原综合植被盖度逐年增加,2018年全自治区草原植被综合盖度达到41.48%,但与同期全国草原综合植被盖度(55.7%)相比较,尚有一定距离。这一方面与新疆草原植被利用强度大有关,另一方面受新疆草原类型组成中低植被盖度的荒漠草原、荒漠等比重过大有关。

新疆草原植被覆盖度呈现天山和阿勒泰市山地相对较高,昆仑山及两大盆地边缘地带相对较低的特点。除准噶尔盆地存在连片的温性草原化荒漠之外,其余类型草原均随着海拔梯度呈现环状、带状交错分布。

以行政区域来看,草原覆盖率相对较高的为伊犁哈萨克自治州(60.99%)、乌鲁木齐市(54.40%)、克孜勒苏柯尔克孜自治州(52.83%)、博尔塔拉蒙古自治州(48.41%)和塔城地区(47.95%),其次为阿勒泰地区(36.69%)、克拉玛依市(33.38%)、昌吉回族自治州(33.08%)和喀什地区(30.57%),相对较低为巴音郭楞蒙古自治州(24.10%)、和田地区(21.76%)、阿克苏地区(21.23%)、哈密市(20.07%)和吐鲁番市(15.11%),见表12-5。

遥感监测数据显示,新疆草原覆盖率为29.14%,其中植被覆盖度为5%~30%的草原面积为3057.56万公顷(占比64.31%),植被覆盖度为30%~40%的草原面积为488.75万公顷(占比10.28%),植被覆盖度为40%~50%的草原面积为374.20万公顷(占比7.87%),植被覆盖度为50%~60%的草原面积为306.03万公顷(占比6.44%),植被覆盖度为60%~70%的草原面积为

265.27万公顷(占比5.58%),植被覆盖度>70%的草原面积为262.28万公顷(占比5.52%)。

综上,新疆草原植被覆盖度以30%以下为主,草原植被覆盖率提高的潜力依然存在。目前,新疆通过草原确权承包和基本草原划定、荒漠化防治、退耕还林(草)、生态移民等重点生态工程项目的实施,全自治区草原植被覆盖率存在一定提升空间。但是,由于新疆草原中荒漠类草原比重较大,在一定程度上限制了草原植被覆盖度的提升潜力。

表12-5 新疆各市(州)草原面积及覆盖率

行政单位	土地面积(万公顷)	草原面积(万公顷)	草原覆盖率(%)
乌鲁木齐市	141.98	77.24	54.40
克拉玛依市	76.85	25.65	33.38
吐鲁番市	696.25	105.21	15.11
哈密市	1370.98	275.20	20.07
阿克苏地区	1317.74	279.71	21.23
喀什地区	1121.91	342.93	30.57
和田地区	2491.38	542.03	21.76
昌吉回族自治州	744.52	246.25	33.08
博尔塔拉蒙古自治州	250.09	121.07	48.41
巴音郭楞蒙古自治州	4703.33	1133.50	24.10
克孜勒苏柯尔克孜自治州	699.41	369.51	52.83
伊犁哈萨克自治州	565.74	345.03	60.99
塔城地区	956.82	458.83	47.95
阿勒泰地区	1177.19	431.93	36.69
新疆维吾尔自治区	16314.19	4754.09	29.14

注:草原覆盖率指草原面积占土地面积的比例(%),下同。

12.4.8 草原资源增长面临的问题

12.4.8.1 空间分布

(1)草甸草原。天山北坡山地包括西至伊犁谷地,东至巴里坤、伊吾县各山脉构成的天山主脊线以北的山地。天山北坡山地草甸草原作为新疆畜牧业的重要生产区,由于长期超载过牧和重复利用,造成草原大面积退化,致使优质牧草逐年减少,毒害草增加,植被盖度持续减小。据调查统计,中度以上退化的草地在30%以上,产草量下降30%~60%。塔里木河下游的低地草甸草原,因上游来水量大幅减少,地下水位持续下降,发生了严重的退化。

(2)荒漠草原。准噶尔盆地的沙质荒漠草原,是阿勒泰地区和昌吉回族自治州主要的冬牧场,占新疆可利用草原面积四成以上。这些沙质荒漠草原,由于长期以来的高强度利用,加之油气开采等人为干扰,产草能力日益降低。

(3)高寒草原。巴音布鲁克高寒草原位于天山中段南麓封闭型的高位山间盆地。由于气候和土壤等条件适宜,优质牧草产量高、适口性好。巴音布鲁克草原季节草场不平衡,夏场富余、冬场不足,加之长期过牧和掠夺式利用,造成草原退化严重。

12.4.8.2 统计核算

由于此前森林和草原长期分属林业和农业部门管辖，存在草原面积计入林地面积的问题，今后一段时期内，应对予以复核纠正。同时，草原盖度遥感监测受短期气候波动影响较大，今后应增加年内草原盖度遥感监测频度，综合计量某一年的草原植被覆盖度，提升草原盖度监测精度。

12.4.8.3 经营理念

（1）超载放牧是草原退化的主因。新疆作为我国少数民族聚居区、重点贫困区，畜牧业是大部分市县的主要生产方式。长期以来，将公有草原尽可能多的转化为个人经济收益的传统意识，导致草原超载过牧现象严重，进而引发不同程度的草原退化。

（2）草原利用方式亟待进一步优化。荒漠草原春季返青时，植被稳定性较差。由于此时牧草饲料相对短缺，过早进行放牧，往往会由于牲畜采食顶芽、强度过大、践踏，导致草原植被衰退，无法充分发挥其生产力潜能。同时，春季的放牧干扰，造成土壤松散，加之大风天气，土壤极易遭受风蚀，草原和土地退化难以避免。

（3）退化草原治理难度极大。新疆草原多分布在山地与盆地周边。山地草原退化后，只能采用自然恢复方式进行治理，恢复年限长、效果差。荒漠类草原是新疆主要的冬牧场，多分布在塔里木盆地和准噶尔盆地边缘，但由于过牧、滥采，造成草原产草能力大幅降低。然而，这些荒漠类草原一旦被破坏，几乎无恢复可能性。

（4）管理体系不完善。新疆北部是我国北方防沙带的重要组成部分，南部为青藏高原生态屏障的组成部分，生态地位极其重要，生态系统极其脆弱，生态保护和建设任务任重道远。长期以来，由于森林和草原管理归属不同部门，林草管理纠纷不断，难以形成相互协调、相互促进的工作局面。当前，草原管理虽然已与森林管理划归统一部门，但主管部门对草原管理的重视程度不够。

（5）执法机构被撤销。草原管理相关的执法专门性机构，在最近一次机构改革中被撤销。虽然实施林草共管，有助于提升草原资源管理水平和有效性，但是草原执法职能的弱化，将会使草原执法陷入困境，不利于草原资源的严格保护。

（6）重视程度相对不足。由于草原保护见效慢，其建设成效显示度不高，因此给予的重视程度和经费支持均不及林业建设和荒漠化防治等。然而，对于新疆而言，草原生态系统则是其实现生态安全保障的重要组成部分，一旦草原受到破坏，将会造成严重的生态危害，并将严重影响社会经济体系的正常运转和持续发展。

12.4.9 草原资源增长潜力分析

12.4.9.1 空间潜力

依据新疆不同区域天然草原的特点和功能定位，一是加强山地草原区的保护，控制载畜量、降低放牧强度，促进其生态修复；二是针对荒漠草原区的利用，应推迟春季放牧时间，降低放牧强度，确保这类草原得以可持续利用；三是利用具有灌溉条件的闲置农田，发展人工种草，为牲畜越冬提供优质牧草。

此外，新疆具有较大规模的经济林，在林下种植牧草，开展林草复合经营，可在开展生态林果业经营的同时，增加土地经营收益，减轻畜牧业对天然草原的依赖度。

12.4.9.2 经营潜力

（1）草原生态奖补成效日益凸显。新疆草原退化问题突出，但随着草原生态奖补工作的深入开展，草原过度利用现象得以控制，草原生态恢复状况良好。草原奖补与草原保护状况直接挂钩，牧民保护草原的意识逐步提高,并能够从草原生态恢复中获得更多的利益,有助于草原生态修复工作的持续开展。

(2)人工种草有助于实现草畜平衡。天然草原生产力受气候影响大,牧草产量不稳定。冬季饲草来源单一,无法保障畜牧业稳定发展。新疆应大力发展人工草地和林草复合经营,为畜牧业集约化高效经营提供饲草保障,同时也有助于实现新疆草畜平衡,促进天然草原的生态修复。

12.4.9.3 政策潜力

(1)草原管理体系逐步完善。通过《中华人民共和国草原法》的修订及草原管理相关政策法规的实施,草原法制化管理将加强。草原的所有权、使用权和承包经营权等权属制度将更加明确,承包经营权不完善等问题将逐步得到妥善解决,草原保护的主体责任将得以落实。

(2)草原保护和生态修复力度不断加大。党的十九大"山水林田湖草"生命共同体的提出,对草原生态保护的要求达到新的历史高度。生态红线、基本草原的划定,为天然草原严格保护、合理利用提供保障。自治区草原生态奖补政策的实施,极大调动了牧民的草原保护积极性。总之,新疆天然草原的保护力度将不断加大,天然草原生态恢复成效将日益显著。

12.4.10 林草覆盖率及生态防护植被盖度

12.4.10.1 林草覆盖率

截至2018年,新疆森林面积653.89万公顷,草原面积4754.09万公顷,林草面积5407.98万公顷,因此新疆林草覆盖率为33.15%,占全自治区土地面积的1/3左右(表12-6)。

表12-6 新疆林草面积及覆盖率(2018年)

森林		草原		林草	
面积(万公顷)	覆盖率(%)	面积(万公顷)	覆盖率(%)	面积(万公顷)	覆盖率(%)
653.89	4.01	4754.09	29.14	5407.98	33.15

12.4.10.2 生态防护植被覆盖率

截至2018年,新疆森林面积653.89万公顷,植被盖度≥20%的草原面积2448.55万公顷,生态防护林草植被面积为3102.44万公顷,因此新疆生态防护植被盖度为19.02%(表12-7)。

表12-7 新疆生态防护植被面积及覆盖率现状(2018年)

土地面积(万公顷)	森林		草原(盖度≥20%)		生态防护植被	
	面积(万公顷)	覆盖率(%)	面积(万公顷)	覆盖率(%)	面积(万公顷)	覆盖率(%)
16314.19	653.89	4.01	2448.55	15.01	3102.44	19.02

尽管生态防护植被覆盖率明显低于林草植被覆盖率,但此指标更能反映林草植被的质量,而非单纯的面积占比。目前,由于新疆低覆盖度草原(5%≤植被覆盖度<20%)占比较高(48.50%),因此生态防护植被覆盖率依然存在相当的提升空间。

12.5 林草覆盖状况规划目标

12.5.1 林草覆盖状况近期规划目标(2021—2025年)

12.5.1.1 森林覆盖状况近期规划目标

根据国家林业局、新疆林业厅公布的2008年、2011年、2013年、2015年和2016年森林覆盖率,新疆的森林覆盖率由2.94%(2008年)提升至4.87%(2016年),见表12-1。

然而,根据第三次全国国土调查工作的初步结果,新疆全自治区及各市土地面积与原有统计数据均存在一定出入,灌木林认定的盖度下限提高幅度较大,造成新疆森林覆盖率数据将会发生较大变化。

因此,本研究采用遥感技术结合土地利用数据,确定新疆森林面积及覆盖率现状(2018年),并根据潜在森林分布状况制定近期(2021—2025年)和远期(2026—2030年)森林面积和覆盖率的规划目标。

经过研究确定,新疆2018年森林面积为653.89万公顷,森林覆盖率为4.01%;同时,预测至2025年,森林面积可增加41.09万公顷,达到694.98万公顷,届时森林覆盖率将可达4.25%;预测至2030年,森林面积可再增加19.89万公顷,达到714.87万公顷,届时森林覆盖率将可达4.38%(表12-8)。

12.5.1.2 森林覆盖状况近期规划目标的空间分布

2021—2025年,新疆潜在森林面积将增加41.09万公顷,可实现森林资源近期规划目标(新疆森林覆盖率将达到4.01%),见表12-8。其中,近期规划森林面积增加主要集中在阿克苏地区(17.52万公顷)、巴音郭楞蒙古自治州(14.27万公顷)、和田地区(3.44万公顷)、喀什地区(2.55万公顷)和克孜勒苏柯尔克孜自治州(1.01万公顷),其余市(州)在本规划期内的森林面积增加量均小于1万公顷(表12-8)。

表12-8 新疆规划基准年及规划目标年森林面积及覆盖率

行政单位	土地面积 (万公顷)	2018年		2025年			2030年		
		森林面积 (万公顷)	覆盖率 (%)	森林面积 较2018年 预计增加量 (万公顷)	森林面积 (万公顷)	覆盖率 (%)	森林面积 较2025年 预计增加量 (万公顷)	森林面积 (万公顷)	覆盖率 (%)
乌鲁木齐市	141.98	10.50	7.40	0.04	10.54	7.42	0.01	10.55	7.43
克拉玛依市	76.85	3.40	4.42	0.01	3.41	4.44	0.00	3.41	4.44
吐鲁番市	696.25	12.56	1.80	0.40	12.96	1.86	0.45	13.41	1.93
哈密市	1370.98	21.12	1.54	0.22	21.34	1.56	0.32	21.66	1.58
阿克苏地区	1317.74	79.85	6.06	17.52	97.37	7.39	5.62	102.99	7.82
喀什地区	1121.91	42.25	3.77	2.55	44.8	3.99	0.76	45.56	4.06
和田地区	2491.38	25.31	1.02	3.44	28.75	1.15	2.35	31.1	1.25
昌吉回族自治州	744.52	51.15	6.87	0.04	51.19	6.88	0.00	51.19	6.88

(续)

行政单位	土地面积（万公顷）	2018年		2025年			2030年		
		森林面积（万公顷）	覆盖率（%）	森林面积较2018年预计增加量（万公顷）	森林面积（万公顷）	覆盖率（%）	森林面积较2025年预计增加量（万公顷）	森林面积（万公顷）	覆盖率（%）
博尔塔拉蒙古自治州	250.09	21.82	8.72	0.20	22.02	8.80	0.30	22.05	8.82
巴音郭楞蒙古自治州	4703.33	105.20	2.24	14.27	119.47	2.54	10.08	129.55	2.75
克孜勒苏柯尔克孜自治州	699.41	35.52	5.08	1.01	36.53	5.22	0.15	36.68	5.24
伊犁哈萨克自治州	565.74	76.71	13.56	0.01	76.72	13.56	0.00	76.72	13.56
塔城地区	956.82	46.95	4.91	0.52	47.47	4.96	0.08	47.55	4.97
阿勒泰地区	1177.19	121.55	10.33	0.86	122.41	10.40	0.04	122.45	10.40
新疆维吾尔自治区	16314.19	653.89	4.01	41.09	694.98	4.25	19.89	714.87	4.38

2021—2025年，新疆潜在新增森林主要集中在塔里木盆地周边内陆河（塔里木河和和田河等）沿线及末端（主要分布在阿克苏地区、巴音郭楞蒙古自治州和和田地区等）。

12.5.1.3 草原覆盖状况近期规划目标

（1）草原增量目标。预计到2025年，新疆通过轮牧休牧、封山育草、退耕还草等措施，潜在草原面积可增加48.93万公顷，届时新疆草原覆盖率可达到29.44%左右（表12-9）。

（2）草原增效目标。2021—2025年，新疆如果着力对草原植被覆盖度为15%~20%的草原开展提质增效作业，即通过封育禁牧、轮牧补播等手段，该部分草原植被覆盖度可提升至20%，达到生态防护高效的目的，同时提升草原生产力，为畜牧业发展提供饲料保障。

表12-9 新疆规划基准年及规划目标年草原面积及覆盖率

行政单位	土地面积（万公顷）	2018年		2025年			2030年		
		草原面积（万公顷）	覆盖率（%）	草原面积较2018年预计增加量（万公顷）	草原面积（万公顷）	覆盖率（%）	草原面积较2025年预计增加量（万公顷）	草原面积（万公顷）	覆盖率（%）
乌鲁木齐市	141.98	77.24	54.40	0.03	77.27	54.42	0.03	77.3	54.44
克拉玛依市	76.85	25.65	33.38	0.12	25.77	33.53	0.05	25.82	33.60
吐鲁番市	696.25	105.21	15.11	0.77	105.98	15.22	0	105.98	15.22
哈密市	1370.98	275.20	20.07	0.57	275.77	20.11	0.17	275.94	20.13
阿克苏地区	1317.74	279.71	21.23	6.19	285.9	21.70	3.2	289.1	21.94
喀什地区	1121.91	342.93	30.57	3.11	346.04	30.84	1.66	347.7	30.99
和田地区	2491.38	542.03	21.76	15.37	557.4	22.37	9.77	567.17	22.77
昌吉回族自治州	744.52	246.25	33.08	0.33	246.58	33.12	0.05	246.63	33.13
博尔塔拉蒙古自治州	250.09	121.07	48.41	0.07	121.14	48.44	0.01	121.15	48.44
巴音郭楞蒙古自治州	4703.33	1133.50	24.10	20.61	1154.11	24.54	2.06	1156.17	24.58
克孜勒苏柯尔克孜自治州	699.41	369.51	52.83	1.64	371.15	53.07	3.31	374.46	53.54
伊犁哈萨克自治州	565.74	345.03	60.99	0.03	345.06	60.99	0.05	345.11	61.00
塔城地区	956.82	458.83	47.95	0.08	458.91	47.96	0.13	459.04	47.98
阿勒泰地区	1177.19	431.93	36.69	0.01	431.94	36.69	0.14	432.08	36.70
新疆维吾尔自治区	16314.19	4754.09	29.14	48.93	4803.02	29.44	20.63	4823.65	29.57

至2025年，新疆预计有590.80万公顷草原（草原植被覆盖度为15%~20%），植被覆盖度可提升至20%，届时新疆草原植被盖率超过20%的草原面积可达到3039.35万公顷，草原植被覆盖度超过20%的草原覆盖率将达到18.63%（表12-10）。

表12-10 新疆低覆盖度草原面积及覆盖率现状

行政单位	土地面积（万公顷）	草原（盖度5%~10%）		草原（盖度10%~15%）		草原（盖度15%~20%）	
		面积（万公顷）	覆盖率（%）	面积（万公顷）	覆盖率（%）	面积（万公顷）	覆盖率（%）
新疆	16314.19	855.13	5.24	859.58	5.27	590.80	3.62

12.5.1.4 草原覆盖状况近期规划目标的空间分布

（1）草原增量目标的空间分布。至2025年，新疆潜在草原面积增加48.93万公顷，可实现草原资源近期规划目标（草原覆盖率达到29.44%）；其中，近期规划草原面积增加的空间，集中在巴音郭楞蒙古自治州（20.61万公顷）、和田地区（15.37万公顷）、阿克苏地区（6.19万公顷）、喀什地区（3.11万公顷）和克孜勒苏柯尔克孜自治州（1.64万公顷）。近期规划期内，新增草原空间主要分布于昆仑山山地、塔里木盆地内陆河沿线及末端。

（2）草原增效目标的空间分布。新疆草原增效近期规划（2021—2025年）的空间分布，主要集中在昆仑山山地、塔里木盆地和准噶尔盆地边缘地带。

12.5.2 林草覆盖状况远期规划目标（2026—2030年）

12.5.2.1 森林覆盖状况远期规划目标

根据新疆历年森林面积及覆盖率数据，以及当前森林资源统计面临的诸多问题，预计2030年新疆森林覆盖率将达到4.38%，可将其作为新疆森林资源远期规划目标（2026—2030年）。

12.5.2.2 森林覆盖状况远期规划目标的空间分布

2025—2030年，新疆潜在森林面积增加19.89万公顷，可实现森林资源远期规划目标（森林覆盖率将达到4.38%）；其中，远期规划森林面积增加的空间分布为塔里木盆地周边内陆河沿线及末端。

2025—2030年（远期规划），新疆各市（州）潜在新增森林分布区域，与各市（州）近期规划（2021—2025年）的潜在新增森林分布区域彼此相邻且呈交错分布。

12.5.2.3 草原覆盖状况远期规划目标

（1）草原增量目标。随着新疆基本草原划定、新一轮草原生态保护补助奖励机制的实施，到2030年，全自治区草原面积将可达到4823.65万公顷，全自治区草原覆盖率可达到29.57%（表12-9）。

（2）草原增效目标。

2025—2030年，新疆将对草原植被覆盖度为15%~20%的草原开展增效做作业，采用综合手段将植被覆盖度提升至20%，以达到进一步增强生态防护和牧业生产效率的目的。

2025—2030年，新疆可对859.58万公顷草原（草原植被覆盖度为10%~15%）进行增效作业，将草原植被覆盖度提升至20%，届时新疆植被盖度超过20%的草原面积将达3898.93万公顷，此类草原覆盖率将达到23.90%（表12-10）。

12.5.2.4 草原覆盖状况远期规划目标的空间分布

(1) 草原增量目标的空间分布。

2025—2030年，新疆潜在草原面积增加20.63万公顷，全自治区草原植被覆盖率将达到29.57%。其中，远期规划草原面积增加的空间分布为和田地区(9.77万公顷)、克孜勒苏柯尔克孜自治州(3.31万公顷)、阿克苏地区(3.20万公顷)、巴音郭楞蒙古自治州(2.06万公顷)和喀什地区(1.66万公顷)，其余市(州)远期规划新增草原均小于1万公顷(表12-10)。

2025—2030年，新疆远期规划新增草原与近期规划(2021—2025年)新增草原空间分布区交错分布，多集中在昆仑山等山地、塔里木盆地内陆河沿线及末端。

(2) 草原增效目标的空间分布。新疆草原增效远期规划(2026—2030年)的空间分布，主要集中在昆仑山山地、塔里木盆地和准噶尔盆地边缘地带。

12.5.3 林草覆盖率规划目标

12.5.3.1 林草覆盖率近期规划目标(2021—2025年)

至2025年近期规划期满之时，得益于森林和草原面积的共同增加，新疆林草覆盖率可由2018年的33.15%，提升至33.70%，提升0.55个百分点(表12-11)。

12.5.3.2 林草覆盖率远期规划目标(2026—2030年)

至2030年远期规划期满之时，森林和草原面积较近期规划均有增加，新疆林草覆盖率度将由2025年的33.70%，提升至33.95%，与目前相比共提升0.80个百分点(表12-11)。

届时，新疆除不适宜森林和草原植被分布的区域之外，基本实现林草全覆盖，区域生态防护和生产能力将进一步增强。

表12-11 新疆林草覆盖率现状及规划期目标

土地面积(万公顷)	2018年			2025年			2030年		
	森林面积(万公顷)	草原面积(万公顷)	林草覆盖率(%)	森林面积(万公顷)	草原面积(万公顷)	林草覆盖率(%)	森林面积(万公顷)	草原面积(万公顷)	林草覆盖率(%)
16314.19	653.89	4754.09	33.15	694.98	4803.02	33.70	714.87	4823.65	33.95

12.5.4 生态防护植被覆盖率规划目标

12.5.4.1 生态防护植被覆盖率近期规划目标(2021—2025年)

至2025年近期规划期满之时，得益于森林面积的持续增加和草原植被盖度的提升，新疆生态防护植被覆盖率将由2018年的19.02%，提升至22.89%，提升近3.57个百分点(表12-12)。

表12-12 新疆生态防护植被覆盖率现状及规划期目标

土地面积(万公顷)	2018年			2025年			2030年		
	森林面积(万公顷)	草原面积(盖度≥20%)(万公顷)	生态防护植被覆盖率(%)	森林面积(万公顷)	草原面积(盖度≥20%)(万公顷)	生态防护植被覆盖率(%)	森林面积(万公顷)	草原面积(盖度≥20%)(万公顷)	生态防护植被覆盖率(%)
16314.19	653.89	2448.55	19.02	694.98	3039.35	22.89	714.87	3898.93	28.28

12.5.4.2 生态防护植被覆盖率远期规划目标(2026—2030年)

至2030年远期规划期满之时,森林面积持续增加,部分低覆盖度草原植被盖度提升至20%以上,新疆生态防护植被覆盖率将由2025年的22.89%,提升至28.28%,较目前共提升5.39个百分点(表12-12)。

至2030年,新疆近1/3的土地受到较高盖度林草植被庇护,水土流失、土壤风蚀等生态问题将得到有效缓解,将为区域及国家生态安全格局构建作出更为重要的贡献。

12.6 研究建议

12.6.1 政策性建议

12.6.1.1 进一步完善森林和草原覆盖度指标体系

可尝试采用森林综合植被覆盖度、草原覆盖率,分别作为森林和草原覆盖状况监测的补充指标,促进前森林和草原覆盖状况监测指标的进一步完善;一方面能够全面完整反映森林和草原的真实覆盖状况,另一方面为林草同步监测、合并统计、协同规划、融合发展创造条件。

12.6.1.2 开展林草综合覆盖指标的探索与试点

新疆可率先开展林草覆盖率作为林草融合植被综合植被覆盖考评指标,生态防护植被覆盖率作为反映林草生态防护绩效的植被综合覆盖指标的试点与探索,为促进新疆林草资源监测、管理和发展的协同开展创造契机。

12.6.1.3 根据本区实际,确立适当的林草覆盖率发展目标

本研究是在对新疆森林和草原资源及其潜在发展空间充分挖掘基础上,设定的未来发展规划目标。相关规划目标的实现,需在得到充分的资金、政策和人员保障基础前提下方能实现。但受限于新疆财政极其紧张、林草建设征地困难、林草建设难度极大等问题,应根据自治区及各市(地、州)实际情况,在本研究制定目标框架内,确定合理的林草建设目标。另外,受制于基础数据获取的困难,所提出的潜力增长空间仅为理论上的增量空间,实际上由于植物群落类型、地形地貌等方面的局限,所提出的林草资源发展规划目标均为理论的上限指导值,在实际规划中,应进一步根据具体情况予以确定。

12.6.1.4 通过林草建设,促进本区生态—经济—社会协同发展

新疆在国家生态安全格局中扮演着重要的角色。然而,不能一味地只强调林草资源的生态效益,更应将生态建设、经济建设和社会发展相统一。新疆对林草业进行精准定位,突出林草资源生态效益的同时,更要充分发挥其经济和社会效益,以促进新疆在生态环境持续改善前提下,实现经济社会全面、可持续发展,为人口脱贫、民生改善、社会进步等做出更大贡献。

12.6.1.5 探索自然资源综合管理,坚持生态建设基本原则

新疆应率先探索山水林田湖草生命共同体协同管理,充分融合林草及其他相关自然资源要素管理职能,实现整合性、综合性管理。同时,生态建设应遵循自然规律,坚持宜林则林、宜灌则灌、宜草则草、宜荒则荒、宜沙则沙的原则;坚持生态建设和富民相结合、全面保护和重点治理相结合、林草并重和林牧协调发展相结合,拓展林草植被分布范围与提质增效相结合,自然修复和人工促进相结合。

12.6.1.6 提升林草业信息化水平,服务可持续发展和高效管理

鉴于新疆土地广大、地形复杂、林草分散等特点,采用以遥感技术手段为主、实地调查为辅

的林草资源管理方法，并构建森林和草原全过程管理数据库，实现基于林草资源本底及定位确定本底信息化平台构建，融合林草资源动态监测、林草资源综合管理等相关数据和信息的实时更新，可为全自治区林草资源可持续发展和高效管理提供基础条件。

12.6.1.7 重视林草业科技资源的利用，提升生态建设科技贡献率

充分利用自治区内外智力与科技资源，不断提升林草建设的科技贡献率。新疆林草部门应联合自治区内外相关科研机构和大专院校，有效利用区内已布局的森林、草原和荒漠定位监测与研究站点，开展全面、深入的林草生态效益监测工作，将新疆生态系统监测水平提升至国内领先水平。同时，强化林草发展与建设项目的科学审议，用科学技术为新疆生态保护和建设工作高效开展保驾护航。

12.6.1.8 强化专业人才队伍建设，培养林草专业领导干部

重视林草专业人才队伍建设，要特别关注基层林草建设与管理人员的培养，建议在机构编制、薪资待遇、人才引进、晋升机制、学习培训等方面，给予政策照顾。林草行业专业性较强，各级林草管理部门的主要领导，一般应具有林业专业教育背景，以胜任林草资源保护和建设重任。

12.6.2 技术性建议

12.6.2.1 充分利用宜林地资源

新疆土地资源相对充足，但宜林地却相对短缺。首先，充分利用生态移民迁出区的空间优势，在适宜造林区域采用近自然造林、人工促进自然更新等方式，发展乔灌林；其次，利用农村闲置土地，进行用材林、经果林、景观林等建设；再次，积极开展防护林更新，营造兼具生态和经济效益的防护林体系；此外，利用绿洲边缘及内部闲置土地，进行防护林、景观林建设，对于新疆未来增加森林资源至关重要。

12.6.2.2 转变森林经营理念

森林资源增加应坚持以天然更新或人工促进天然更新为主，坚持使用乡土树种，坚持宜林则林、宜灌则灌、宜草则草、宜荒则荒，坚持因害设防地构建防护林体系，严格控制人工造林规模，严格限制在流动沙地、草原、湿地开展人工林建设。同时，应摒弃重造轻管、重面积轻质量的观念，通过科学经营管理，不断提升森林各项生态服务功能，为区域及国家生态安全提供保障。

12.6.2.3 草原增量增效并重

坚持草原经营的生态优先原则，确保草原资源能够实现可持续经营。严格执行草原生态奖补政策，充分调动牧民草原保护积极性。通过控制载畜量、降低放牧强度，采用封山（沙）禁牧、轮牧休牧等方式，促进各类型草原的生态修复，提升其牧草生产和生态功能。充分利用闲置土地和林下空间，发展人工种草和林草复合经营，为畜牧业发展提供饲料供给，进而降低天然草原放牧压力，实现新疆草畜平衡，促进天然草原的生态恢复。

参考文献

新疆维吾尔自治区林业厅，2017. 新疆维吾尔自治区林业发展"十三五"规划[Z].

李鼎，2014. 新疆林果业产业化发展的 swot 分析[J]. 经济论坛(02)：45-47+52.

彭刚，梁刚，2018. 新疆阿克苏地区特色林果产业化发展的问题与思考[J]. 中国林业经济(02)：34-36.

艾尼瓦尔·吾吉，2017. 新疆林果业发展优势与方向[J]. 农技服务，34(12)：109.

吴松梅，2017. 新疆林果业发展优势与方向[J]. 现代农业科技(05)：268-269.

阿布力孜·布力布力，叶丽珍，2017. 新疆特色林果业转型升级发展研究[J]. 山西农业科学，45(02)：297-300.

徐丽，张红丽，2016. 新疆特色林果业发展问题研究[J]. 新疆农垦经济(10)：53-57.

阿提卡木·阿不提热木，2016. 新疆林果业产业化发展的现状及对策探究[J]. 农技服务，33(10)：98.

申延龄，2015. 新疆特色林果产品流通组织体系优化研究[D]. 乌鲁木齐：新疆农业大学.

李冰，2014. 新疆林果产品营销策略研究[D]. 乌鲁木齐：新疆财经大学.

苏建明，侯松山，2013. 新疆林果产业链价值分析及对策建议[J]. 经济研究导刊(17)：83-85+93.

王加学，2012. 新疆林果产品加工转化发展研究[D]. 乌鲁木齐：新疆农业大学.

新疆维吾尔自治区文化和旅游厅，2017. 新疆维吾尔自治区旅游业发展第十三个五年规划[Z].

孙兰凤，2009. 可持续视角下的新疆特色林果业发展研究[D]. 乌鲁木齐：新疆大学.

卢欣石，2019. 草原知识读本[M]. 北京：中国林业出版社.

高新生，2017. 新疆沙产业的发展历程和前景分析[J]. 吉林农业(11)：107.

王江涛，孙涛，2015. 新疆森林公园建设和森林旅游发展成就综述[J]. 新疆林业(04)：31-33.